建设工程造价管理

(第3版)

马　楠　卫赵斌　张　明　主　编

潘　凯　胡恩来　陈丽玲　副主编

清华大学出版社

北　京

内 容 简 介

本书以建设项目工程造价全过程管理为主线,全面系统地介绍了建设工程造价的组成、计价原理、计价依据、计价模式和建设工程造价各个阶段的管理内容及方法,体现了我国当前工程造价管理体制改革中的最新精神。

本书共 8 章,主要内容包括:建设工程造价管理概论、建设工程造价构成、建设工程造价计价依据、建设工程造价计价模式、建设项目投资决策阶段工程造价管理、建设项目设计阶段工程造价管理、建设工程招投标阶段工程造价管理、建设项目施工阶段工程造价管理、建设工程竣工验收及后评价阶段工程造价管理、工程造价管理中信息技术的应用、国际工程造价管理概况等。书中还给出了大量反映工程造价全过程管理工作的实际案例和习题,力求通过实际工程案例讲清相关概念、原理、方法和应用,为教师的备课、学生的学习提供最大方便。

本书既可作为高等院校土木工程、工程管理、工程造价等本科专业的教材,又可作为高等学校高职高专土建类专业、建筑经济与管理类及相近专业的教材,还可作为工程造价专业人员资格认证考试的培训教材,并可供从事建设工程的建设单位、施工单位及设计监理等工程咨询单位的工程造价管理人员参考使用。

图书在版编目(CIP)数据

建设工程造价管理/马楠,卫赵斌,张明主编. —3 版. —北京:清华大学出版社,2021.4(2025.2 重印)
ISBN 978-7-302-57700-3

Ⅰ. ①建… Ⅱ. ①马… ②卫… ③张… Ⅲ. ①建筑造价管理—高等职业教育—教材 Ⅳ. ①TU723.3

中国版本图书馆 CIP 数据核字(2021)第 045436 号

责任编辑:石 伟 桑任松
封面设计:刘孝琼
责任校对:李玉茹
责任印制:宋 林

出版发行:清华大学出版社
    网 址:https://www.tup.com.cn,https://www.wqxuetang.com
    地 址:北京清华大学学研大厦 A 座 邮 编:100084
    社 总 机:010-83470000 邮 购:010-62786544
    投稿与读者服务:010-62776969,c-service@tup.tsinghua.edu.cn
    质量反馈:010-62772015,zhiliang@tup.tsinghua.edu.cn
    课件下载:https://www.tup.com.cn,010-62791865

印 装 者:小森印刷霸州有限公司
经 销:全国新华书店
开 本:185mm×260mm 印 张:21.5 字 数:522 千字
版 次:2006 年 8 月第 1 版 2021 年 4 月第 3 版 印 次:2025 年 2 月第 10 次印刷
定 价:59.00 元

产品编号:087166-01

前　　言

　　中国建筑业的持久繁荣有力地促进了工程造价学科的大发展，中国工程造价行业的大发展呼唤高等院校培养更加优秀的工程造价英才。作为高等院校培养工程造价专业人才的核心课程及教材，《建设工程造价管理》一书必须始终坚持紧跟我国工程管理学科的理论前沿与工程造价行业的改革步伐，时刻保持最新状态和旺盛的生命力。这正是本书再版多年来深受广大师生和读者朋友厚爱的根本原因。

　　最近几年，我国一大批举世瞩目的超级工程项目相继竣工投入使用，极大地丰富了工程管理的理论与实践，同时国家相继发布了一系列工程管理领域及造价行业的法规、标准、规范和合同范本等，引起了全国建设工程领域内的建设单位、施工单位以及工程造价咨询机构的强烈关注。这些新法规及标准，规范了建设项目参与各方从工程项目招投标阶段、施工阶段到竣工结算阶段的全过程造价计价行为，特别强化了施工阶段基于合同手段的工程造价管理。这些对于规范建设项目发、承包双方的计价行为，完善市场形成工程造价机制，进一步推动我国工程造价改革，将产生重大而深远的影响。

　　在这一新的背景下，高等院校原有课程体系和教材内容的调整已刻不容缓。为了及时将国家法规、标准规定的最新计价方法和造价管理理念引入教材，保持本教材一贯的先进性，我们根据"最新形势"下普通高等教育土木工程、工程管理、工程造价等专业人才培养目标对本课程的教学要求，并结合当前业内工程造价管理最新工作实际，在保持原有教材优势及风格的基础上进行了重新编写，旨在满足新形势下社会对相关专业人才培养的迫切需求。

　　重新优化编写后的教材，除保持原版教材"课程内容新颖实用、知识体系博采众长、教学案例典型丰富、教材内容广泛全面、课程知识结构合理、教学设计力求创新"的优点外，还融入了最新国家标准《建设工程工程量清单计价规范》和《建设项目经济评价方法与参数(第三版)》等法规政策的最新内容，充分吸收了国内外最新学科研究和教学改革成果，邀请了多年来一直在工程管理一线的实战派专家加盟编写团队，以建设项目全过程造价控制为主线，采纳了来自于现场一线的真实典型案例，特别是将教学置身于真实的工程环境中，强调了理论与实践的高度结合，加强了对工程造价控制实践应用能力的培养。因此，本次教材的重新编写体现了实用性与教学性的完美统一。

　　本书由马楠、卫赵斌、张明任主编，潘凯、胡恩来、陈丽玲任副主编，杨帆(中央财经大学)、孟韬、范秀兰、韩记等老师参加编写，全书由马楠教授负责统稿，中国建设工程造价管理协会副理事长、中国电力企业联合会副秘书长、国家电力建设技术经济咨询中心主任、英国皇家特许工料测量师沈维春教授对全书进行了详细审阅，并提出了宝贵的意见。合力胜(上海)建筑装饰责任有限公司、云南正浩建设工程有限公司、四川公路桥梁建设集团有限公司、云南晨翔工程管理咨询有限公司在编写过程中提供了来自工程一线的实际案例，特此一并表示诚挚的感谢！

　　由于编者水平有限，在成书过程中虽经反复研究推敲，不妥之处仍在所难免，恳请广大读者批评、指正。

编　者

目　　录

第1章 建设工程造价管理概论

通过对本章内容的学习，读者可以了解建设工程造价管理的基本知识和发展现状，为以后各章的学习奠定理论基础。在学习中要求熟悉基本建设、建设工程造价、建设工程造价计价的基本概念；掌握建设工程造价管理的内容；了解我国工程造价管理的现状和工程造价咨询制度。

1.1 基本建设概述

1.1.1 基本建设相关概念

1. 固定资产

固定资产是指在社会再生产过程中，使用一年以上，单位价值在规定限额以上(如1000元、1500元或2000元)，并且在使用过程中保持原有实物形态的主要劳动资料和其他物质资料，如建筑物、构筑物、运输设备和电气设备等。

凡是不同时符合使用年限和单位价值限额这两项规定的劳动资料均为低值易耗品，如企业自身使用的工具、器具和家具等。

2. 基本建设

基本建设是指投资建造固定资产和形成物质基础的经济活动。凡是固定资产扩大再生产的新建、扩建、改建、恢复工程及与之相关的活动均称为基本建设。因此，基本建设的实质是形成新增固定资产的一项综合性经济活动，其主要内容是把一定的物质资料如建筑材料、机械设备等，通过购置、建造、安装和调试等活动转化为固定资产，形成新的生产能力或使用效益的过程。与之相关的其他工作，如征用土地、勘查设计、筹建机构和生产职工培训等，也属于基本建设的组成部分。

3. 基本建设的内容

基本建设是通过勘查、设计和施工等活动，以及其他有关部门的经济活动来实现的。基本建设的内容主要有以下4个方面。

(1) 建筑工程。它是指永久性或临时性的各种建筑物和构筑物，包括各种厂房、办公楼、体育馆、住宅、学校等建筑物和矿井、桥梁、铁路、公路、码头、水塔、水池等构筑物；各种管道、线路的敷设工程；设备基础、工作台、金属结构件(如支柱、操作台、钢梯、钢栏杆等)工程；水利工程及其他特殊工程等。

(2) 设备及工器具购置。它是指按设计文件规定，对用于生产或服务于生产的，达到固定资产标准的设备、工器具的加工、订购和采购。

(3) 安装工程。它是指永久性或临时性生产、动力、起重、运输、传动和医疗、实验等设备的装配、安装工程，附属于被安装设备的管线敷设、绝缘、保温、油漆工程，与设备相连的工作台、梯子、栏杆等的装设工程，单台设备的单机试运转、系统设备的系统联动无负荷试运转。

(4) 其他基本建设工作。它是指上述三项工作之外而与建设项目有关的各项工作。其内容因建设项目性质的不同而有所差异，以新建工作而言，主要包括征地、拆迁、安置、建设场地准备(三通一平)、勘查、设计、招标、承建单位投标、生产人员培训、生产准备、竣工验收及试车等。

1.1.2 基本建设项目层次划分

根据建设工程管理和确定工程造价的需要，按照由大到小、从整体到局部的原则对基本建设项目进行多层次的分解和细化，可将建设工程划分为建设项目、单项工程、单位工程、分部工程和分项工程 5 个项目层次。

1. 建设项目

1) 建设项目的概念

建设项目又称基本建设项目，是指按照一个总体设计进行施工，可以形成生产能力或使用价值的一个或几个单项工程的总体，一般在行政上实行统一管理，经济上实行统一核算。

凡属于一个总体设计中分期分批进行建设的主体工程和附属配套工程、供水供电工程等都作为一个建设项目。按照一个总体设计和总投资文件在一个场地或者几个场地上进行建设的工程，也属于一个建设项目。

工业建设中一般以一个工厂为一个建设项目；民用建设中以一个事业单位，如以一所学校、一所医院为一个建设项目。

2) 建设项目的分类

建设项目的种类繁多，为了适应科学管理的需要，正确反映建设项目的性质、内容和规模，可以按不同标准对建设项目进行分类。

(1) 按建设项目的建设性质，可将其分为新建项目、扩建项目、改建项目、迁建项目和恢复项目等。

① 新建项目，是指从无到有的全新建设的项目。按现行规定，对原有建设项目重新进行总体设计，经扩大建设规模后，其新增固定资产价值超过原有固定资产价值三倍以上的，也属于新建项目。

② 扩建项目，是指现有企、事业单位为扩大生产能力或新增效益而增建的主要生产车间或其他工程项目。

③ 改建项目，是指原有企、事业单位为提高生产效益，改进产品质量或调整产品结

构，对原有设备或工艺流程进行的技术改造或固定资产更新，以及相应配套的辅助生产、生活福利等工程和有关工作。

④ 迁建项目，是指现有企、事业单位出于各种原因而搬迁到其他地点的建设项目。

⑤ 恢复项目，是指现有企、事业单位原有固定资产因遭受自然灾害或人为灾害等原因造成全部或部分报废，而后又重新建设的项目。

在重新建设过程中，不论其建设规模是按原规模恢复，还是在恢复的同时进行扩建，都属于恢复项目。尚未建成投产或交付使用的项目，因自然灾害等原因毁坏后，仍按原设计进行重建的，不属于恢复项目，仍属原建设性质；如按新的设计进行重建，其建设性质根据新的建设内容确定。

(2) 按建设项目在国民经济中的用途，可将其分为生产性建设项目和非生产性建设项目。

① 生产性建设项目，是指直接用于物质生产或满足物质生产需要的建设项目，包括工业、农业、交通运输业、林业、水利、商业等各部门生产用房屋建筑、构筑物。

② 非生产性建设项目，是指用于满足人们物质文化需要的建设项目，包括住宅、生活服务设施、文教、卫生、体育、行政、园林和纪念性建筑等。

(3) 按投资效益和市场需求，可将建设项目分为竞争性项目、基础性项目和公益性项目。

① 竞争性项目，主要指投资效益比较高、竞争性比较强的建设项目，如商务办公楼、酒店、度假村、高档公寓等建设项目。竞争性项目的投资主体一般为企业，由企业自主决策、自担投资风险。

② 基础性项目，主要指具有自然垄断性、建设周期长、投资额大而收益低的基础设施和需要政府重点扶持的一部分基础工业项目，以及直接增强国力的符合经济规模的支柱产业项目，如交通、能源、水利、城市公用设施等。政府应集中必要的财力、物力，通过经济实体投资建设这些项目，同时还应广泛吸收企业参与投资，有时还可以吸收外商直接投资。

③ 公益性项目，主要指为社会发展服务、难以产生直接经济效益的建设项目，包括科技、文教、卫生、体育和环保等设施，公安局(厅、处等)、检察院、法院等政权机关以及政府机关、社会团体办公设施，国防建设等。公益性项目的投资主要由政府用财政资金安排。

(4) 按投资来源，可将建设项目分为政府投资项目和非政府投资项目。

① 政府投资项目。政府投资项目在国外也称为公共工程，是指为适应和推动国民经济或区域经济发展，满足社会文化、生活需要，以及出于政治、国防等方面考虑，由政府通过财政投资、发行国债或地方财政债券、利用外国政府赠款以及国家财政担保的国内外金融组织贷款等方式独资或合资兴建的工程项目。

按照其营利性不同，政府投资项目又可分为经营性政府投资项目和非经营性政府投资项目。经营性政府投资项目是指具有营利性质的政府投资项目，政府投资的水利、电力、铁路等项目基本都属于经营性项目。经营性政府投资项目应实行项目法人责任制，由项目法人对项目的策划、资金筹措、建设实施、生产经营、债务偿还和资产的保值增值实行全过程负责，使项目建设与建成后运营实现一条龙管理。

非经营性政府投资项目一般是指非营利性的、主要追求社会效益最大化的公益性项目。学校、医院以及各行政、司法机关的办公楼等项目都属于非经营性政府投资项目。非

经营性政府投资项目可实施"代建制"，即通过招标等方式，选择专业化的项目管理单位负责建设实施，严格控制项目投资、质量和工期，待工程竣工验收后再移交给使用单位，从而使项目的"投资、建设、监管、使用"实现四分离。

② 非政府投资项目。非政府投资项目是指企业、集体单位、外商和私人投资兴建的工程项目。这类项目一般均实行项目法人责任制，使项目建设与建成后运营实现一条龙管理。

2. 单项工程

单项工程是指具有独立的设计文件，建成后可以独立发挥生产能力或使用效益的工程。单项工程又叫工程项目，是建设项目的组成部分，一个建设项目可能就是一个单项工程，也可能包含若干个单项工程，如一所学校的教学楼、办公楼、图书馆等，一个工厂中的各个车间、办公楼等。

3. 单位工程

单位工程是指具有独立设计文件，可以独立组织施工，但建成后一般不能独立发挥生产能力或使用效益的工程。单位工程是单项工程的组成部分，例如，一座办公楼是一个单项工程，该办公楼的建筑工程、装饰工程、室内给排水工程、室内电气照明工程等均属于单位工程。

4. 分部工程

分部工程是指在一个单位工程中，按工程部位及使用的材料和工种进一步划分的工程。分部工程是单位工程的组成部分，如一般建筑工程的土石方工程、桩基础工程、砌筑工程、脚手架工程、混凝土和钢筋混凝土工程、金属结构工程、构件运输及安装工程、屋面工程等，均属于分部工程。

5. 分项工程

分项工程是指在一个分部工程中，按不同的施工方法、不同的材料和规格，对分部工程进一步划分的，用较为简单的施工过程就能完成，以适当的计量单位就可以计算其工程量的基本单元。分项工程是分部工程的组成部分，如砌筑工程可划分为砖基础、内墙、外墙、空斗墙、空心砖墙、砖柱、钢筋砖过梁等分项工程。分项工程没有独立存在的意义，它只是为了便于计算建筑工程造价而分解出来的"假定产品"。

划分建设项目一般是分析它包含几个单项工程(也可能一个建设项目只有一个单项工程)，然后按单项工程、单位工程、分部工程、分项工程的顺序逐步细分，即由大项到小项进行划分，如图1.1所示。

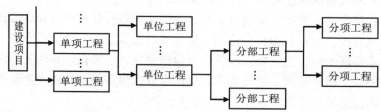

注：→表示项目分解方向。

图 1.1　基本建设项目划分示意框图

1.1.3 基本建设程序

1. 基本建设程序的概念

基本建设程序是指建设项目从酝酿、提出、决策、设计、施工到竣工验收及投入生产的整个过程中各环节及各项主要工作内容必须遵循的先后顺序。这个顺序是由基本建设进程所决定的，它反映了建设工作客观存在的经济规律及自身的内在联系特点。基本建设过程中所涉及的社会层面和管理部门广泛，协调合作环节多。因此，必须按照建设项目的客观规律进行工程建设。

2. 建设项目的基本建设程序

建设项目的基本建设程序可划分为两个阶段和 9 个建设环节，如图 1.2 所示。

① 投资决策阶段：提出项目建议书；进行可行性研究。

② 建设实施阶段：编制设计文件；工程招投标、签订施工合同；进行施工准备；全面施工；生产准备；竣工验收、交付使用；建设项目后评价。

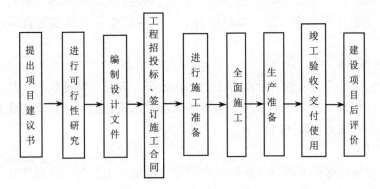

图 1.2 基本建设程序框图

1) 提出项目建议书

项目建议书是拟建项目单位向政府部门提出的要求建设某一项目的建议文件，是对工程项目的轮廓设想。项目建议书的主要作用是推荐一个拟建项目，论述其建设的必要性、建设条件的可行性和获利的可能性，供政府部门选择并确定是否进行下一步工作。

对于政府投资项目，项目建议书按要求编制完成后，应根据建设规模和限额划分报送有关部门审批。项目建议书经批准后，可进行可行性研究工作，但并不表明项目已经立项，批准的项目建议书不是工程项目的最终决策。

2) 进行可行性研究

可行性研究是对该建设项目技术上是否可行和经济上是否合理进行的科学分析和论证。它通过市场研究、技术研究、经济研究进行多方案比较，提出最佳方案。

可行性研究通过评审后，就可着手编写可行性研究报告。可行性研究报告是确定建设项目、编制设计文件的主要依据，在基本建设程序中占主导地位。

3) 编制设计文件

可行性研究报告经批准后，建设单位或其主管部门可以委托或通过设计招投标方式选

择设计单位，按可行性研究报告中的有关要求编制设计文件。一般进行两阶段设计，即初步设计和施工图设计。技术上比较复杂而又缺乏设计经验的项目，可进行三阶段设计，即初步设计、技术设计和施工图设计。设计文件是组织工程施工的主要依据。

初步设计是为了阐明在指定地点、时间和投资限额内，拟建项目在技术上的可行性及经济上的合理性，并对建设项目做出基本技术经济规定，同时编制建设项目总概算。经批准的可行性研究报告是初步设计的依据，不得随意修改或变更。

技术设计是进一步解决初步设计的重大技术问题，如工艺流程、建筑结构、设备选型及数量确定等，同时对初步设计进行补充和修正，然后编制修正总概算。

施工图设计是在初步设计的基础上进行的，需完整地表现建筑物外形、内部空间尺寸、结构体系、构造以及与周围环境的配合关系，同时还包括各种运输、通信、管道系统、建筑设备的设计。施工图设计完成后应编制施工图预算。

4) 工程招投标、签订施工合同

建设单位根据已批准的设计文件和概预算书，对拟建项目实行公开招标或邀请招标，选定具有一定技术、经济实力和管理经验，能胜任承包任务，效率高、价格合理而且信誉好的施工单位承揽工程任务。施工单位中标后，与建设单位签订施工合同，确定承发包关系。

5) 进行施工准备

开工前，应做好施工前的各项准备工作。其主要内容是：征地拆迁；技术准备；"三通一平"；修建临时生产和生活设施；协调图纸和技术资料的供应；落实建筑材料、设备和施工机械；组织施工力量按时进场。

6) 全面施工

施工准备就绪，必须办理开工手续，在取得当地建设主管部门颁发的开工许可证后即可正式施工。在施工前，施工单位要编制施工预算。为确保工程质量，必须严格按施工图纸、施工验收规范等要求进行施工，按照合理的施工顺序组织施工，加强经济核算。

7) 生产准备

项目投产前要进行必要的生产准备，包括建立生产经营相关管理机构，培训生产人员，组织生产人员参加设备的安装、调试，订购生产所需原材料、燃料及工器具、备件等。

8) 竣工验收、交付使用

建设项目按批准的设计文件所规定的内容建设完成后，即可组织竣工验收，这是对建设项目的全面性考核。验收合格后，施工单位应向建设单位办理竣工移交和竣工结算手续，交付建设单位使用。

9) 建设项目后评价

建设项目后评价是工程项目竣工投产并生产经营一段时间后，对项目的决策、设计、施工、投产及生产运营等全过程进行系统评价的一种技术经济活动。通过建设项目后评价，达到总结经验、研究问题、吸取教训并提出建议，不断提高项目决策水平和改善投资效果的目的。

1.2　建设工程造价概述

1.2.1　建设工程造价及其特点

1. 建设工程造价的含义

建设工程造价是指建设工程产品的建造价格。在市场经济条件下，建设工程造价有以下两种含义。

第一种含义：从投资者——业主的角度分析，建设工程造价是指建设一项工程预期开支或实际开支的全部固定资产投资费用，包括设备及工器具购置费、建筑安装工程费、工程建设其他费用、预备费、建设期贷款利息。这里的"建设工程造价"强调的是"费用"的概念。投资者为了获得投资项目的预期效益，就需要对项目进行策划、决策及实施，直至竣工验收等一系列投资管理活动。在上述活动中所花费的全部费用，就是建设工程造价。从这个意义上讲，建设工程造价就是建设工程项目的固定资产投资费用。

第二种含义：从市场交易的角度来分析，建设工程造价是指工程价格。即为建成一项工程，预计或实际在土地市场、设备市场、技术劳务市场以及工程承发包市场等交易活动中所形成的建筑安装工程价格和建设工程总价格。这里的"建设工程造价"强调的是"价格"的概念。

显然，第二种含义是以建设工程这种特定的商品形式作为交易对象，通过招投标或其他交易方式，在多次预估的基础上由市场形成价格。在这里，工程的范围和内涵既可以是涵盖范围很大的一个建设项目，也可以是一个单项工程，或者是整个建设过程中的某个阶段，如土地开发工程、建筑工程、装饰工程、安装工程等，或者是其中的某个组成部分。随着经济发展中技术的进步、分工的细化和市场的完善，工程建设中的中间产品也会越来越多，商品交换会更加频繁，工程价格的种类和形式也会更为丰富。

通常把工程造价的第二种含义认定为工程承发包价格。承发包价格是工程造价中一种重要的、典型的价格形式。它是在建筑市场通过招投标，由需求主体(投资者)和供给主体(承包商)共同认可的价格，即建筑安装工程价格。由于该价格在项目固定资产中占有50%～60%的份额，又是工程建设中最活跃的部分，而施工企业是工程项目的实施者，是建筑市场的主体，所以将工程承发包价格界定为工程造价很有现实意义。

工程造价的两种含义是从不同角度把握同一事物的本质。对于建设工程的投资者来说，工程造价就是项目投资，是"购买"工程项目要付出的价格，同时也是投资者在市场上"出售"工程项目时定价的基础；对于供应商来说，工程造价是他们出售商品和劳务的价格总和，或是特指范围的工程造价，如建筑安装工程造价。

工程造价的两种含义是对客观存在的概括，它们既是一个统一体，又是相互区别的。最主要的区别在于需求主体和供给主体在市场追求的经济利益不同。

区别工程造价的两种含义的理论意义在于，为投资者及以承包商为代表的供应商在工程建设领域的市场行为提供理论依据。当政府提出要降低工程造价时，是站在投资者的角度充当着市场需求主体的角色；当承包商提出要提高工程造价、获得更多利润时，是要实现一个市场供给主体的管理目标。这是市场运行机制的必然，由不同的利益主体产生不同

的目标，不能混为一谈。区别工程造价的两种含义的现实意义在于，为实现不同的管理目标，不断充实工程造价的管理内容，完善管理方法，更好地为实现各自的目标服务，从而有利于推动经济的全面增长。

2. 建设工程造价的特点

1) 工程造价的大额性

任何一项能够发挥投资效用的工程，不仅实物形体庞大，而且造价高昂。动辄数百万、数千万、数亿、十几亿元人民币，特大型工程项目的造价可达百亿、千亿元人民币。工程造价的大额性事关各方面的重大经济利益，同时也会对宏观经济产生重大影响，这就决定了工程造价的特殊地位，也说明了工程造价管理的重要意义。

2) 工程造价的个别性和差异性

任何一项工程都有特定的用途、功能和规模，且它们所处的地区、地段都不相同。因而不同工程的内容和实物形态都具有差异性，这就决定了工程造价的个别性和差异性。

3) 工程造价的动态性

任何一项工程从决策到竣工交付使用，都有一个较长的建设时间段。在预计工期内，许多影响工程造价的动态因素，如工程变更、设备材料价格、工资标准、费率、利率、汇率等都可能会发生变化，这种变化必然会影响造价的变动。所以，工程造价在整个建设期都处于不确定状态，直至竣工决算后才能最终确定工程的实际造价。

4) 工程造价的层次性

建设工程的层次性决定了工程造价的层次性。一个建设项目(如学校)往往是由多个单项工程(如教学楼、办公楼、宿舍楼等)组成的；一个单项工程又是由若干个单位工程(如建筑工程、给排水工程、电气安装工程等)组成的。与此相对应，工程造价也有 3 个层次，即建设项目总造价、单项工程造价和单位工程造价。

如果专业分工更细，单位工程(如建筑工程)的组成部分——分部工程、分项工程也可以成为商品交换对象，如大型土方工程、基础工程等，这样工程造价的层次就增加到分部工程和分项工程而成为 5 个层次。即使从造价的计算和工程管理的角度来看，工程造价的层次性也是非常突出的。

5) 工程造价的兼容性

工程造价的兼容性，其一表现在它具有两种含义，其二表现在工程造价构成因素的广泛性和复杂性。在工程造价中，首先是成本因素非常复杂；其次是获得建设工程用地支出的费用、项目可行性研究和规划设计费用、与政府一定时期政策(特别是产业政策和税收政策)相关的费用占有相当的份额；最后是盈利的构成也较为复杂，资金成本比较大。

1.2.2 建设工程造价计价的概念

建设工程造价计价就是计算和确定建设项目的工程造价，简称工程计价，也称工程估价。其具体是指工程造价人员在项目实施的各个阶段，根据各个阶段的不同要求，遵循计价原则和程序，采用科学的计价方法，对投资项目最可能实现的合理造价做出科学的计算。

由于建设工程造价具有大额性、个别性、差异性、动态性、层次性及兼容性等特点，所以工程计价的内容、方法及表现形式也就各不相同。业主或其委托的咨询单位编制的工程项目投资估算、设计概算、招标控制价以及承包商和分包商提出的报价，都是工程计价的不同表现形式。

1.2.3　建设工程造价计价的基本原理

工程计价的基本原理在于工程项目的分解与组合。由于建设工程项目的技术经济特点，如单件性、体积大、生产周期长、价值高以及交易在先、生产在后等，使得建设项目工程造价的形成过程和机制与其他商品不同。

工程项目是单件性与多样性组成的集合体。每个工程项目的建设都需要按业主的特定需要进行单独设计、单独施工，不能批量生产和按整个工程项目确定价格，只能采用特殊的计价程序和计价方法，即将整个项目进行分解，划分为可以按有关技术经济参数测算价格的基本单元子项或称分部、分项工程。这是既能够用较为简单的施工过程生产出来，又可以用适当的计量单位计算并便于测定的建设工程的基本构造要素，也称为"假定的建筑安装产品"。而找到适当的计量单位及其当时当地的单价，就可以采取一定的计价方法，进行分项、分部组合汇总，计算出某工程的工程总造价。

因此，工程造价计价的主要特点就是按工程结构进行分解，将这个工程分解至基本项，即基本构造要素，就能很容易地计算出基本项的费用。一般来说，分解的结构层次越多，基本项越细，造价计算越精确。

工程造价的计算从分解到组合的特征是和建设项目的组合性有关的。一个建设项目就是一个工程综合体。这个综合体可以分解为许多有内在联系的独立的和不能独立的工程，那么建设项目的工程造价计价过程就是一个逐步组合的过程。

1.2.4　建设工程造价计价的特征

工程造价的特点，决定了工程造价计价有以下几个特征。

1. 造价计价的单件性

建设工程产品的个别差异性决定了每项工程都必须单独计算造价。即便是完全相同的工程，由于建设地点或建设时间不同，也必须进行单独造价计价。

2. 造价计价的多次性

建设项目建设周期长、规模大、造价高，这就要求在工程建设的各个阶段多次计价，并对其进行监督和控制，以保证工程造价计算的准确性和控制的有效性。多次性造价计价特点决定了工程造价不是固定、唯一的，而是随着工程的进展逐步深化、细化和接近实际造价的过程。对于大型建设项目，其造价计价过程如图 1.3 所示。

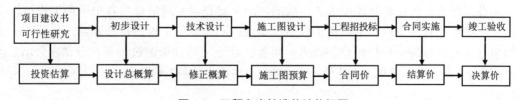

图 1.3　工程多次性造价计价框图

注：竖向箭头表示对应关系，横向箭头表示多次计价流程及逐步深化过程。

(1) 投资估算。在编制项目建议书、进行可行性研究阶段，根据投资估算指标、类似工程的造价资料、现行的设备材料价格并结合工程的实际情况，对拟建项目的投资需要量进行估算。投资估算是可行性研究报告的重要组成部分，是判断项目可行性，进行项目决策、筹资、控制造价的主要依据之一。经批准的投资估算是工程造价的目标限额，是编制概预算的基础。

(2) 设计总概算。在初步设计阶段，根据初步设计的总体布置，采用概算定额或概算指标等编制项目的总概算。设计总概算是初步设计文件的重要组成部分。经批准的设计总概算是确定建设项目总造价、编制固定资产投资计划、签订建设项目承包合同和贷款合同的依据，是控制拟建项目投资的最高限额。概算造价可分为建设项目概算总造价、单项工程概算综合造价和单位工程概算造价3个层次。

(3) 修正概算。当采用三阶段设计时，在技术设计阶段，随着对初步设计的深化，建设规模、结构性质、设备类型等方面可能要进行必要的修改和变动，因此初步设计的概算随时需要做必要的修正和调整。但一般情况下，修正概算造价不能超过概算造价。

(4) 施工图预算。其又称为预算造价，在施工图设计阶段，根据施工图纸以及各种计价依据和有关规定编制施工图预算，它是施工图设计文件的重要组成部分。经审查批准的施工图预算，是签订建筑安装工程承包合同、办理建筑安装工程价款结算的依据，它比概算造价或修正概算造价更为详尽和准确，但不能超过设计概算造价。

(5) 合同价。工程招投标阶段，在签订总承包合同、建筑安装工程施工承包合同、设备材料采购合同时，由发包方和承包方共同协商一致作为双方结算基础的工程合同价格称为合同价。合同价属于市场价格的性质，它是由承、发包双方根据市场行情共同议定和认可的成交价格，但它并不等同于最终决算的实际工程造价。

(6) 结算价。在合同实施阶段，以合同价为基础，同时考虑实际发生的工程量增减、设备材料价差等影响工程造价的因素，按合同规定的调价范围和调价方法对合同价进行必要的修正和调整，由此确定的工程造价称为结算价。结算价是该单项工程的实际造价。

(7) 决算价。在竣工验收阶段，根据工程建设过程中实际发生的全部费用，由建设单位编制竣工决算，反映工程的实际造价和建成交付使用的资产情况，作为财产交接、考核交付使用财产和登记新增财产价值的依据，这样得到的工程造价称为竣工决算价，它才是建设项目的最终实际造价。

以上说明建设工程的计价过程是一个由浅入深、由粗略到精确，多次计价最后才得到实际造价的过程。各计价过程之间是相互联系、相互补充、相互制约的关系，前者制约后者，后者补充前者。

3. 计价的组合性

建设工程造价的计算是逐步组合而成的，一个建设项目总造价由各个单项工程造价组成；一个单项工程造价由各个单位工程造价组成；一个单位工程造价按分部、分项工程计算得出，这充分体现了计价组合的特点。可见，建设工程计价的过程是：分部、分项工程费用→单位工程造价→单项工程造价→建设项目总造价，如图1.4所示。

4. 计价方法的多样性

工程造价在各个阶段具有不同的作用，而且各个阶段对建设项目的研究深度也有很大的差异，因而工程造价的计价方法是多种多样的。在可行性研究阶段，工程造价的计价多采用设备系数法、生产能力指数估算法等。在设计阶段，尤其是施工图设计阶段，设计图纸完整，细部构造及做法均有大样图，工程量已能准确计算，施工方案比较明确，则多采用定额法或实物法计算。

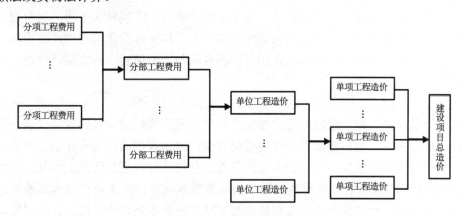

图 1.4　建设项目计价框图

5. 计价依据的复杂性

由于工程造价的构成复杂，影响因素多，且计价方法也多种多样，因此计价依据的种类也多，主要可分为以下 7 类。

(1) 设备和工程量的计算依据，包括项目建议书、可行性研究报告、设计文件等。

(2) 计算人工、材料、机械等实物消耗量的依据，包括各种定额。

(3) 计算工程资源单价的依据，包括人工单价、材料单价、机械台班单价等。

(4) 计算设备单价的依据。

(5) 计算各种费用的依据。

(6) 政府规定的税、费依据。

(7) 调整工程造价的依据，包括造价文件规定、物价指数、工程造价指数等。

1.2.5　建设工程造价计价的基本方法与模式

1. 建设工程造价计价的基本方法

工程造价计价的形式有多种，它们各不相同，但工程计价的基本过程、原理和基本方法是相同的，无论是估算造价、概算造价、预算造价还是招标控制价和投标报价，其基本方法都是成本加利润。但对于不同的计价主体，成本和利润的内涵是不同的。对于政府而言，成本反映的是社会平均水平，利润水平也是社会平均利润水平。对于业主而言，成本和利润则是考虑了建设工程的特点、建筑市场的竞争状况以及物价水平等因素确定的；业主的计价既反映了其投资期望，也反映了其在拟建项目上的质量目标和工期目标。对于承包商而言，成本则是其技术水平和管理水平的综合体现，承包商的成本属于个别成本，具有社会平均先进水平。

2. 建设工程造价计价的模式

影响工程造价计价的主要因素有两个，即基本构造要素的单位价格和基本构造要素的

实物工程数量。在进行工程造价计价时，基本构造要素的实物工程量可以通过工程量计算规则和设计图纸计算得到，它可以直接反映工程项目的规模和内容。基本构造要素的单位价格则有两种形式，即直接工程费单价和综合单价。

直接工程费单价是指分部分项工程单位价格，它是一种仅仅考虑人工、材料、机械资源要素的价格形式；综合单价是指分部、分项工程的单价，既包括人工费、材料费、机械台班使用费、管理费和利润，也包括合同约定的所有工料价格变化等一切风险费用，它是一种完全价格形式。与这两种单价形式相对应的有两种计价模式，即定额计价模式和工程量清单计价模式。

1) 定额计价模式

定额计价是我国长期以来在工程价格形成中采用的计价模式，是国家通过颁布统一的估价指标、概算定额、预算定额和相应的费用定额，对建筑产品价格有计划管理的一种方式。在计价中以定额为依据，按定额规定的分部、分项子目，逐项计算工程量，套用定额单价(或单位估价表)直接确定工程费，然后按取费标准确定构成工程价格的其他费用和利税，获得建筑安装工程造价。建设工程概预算书就是根据不同设计阶段设计的图纸和国家规定的定额、指标及各项费用取费标准等资料，预先计算的新建、扩建、改建工程的投资额的技术经济文件。由建设工程概预算书所确定的每个建设项目、单项工程或单位工程的建设费用，实质上就是相应工程的计划价格。

长期以来，我国承发包计价以工程概预算定额为主要依据。因为工程概预算定额是我国几十年计价实践的总结，具有一定的科学性和实践性，所以用这种方法计算和确定工程造价过程简单、快速，而且比较准确，也有利于工程造价管理部门的管理。但预算定额是按照计划经济的要求制定、发布、贯彻执行的，定额中人工、材料、机械的消耗量是根据"社会平均水平"综合测定的，费用标准是根据不同地区平均测算的，因此企业采用这种模式报价时就会表现为平均主义，企业不能结合项目具体情况、自身技术优势、管理水平和材料采购渠道价格进行自主报价，不能充分调动企业加强管理的积极性，也不能充分体现市场公平竞争的基本原则。

2) 工程量清单计价模式

工程量清单计价模式，是建设工程招投标中，按照国家统一的工程量清单计价规范，招标人或其委托的有资质的咨询机构编制反映工程实体消耗和措施消耗的工程量清单，并作为招标文件的一部分提供给投标人，由投标人依据工程量清单，根据各种渠道所获得的工程造价信息和经验数据，结合企业定额自主报价的计价方式。

采用工程量清单计价，能够反映出承建企业的工程个别成本，有利于企业自主报价和公平竞争，同时，工程量清单作为招标文件和合同文件的重要组成部分，对于规范招标人计价行为，在技术上避免招标中弄虚作假和暗箱操作，以及保证工程款的支付结算都会起到重要作用。

由于工程量清单计价模式需要比较完善的企业定额体系以及较高的市场化环境，短期内难以全面铺开。因此，目前我国建设工程造价实行"双轨制"计价管理办法，即定额计价法和工程量清单计价法同时实行。

1.3　建设工程造价管理概述

1.3.1　建设工程造价管理的含义

建设工程造价管理不同于企业管理或财务会计管理，工程造价管理具有管理对象的不重复性、市场条件的不确定性、施工企业的竞争性、项目实施活动的复杂性和整个建设周期都存在变化及风险等特点。

建设工程造价有两种含义，相应地，建设工程造价管理也有两种含义，一是建设工程投资费用管理，二是建设工程价格管理。

1. 建设工程投资费用管理

建设工程的投资费用管理属于投资管理范畴。建设工程投资管理是指为了实现投资的预期目标，在拟定的规划、设计方案的条件下，预测、计算、确定和监控工程造价及其变动的系统活动。这一含义既涵盖了微观项目投资费用的管理，也涵盖了宏观层次的投资费用的管理。这种含义的管理侧重于投资费用的管理，而不是侧重于工程建设的技术方面。

2. 建设工程价格管理

建设工程价格管理属于价格管理范畴。在社会主义市场经济条件下，价格管理分为微观和宏观两个层次。在微观层次上，是指生产企业在掌握市场价格信息的基础上，为实现管理目标而进行的成本控制、计价、定价和竞价的系统活动。它反映了微观主体按支配价格运动的经济规律，对商品价格进行能动的计划、预测、监控和调整，并接受价格对生产的调节。在宏观层次上，是指政府根据社会经济发展的要求，利用现有的法律、经济和行政手段对价格进行管理和调控，并通过市场管理规范市场主体价格行为的系统活动。

工程建设关系国计民生，同时今后政府投资公共项目仍然会占相当份额，所以国家对工程造价的管理，不仅承担一般商品价格的调控职能，而且在政府投资项目上也承担着微观主体的管理职能。这种双重角色的双重管理职能，是工程造价管理的一大特色。区分两种管理职能，进而制定不同的管理目标，采用不同的管理方法是建设工程造价管理的本质特色所在。

1.3.2　建设工程造价管理的目标、任务、对象及特点

1. 建设工程造价管理的目标

建设工程造价管理的目标是按照经济规律的要求，根据社会主义市场经济的发展形势，利用科学的管理方法和先进的管理手段，合理地确定造价和有效地控制造价，以提高投资效益和建筑安装企业的经营效果。

2. 建设工程造价管理的任务

建设工程造价管理的任务是加强工程造价的全过程动态管理，强化工程造价的约束机制，维护有关各方的经济利益，规范价格行为，促进微观效益和宏观效益的统一。

3. 建设工程造价管理的对象

建设工程造价管理的对象分为客体和主体。客体是建设工程项目，而主体是业主或投资人(建设单位)、承包商或承建商(设计单位、施工单位、项目管理单位)以及监理、咨询等机构及其工作人员。对各个管理对象而言，具体的工程造价管理工作，其管理的范围、内容及作用各不相同。

4. 建设工程造价管理的特点

建筑产品作为特殊的商品，具有建设周期长、资源消耗大、参与建设人员多、计价复杂等特征，相应地使得建设工程造价管理具有以下几个特点。

1) 工程造价管理的参与主体多

工程造价管理的参与主体不仅是建设单位项目法人，还包括工程项目建设的投资主管部门、行业协会、设计单位、施工单位、造价咨询机构等。具体来说，决策主管部门要加强项目的审批管理；项目法人要对建设项目从筹建到竣工验收全过程负责；设计单位要把好设计质量和设计变更关；施工企业要加强施工管理等。因而，工程造价管理具有明显的多主体性。

2) 工程造价管理的多阶段性

建设项目从可行性研究阶段开始，依次进行设计、招标投标、工程施工、竣工验收等阶段，每个阶段都有相应的工程造价文件，包括投资估算、设计概预算、招标控制价或投标报价、工程结算、竣工决算。而每个阶段的造价文件都有特定的作用。例如，投资估算价是进行建设项目可行性研究的重要参数；设计概预算是设计文件的重要组成部分；招标控制价或投标报价是进行招投标的重要依据；工程结算是承发包双方控制造价的重要手段；竣工决算是确定新增固定资产价值的依据。因此，工程造价的管理需要分阶段进行。

3) 工程造价管理的动态性

工程造价管理的动态性有两个方面：一是指工程建设过程中有许多不确定因素，如物价、自然条件、社会因素等，对这些不确定因素必须采用动态的方式进行管理；二是指工程造价管理的内容和重点在项目建设的各个阶段都是不同的、动态的。例如，可行性研究阶段工程造价管理的重点在于提高投资估算的编制精度以保证决策的正确性；招投标阶段要使招标控制价和投标报价能够反映市场实际情况；施工阶段要在满足质量和进度的前提下降低工程造价以提高投资效益。

4) 工程造价管理的系统性

工程造价管理具备系统性的特点，如投资估算、设计概预算、招标控制价、投标报价、工程结算与竣工决算组成了一个系统。因此，应该将工程造价管理作为一个系统来研究，用系统工程的原理、观点和方法进行工程造价管理，才能实施有效的管理，实现最大的投资效益。

1.3.3　建设工程造价管理的基本内容

建设工程造价管理的基本内容就是合理地确定和有效地控制工程造价。合理地确定造价和有效地控制造价之间不是简单的因果关系，是有机联系与辩证的关系，相互依存、相互制约，造价管理贯穿于工程建设全过程，即项目建议书、可行性研究、初步设计、技术设计、施工图设计、招投标、合同实施、竣工验收等阶段的工程造价管理。首先工程造价的确定是工程造价控制的基础和载体，没有造价的确定就没有造价的控制；其次工程造价的控制贯穿于造价确定的全过程，造价的确定过程也就是造价的控制过程，通过逐项控制、层层控制才能最终合理地确定造价。

1. 工程造价的合理确定

工程造价的合理确定就是指在工程建设的各个阶段，采用科学的计算方法和现行的计价依据及批准的设计方案或设计图纸等文件资料，合理确定投资估算、设计概算、施工图预算、承包合同价、工程结算价和竣工决算价。

2. 工程造价的有效控制

工程造价的有效控制是指在投资决策阶段、设计阶段、建设项目发包阶段和建设实施阶段把建设工程造价的实际发生控制在批准的造价限额以内，随时纠正发生的偏差，以保证项目管理目标的实现，以求在各个建设项目中能合理使用人力、物力、财力，取得较好的投资效益和社会效益。具体来说，它是用投资估算控制初步设计和初步设计概算；用设计概算控制技术设计和修正概算；用概算或者修正概算控制施工图设计和预算。

有效控制工程造价应注意以下几点。

(1) 以设计阶段为重点的全过程造价控制。

工程造价控制应贯穿于项目建设的全过程，但是各阶段工作对造价的影响程度是不同的。影响工程造价最大的阶段是投资决策和设计阶段，在项目做出投资决策后，控制工程造价的关键就在于设计阶段。有资料显示，至初步设计结束，影响工程造价的程度从 95%下降到 75%；至技术设计结束，影响工程造价的程度从 75%下降到 35%；至施工图设计阶段结束，影响工程造价的程度从 35%下降到 10%；而至施工开始，通过技术组织措施节约工程造价的可能性只有 5%~10%。

因此，设计单位和设计人员必须树立经济核算的观念，克服重技术、轻经济的思想，严格按照设计任务书规定的投资估算做好多方案的技术经济比较。工程经济人员在设计过程中应及时对工程造价进行分析对比，保证有效控制造价，同时要积极推行限额设计，在保证工程功能要求的前提下，按各专业分配的造价限额进行设计，保证估算、概算起层层控制作用。

(2) 以主动控制为主。

长期以来，建设管理人员把控制理解为进行目标值与实际值的比较，当两者有偏差时，分析产生偏差的原因，确定下一阶段的对策。这种传统的控制方法只能发现偏差，不能预防发生偏差，是被动控制。自 20 世纪 70 年代开始，人们将系统论和控制论研究成果应用到项目管理，把控制立足于事先主动地采取决策措施，尽可能减少以至避免目标值与实际值发生偏离。这是主动的、积极的控制方法，因此称为主动控制。这就意味着工程造价管理人员不能死算账，而应进行科学管理，不仅要真实地反映投资估算、设计概预算，更重要的是要能动地影响投资决策、设计和施工，主动地控制工程造价。

(3) 技术与经济相结合是控制工程造价最有效的手段。

控制工程造价，应从组织、技术、经济、合同等多方面采取措施。

从组织上采取措施，就要做到专人负责，明确分工；从技术上要进行多方案选择，力

求先进可行、符合国情；从经济上要动态地比较投资的计划值和实际值，严格审核各项支出。

工程建设要把技术与经济有机地结合起来，通过技术比较、经济分析和效果评价，正确处理技术先进与经济合理之间的对立统一关系，力求做到在技术先进条件下的经济合理，在经济合理基础上的技术先进，把控制工程造价的思想真正地渗透到可行性研究、项目评价、设计和施工的全过程。

1.3.4　建设工程造价管理的组织

建设工程造价管理的组织，是指为了实现建设工程造价管理目标而进行的有效组织活动，以及与造价管理功能相关的有机群体。按照管理的权限和职责范围划分，我国目前的工程造价管理组织系统分为政府行政管理系统、行业协会管理系统以及企、事业机构管理系统。

1. 政府行政管理系统

政府在工程造价管理中既是宏观管理主体，也是政府投资项目的微观管理主体。从宏观管理的角度，政府对工程造价管理有一个严密的组织系统，设置了多层管理机构，规定了管理权限和职责范围。住房和城乡建设部标准定额司是国家工程造价管理的最高行政管理机构，它的主要职责有以下几点。

(1) 组织制定工程造价管理的有关法规、制度并组织贯彻实施。

(2) 组织制定全国统一的经济定额，并负责部管行业经济定额计划的制订、修订。

(3) 监督指导全国统一的经济定额和部管行业经济定额的实施。

(4) 制定工程造价咨询单位的资质标准并监督执行，提出工程造价专业技术人员执业资格标准。

(5) 管理全国工程造价咨询单位的资质工作，负责全国甲级工程造价咨询单位的资质审定。

省、自治区、直辖市和行业主管部门的工程造价管理机构，是在其管辖范围内行使管理职能；省辖市和地区的工程造价管理部门在所辖地区行使管理职能。其职责大体与国家建设部的工程造价管理机构相对应。

2. 行业协会管理系统

中国建设工程造价管理协会是我国建设工程造价管理的行业协会。中国建设工程造价管理协会成立于1990年7月，它的前身是1985年成立的"中国工程建设概预算委员会"。随着我国经济建设的发展、投资规模的扩大，工程造价管理已成为投资管理的重要内容，合理、有效地使用投资资金也成为国家发展经济的迫切要求。随着市场经济体制的确立和改革开放的深入，要求工程造价管理理论和方法都要有所突破。广大造价工作者也迫切地要求相互之间能就专业中的问题，尤其是能对新形势下出现的新问题，进行切磋和交流、上下沟通，所有这些都要求成立一个协会来协助主管部门进行管理。

中国建设工程造价管理协会的性质：由从事工程造价管理与工程造价咨询服务的单位及具有造价工程师注册资格和资深的专家、学者自愿组成的具有社会团体法人资格的全国性社会团体，是对外代表造价工程师和工程造价咨询服务机构的行业性组织，该协会经建设部同意,民政部核准登记属非营利性社会组织。

中国建设工程造价管理协会的主要职责有以下几个。

(1) 研究工程造价管理体制的改革、行业发展、行业政策、市场准入制度及行为规范等理论与实践问题。

(2) 探讨提高政府和业主项目投资效益,科学预测和控制工程造价,促进现代化管理技术在工程造价咨询行业中的运用,向国家行政部门提出建议。

(3) 接受国家行政主管部门委托,承担工程造价咨询行业和造价工程师执业资格及职业教育等具体工作,研究提出与工程造价有关的规章制度及工程造价咨询行业的资质标准、合同范本、职业道德规范等行业标准,并推动其实施。

(4) 对外代表我国造价工程师组织和工程造价咨询行业与国际组织及各国同行组织建立联系与交往,签订有关协议,为会员开展国际交流与合作等服务。

(5) 建立工程造价信息服务系统,编辑、出版有关工程造价方面的刊物和参考资料,组织交流和推广先进工程造价咨询经验,举办有关职业培训和国际工程造价咨询业务研讨活动。

(6) 在国内外工程造价咨询活动中,维护和增进会员的合法权益,协调解决会员和行业间的有关问题,受理关于工程造价咨询执业违规的投诉,配合行政主管部门进行处理,并向政府部门和有关方面反映会员单位和工程造价咨询人员的建议和意见。

(7) 指导各专业委员会和地方造价协会的业务工作。

(8) 组织完成政府有关部门和社会各界委托的其他业务。

我国工程造价管理协会已初步形成三级协会体系,即中国建设工程造价管理协会,省、自治区、直辖市和行业工程造价管理协会以及工程造价管理协会分会。其职责范围也初步形成了宏观领导、中观区域和行业指导、微观具体实施的体系。

省、自治区、直辖市和行业工程造价管理协会的职责:负责造价工程师的注册,根据国家宏观政策并在中国建设工程造价管理协会的指导下,针对本地区和本行业的具体实际情况制定有关制度、办法并进行业务指导。

3. 企、事业机构管理系统

企、事业机构对工程造价的管理,属于微观管理的范畴,通常是针对具体的建设项目而实施工程造价管理活动。企、事业机构管理系统根据主体的不同,可划分为业主方工程造价管理系统、承包方工程造价管理系统、中介服务方工程造价管理系统。

1) 业主方工程造价管理系统

业主对项目建设的全过程进行造价管理,其职责主要为:进行可行性研究、投资估算的确定与控制;设计方案的优化和设计概算的确定与控制;施工招标文件和招标控制价的编制;工程进度款的支付和工程结算及控制;合同价的调整;索赔与风险管理;竣工决算的编制等。

2) 承包方工程造价管理系统

承包方工程造价管理组织的职责主要为:投标决策,并通过市场研究和结合自身积累的经验进行投标报价;编制施工定额;在施工过程中进行工程造价的动态管理,加强风险管理、工程进度款的支付、工程索赔、竣工结算;加强企业内部的管理,包括施工成本的

预测、控制与核算等。

3) 中介服务方工程造价管理系统

中介服务方主要有设计方与工程造价咨询方，其职责主要为：按照业主或委托方的意图，在可行性研究和规划设计阶段确定并控制工程造价；采用限额设计以实现设定的工程造价管理目标；招投标阶段编制招标控制价，参与评标、议标；在项目实施阶段，通过设计变更、索赔与结算等工作进行工程造价的控制。

1.3.5 全过程工程造价管理

1. 全过程工程造价管理的内涵

随着时代的发展和社会的进步，我国的建设工程造价管理体制和方法必须进行全面转变。为了全面提高我国建设工程造价管理水平，必须尽快实现从传统的项目管理范式向现代项目管理范式的转换，同时实现从传统的基于定额的造价管理范式向现代的基于活动的全过程造价管理范式的转换。

1) 全过程工程造价管理的产生

自20世纪80年代中期开始，我国建设工程造价管理界就有了对建设项目进行全过程造价管理的思想。特别是在1988年，当时的国家计划委员会印发了《关于控制建设工程造价的若干规定》(计标〔1988〕30号)的通知，在该通知中提出了"建设工程造价的合理确定和有效控制是工程建设管理中的重要组成部分。控制工程造价的目的不仅仅在于控制项目投资不超过批准的造价限额，更积极的意义在于合理使用人力、物力、财力，以及取得最大的投资效益"。这是国内对于建设项目造价管理必须以投资效益最大化作为指导思想的较早描述，它确定了我国提出的全过程造价管理范式的根本指导思想。同时，该通知还提出了"为了有效地控制工程造价，必须建立健全投资主管单位以及建设、设计、施工等各有关单位的全过程造价控制责任制"。这是我国描述全过程造价管理具体方法的最早文件。

进入20世纪90年代以后，我国建设工程造价管理界进一步对这一管理范式提出了许多理论，与此同时，国际上也出现了一些建设项目全过程造价管理方面的研究文献。

2) 全过程工程造价管理的内涵

建设项目全过程造价管理范式的核心概念主要包括以下几个方面。

(1) 多主体地参与和投资效益最大化。

全过程工程造价管理范式的根本指导思想是通过这种管理方法，使得项目的投资效益最大化以及合理地使用项目的人力、物力和财力以降低工程造价；全过程工程造价管理范式的根本方法是整个项目建设全过程中的各有关单位共同分工合作去承担建设项目全过程的造价控制工作。全过程工程造价管理要求项目全体相关利益主体的全过程参与，这些相关利益主体构成了一个利益团队，他们必须共同合作和分别负责整个建设项目全过程中各项活动造价的确定与控制责任。

(2) 全过程的概念。

全过程工程造价管理作为一种全新的造价管理范式，强调建设项目是一个过程，建设项目造价的确定与控制也是一个过程，是一个项目造价决策和实施的过程，人们在项目全过程中都需要开展建设项目造价管理的工作。

(3) 基于活动的造价确定方法。

全过程工程造价管理中的建设项目造价确定是一种基于活动的造价确定方法，这种方法是将一个建设项目的工作分解成项目活动清单，然后使用工程测量方法确定出每项活动所消耗的资源，最终根据这些资源的市场价格信息确定出一个建设项目的造价。

(4) 基于活动的造价控制方法。

全过程工程造价管理中的建设项目造价控制是一种基于活动的造价控制方法，这种方法强调一个建设项目的造价控制必须从项目的各项活动及其活动方法的控制入手，通过减少和消除不必要的活动去减少资源消耗，从而实现降低和控制建设项目造价的目的。

从上述分析可以得出，全过程工程造价管理范式的基本原理是按照基于活动的造价确定方法去估算和确定建设项目造价，同时采用基于活动的管理方法以降低和消除项目的无效和低效活动，从而减少资源的消耗与占用，并最终实现对建设项目造价的控制。

2. 全过程工程造价管理的基本步骤

全过程工程造价管理具有两项主要内容：一是造价的确定过程；二是造价的控制过程。

1) 造价的确定

全过程工程造价管理范式中的造价确定是按照基于活动的项目成本核算方法进行的。这种方法的核心指导思想是任何项目成本的形成都是由于消耗或占用一定的资源造成的，而任何这种资源的消耗和占用都是由于开展项目活动造成的，所以只有确定了项目的活动才能确定出项目所需消耗的资源，而只有在确定了项目活动所消耗和占用的资源以后才能科学地确定出项目活动的造价，最终才能确定建设项目的造价。这种确定造价的方法实际上就是国际上通行的基于活动的成本核算的方法，也叫工程量清单法或工料测量法。需要注意的是，我国现在全面推广的工程量清单法在项目工作分解结构的技术、项目活动的分解与界定技术方法和项目资源价格信息收集与确定方法等方面还存在一些缺陷，所以必须加以改进和完善才能形成建设项目全过程造价确定的技术方法。

2) 造价的控制

全过程工程造价管理范式中的造价控制是按照基于活动的项目成本控制方法进行的。这种方法的核心指导思想是任何项目成本的节约都是由于项目资源消耗和占用的减少带来的，而项目资源消耗和占用的减少只有通过减少或消除项目的无效或低效活动才能做到，所以只有减少或消除项目无效或低效活动以及改善项目低效活动的方法才能有效地控制和降低建设项目的造价。这种造价控制的技术方法就是国际上流行的基于活动(或过程)的项目造价控制方法。我国现有的项目控制方法在不确定性成本控制、项目变更总体控制、项目多要素变动的集成管理和项目活动方法的改进与完善等方面都还存在一些缺陷，需要改进和完善。

3. 全过程工程造价管理的方法

全过程工程造价管理的方法主要分为两部分：一部分是基本方法，包括全过程工作分解技术方法、全过程工程造价确定技术方法、全过程工程造价控制技术方法；另一部分是辅助方法，包括全要素集成造价管理技术方法、全风险造价管理技术方法、全团队造价管

理技术方法等。

1) 全过程工作分解技术方法

每个建设项目的全过程都是由一系列的项目阶段和具体项目活动构成的，因此，全过程造价管理首先要求对建设项目进行工作分解与活动分解。

(1) 建设项目全过程的阶段划分。

一个建设项目的全过程至少可以简单地划分为四个阶段，即项目可行性分析与决策阶段、项目设计与计划阶段、项目实施阶段、项目的完工与交付阶段。

(2) 建设项目各阶段的进一步划分。

项目的每个阶段是由一系列的活动组成的，因此，可以对项目的各阶段作进一步划分，这种划分包括以下两个层次。

① 项目的工作分解与工作包。任何一个建设项目都可以按照一种层次型的结构化方法进行项目工作包的分解，并且给出建设项目的工作分解结构，这是现代建设项目管理中范围管理的一种重要方法。借用现代建设项目管理的这种方法，可以将一个建设项目的全过程分解成一系列的项目工作包，然后将这些项目工作包进一步细分成建设项目全过程的活动，以便更为细致地去确定和控制项目的造价。

② 项目的活动分解与活动。任何一个建设项目的工作包都可以进一步划分为多项建设项目的活动，这些活动是为了生成建设项目某种特定产出物服务的。这样，建设项目各阶段的工作包又可以进一步分解为一系列活动，从而进一步细分一个项目全过程中各工作包的工作，以便更为细致地去管理项目的造价。

2) 全过程工程造价确定技术方法

(1) 全过程中各阶段造价的确定。

根据上述项目的阶段性划分理论，一个建设项目全过程的造价就可以被看成项目各阶段造价之和。实际上各个阶段的工程造价在很大程度上是各不相同的，其中项目的可行性研究与决策阶段的造价是由决策和决策支持工作所形成的成本加上相应的服务利润。通常这种成本是项目业主和咨询服务机构工作的代价，它在整个项目的成本中所占比例较小，而服务利润是指在委托造价咨询服务机构提供项目决策服务时应付的利润和税金等。项目的设计与计划阶段的造价多数是由设计和实施组织提供服务的成本加上相应的服务利润组成的；项目实施阶段的造价是由项目实施组织提供服务的成本加上相应的服务利润和项目主体建设中的各种资源的价值转移组成的；项目的完工与交付阶段的成本多数是指一些检验、变更和返工所形成的成本。

(2) 全过程中项目活动的造价确定。

项目各个阶段的造价实际上都是由一系列不同性质的项目活动所消耗或占用的资源形成的，因此要准确地确定项目的造价还必须分析和确定项目所有活动的造价。项目每个阶段的造价都是由其中的项目活动造价累计而成的。

(3) 全过程工程造价的确定。

项目全过程的造价是由项目各个不同阶段的造价构成的，而项目各个不同阶段的造价又是由每一项目阶段中项目活动的造价所构成的。所以，在全过程造价的确定过程中必须按照项目活动分解的方法首先找出一个项目的项目阶段、项目工作分解结构和项目活动清单，然后按照自下而上的方法得到一个项目的全过程造价。

3) 全过程工程造价控制技术方法

对项目全过程工程造价的控制首先必须从控制全过程中项目活动和项目活动方法入手，通过努力消除与减少无效活动和提高项目活动效率与改善项目活动方法去减少项目对于各种资源的消耗与占用，从而形成项目全过程造价的降低和节约。另外，还必须控制项目中各项活动消耗与占用的资源，通过科学的物流管理和资源配置方法以减少由于项目资源管理不善或资源配置不当所造成的项目成本的提高。

一个项目的全过程造价控制工作主要包括以下三方面内容。

(1) 全过程中项目活动的控制。

全过程中项目活动的控制主要包括两个方面：其一是活动规模的控制，即努力控制项目活动的数量和大小，通过消除各种不必要或无效的项目活动来实现节约资源和降低成本的目的；其二是活动方法的控制，即努力改进和提高项目活动的方法，通过提高效率来降低资源消耗和减少项目成本。

(2) 全过程中项目资源的控制。

全过程中项目资源的控制工作主要包括两个方面：其一是项目中各种资源的物流等方面的管理，即项目资源的采购和物流等方面的管理，其主要目的是降低项目资源在流通环节中的消耗和浪费；其二是各种资源的合理配置方面的管理，即项目资源的合理调配和项目资源在时间和空间上的科学配置，其主要目的是消除各种停工待料或资源积压与浪费。

(3) 全过程的造价结算控制。

全过程的造价结算控制是一种间接控制造价的方法，可以减少项目贷款利息或汇兑损益以及提高资金的时间价值。例如，通过付款方式和时间的正确选择去降低项目物料和设备采购或进口方面的成本，通过对于结算货币的选择去降低外汇的汇兑损益，通过及时结算和准时交割去减少利息支付等。

4) 全要素集成造价管理技术方法

全过程的造价管理需要从管理影响项目造价的全部要素入手，建立一套涉及全要素集成造价控制的项目造价管理方法。在项目建设的全过程中影响造价的基本要素有 4 个：其一是建设项目范围；其二是建设项目工期；其三是建设项目质量；其四是建设项目造价。

在全过程造价管理中这 4 个要素是相互影响和相互转化的。一个建设项目的范围、工期和质量在一定条件下可以转化成项目的造价。例如，项目范围的扩大和项目工期的缩短会转化成项目造价的增加。同样，项目质量的提高也会转化成项目造价的增加。因此，对于全过程造价管理而言，还必须从影响造价的全部要素管理的角度分析和找出项目范围、工期、质量与造价等要素的相互关系。

5) 全风险造价管理技术方法

项目的实现过程是在一个存在许多风险和不确定性因素的外部环境和条件下进行的，这些不确定性因素的存在会直接导致项目造价的不确定性。因此，项目的全过程造价管理还必须综合管理项目的风险性因素及风险性造价。

项目造价的不确定性主要表现在三个方面：其一是项目活动本身存在的不确定性；其

二是项目活动规模及其所消耗和占用资源数量方面的不确定性；其三是项目所消耗和占用资源价格的不确定性。

6) 全团队造价管理技术方法

项目在实现过程中会涉及多个不同的利益主体，包括项目法人、设计单位、咨询单位、承包商、供应商等，这些利益主体一方面为实现一个建设项目而共同合作，另一方面依分工不同去完成项目的不同任务并获得各自的收益。在项目的实现过程中，这些利益主体都有各自的利益，甚至有时这些利益主体之间还会发生利益冲突，这就要求在项目的全过程工程造价管理中必须协调好他们之间的利益和关系，从而将这些不同的利益主体联合在一起构成一个全面合作的团队，并通过这个团队的共同努力去实现造价管理的目标。

1.4 工程造价咨询与造价工程师

1.4.1 工程造价咨询

1. 工程造价咨询的概念

咨询是指利用科学技术和管理人才的专业技能，根据委托方的要求，提供解决有关决策、技术和管理等方面问题的优化方案的智力服务活动过程。它以智力劳动为特点，以特定问题为目标，以委托人为服务对象，按合同规定的条件进行有偿的经营活动。

工程造价咨询是指工程造价咨询企业面向社会接受委托，承担建设项目的可行性研究、投资估算、项目经济评价、工程概预算、工程结算、竣工决算、工程招标控制价、投标报价的编制和审核，对工程造价进行监控以及提供有关工程造价信息资料等业务工作。

2. 工程造价咨询企业

工程造价咨询企业是指接受委托，对建设项目投资、工程造价的确定与控制提供专业咨询服务的企业。工程造价咨询企业应当依法取得工程造价咨询企业资质，并在其资质等级许可的范围内从事工程造价咨询活动。工程造价咨询企业从事工程造价咨询活动，应当遵循独立、客观、公正、诚实信用的原则，不得损害社会公共利益和他人的合法权益，任何单位和个人不得非法干预依法进行的工程造价咨询活动。

国务院建设主管部门负责全国工程造价咨询企业的统一监督管理工作，省、自治区、直辖市人民政府建设主管部门负责本行政区域内工程造价咨询企业的监督管理工作，有关专业部门负责对本专业工程造价咨询企业实施监督管理工作。

1.4.2 造价工程师

根据《造价工程师职业资格制度规定》，国家设置造价工程师准入类职业资格，纳入国家职业资格目录。工程造价咨询企业应配备造价工程师，工程建设活动中有关工程造价管理岗位按需要配备造价工程师。造价工程师分为一级造价工程师和二级造价工程师。

1. 职业资格考试

造价工程师是指通过职业资格考试取得中华人民共和国造价工程师职业资格证书，并

经注册后从事建设工程造价工作的专业技术人员。

一级造价工程师职业资格考试全国统一大纲、统一命题、统一组织。二级造价工程师职业资格考试全国统一大纲，各省、自治区、直辖市自主命题并组织实施。

1) 报考条件

(1) 一级造价工程师报考条件。凡遵守中华人民共和国宪法、法律、法规，具有良好的业务素质和道德品行，具备下列条件之一者，可以申请参加一级造价工程师职业资格考试。

① 具有工程造价专业大学专科(或高等职业教育)学历，从事工程造价业务工作满 5 年；具有土木建筑、水利、装备制造、交通运输、电子信息、财经商贸大类大学专科(或高等职业教育)学历，从事工程造价业务工作满 6 年。

② 具有通过工程教育专业评估(认证)的工程管理、工程造价专业大学本科学历或学位，从事工程造价业务工作满 4 年；具有工学、管理学、经济学门类大学本科学历或学位，从事工程造价业务工作满 5 年。

③ 具有工学、管理学、经济学门类硕士学位或者第二学士学位，从事工程造价业务工作满 3 年。

④ 具有工学、管理学、经济学门类博士学位，从事工程造价业务工作满 1 年。

⑤ 具有其他专业相应学历或者学位的人员，从事工程造价业务的工作年限相应增加 1 年。

(2) 二级造价工程师报考条件。凡遵守中华人民共和国宪法、法律、法规，具有良好的业务素质和道德品行，具备下列条件之一者，可以申请参加二级造价工程师职业资格考试。

① 具有工程造价专业大学专科(或高等职业教育)学历，从事工程造价业务工作满 2 年；具有土木建筑、水利、装备制造、交通运输、电子信息、财经商贸大类大学专科(或高等职业教育)学历，从事工程造价业务工作满 3 年。

② 具有工程管理、工程造价专业大学本科及以上学历或学位，从事工程造价业务工作满 1 年；具有工学、管理学、经济学门类大学本科及以上学历或学位，从事工程造价业务工作满 2 年。

③ 具有其他专业相应学历或者学位的人员，从事工程造价业务工作年限相应增加 1 年。

2) 考试科目

造价工程师职业资格考试设基础科目和专业科目。

一级造价工程师职业资格考试设 4 个科目，包括"建设工程造价管理""建设工程计价""建设工程技术与计量"和"建设工程造价案例分析"。其中，"建设工程造价管理"和"建设工程计价"为基础科目，"建设工程技术与计量"和"建设工程造价案例分析"为专业科目。

二级造价工程师职业资格考试设两个科目，包括"建设工程造价管理基础知识"和"建设工程计量与计价实务"。其中，"建设工程造价管理基础知识"为基础科目，"建设工程计量与计价实务"为专业科目。

造价工程师职业资格考试专业科目分为 4 个专业类别，即土木建筑工程、交通运输工

程、水利工程和安装工程，考生在报名时可根据实际工作需要选择其一。

3) 职业资格证书

一级造价工程师职业资格考试合格者，由各省、自治区、直辖市人力资源社会保障行政主管部门颁发中华人民共和国一级造价工程师职业资格证书，该证书全国范围内有效。

二级造价工程师职业资格考试合格者，由各省、自治区、直辖市人力资源社会保障行政主管部门颁发中华人民共和国二级造价工程师职业资格证书，该证书原则上在所在行政区域内有效。

2. 注册

国家对造价工程师职业资格实行执业注册管理制度。取得造价工程师职业资格证书且从事工程造价相关工作的人员，经注册方可以造价工程师名义执业。

住房和城乡建设部、交通运输部、水利部分别负责一级造价工程师注册及相关工作。各省、自治区、直辖市住房和城乡建设、交通运输、水利行政主管部门按专业类别分别负责二级造价工程师注册及相关工作。

经批准注册的申请人，由住房和城乡建设部、交通运输部、水利部核发《中华人民共和国一级造价工程师注册证》(或电子证书)；或由各省、自治区、直辖市住房和城乡建设、交通运输、水利行政主管部门核发《中华人民共和国二级造价工程师注册证》(或电子证书)。

造价工程师执业时应持注册证书和执业印章。注册证书、执业印章样式以及注册证书编号规则由住房和城乡建设部会同交通运输部、水利部统一制定。执业印章由注册造价工程师按照统一规定自行制作。

3. 执业

造价工程师在工作中，必须遵纪守法，恪守职业道德和从业规范，诚信执业，主动接受有关主管部门的监督检查，加强行业自律。造价工程师不得同时受聘于两个或两个以上单位执业，不得允许他人以本人名义执业，严禁"证书挂靠"。出租出借注册证书的，依据相关法律法规进行处罚；构成犯罪的，依法追究刑事责任。

执业范围如下。

1) 一级造价工程师执业范围

包括建设项目全过程的工程造价管理与咨询等，具体工作内容有以下几项。

(1) 项目建议书、可行性研究投资估算与审核，项目评价造价分析。

(2) 建设工程设计概算、施工预算的编制和审核。

(3) 建设工程招标投标文件工程量和造价的编制与审核。

(4) 建设工程合同价款、结算价款、竣工决算价款的编制与管理。

(5) 建设工程审计、仲裁、诉讼、保险中的造价鉴定，工程造价纠纷调解。

(6) 建设工程计价依据、造价指标的编制与管理。

(7) 与工程造价管理有关的其他事项。

2) 二级造价工程师执业范围

二级造价工程师主要协助一级造价工程师开展相关工作，可独立开展以下具体工作。

(1) 建设工程工料分析、计划、组织与成本管理，施工图预算、设计概算的编制。

(2) 建设工程工程量清单、招标控制价、投标报价的编制。

(3) 建设工程合同价款、结算价款和竣工决算价款的编制。

造价工程师应在本人工程造价咨询成果文件上签章，并承担相应责任。工程造价咨询成果文件应由一级造价工程师审核并加盖执业印章。

习　题

一、单项选择题

1. 按照工程造价的第一种含义，对工程造价的理解正确的是(　　)。

　　A. 工程价值　　　　　　　　　　　B. 固定资产费用

　　C. 工程成本　　　　　　　　　　　D. 建筑安装工程价格

2. 在建设项目中，凡具有独立的设计文件，竣工后可以独立发挥生产能力或使用效益的工程称为(　　)。

　　A. 建设项目　　　B. 单项工程　　　C. 单位工程　　　D. 分部工程

3. 工程造价的第一种含义是从(　　)角度定义的。

　　A. 建筑安装工程　　　　　　　　　B. 建筑安装工程承包商

　　C. 设备供应商　　　　　　　　　　D. 建设项目投资者

4. 按照工程造价的第一种含义，工程造价是指(　　)。

　　A. 建设项目总投资　　　　　　　　B. 建设项目固定资产投资

　　C. 建设工程投资　　　　　　　　　D. 建筑安装工程投资

5. 工程之间千差万别，在用途、结构、造型、坐落位置等方面都有很大的不同，这体现了工程造价(　　)的特点。

　　A. 动态性　　　　　　　　　　　　B. 个别性和差异性

　　C. 层次性　　　　　　　　　　　　D. 兼容性

6. 在项目建设全过程的各个阶段中，即决策、初步设计、技术设计、施工图设计、招投标、合同实施及竣工验收等阶段，都要进行相应的计价，分别对应形成投资估算、设计总概算、修正概算、施工图预算、合同价、结算价及决算价等。这体现了工程造价(　　)的计价特征。

　　A. 复杂性　　　B. 多次性　　　　C. 组合性　　　D. 方法多样性

7. 工程实际造价是在(　　)阶段确定的。

　　A. 招投标　　　B. 合同签订　　　C. 竣工验收　　　D. 施工图设计

8. 预算造价是在(　　)阶段编制的。

　　A. 初步设计　　B. 技术设计　　　C. 施工图设计　　D. 招投标

9. 概算造价是指在初步设计阶段，根据设计意图，通过编制工程概预算文件预先测算和确定的工程造价，主要受(　　)控制。

　　A. 投资估算　　B. 合同价　　　　C. 修正概算造价　D. 实际造价

10. 工程造价的两种管理是指(　　)。

　　A. 建设工程投资费用管理和工程造价计价依据管理

B. 建设工程投资费用管理和工程价格管理

C. 工程价格管理和工程造价专业队伍建设管理

D. 工程造价管理和工程造价计价依据管理

二、多项选择题

1. 建设项目按照投资效益和市场需求划分，包括(　　)。

    A. 基本建设项目　　　　　　B. 更新改造项目　　　　C. 竞争性项目

    D. 基础性项目　　　　　　　E. 公益性项目

2. 在有关工程造价的基本概念中，下列说法正确的是(　　)。

    A. 工程造价的两种含义表明需求主体和供给主体追求的经济利益相同

    B. 工程造价在建设过程中是不确定的，直至竣工决算后才能确定工程的实际
造价

    C. 实现工程造价职能的最主要条件是形成市场竞争机制

    D. 生产性项目总投资包括其总造价和流动资产投资两部分

    E. 建设项目各阶段依次形成的工程造价之间的关系是前者制约后者，后者补充
前者

3. 工程价格是指建成一项工程预计或实际在土地市场、设备和技术劳务市场、承包市
场等交易活动中形成的(　　)。

    A. 综合价格　　　　　　　B. 商品和劳务价格　　　　C. 建筑安装工程价格

    D. 流通领域商品价格　　　E. 建设工程总价格

4. 工程造价的特点有(　　)。

    A. 大额性　　　　　　　　B. 个别性和差异性　　　　C. 静态性

    D. 层次性　　　　　　　　E. 兼容性

5. 工程造价计价的特征有(　　)。

    A. 单件性　　　　　　　　B. 批量性　　　　　　　　C. 多次性

    D. 一次性　　　　　　　　E. 组合性

6. 工程造价具有多次性计价特征，其中各阶段与造价的对应关系正确的是(　　)。

    A. 招投标阶段→合同价　　　　　　　B. 施工阶段→合同价

    C. 竣工验收阶段→实际造价　　　　　D. 竣工验收阶段→结算价

    E. 可行性研究阶段→概算造价

7. 建设工程造价进行多次性计价，投资估算与设计概算之间的关系是(　　)。

    A. 投资估算控制设计概算　　　　　　B. 设计概算控制施工图预算

    C. 设计概算是对投资估算的落实

    D. 在正常情况下投资估算小于设计概算

    E. 投资估算作为工程造价的目标限额，应比设计概算更为准确

8. 工程造价的层次性包括(　　)。

    A. 建设项目总造价　　　　B. 单项工程造价　　　　　C. 单位工程造价

    D. 专业工程造价　　　　　E. 建筑工程及安装工程造价

9. 工程造价管理的基本内容包括(　　)。

    A. 压低工程造价　　　　　B. 合理确定工程造价　　　C. 有效控制工程造价

D. 改革管理体制　　　　　　　E. 预算定额管理

10. 为有效地控制工程造价，投资者与业主应做到(　　)。

A. 以施工阶段为重点进行控制　　　　B. 实施全过程造价控制

C. 以设计阶段为重点进行控制　　　　D. 技术与经济相结合进行控制

E. 以招标阶段为重点进行控制

第 2 章　建设工程造价构成

通过对本章内容的学习，要求读者掌握我国建设工程造价的构成和主要内容，为建设工程造价计价与控制打好基础。具体任务是掌握设备及工器具购置费、建筑安装工程费、工程建设其他费、预备费、建设期贷款利息的组成内容和计算。

2.1　建设项目总投资及建设工程造价

2.1.1　投资的含义及分类

1. 投资的含义

投资是指投资主体为了特定的目的，以达到预期收益的价值垫付行为。

投资是现代经济生活中最重要的内容之一，无论是政府、企业、金融组织还是个人，作为经济主体，都在不同程度上以不同的方式直接或间接地参与投资活动。

广义的投资是指投资主体为了特定的目的，将资源投放到某项目以达到预期效果的一系列经济行为。其资源既可以是资金，也可以是人力、技术等；既可以是有形资产的投放，也可以是无形资产的投放。

狭义的投资是指投资主体在经济活动中为实现某种预定的生产、经营目标而预先垫付资金的经济行为。

2. 投资的分类

投资可以从不同角度作不同的分类，如图 2.1 所示。

2.1.2　固定资产投资与流动资产投资

1. 固定资产投资

1) 固定资产投资的概念

固定资产投资是指投资主体为了特定的目的，用于建设和形成固定资产的投资。

按照我国现行规定，固定资产投资包括基本建设投资、更新改造投资、房地产开发投资和其他固定资产投资。

基本建设投资是指利用国家预算内拨款、自筹资金、国内外基本建设贷款以及其他专项资金进行的，以扩大生产能力(或新增工程效益)为主要目的的新建、扩建工程及有关的工作量，是形成新增固定资产的主要手段。

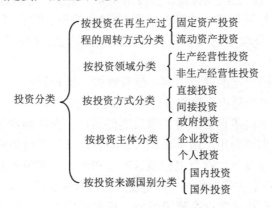

图 2.1　投资分类

更新改造投资是指通过以先进科学技术改造原有技术，以实现扩大再生产为主的资金投入行为。

房地产开发投资是指房地产企业开发厂房、宾馆、写字楼、仓库和住宅等房屋设施和开发土地的资金投入行为。

其他固定资产投资是指按规定不纳入投资计划和利用专项资金进行基本建设和更新改造的资金投入行为，它在固定资产投资中所占的比例较小。

2) 固定资产投资的分类

(1) 静态投资。

静态投资是以某一基准年、月的建设要素的价格为依据所计算出的建设项目投资的瞬时值。

静态投资包括设备和工器具购置费、建筑安装工程费、工程建设其他费用、基本预备费(在概算编制阶段难以包括的工程支出，如工程量差引起的造价变化)等。

(2) 动态投资。

动态投资是指为完成一个工程项目的建设，预计投资需要量的总和。它除了包括静态投资所含内容外，还包括涨价预备费、建设期贷款利息等。

动态投资适应了市场价格运行机制的要求，更加符合实际的经济运动规律。

静态投资和动态投资的内容虽然有所区别，但二者有密切联系。动态投资包含静态投资，静态投资是动态投资最主要的组成部分，也是动态投资的计算基础。

2. 流动资产投资

流动资产是指在生产经营过程中经常改变其存在状态，在一年或者超过一年的一个营业周期内变现或者耗用的资产。

和固定资产投资相对应，流动资产投资是指投资主体用以获得流动资产的投资，即项目在投产前预先垫付、在投产后生产经营过程中周转使用的资金——流动资金。

2.1.3 我国现行建设项目总投资及建设工程造价的构成

建设项目总投资是指在工程项目建设阶段所需要的全部费用的总和。

生产性建设项目总投资包括固定资产投资(含建设投资、建设期利息)和流动资产投资两部分；而非生产性建设项目总投资只包括固定资产投资(含建设投资、建设期利息)部分，不含流动资产投资。

建设工程造价是按照确定的建设内容、建设规模、建设标准、功能要求和使用要求等将建设工程项目全部建成并验收合格交付使用所需的全部费用。

建设工程造价的基本构成包括：用于购买工程项目所含各种设备的费用；用于建筑施工和安装施工所需要支出的费用；用于委托工程勘查设计应支付的费用；用于购置土地所需的费用；也包括用于建设单位自身进行项目筹建和项目管理所需要的费用等。建设项目的工程造价与固定资产投资在量上相等，固定资产投资对应于建设投资和建设期利息之和。

建设工程造价的主要构成部分是建设投资，根据国家发改委和建设部发布的《建设项目经济评价方法与参数(第三版)》(发改投资〔2006〕1325 号)的规定，建设投资包括工程费用、工程建设其他费用和预备费三部分。

工程费用是指直接构成固定资产实体的各种费用，可以分为设备及工器具购置费和建筑安装工程费。

工程建设其他费用是指根据国家有关规定应在投资中支付，并列入建设项目总造价或单项工程造价的费用。

预备费是指为了保证工程项目的顺利实施，避免在难以预料的情况下造成投资不足而预先安排的一笔费用。

建设项目总投资及建设工程造价的具体构成内容如图 2.2 所示。

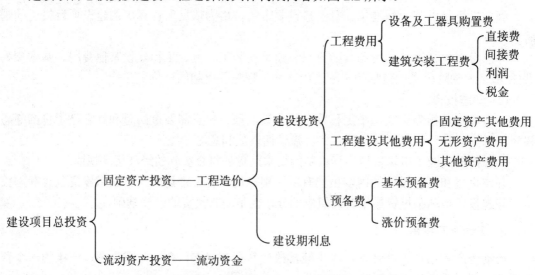

图 2.2 我国现行建设项目总投资及工程造价的构成

2.2　设备及工器具购置费的构成

设备及工器具购置费是由设备购置费和工器具及生产家具购置费组成的，它是固定资产投资中的积极部分。在生产性工程建设中，设备及工器具购置费占工程造价比例的增大，意味着生产技术的进步和资本有机构成的提高。

2.2.1　设备购置费的构成及计算

设备购置费是指为建设项目购置或自制的达到固定资产标准的各种国产或进口设备、工器具的购置费用。

$$\text{设备购置费}=\text{设备原价}+\text{设备运杂费} \tag{2.1}$$

式中：设备原价为国产设备或进口设备的原价；设备运杂费为除设备原价之外的，设备采购、运输、途中包装及仓库保管等方面支出费用的总和。

1. 国产设备原价的构成及计算

国产设备原价一般指设备制造厂的交货价或订货合同价。它一般根据生产厂或供应商的询价、报价、合同价确定，或采用一定的方法计算确定。国产设备原价分为两种，即国产标准设备原价和国产非标准设备原价。

1) 国产标准设备原价

国产标准设备是指按照我国主管部门颁布的标准图纸和技术要求，由我国设备生产厂批量生产的，符合国家质量检测标准的设备，如批量生产的车床等。

国产标准设备原价有两种，即带有备件的原价和不带有备件的原价。在计算时，一般采用带有备件的原价。国产标准设备原价一般指的是设备制造厂的交货价，即出厂价。如果设备由设备公司成套供应，则以订货合同价为设备原价，一般按带有备件的出厂价计算。

2) 国产非标准设备原价

国产非标准设备是指国家尚无定型标准，各设备生产厂不可能在制作工艺过程中采用批量生产，只能按一次订货，并根据具体的设计图纸制造的设备。

国产非标准设备原价有多种不同的计算方法，如成本计算估价法、系列设备插入估算法、分部组合估价法、定额估价法。常用的是成本计算估价法，其原价由以下各项组成。

(1) 材料费。其计算公式为

$$\text{材料费}=\text{材料净重}\times(1+\text{加工损耗系数})\times\text{每吨材料综合价} \tag{2.2}$$

(2) 加工费。包括生产工人工资和工资附加费、燃料动力费、设备折旧费、车间经费等。其计算公式为

$$\text{加工费}=\text{设备总重量}\times\text{设备每吨加工费} \tag{2.3}$$

(3) 辅助材料费(简称辅材费)。如焊条、焊丝、氧气、油漆等费用。其计算公式为

$$\text{辅助材料费}=\text{设备总重量}\times\text{辅助材料费指标} \tag{2.4}$$

(4) 专用工具费。按(1)~(3)项之和乘以一定百分比计算。

(5) 废品损失费。按(1)~(4)项之和乘以一定百分比计算。

(6) 外购配套件费。按设备设计图纸所列的外购配套件的名称、型号、规格、数量、重量，根据相应的价格加运杂费计算。

(7) 包装费。按 (1)～(6)项之和乘以一定百分比计算。

(8) 利润。可按(1)～(5)项加上第(7)项之和乘以一定利润率计算。

(9) 税金。主要指增值税。其计算公式为

$$增值税=当期销项税额-进项税额 \tag{2.5}$$

$$当期销项税额=销售额×适用增值税税率 \tag{2.6}$$

销售额为(1)～(8)项之和。

(10) 非标准设备设计费。按国家规定的设计费收费标准计算。

综上所述，单台非标准设备原价可用下面的公式表达，即

$$\begin{aligned}单台非标准设备原价=&\{[(材料费+加工费+辅助材料费)×(1+专用工具费率)\\ &×(1+废品损失率)+外购配套件费]×(1+包装费率)\\ &-外购配套件费\}×(1+利润率)+销项税额\\ &+非标准设备设计费+外购配套件费\end{aligned} \tag{2.7}$$

【例 2.1】 某工厂采购一台国产非标准设备，制造厂生产该台设备所用材料费 30 万元，加工费 2 万元，辅助材料费 5000 元，专用工具费率 2%，废品损失费率 12%，外购配套件费 7 万元，包装费率 1.5%，利润率为 8%，增值税税率为 13%，非标准设备设计费 2.5 万元。求该国产非标准设备的原价。

解： 专用工具费=(30+2+0.5) ×2%=0.65(万元)

废品损失费=(30+2+0.5+0.65)×12%=3.978(万元)

包装费=(32.5+0.65+3.978+7) ×1.5% ≈ 0.662(万元)

利润=(32.5+0.65+3.978+0.662) ×8% ≈ 3.023(万元)

销项税额=(32.5+0.65+3.978+7+0.662+3.023) ×17% ≈ 6.216(万元)

该国产非标准设备的原价=30+2+0.5+0.65+3.978+7+0.662+3.023+6.216+2.5

=56.529(万元)

2. 进口设备原价的构成及计算

进口设备的原价是指进口设备的抵岸价，通常由进口设备到岸价(CIF)和进口从属费构成。

进口设备的到岸价，即抵达买方边境港口或边境车站的价格。在国际贸易中，交易双方所使用的交货类别不同，则交易价格的构成内容也存在差异。

进口从属费包括银行财务费、外贸手续费、进口关税、消费税、进口环节增值税等，进口车辆还需缴纳车辆购置税。

1) 进口设备的交易价格

在国际贸易中，较为广泛使用的交易价格有 FOB、CFR 和 CIF。

(1) FOB(Free On Board)，意为装运港船上交货，也称为离岸价格。FOB 指当货物在指定的装运港越过船舷，卖方即完成交货义务。其风险转移以在指定的装运港货物越过船舷时为分界点。费用划分与风险转移的分界点相一致。

在 FOB 交货方式下，卖方的基本义务有：办理出口清关手续，自负风险和费用，领取出口许可证及其他官方文件；在约定的日期或期限内，在合同规定的装运港，按港口惯

常的方式，把货物装上买方指定的船只，并及时通知买方；承担货物在装运港越过船舷之前的一切费用和风险；向买方提供商业发票和证明货物已交至船上的装运单据或具有同等效力的电子单证。买方的基本义务有：负责租船订舱，按时派船到合同约定的装运港接运货物，支付运费，并将船期、船名及装船地点及时通知卖方；负担货物在装运港越过船舷后的各种费用以及货物灭失或损坏的一切风险；负责获取进口许可证或其他官方文件，以及办理货物入境手续；受领卖方提供的各种单证，按合同规定支付货款。

(2) CFR(Cost and Freight)，意为成本加运费，或称为运费在内价。CFR 指在装运港货物越过船舷时卖方即完成交货，卖方必须支付将货物运至指定的目的港所需的运费和费用，但交货后货物灭失或损坏的风险，以及由于各种事件造成的任何额外费用，即由卖方转移到买方。与 FOB 价格相比，CFR 的费用划分与风险转移的分界点是不一致的。

在 CFR 交货方式下，卖方的基本义务有：提供合同规定的货物，负责订立运输合同，并租船订舱，在合同规定的装运港和规定的期限内，将货物装上船并及时通知买方，支付运至目的港的运费；负责办理出口清关手续，提供出口许可证或其他官方批准的证件；承担货物在装运港越过船舷之前的一切费用和风险；按合同规定提供正式有效的运输单据、发票或具有同等效力的电子单证。买方的基本义务有：承担货物在装运港越过船舷以后的一切风险及运输途中因遭遇风险所引起的额外费用；在合同规定的目的港受领货物，办理进口清关手续，交纳进口税；受领卖方提供的各种约定的单证，并按合同规定支付货款。

(3) CIF(Cost Insurance and Freight)，意为成本加保险费和运费，习惯上称为到岸价格。在 CIF 术语中，卖方除负有与 CFR 相同的义务外，还应办理货物在运输途中最低险别的海运保险，并应支付保险费。如买方需要更高的保险险别，则需要与卖方明确地达成协议，或者自行做出额外的保险安排。除保险这项义务外，买方的义务也与 CFR 相同。

2) 进口设备到岸价的构成及计算

进口设备到岸价的计算公式为

$$进口设备到岸价(CIF)=离岸价格(FOB)+国际运费+运输保险费$$
$$=运费在内价(CFR)+运输保险费 \tag{2.8}$$

(1) 货价，一般指装运港船上交货价(FOB)。设备货价分为原币货价和人民币货价，原币货价一律折算为美元表示，人民币货价按原币货价乘以外汇市场美元兑换人民币汇率中间价确定。进口设备货价按有关生产厂商询价、报价、订货合同价计算。

(2) 国际运费，即从装运港(站)到达我国目的港(站)的运费。我国进口设备大部分采用海洋运输，小部分采用铁路运输，个别采用航空运输。进口设备国际运费计算公式为

$$国际运费(海、陆、空)=原币货价(FOB)×运费率 \tag{2.9}$$
$$国际运费(海、陆、空)=单位运价×运量 \tag{2.10}$$

其中，运费率或单位运价参照有关部门或进出口公司的规定执行。

(3) 运输保险费。对外贸易货物运输保险是由保险人(保险公司)与被保险人(出口人或进口人)订立保险契约，在被保险人交付议定的保险费后，保险人根据保险契约的规定对货物在运输过程中发生的承保责任范围内的损失给予经济上的补偿。这是一种财产保险。其计算公式为

$$运输保险费 = \frac{原币货价(FOB)+国外运费}{1-保险费率} × 保险费率 \tag{2.11}$$

其中，保险费率按保险公司规定的进口货物保险费率计算。

　　3) 进口从属费的构成及计算

$$进口从属费=银行财务费+外贸手续费+关税+消费税$$
$$+进口环节增值税+进口车辆购置税 \tag{2.12}$$

　　(1) 银行财务费。一般指在国际贸易结算中，中国银行为进出口商提供金融结算服务所收取的费用，可简化计算为

$$银行财务费=离岸价格(FOB)×人民币外汇汇率×银行财务费率 \tag{2.13}$$

　　(2) 外贸手续费。指按对外经济贸易部规定的外贸手续费率计取的费用，外贸手续费率一般取 1.5%，计算公式为

$$外贸手续费=到岸价格(CIF)×人民币外汇汇率×外贸手续费率 \tag{2.14}$$

　　(3) 关税。由海关对进出国境或关境的货物和物品征收的一种税，计算公式为

$$关税=到岸价格(CIF)×人民币外汇汇率×进口关税税率 \tag{2.15}$$

　　到岸价格作为关税的计征基数时，通常又可称为关税完税价格。进口关税税率分为优惠税率和普通税率两种。优惠税率适用于与我国签订关税互惠条款的贸易条约或协定的国家的进口设备；普通税率适用于与我国未签订关税互惠条款的贸易条约或协定的国家的进口设备。进口关税税率按我国海关总署发布的进口关税税率计算。

　　(4) 消费税。仅对部分进口设备(如轿车、摩托车等)征收，一般计算公式为

$$应纳消费税税额 = \frac{到岸价格(CIF)×人民币外汇汇率+关税}{1-消费税税率}×消费税税率 \tag{2.16}$$

其中，消费税税率根据有关部门规定的税率计算。

　　(5) 进口环节增值税。指对从事进口贸易的单位和个人，在进口商品报关进口后征收的税种。我国增值税条例规定，进口应税产品均按组成计税价格和增值税税率直接计算应纳税额，计算公式为

$$进口环节增值税税额=组成计税价格×增值税税率 \tag{2.17}$$
$$组成计税价格=关税完税价格+关税+消费税 \tag{2.18}$$

其中，增值税税率根据有关部门规定的税率计算。

　　(6) 进口车辆购置税。进口车辆需缴进口车辆购置税。其计算公式为

$$进口车辆购置税=(关税完税价格+关税+消费税)×车辆购置税率 \tag{2.19}$$

　　【例 2.2】从某国进口车辆，装运港船上交货价 100 万美元，国际运费费率为 10%，海上运输保险费率为 4‰，银行财务费率为 4.5‰，外贸手续费率为 1.5%，关税税率为 25%，消费税税率为 20%，增值税税率为 17%，车辆购置税税率为 10%，银行外汇牌价为 1 美元=6.8 元人民币，对该进口车辆的原价进行估算。

　　解：进口车辆 FOB=100×6.8=680(万元)

　　　　国际运费=100×10%×6.8=68(万元)

$$海运保险费 = \frac{680+68}{1-0.4\%}×0.4\% ≈ 3.00(万元)$$

　　　　CIF=680+68+3.00=751(万元)

　　　　银行财务费=680×4.5‰=3.06(万元)

　　　　外贸手续费=751×1.5%≈11.27(万元)

关税=751×25%=187.75(万元)

$$消费税 = \frac{751 + 187.75}{1 - 20\%} \times 20\% \approx 234.69(万元)$$

增值税=(751+187.75+234.69)×17% ≈ 199.48(万元)

车辆购置税=(751+187.75+234.69)×10% ≈ 117.34(万元)

进口从属费=3.06+11.27+187.75+234.69+199.48+117.34=753.59(万元)

进口车辆原价=751+753.59=1504.59(万元)

3. 设备运杂费的构成及计算

1) 设备运杂费的构成

(1) 运费和装卸费。国产设备指由设备制造厂交货地点起至工地仓库(或施工组织设计指定的需要安装设备的堆放地点)止所发生的运费和装卸费；进口设备则指由我国到岸港口或边境车站起至工地仓库(或施工组织设计指定的需要安装设备的堆放地点)止所发生的运费和装卸费。

(2) 包装费。此项费用指在设备原价中没有包含的，为运输而进行包装支出的各种费用。

(3) 设备供销部门手续费。此项费用仅发生在具有设备供销部门这个中间环节的情况下。其费用按有关部门规定的统一费率计算。

(4) 采购与仓库保管费。此项费用指采购、验收、保管和收发设备所发生的各种费用，包括设备采购人员、保管人员和管理人员的工资、工资附加费、办公费、差旅交通费，设备供应部门办公和仓库所占固定资产使用费、工具用具使用费、劳动保护费、检验试验费等。这些费用可按主管部门规定的采购与保管费费率计算。

2) 设备运杂费的计算

$$设备运杂费=设备原价×设备运杂费费率 \tag{2.20}$$

其中，设备运杂费费率按各部门及省、市等的规定计取。

2.2.2 工器具及生产家具购置费的构成及计算

工器具及生产家具购置费，是指新建或扩建项目初步设计规定的，保证初期正常生产必须购置的没有达到固定资产标准的设备、仪器、工具、器具、生产家具和备品备件等的购置费用。计算公式为

$$工器具及生产家具购置费=设备购置费×定额费率 \tag{2.21}$$

2.3 建筑安装工程费的含义及构成

2.3.1 建筑安装工程费的含义

建筑安装工程费也称建筑安装工程造价或建筑安装工程价格，是建设单位支付给施工单位的全部费用，是建筑安装工程产品作为商品进行交换所需的货币量，是建设工程造价的主要组成部分。

建筑安装工程造价是比较典型的生产领域价格。从投资的角度看，它是建设项目投资中建筑安装工程部分的投资，也是建设项目造价的组成部分；从市场交易的角度看，建筑安装工程实际造价是投资者和承包商双方共同认可的、由市场形成的价格。

2.3.2 建筑安装工程费的构成

1. 按费用构成要素划分(定额计价模式)的建筑安装工程费

住房和城乡建设部及财政部共同颁布的《建筑安装工程费用项目组成》(建标〔2013〕44 号)(附件 1)规定，建筑安装工程费由七部分组成，即人工费、材料费、施工机具使用费、企业管理费、利润、规费和税金，其组成结构如图 2.3 所示。

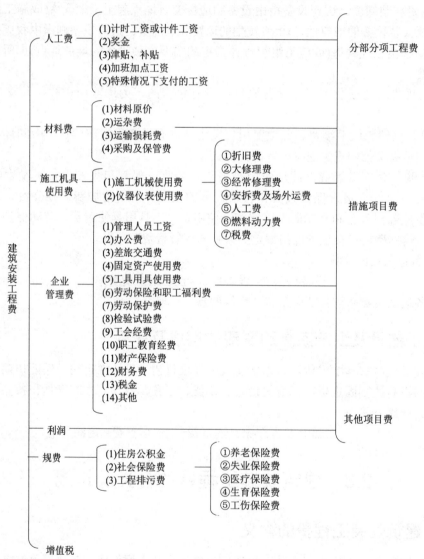

图 2.3　定额计价模式下我国建筑安装工程费的构成

定额计价与清单计价一定时期内并存，建筑安装工程费用项目组成(建标〔2013〕44

号)中定义此构成为按费用构成要素划分，是继原定额计价模式的费用构成而来，成为定额计价建筑安装工程费的新构成，成为地方造价管理部门修订计价规则的法律依据。

2. 按造价形成划分(清单计价模式)的建筑安装工程费

住房和城乡建设部及财政部共同颁布的《建筑安装工程费用项目组成》(建标〔2013〕44 号)(附件 2)规定，建筑安装工程造价由分部分项工程费、措施项目费、其他项目费、规费和税金五部分组成。

《建筑安装工程费用项目组成》(建标〔2013〕44 号)中定义此构成为按造价形成要素划分，是继原清单计价模式的费用构成而来，目前的国家标准《建设工程工程量清单计价规范》(GB 50500—2013)即是以此为清单计价建筑安装工程费的构成。其组成结构及与定额计价模式费用关系如图 2.4 所示。

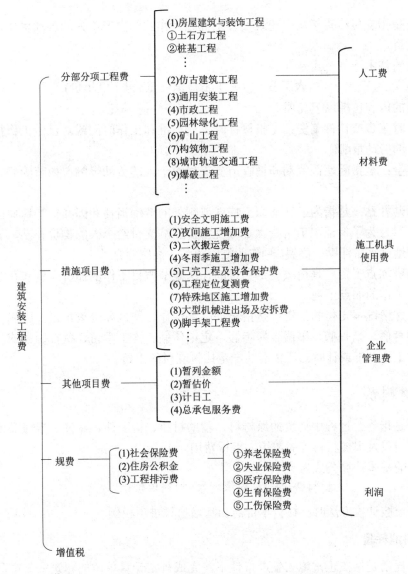

图 2.4　工程量清单计价模式下我国建筑安装工程费的构成

2.4 按费用构成要素划分建筑安装工程费用项目组成

由 2.3 节可知，按费用构成要素划分建筑安装工程费用项目组成，即定额计价下的建筑安装工程费用项目组成。参照《建筑安装工程费用项目组成》(建标〔2013〕44 号)，建筑安装工程费按照费用构成要素划分为人工费、材料(包含工程设备，下同)费、施工机具使用费、企业管理费、利润、规费和税金七部分。其中人工费、材料费、施工机具使用费、企业管理费和利润包含在分部分项工程费、措施项目费、其他项目费中(见图 2.3)。

2.4.1 人工费

人工费是指支付给直接从事建筑安装工程施工作业的生产工人的各项费用，如瓦工、木工等的工资。

人工费的基本计算公式为

$$人工费=\sum(人工工日消耗量×日工资单价) \tag{2.22}$$

人工费的内容包括以下几项。

(1) 计时工资或计件工资：是指按计时工资标准和工作时间或对已做工作按计件单价支付给个人的劳动报酬。

(2) 奖金：是指因超额劳动和增收节支支付给个人的劳动报酬，如节约奖、劳动竞赛奖等。

(3) 津贴补贴：是指为了补偿职工特殊或额外的劳动消耗和因其他特殊原因支付给个人的津贴，以及为了保证职工工资水平不受物价影响支付给个人的物价补贴，如流动施工津贴、特殊地区施工津贴、高温(寒)作业临时津贴、高空津贴等。

(4) 加班加点工资：是指按规定支付的在法定节假日工作的加班工资和在法定日工作时间外延时工作的加点工资。

(5) 特殊情况下支付的工资：是指根据国家法律、法规和政策规定，因病、工伤、产假、计划生育假、婚丧假、事假、探亲假、定期休假、停工学习、执行国家或社会义务等原因按计时工资标准或计时工资标准的一定比例支付的工资。

2.4.2 材料费

材料费是指施工过程中耗费的原材料、辅助材料、构配件、零件、半成品或成品、工程设备的费用以及周转材料等的摊销、租赁费用。

材料费的基本计算公式为

$$材料费=\sum(材料消耗量×材料单价) \tag{2.23}$$

当采用一般计税方法时，材料单价需扣除增值税进项税额。

1. 材料消耗量

材料消耗量是指在正常施工生产条件下，完成规定计量单位的建筑安装产品所消耗的各类材料的净用量和不可避免的损耗量。

2. 材料单价

材料单价是指建筑材料从其来源地运到施工工地仓库直至出库形成的综合平均单价。由材料原价、运杂费、运输损耗费、采购及保管费组成。当采用一般计税方法时，材料单价中的材料原价、运杂费等均应扣除增值税进项税额。

(1) 材料原价：是指材料的出厂价格或商家供应价格。

(2) 运杂费：是指材料自来源地运至工地或指定堆放地点所发生的包装、捆扎、运输、装卸等费用。

(3) 运输损耗费：是指材料在运输装卸过程中不可避免的损耗。

(4) 采购及保管费：是指为组织采购和保管材料的过程中所需要的各项费用。

3. 工程设备

工程设备是指构成或计划构成永久工程一部分的机电设备、金属结构设备、仪器装置及其他类似的设备和装置。

2.4.3　施工机具使用费

施工机具使用费是指施工作业所发生的施工机械、仪器仪表使用费或其租赁费。

当采用一般计税方法时，施工机械台班单价和仪器仪表台班单价中的相关子项均需扣除增值税进项税额。

1. 施工机械使用费

施工机械使用费以施工机械台班耗用量乘以施工机械台班单价表示，施工机械台班单价通常由折旧费、检修费、维护费、安拆费及场外运费、人工费、燃料动力费和其他费用组成。

2. 仪器仪表使用费

仪器仪表使用费以施工仪器仪表耗用量乘以仪器仪表台班单价表示，施工仪器仪表台班单价由四项费用组成，包括折旧费、维护费、校验费、动力费等。施工仪器仪表台班单价中的费用组成不包括检测软件的相关费用。

2.4.4　企业管理费

企业管理费是指建筑安装企业组织施工生产和经营管理所需的费用。内容包括以下几项。

(1) 管理人员工资：是指按规定支付给管理人员的计时工资、奖金、津贴补贴、加班加点工资及特殊情况下支付的工资等。

(2) 办公费：是指企业管理办公用的文具、纸张、账表、印刷、邮电、书报、办公软件、现场监控、会议、水电、烧水和集体取暖降温(包括现场临时宿舍取暖降温)等费用。当采用一般计税方法时，办公费中增值税进项税额的扣除原则：以购进货物适用的相应税率扣减，其中购进自来水、暖气、冷气、图书、报纸、杂志等适用的税率为 10%，接受邮政和基础电信服务等适用的税率为 10%，接受增值电信服务等适用的税率为 6%，其他一

般为 16%。

(3) 差旅交通费：是指职工因公出差、调动工作的差旅费、住勤补助费，市内交通费和误餐补助费，职工探亲路费，劳动力招募费，职工退休、退职一次性路费，工伤人员就医路费，工地转移费以及管理部门使用的交通工具的油料、燃料等费用。

(4) 固定资产使用费：是指管理和试验部门及附属生产单位使用的属于固定资产的房屋、设备、仪器等的折旧、大修、维修或租赁费。当采用一般计税方法时，固定资产使用费中增值税进项税额的扣除原则：购入的不动产适用的税率为 10%，购入的其他固定资产适用的税率为 16%。设备、仪器的折旧、大修、维修或租赁费以购进货物、接受修理修配劳务或租赁有形动产服务适用的税率扣除，均为 16%。

(5) 工具用具使用费：是指企业施工生产和管理使用的不属于固定资产的工具、器具、家具、交通工具和检验、试验、测绘、消防用具等的购置、维修和摊销费。当采用一般计税方法时，工具用具使用费中增值税进项税额的扣除原则：以购进货物或接受修理修配劳务适用的税率扣减，均为 16%。

(6) 劳动保险和职工福利费：是指由企业支付的职工退职金、按规定支付给离休干部的经费，以及集体福利费、夏季防暑降温、冬季取暖补贴、上下班交通补贴等。

(7) 劳动保护费：是企业按规定发放的劳动保护用品的支出，如工作服、手套、防暑降温饮料以及在有碍身体健康的环境中施工的保健费用等。

(8) 检验试验费：是指施工企业按照有关标准规定，对建筑以及材料、构件和建筑安装物进行一般鉴定、检查所发生的费用，包括自设实验室进行试验所耗用的材料等费用，不包括新结构、新材料的试验费。对构件做破坏性试验及其他特殊要求检验试验的费用和建设单位委托检测机构进行检测的费用，由建设单位在工程建设其他费用中列支。但对施工企业提供的具有合格证明的材料进行检测不合格的，该检测费用由施工企业支付。当采用一般计税方法时，检验试验费中增值税进项税额以现代服务业适用的税率 6%扣减。

(9) 工会经费：是指企业按《工会法》规定的全部职工工资总额比例计提的工会经费。

(10) 职工教育经费：是指按职工工资总额的规定比例计提，企业为职工进行专业技术和职业技能培训，专业技术人员继续教育、职工职业技能鉴定、职业资格认定以及根据需要对职工进行各类文化教育所发生的费用。

(11) 财产保险费：是指施工管理用财产、车辆等的保险费用。

(12) 财务费：是指企业为施工生产筹集资金或提供预付款担保、履约担保、职工工资支付担保等所发生的各种费用。

(13) 税金：是指企业按规定缴纳的房产税、非生产性车船使用税、土地使用税、印花税、城市维护建设税、教育费附加、地方教育附加等各项税费。

(14) 其他：包括技术转让费、技术开发费、投标费、业务招待费、绿化费、广告费、公证费、法律顾问费、审计费、咨询费、保险费等。

2.4.5 利润、规费和增值税

1. 利润

利润是指施工单位从事建筑安装工程施工所获得的盈利。

在建设产品的市场定价过程中，应根据市场的竞争状况适当确定利润水平。确定的利润水平过高可能会导致丧失一定的市场机会，确定的利润水平过低又会面临很大的市场风险，相对于相对固定的成本水平来说，利润率的确定体现了企业的定价政策，利润率的确定是否合理也反映出企业的市场成熟度。

2. 规费

规费是指按国家法律、法规规定，由省级政府和省级有关权力部门规定施工单位必须缴纳，应计入建筑安装工程造价的费用，包括社会保险费、住房公积金、工程排污费等。

1)　社会保险费

(1)　养老保险费：是指企业按照规定标准为职工缴纳的基本养老保险费。

(2)　失业保险费：是指企业按照规定标准为职工缴纳的失业保险费。

(3)　医疗保险费：是指企业按照规定标准为职工缴纳的基本医疗保险费。

(4)　生育保险费：是指企业按照规定标准为职工缴纳的生育保险费。

(5)　工伤保险费：是指企业按照规定标准为职工缴纳的工伤保险费。

2)　住房公积金

住房公积金是指企业按规定标准为职工缴纳的住房公积金。

3)　工程排污费

工程排污费是指按规定缴纳的施工现场工程排污费。

其他应列而未列入的规费，按实际发生额计取。

3. 增值税

建筑安装工程费用中的增值税是指按照国家税法规定的应计入建筑安装工程造价内的增值税额，按税前造价乘以增值税税率确定。

2.5　按造价形成划分的建筑安装工程费用项目组成

建筑安装工程费按工程造价形成分为分部分项工程费、措施项目费、其他项目费、规费、增值税组成，分部分项工程费、措施项目费、其他项目费包含人工费、材料费、施工机具使用费、企业管理费和利润。建筑安装工程费用项目组成按造价形成划分，如图 2.4 所示。

2.5.1　分部分项工程费

分部分项工程费是指各专业工程的分部分项工程应予列支的各项费用。

其中，专业工程是指按现行国家计量规范划分的房屋建筑与装饰工程、仿古建筑工程、通用安装工程、市政工程、园林绿化工程、矿山工程、构筑物工程、城市轨道交通工程、爆破工程等各类工程。分部分项工程是指按现行国家计量规范对各专业工程划分的项目，如房屋建筑与装饰工程划分的土石方工程、地基处理与桩基工程、砌筑工程、钢筋及钢筋混凝土工程等。

各类专业工程的分部分项工程划分见现行国家或行业计量规范。

2.5.2 措施项目费

1. 措施项目费的含义

措施项目费是指实际施工中必须发生的施工准备和施工过程中技术、生活、安全、环境保护等方面的工程非实体性项目的费用。

非实体性项目是指其费用的发生和金额的大小与使用时间、施工方法或者两个以上工序相关，并且不形成最终的实体工程，如大型机械设备进出场及安拆、文明施工和安全防护、临时设施等。

2. 措施项目费的构成

根据《建筑安装工程费用项目组成》(建标〔2013〕44 号)，措施项目费包括以下几项。

(1) 安全文明施工费，是指在工程项目施工期间，施工单位为保证安全施工、文明施工和保护现场内外环境等发生的措施项目费用。

① 环境保护费：是指施工现场为达到环保部门要求所需要的各项费用。

② 文明施工费：是指施工现场文明施工所需要的各项费用。

③ 安全施工费：是指施工现场安全施工所需要的各项费用。

④ 临时设施费：是指施工企业为进行建设工程施工所必须搭设生活和生产用的临时建筑物、构筑物和其他临时设施的费用，包括临时设施的搭设、维修、拆除、清理费或摊销费等。

(2) 夜间施工增加费，是指因夜间施工所发生的夜班补助费、夜间施工降效、夜间施工照明设备摊销及照明用电等费用。

(3) 二次搬运费，是指因施工场地条件限制而发生的材料、构配件、半成品等一次运输不能到达堆放地点，必须进行二次或多次搬运所发生的费用。

(4) 冬雨季施工增加费，是指在冬季或雨季施工需增加的临时设施、防滑、排除雨雪，人工及施工机械效率降低等费用。

(5) 已完工程及设备保护费，是指竣工验收前，对已完工程及设备采取的必要保护措施所发生的费用。

(6) 工程定位复测费，是指工程施工过程中进行全部施工测量放线和复测工作的费用。

(7) 特殊地区施工增加费，是指工程在沙漠或其边缘地区、高海拔、高寒、原始森林等特殊地区施工增加的费用。

(8) 大型机械设备进出场及安拆费，是指机械整体或分体自停放场地运至施工现场或由一个施工地点运至另一个施工地点，所发生的机械进出场运输及转移费用及机械在施工现场进行安装、拆卸所需的人工费、材料费、机械费、试运转费和安装所需的辅助设施的费用。

(9) 脚手架工程费，是指施工需要的各种脚手架搭、拆、运输费用以及脚手架购置费的摊销(或租赁)费用。

除上述按整体单位或单项工程项目考虑需要支出的措施项目费用外，还有各专业工程施工作业所需支出的措施项目费用，如现浇混凝土所需的模板、构件或设备安装所需的操作平台搭设等措施项目费用。

措施项目及其包含的内容详见各类专业工程的现行国家或行业计量规范。

2.5.3　其他项目费、规费与增值税

其他项目费指除分部分项工程费、措施项目费所包含的内容以外，因招标人的特殊要求而发生的与建设工程有关的其他费用，包括暂列金额、计日工、总承包服务费等。

(1) 暂列金额，是指建设单位在工程量清单中暂定并包括在工程合同价款中的一笔款项。用于施工合同签订时尚未确定或者不可预见的所需材料、工程设备、服务的采购，施工中可能发生的工程变更、合同约定调整因素出现时的工程价款调整以及发生的索赔、现场签证确认等的费用。

(2) 计日工，是指在施工过程中，施工企业完成建设单位提出的施工图纸以外的零星项目或工作所需的费用。

(3) 总承包服务费，是指总承包人为配合、协调建设单位进行的专业工程发包，对建设单位自行采购的材料、工程设备等进行保管以及施工现场管理、竣工资料汇总整理等服务所需的费用。

规费与增值税内容见 2.4.5 小节的内容。

2.6　工程建设其他费用的构成

工程建设其他费用是指在建设项目的建设投资中开支的固定资产其他费用、无形资产费用和其他资产费用，目的是保证工程建设顺利完成和交付使用后能够正常发挥效用。

2.6.1　固定资产其他费用

固定资产其他费用是固定资产费用的一部分。固定资产费用是指项目投产时将直接形成固定资产的建设投资，包括工程费用以及在工程建设其他费用中按规定将形成固定资产的费用，后者被称为固定资产其他费用。

1. 建设管理费

建设管理费是指建设单位从项目筹建开始直至工程竣工验收合格或交付使用为止发生的项目建设管理费用。

1) 建设管理费的内容

(1) 建设单位管理费，指建设单位发生的管理性质的开支。包括工作人员工资、工资性补贴、施工现场津贴、职工福利费、住房基金、基本养老保险费、基本医疗保险费、失业保险费、工伤保险费、办公费、差旅交通费、劳动保护费、工具用具使用费、固定资产使用费、必要的办公及生活用品购置费、必要的通信设备及交通工具购置费、零星固定资产购置费、招募生产工人费、技术图书资料费、业务招待费、设计审查费、工程招标费、合同契约公证费、法律顾问费、咨询费、完工清理费、竣工验收费、印花税和其他管理性质的开支。

(2) 工程监理费,指建设单位委托工程监理单位实施工程监理的费用。按照国家发展改革委员会下发的《关于〈进一步放开建设项目专业服务价格〉的通知》(发改价格〔2015〕299 号)规定,此项费用实行市场调节价。

2) 建设单位管理费的计算

建设单位管理费按照工程费用之和(包括设备工器具购置费和建筑安装工程费用)乘以建设单位管理费费率计算。

$$建设单位管理费=工程费用×建设单位管理费费率 \qquad (2.24)$$

建设单位管理费费率按照建设项目的不同性质、不同规模确定。有的建设项目也可按照建设工期和规定的金额计算建设单位管理费。如采用监理,建设单位部分管理工作量转移至监理单位,监理费应根据委托的监理工作范围和监理深度在监理合同中商定或按当地所属行业部门有关规定计算;如建设单位采用工程总承包方式,其总承包管理费由建设单位与总承包单位根据总承包工作范围在合同中商定,从建设管理费中支出。

2. 建设用地费

任何一个建设项目都固定于一定地点与地面相连接,必须占用一定量的土地,也就必然要发生为获得建设用地而支付的费用,这就是土地使用费。它是指通过划拨方式取得土地使用权而支付的土地征用及迁移补偿费,或者通过土地使用权出让方式取得土地使用权而支付的土地使用权出让金。

1) 土地征用及迁移补偿费

土地征用及迁移补偿费,是指建设项目通过划拨方式取得无限期的土地使用权,依照《中华人民共和国土地管理法》等规定所支付的费用。其总和一般不得超过被征土地年产值的 30 倍,土地年产值则按该地被征用前三年的平均产量和国家规定的价格计算。其内容包括以下几方面。

(1) 土地补偿费。征用耕地(包括菜地)的补偿标准,按政府规定,为该耕地被征用前三年平均年产值的 6～10 倍,具体补偿标准由省、自治区、直辖市人民政府在此范围内制定。征用园地、鱼塘、藕塘、苇塘、宅基地、林地、牧场、草原等的补偿标准,由省、自治区、直辖市参照征用耕地的土地补偿费制定。征收无收益的土地,不予补偿。土地补偿费归农村集体经济组织所有。

(2) 青苗补偿费和被征用土地上的房屋、水井、树木等附着物补偿费。这些补偿费的标准由省、自治区、直辖市人民政府制定。征用城市郊区的菜地时,还应按照有关规定向国家缴纳新菜地开发建设基金,地上附着物及青苗补偿费归地上附着物及青苗的所有者所有。

(3) 安置补助费。征用耕地、菜地的,其安置补助费按照需要安置的农业人口数计算。每个需要安置的农业人口的安置补助费标准,为该耕地被征用前三年平均年产值的 4～6 倍。但是,每公顷被征用耕地的安置补助费,最高不得超过被征用前三年平均年产值的 15 倍。征用土地的安置补助费必须专款专用,不得挪作他用。需要安置的人员由农村集体经济组织安置的,安置补助费支付给农村集体经济组织,由农村集体经济组织管理和使用;由其他单位安置的,安置补助费支付给安置单位;不需要统一安置的,安置补助费发放给被安置人员个人或者征得被安置人员同意后用于支付被安置人员的保险费。市、县和乡(镇)人民政府应当加强对安置补助费使用情况的监督。

(4) 缴纳的耕地占用税或城镇土地使用税、土地登记费及征地管理费等。县市土地管理机关从征地费中提取土地管理费的比率，要按征地工作量大小，视不同情况，在 1%～4%幅度内提取。

(5) 征地动迁费。其主要包括征用土地上的房屋及附属构筑物、城市公共设施等拆除、迁建补偿费，搬迁运输费，企业单位因搬迁造成的减产、停工损失补贴费，拆迁管理费等。

(6) 水利水电工程水库淹没处理补偿费。其主要包括农村移民安置迁建费，城市迁建补偿费，库区工矿企业、交通、电力、通信、广播、管网、水利等的恢复、迁建补偿费，库底清理费，防护工程费，环境影响补偿费等。

2) 土地使用权出让金

土地使用权出让金，指建设项目通过土地使用权出让方式，取得有限期的土地使用权，依照《中华人民共和国城镇国有土地使用权出让和转让暂行条例》的规定，支付的土地使用权出让金。

(1) 明确国家是城市土地的唯一所有者，并分层次、有偿、有限期地出让、转让城市土地。第一层次是城市政府将国有土地使用权出让给用地者，该层次由城市政府垄断经营，出让对象可以是有法人资格的企事业单位，也可以是外商；第二层次及以下层次的转让则发生在使用者之间。

(2) 城市土地的出让和转让可采用协议、招标、公开拍卖等方式。

① 协议方式是由用地单位申请，经市政府批准同意后双方洽谈具体地块及地价。该方式适用于市政工程、公益事业用地以及需要减免地价的机关、部队用地和需要重点扶持、优先发展的产业用地。

② 招标方式是在规定的期限内，由用地单位以书面形式投标，市政府根据投标报价、所提供的规划方案以及企业信誉综合考虑，择优而取。该方式适用于一般工程建设用地。

③ 公开拍卖是指在指定的地点和时间，由申请用地者叫价应价，价高者得。该方式完全是由市场竞争决定，适用于盈利高的行业用地。

(3) 在有偿出让和转让土地时，政府对地价不作统一规定，但应坚持以下原则。

① 地价对目前的投资环境不产生大的影响。

② 地价与当地的社会经济承受能力相适应。

③ 地价要考虑已投入的土地开发费用、土地市场供求关系、土地用途和使用年限。

(4) 关于政府有偿出让土地使用权的年限，各地可根据时间、区位等各种条件作不同的规定。根据《中华人民共和国城镇国有土地使用权出让和转让暂行条例》，土地使用权出让最高年限按下列用途确定。

① 居住用地出让的最高年限为 70 年。

② 工业用地出让的最高年限为 50 年。

③ 教育、科技、文化、卫生、体育用地出让的最高年限为 50 年。

④ 商业、旅游、娱乐用地出让的最高年限为 40 年。

⑤ 综合或者其他用地出让的最高年限为 50 年。

(5) 土地有偿出让和转让，土地使用者和所有者要签约，明确使用者对土地享有的权利和对土地所有者应承担的义务。

① 有偿出让和转让使用权，要向土地受让者征收契税。

② 转让土地如有增值，要向转让者征收土地增值税。

③ 在土地转让期间，国家要区别不同地段、不同用途向土地使用者收取土地占用费。

3. 可行性研究费

可行性研究费是指在建设项目前期工作中，编制和评估项目建议书(或预可行性研究报告)、可行性研究报告所需的费用。此项费用应依据前期研究委托合同计列，按照国家发展改革委员会下发的《关于<进一步放开建设项目专业服务价格>的通知》(发改价格〔2015〕299号)规定，此项费用实行市场调节价。

4. 研究试验费

研究试验费是指为建设项目提供和验证设计参数、数据、资料等所进行的必要的试验费用以及设计规定在施工中必须进行试验、验证所需的费用，包括自行或委托其他部门研究试验所需人工费、材料费、试验设备及仪器使用费等。这项费用按照设计单位根据本工程项目的需要提出的研究试验内容和要求计算。在计算时要注意不应包括以下项目。

(1) 应由科技三项费用(即新产品试制费、中间试验费和重要科学研究补助费)开支的项目。

(2) 应在建筑安装费用中列支的施工企业对建筑材料、构件和建筑物进行一般鉴定、检查所发生的费用及技术革新的研究试验费。

(3) 应在勘查设计费或工程费用中开支的项目。

5. 勘查设计费

勘查设计费是指委托勘查设计单位进行工程水文地质勘查、工程设计所发生的各项费用，包括工程勘查费、初步设计费(基础设计费)、施工图设计费(详细设计费)、设计模型制作费。按照国家发展改革委员会下发的《关于<进一步放开建设项目专业服务价格>的通知》(发改价格〔2015〕299号)规定，此项费用实行市场调节价。

6. 专项评价费

专项评价费是指建设单位按照国家规定委托相关单位开展专项评价及有关验收工作发生的费用。具体建设项目应按实际发生的专项评价项目计列，不得虚列项目费用。

专项评价费包括环境影响评价费、安全预评价费、职业病危害预评价费、地震安全性评价费、地质灾害危险性评价费、水土保持评价费、压覆矿产资源评价费、社会稳定风险评估费、交通影响评价费、节能评估费、危险与可操作性分析及安全完整性评价费以及其他专项评价费。按照国家发展改革委员会下发的《关于<进一步放开建设项目专业服务价格>的通知》(发改价格〔2015〕299号)规定，这些专项评价及验收费用均实行市场调节价。

(1) 环境影响评价费是指为全面、详细评价建设项目对环境可能产生的污染或造成的重大影响，而编制环境影响报告书(含大纲)、环境影响报告表和评估等所需的费用。此项费用包括编制环境影响报告书(含大纲)、环境影响报告表以及对环境影响报告书(含大纲)、环境影响报告表进行评估等所需的费用。

(2) 安全预评价费是指为预测和分析建设项目存在的危害因素种类和危险危害程度，提出先进、科学、合理、可行的安全技术和管理对策，而编制评价大纲、安全评价报告书和评估等所需的费用。

(3) 职业病危害预评价费是指建设项目因可能产生职业病危害，而编制职业病危害预评价书、职业病危害控制效果评价书和评估所需的费用。

(4) 地震安全性评价费是指通过对建设场地和场地周围的地震活动与地震、地质环境的分析，而进行的地震活动环境评价、地震地质构造评价、地震地质灾害评价，编制地震安全评价报告书和评估所需的费用。

(5) 地质灾害危险性评价费是指在灾害易发区对建设项目可能诱发的地质灾害和建设项目本身可能遭受的地质灾害危险程度的预测评价，编制评价报告书和评估所需的费用。

(6) 水土保持评价评估费是指对建设项目在生产建设过程中可能造成水土流失进行预测，编制水土保持方案和评估所需的费用。

(7) 压覆矿产资源评价费是指对需要压覆重要矿产资源的建设项目，编制压覆重要矿床评价和评估所需的费用。

(8) 节能评估费是指对建设项目的能源利用是否科学合理进行分析评估，并编制节能评估报告以及评估所发生的费用。

(9) 危险与可操作性分析及安全完整性评价费是指对应用于生产具有流程性工艺特征的新、改、扩建项目进行工艺危害分析和对安全仪表系统的设置水平及可靠性进行定量评估所发生的费用。

(10) 其他专项评价费是指除以上 9 项评价费外，根据国家法律法规、建设项目所在省(直辖市、自治区)人民政府的有关规定，以及行业规定需进行的其他专项评价、评估、咨询(如重大投资项目社会稳定风险评估、防洪评价、交通影响评价费以及消防性能化设计评估费等)所需的费用。

7. 场地准备及临时设施费

1) 场地准备及临时设施费的内容

(1) 建设项目场地准备费是指建设项目为达到工程开工条件所发生的场地平整和对建设场地余留的有碍于施工建设的设施进行拆除清理的费用。

(2) 建设单位临时设施费是指为满足施工建设需要而提供到场地界区的、未列入工程费用的临时水、电、路、信、气等其他工程费用和建设单位的现场临时建(构)筑物的搭设、维修、拆除、摊销或建设期间租赁费用，以及施工期间专用公路或桥梁的加固、养护、维修等费用。

2) 场地准备及临时设施费的计算

(1) 场地准备及临时设施应尽量与永久性工程统一考虑。建设场地的大型土石方工程应计入工程费用中的总运输费用中。

(2) 新建项目的场地准备和临时设施费应根据实际工程量估算，或按工程费用的比例计算。改扩建项目一般只计拆除清理费。

$$场地准备和临时设施费=工程费用×费率+拆除清理费 \qquad (2.25)$$

(3) 发生拆除清理费时可按新建同类工程造价或主材费、设备费的比例计算。凡可回收材料的拆除工程都采用以料抵工方式冲抵拆除清理费。

(4) 此项费用不包括已列入建筑安装工程费用中的施工单位临时设施费用。

8. 引进技术和引进设备其他费用

(1) 引进项目图纸资料翻译复制费、备品备件测绘费。可根据引进项目的具体情况计列或按引进货价(FOB)的比例估列；引进项目发生备品备件测绘费时按具体情况估列。

(2) 出国人员费用。包括买方人员出国设计联络、出国考察、联合设计、监造、培训等所发生的旅费、生活费等。依据合同或协议规定的出国人次、期限以及相应的费用标准计算。生活费按照财政部、外交部规定的现行标准计算，旅费按中国民航公布的票价计算。

(3) 来华人员费用。包括卖方来华工程技术人员的现场办公费用、往返现场交通费用、接待费用等。其费用依据引进合同或协议有关条款及来华技术人员派遣计划进行计算，来华人员接待费用可按每人次费用指标计算。引进合同价款中已包括的费用内容不得重复计算。

(4) 银行担保及承诺费。它是指引进项目由国内外金融机构出面承担风险和责任担保所发生的费用，以及支付贷款机构的承诺费用，应按担保或承诺协议计取。投资估算和概算编制时可以担保金额或承诺金额为基数乘以费率计算。

9. 工程保险费

工程保险费是指建设项目在建设期间根据需要对建筑工程、安装工程、机器设备和人身安全进行投保而发生的保险费用，主要包括建筑安装工程一切险、引进设备财产保险和人身意外伤害险等。

根据不同的工程类别，工程保险费分别以其建筑、安装工程费乘以建筑、安装工程保险费率计算。民用建筑(住宅楼、综合性大楼、商场、旅馆、医院、学校)占建筑工程费的2‰～4‰；其他建筑(工业厂房、仓库、道路、码头、水坝、隧道、桥梁、管道等)占建筑工程费的 3‰～6‰；安装工程(农业、工业、机械、电子、电器、纺织、矿山、石油、化学及钢铁工业、钢结构桥梁)占建筑工程费的 3‰～6‰。

10. 联合试运转费

联合试运转费是指新建项目或新增加生产能力的工程，在交付生产前按照批准的设计文件所规定的工程质量标准和技术要求，进行整个生产线或装置的负荷联合试运转或局部联动试车所发生的费用净支出(试运转支出大于收入的差额部分费用)。试运转支出包括试运转所需原材料、燃料及动力消耗、低值易耗品、其他物料消耗、工具用具使用费、机械使用费、保险费、施工单位参加试运转人员工资以及专家指导费等；试运转收入包括试运转期间的产品销售收入和其他收入。联合试运转费不包括应由设备安装工程费用开支的调试及试车费用，以及在试运转中暴露出来的因施工原因或设备缺陷等发生的处理费用。

11. 特殊设备安全监督检验费

特殊设备安全监督检验费是指在施工现场组装的锅炉及压力容器、压力管道、消防设备、燃气设备、电梯等特殊设备和设施，由安全监察部门按照有关安全监察条例和实施细则以及设计技术要求进行安全检验，应由建设项目支付的向安全监察部门缴纳的费用。此项费用按照建设项目所在省(市、自治区)安全监察部门的规定标准计算。无具体规定的，在编制投资估算和概算时可按受检设备现场安装费的比例估算。

12. 市政公用设施费

市政公用设施费是指使用市政公用设施的建设项目，按照项目所在地省一级人民政府有关规定建设或缴纳的市政公用设施建设配套费用，以及绿化工程补偿费用。此项费用按工程所在地人民政府规定标准计算。

2.6.2　无形资产费用

无形资产费用是指直接形成无形资产的建设投资，主要指专利及专有技术使用费。

1. 专利及专有技术使用费的主要内容

(1) 国外设计及技术资料费，引进有效专利、专有技术使用费和技术保密费。

(2) 国内有效专利、专有技术使用费用。

(3) 商标权、商誉和特许经营权费等。

2. 专利及专有技术使用费的计算

在计算专利及专有技术使用费时应注意以下问题。

(1) 按专利使用许可协议和专有技术使用合同的规定计算。

(2) 专有技术的界定应以省、部级鉴定批准为依据。

(3) 项目投资中只计需在建设期支付的专利及专有技术使用费。协议或合同规定在生产期支付的使用费应在生产成本中核算。

(4) 一次性支付的商标权、商誉及特许经营权费按协议或合同规定计算。协议或合同规定在生产期支付的商标权或特许经营权费应在生产成本中核算。

(5) 为项目配套的专用设施投资，包括专用铁路线、专用公路、专用通信设施、送变电站、地下管道、专用码头等，如由项目建设单位负责投资但产权不归属本单位的，应作无形资产处理。

2.6.3　其他资产费用

其他资产费用是指建设投资中除形成固定资产和无形资产以外的部分，主要包括生产准备及开办费等。

1. 生产准备及开办费的内容

生产准备及开办费是指建设项目为保证正常生产(或营业、使用)而发生的人员培训费、提前进厂费，以及投产使用必备的生产办公、生活家具用具及工器具等购置费。其主要包括以下几方面。

(1) 人员培训费及提前进厂费。包括自行组织培训或委托其他单位培训的人员工资、工资性补贴、职工福利费、差旅交通费、劳动保护费、学习资料费等。

(2) 为保证初期正常生产(或营业、使用)所必需的生产办公、生活家具用具购置费。

(3) 为保证初期正常生产(或营业、使用)必需的第一套不够固定资产标准的生产工具、

器具、用具购置费，不包括备品备件费。

2. 生产准备及开办费的计算

(1) 新建项目按设计定员为基数计算，改扩建项目按新增设计定员为基数计算，有

$$生产准备费=设计定员×生产准备费指标(元/人) \tag{2.26}$$

(2) 可以采用综合的生产准备费指标进行计算，也可以按费用内容的分类指标计算。

2.7 预备费、建设期贷款利息

2.7.1 预备费

按我国现行规定，预备费包括基本预备费和涨价预备费。

1. 基本预备费

基本预备费是指在项目实施过程中可能发生难以预料的支出，需要事先预留的费用，又称为工程建设不可预见费。

1) 基本预备费的内容

基本预备费包括以下几方面。

(1) 在批准的初步设计范围内，技术设计、施工图设计及施工过程中所增加的工程费用；设计变更、局部地基处理等增加的费用。

(2) 一般自然灾害造成的损失和预防自然灾害所采取的措施费用。实行工程保险的项目，该费用应适当降低。

(3) 竣工验收时为鉴定工程质量对隐蔽工程进行必要的挖掘和修复费用。

2) 基本预备费的计算

基本预备费按工程费用和工程建设其他费用二者之和为取费基础，乘以基本预备费率进行计算。

$$基本预备费= (工程费用+工程建设其他费用)×基本预备费率$$
$$= (设备工器具购置费+建筑安装工程费+工程建设其他费用)$$
$$×基本预备费率 \tag{2.27}$$

基本预备费率的取值应执行国家及部门的有关规定。在项目建议书阶段和可行性研究阶段，基本预备费率一般取 10%～15%；在初步设计阶段，基本预备费率一般取 7%～10%。

2. 涨价预备费

涨价预备费(Provision Fund for Price，在公式中用 PF 表示)是指建设项目在建设期间由于价格等变化引起工程造价变化的预留费用。

1) 涨价预备费的内容

涨价预备费包括：人工、设备、材料、施工机械的价差费，建筑安装工程费及工程建设其他费用调整，利率、汇率调整等增加的费用。

2) 涨价预备费的计算

涨价预备费一般根据国家规定的投资综合价格指数，按估算年份价格水平的投资额为

基数，采用复利方法计算。其计算公式为

$$PF = \sum_{t=1}^{n} I_t \left[(1+f)^m (1+f)^{0.5} (1+f)^{t-1} - 1 \right] \tag{2.28}$$

式中：PF——涨价预备费；

    n——建设期年份数；

    I_t——建设期中第 t 年的投资计划额，包括工程费用、工程建设其他费用及基本预备费，即第 t 年的静态投资；

    f——年均投资价格上涨率；

    m——建设前期年限(从编制估算到开工建设)，年。

【例 2.3】 某建设项目建安工程费 1000 万元，设备购置费 500 万元，工程建设其他费用 200 万元，已知基本预备费率 10%，项目建设前期年限为 1 年，建设期为 3 年，各年投资计划额为：第一年完成投资 30%，第二年完成投资 50%，第三年完成投资 20%。年均投资价格上涨率为 6%，求建设项目建设期间的涨价预备费。

解：基本预备费=(1000+500+200)×10%=170(万元)

    静态投资为：I =1000+500+200+170=1870(万元)

    建设期第一年完成投资为：I_1=1870×30%=561(万元)

    第一年涨价预备费为：$PF_1 = I_1[(1+f)(1+f)^{0.5} - 1]$ =51.24(万元)

    第二年完成投资为：I_2=1870×50%=935(万元)

    第二年涨价预备费为：$PF_2 = I_2[(1+f)(1+f)^{0.5}(1+f) - 1]$=146.62(万元)

    第三年完成投资为：I_3=1870×20%=374(万元)

    第三年涨价预备费为：$PF_3 = I_3[(1+f)(1+f)^{0.5}(1+f)^2 - 1]$=84.61(万元)

    所以，建设期的涨价预备费为：PF=51.24+146.62+84.61=282.47(万元)

2.7.2 建设期贷款利息

建设期贷款利息是指项目建设期间向国内银行和其他非银行金融机构贷款、出口信贷、外国政府贷款、国际商业银行贷款以及在境内外发行的债券等所产生的利息。

1. 当贷款在年初一次性贷出且利率固定时

当贷款在年初一次性贷出且利率固定时，建设期贷款利息按下式计算，即

$$I = P(1+i)^n - P \tag{2.29}$$

式中：P—— 一次性贷款数额；

    i——年利率；

    n——计息期；

    I——贷款利息。

2. 当总贷款是分年均衡发放时

当总贷款是分年均衡发放时，建设期利息的计算可按当年借款在年中支用考虑，即当年贷款按半年计息，上年贷款按全年计息时，其计算公式为

$$q_j = \left(P_{j-1} + \frac{1}{2}A_j\right) \times i \tag{2.30}$$

式中：q_j——建设期第 j 年应计利息；

P_{j-1}——建设期第 $j-1$ 年末贷款累计金额与利息累计金额之和；

A_j——建设期第 j 年的贷款金额；

i——年利率。

在国外贷款利息的计算中，还应包括国外贷款银行根据贷款协议向贷款方以年利率的方式收取的手续费、管理费、承诺费，以及国内代理机构经国家主管部门批准的以年利率的方式向贷款单位收取的转贷费、担保费、管理费等。

【例 2.4】某新建项目，建设期为 3 年，分年均衡进行贷款，第一年贷款 300 万元，第二年贷款 600 万元，第三年贷款 400 万元，年利率为 12%，建设期内利息只计息不支付，计算建设期贷款利息。

解：在建设期内，各年利息计算如下：

$$q_1 = \frac{1}{2}A_1 \cdot i = \frac{1}{2} \times 300 \times 12\% = 18(万元)$$

$$q_2 = \left(P_1 + \frac{1}{2}A_2\right) \cdot i = \left(300 + 18 + \frac{1}{2} \times 600\right) \times 12\% = 74.16(万元)$$

$$q_3 = \left(P_2 + \frac{1}{2}A_3\right) \cdot i = \left(300 + 18 + 600 + 74.16 + \frac{1}{2} \times 400\right) \times 12\% = 143.0592(万元)$$

建设期贷款利息$=q_1+q_2+q_3=18+74.16+143.0592=235.2192(万元)$

2.8　案例分析

【案例一】

背景：

由美国某公司引进年产 6 万吨全套工艺设备和技术的某精细化工项目，在我国某港口城市建设。该项目占地面积为 10 公顷，绿化覆盖率为 36%，建设期为 2 年，固定资产投资为 11 800 万元人民币，流动资产投资为 3600 万元人民币。引进部分的合同总价为 682 万美元，用于主要生产工艺装置的外购费用。厂房、辅助生产装置、公用工程、服务项目、生活福利及厂外配套工程等均由国内设计配套。引进合同价款的细项如下。

(1) 硬件费为 620 万美元，其中工艺设备购置费为 460 万美元，仪表费用为 60 万美元，电气设备费用为 56 万美元，工艺管道费用为 36 万美元，特种材料费用为 8 万美元。

(2) 软件费为 62 万美元，其中计算关税的项目有设计费、非专利技术及技术秘密费用 48 万美元；不计关税的项目有技术服务及资料费 14 万美元(不计海关监管手续费)。

人民币兑换美元的外汇牌价均按 1 美元=6.8 元人民币计算。

(3) 中国远洋公司的现行海运费率为 6%，海运保险费率为 3.5‰，银行财务手续费率、外贸手续费率、关税税率和增值税税率分别按 5‰、1.5%、17%、17%计算。

(4) 国内供销手续费率为 0.4%，运输、装卸和包装费率为 0.1%，采购保管费率为 1%。

问题：

1. 该工程项目工程造价应包括哪些投资内容？
2. 对于引进工程项目中的引进部分硬、软件从属费用有哪些？应如何计算？
3. 本项目引进部分购置投资的价格是多少？
4. 该引进工程项目中，有关引进技术和进口设备的其他费用应包括哪些内容？

分析要点：

本案例主要考核引进工程项目工程造价构成、其中从属费用的内容和计算方法、引进设备国内运杂费和设备购置费的计算方法、有关引进技术和进口设备的其他费用内容等。

本案例应解决以下几个主要概念性问题。

(1) 编制一个引进工程项目的工程造价与编制一个国内工程项目的工程造价在编制内容上是一样的，所不同的只是增加了一些由于引进而引起的费用和特定的计算规则。所以在编制时应考虑这方面的投资费用，先将引进部分和国内配套部分的投资内容分别编制再进行汇总。

(2) 引进项目减免关税的技术资料、技术服务等软件部分不计国外运输费、国外运输保险费、外贸手续费和增值税。

(3) 外贸手续费、关税计算依据是硬件到岸价和应计关税软件的货价之和，银行财务费计算依据是全部硬、软件的货价。

本例是引进工艺设备，故增值税的计算依据是关税完税价与关税之和，不考虑消费税。

$$硬件到岸价=硬件货价+国外运输费+国外运输保险费$$
$$关税完税价=硬件到岸价+应计关税软件的货价$$
$$引进部分的购置投资=引进部分的原价+国内运杂费$$

(4)
$$引进部分的原价=货价+国外运输费+运输保险费+银行财务费+外贸手续费$$
$$+关税+增值税(不考虑进口车辆的消费税和附加费)$$

引进部分的国内运杂费包括运输装卸费、包装费(设备原价中未包括的，而运输过程中需要的包装费)和供销手续费以及采购保管费等内容，并按以下公式计算，即
$$引进设备国内运杂费=引进设备原价×国内运杂费费率$$

参考答案：

问题 1：

该引进工程项目的工程造价应包括以下投资内容。

(1) 引进国外技术、设备和材料的投资费用(含相应的从属费用)。
(2) 引进国外设备和材料在国内的安装费用。
(3) 国内进行配套设备的制造及安装费用。
(4) 厂房等国内所有配套工程的建造费用。
(5) 与工程项目建设有关的其他费用(含引进部分的其他费用)。
(6) 工程项目的预备费、建设期贷款利息等。

问题2:

本案例引进部分为工艺设备的硬、软件,其价格组成除货价外的费用包括国外运输费、国外运输保险费、银行财务费、外贸手续费、关税和增值税。

各项费用的计算方法见表2.1。

表2.1 引进项目硬、软件货价从属费用计算表

费用名称	计算公式	备 注
货价	货价=合同中硬、软件的离岸价外币金额×外汇牌价	合同生效,第一次付款日期的兑汇牌价
国外运输费	国外运输费=合同中硬件货价×国外运输费费率	海运费费率通常取6% 空运费费率通常取8.5% 铁路运输费费率通常取1%
国外运输保险费	国外运输保险费=(合同中硬件货价+海运费)×运输保险费费率÷(1-运输保险费费率)	海运保险费费率通常取3.5‰ 空运保险费费率通常取4.55‰ 陆运保险费费率通常取2.66‰
银行财务费	银行财务费=合同中硬、软件的货价×银行财务费费率	银行财务费费率取4‰~5‰
外贸手续费	外贸手续费=(合同中硬件到岸价+完关税软件货价)×外贸手续费费率	外贸手续费取15%
关税	硬件关税=(合同中硬件货价+运费+运输保险费)×关税税率=合同中硬件到岸价×关税税率 软件关税=合同中应计关税软件的货价×关税税率	应计关税的软件指设计费、技术秘密、专利许可证、专利技术等
消费税(价内税)	消费税=[(到岸价+关税)÷(1-消费税费率)]×消费税费率(进口车辆才有此税)	越野车、小汽车取5%;小轿车取8%;轮胎取10%
增值税	增值税=(硬件到岸价+完关税软件货价+关税)×增值税税率	增值税税率取17%

问题3:

本项目引进部分购置投资=引进部分的原价+国内运杂费

上式中:引进部分的原价(抵岸价)是指引进部分的货价和从属费用之和,见表2.2。

表2.2 引进设备硬、软件原价计算表

单位:万元

序 号	费用名称	计算公式	费 用
(1)	货价	货价=620×6.8+62×6.8=4216+421.6=4637.60	4637.60
(2)	国外运输费	国外运输费=4216×6%=252.96	252.96
(3)	国外运输保险费	国外运输保险费=(4216+252.96)×3.5‰÷(1-3.5‰)≈15.70	15.70
(4)	银行财务费	银行财务费=4637.60×5‰≈23.19	23.19
(5)	外贸手续费	外贸手续费=(4216+252.96+15.70+48×6.8)×1.5%≈72.17	72.17

续表

序　号	费用名称	计算公式	费　用
(6)	关税	硬件关税=(4216+252.96+15.70)×17% 　　　　=4484.66×17%=762.39 软件关税=48×6.8×17%=326.4×17%=55.49	817.88
(7)	增值税	增值税=(4484.66+326.4+817.88)×17% 　　　　=5628.94×17%=956.92	956.92
(8)	引进设备价格(抵岸价)	(1)+(2)+(3)+(4)+(5)+(6)+(7)	6776.42

由表 2.2 得知，引进部分的原价为 6776.42 万元。

国内运杂费=6776.42×(0.4%+0.1%+1%)=101.65(万元)。

引进设备购置投资=6776.42+101.65=6878.07(万元)。

问题 4：

该引进工程项目中，有关引进技术和进口设备的其他费用应包括以下内容。

(1) 国外工程技术人员来华费用(差旅费、生活费、接待费和办公费等)。

(2) 出国人员费用。

(3) 技术引进费以及引进设备、材料的检验鉴定费。

(4) 引进项目担保费。

(5) 延期或分期付款利息等。

【案例二】

背景：

有一个单机容量为 30 万千瓦的火力发电厂工程项目，业主与施工单位签订了施工合同。在施工过程中，施工单位向业主的常驻工地代表提出下列费用应由建设单位支付。

(1) 职工教育经费：因该工程项目的电机等是采用国外进口的设备，在安装前，需要对安装操作人员进行培训，培训经费为 2 万元。

(2) 研究试验费：本工程项目要对铁路专用线的一座跨公路预应力拱桥的模型进行破坏性试验，需要用 9 万元；改进混凝土泵送工艺试验费 3 万元，合计 12 万元。

(3) 临时设施费：为该工程项目的施工搭建的民工临时用房 15 间；为业主搭建的临时办公室 4 间，分别为 3 万元和 1 万元，合计 4 万元。

(4) 根据施工组织设计，部分项目安排在雨季施工，由于采取防雨措施，增加费用 2 万元。

问题：

分析以上各项费用业主是否应支付？为什么？如果支付，应支付多少？

分析要点：

本案例主要考核工程费用构成以及各项费用包括的具体内容。

参考答案：

(1) 职工教育经费不应支付，该费用已包含在合同价中(或该费用已计入建筑安装工程费用中的企业管理费)。

(2) 模型破坏性试验费用应支付，该费用未包含在合同价中(该费用属建设单位应支付的研究试验费或建设单位的费用)，支付 9 万元。混凝土泵送工艺改进试验费不应支付，该费用已包含在合同价中(或该费用已计入建筑安装工程费中)。

(3) 为民工搭建的用房费用不应支付，该费用已包含在合同价中(或该费用已计入建筑安装工程费中的措施费中)。为业主搭建的用房费用应支付，该费用未包含在合同价中(或该费用属建设单位应支付的临建费)，应支付 1 万元。

(4) 雨季措施增加费不应支付，属于施工单位责任(或该费用已计入建筑安装工程费中)。

业主共计支付施工单位费用=9+1=10(万元)。

习　题

一、单项选择题

1. 建设项目的(　　)与建设项目的工程造价在量上相等。
    A. 流动资产投资　　　　　　　　　B. 固定资产投资
    C. 递延资产投资　　　　　　　　　D. 总投资

2. (　　)是进口设备离岸价格。
    A. CIF　　　　　　　B. C&F　　　　　　　C. FOB　　　　　　　D. CFR

3. 进口设备运杂费中运输费的运输区间是指(　　)。
    A. 出口国供货地至进口国边境港口或车站
    B. 出口国的边境港口或车站至进口国的边境港口或车站
    C. 进口国的边境港口或车站至工地仓库
    D. 出口国的边境港口或车站至工地仓库

4. 某项目进口一批工艺设备，抵岸价为 1792.19 万元，其银行财务费为 4.25 万元，外贸手续费为 18.9 万元，关税税率为 20%，增值税税率为 17%，该批设备无消费税，则该批进口设备的到岸价为(　　)万元。
    A. 1045　　　　　　B. 1260　　　　　　C. 1291.27　　　　　　D. 747.19

5. 某项目购买一台国产设备，其购置费为 1325 万元，运杂费率为 10.6%，则该设备的原价为(　　)万元。
    A. 1198　　　　　　B. 1160　　　　　　C. 1506　　　　　　D. 1484

6. 某项目建设期总投资为 1500 万元，项目建设前期年限为 1 年，建设期 2 年，第 2 年计划投资 40%，年价格上涨率为 3%，则第 2 年的涨价预备费是(　　)万元。
    A. 54　　　　　　B. 18　　　　　　C. 46.02　　　　　　D. 36.54

7. 某项目进口一批生产设备，FOB 价为 650 万元，CIF 价为 830 万元，银行财务费费率为 0.5%，外贸手续费费率为 1.5%，关税税率为 20%，增值税税率为 17%。该批设备无消费税，则该批进口设备的抵岸价为(　　)万元。

  A. 1178.10   B. 1181.02   C. 998.32   D. 1001.02

  8. 在固定资产投资中，形成新增固定资产的主要手段是(　　)。

    A. 基本建设投资   B. 更新改造投资

    C. 房地产开发投资   D. 其他固定资产投资

  9. 某个新建项目，建设期为 3 年，分年均衡进行贷款，第一年贷款 4 000 000 元，第二年贷款 5 000 000 元，第三年贷款 4 000 000 元，贷款年利率为 10%，建设期内利息只计息不支付，则建设期贷款利息为(　　)万元。

    A. 277.4   B. 205.7   C. 521.897   D. 435.14

  10. 某进口设备 FOB 价为人民币 1200 万元，国际运费为 72 万元，国际运输保险费用为 4.47 万元，银行财务费为 6 万元，外贸手续费为 19.15 万元，关税为 217 万元，消费税税率为 5%，增值税为 253.89 万元，则该设备的消费税为(　　)万元。

    A. 78.60   B. 74.67   C. 79.93   D. 93.29

二、多项选择题

  1. 根据我国现行的建设项目投资构成，生产性建设项目投资由(　　)两部分组成。

    A. 固定资产投资   B. 流动资产投资   C. 无形资产投资

    D. 递延资产投资   E. 其他资产投资

  2. 外贸手续费的计费基础是(　　)之和。

    A. 装运港船上交货价 B. 国际运费   C. 银行财务费

    D. 关税   E. 运输保险费

  3. 在设备购置费的构成内容中，不包括(　　)。

    A. 设备运输费   B. 设备安装保险费 C. 设备联合试运转费

    D. 设备采购招标费   E. 设备包装费

  4. 下列各项费用中，(　　)没有包含关税。

    A. 到岸价   B. 抵岸价   C. FOB 价

    D. CIF 价   E. 增值税

  5. 设备购置费包括(　　)。

    A. 设备原价   B. 设备国内运输费 C. 设备安装调试费

    D. 单台设备试运转费 E. 设备采购保管费

  6. 直接工程费包括(　　)。

    A. 人工费   B. 措施费   C. 企业管理费

    D. 材料费   E. 利润

  7. 下列各项费用中，不属于建筑安装工程直接工程费的有(　　)。

    A. 施工机械大修费 B. 材料二次搬运费 C. 生产工人退休工资

    D. 生产职工教育经费 E. 生产工具、用具使用费

  8. 下列各项费用中，(　　)属于建筑安装工程间接费的内容。

    A. 职工福利费   B. 职工教育经费   C. 施工企业差旅交通费

    D. 工程监理费   E. 建设期贷款利息

9. 固定资产投资中的积极部分有( )。

    A. 工艺设备购置费　　　　B. 建安工程费用　　　　C. 试验研究费

    D. 生产家具购置费　　　　E. 工器具购置费

10. 在下列费用中，属于安全、文明施工费的是( )。

    A. 安全施工费　　　　　　B. 二次搬运费　　　　　C. 环境保护费

    D. 夜间施工增加费　　　　E. 临时设施费

三、案例分析题

【案例一】

背景：

A 企业拟建一工厂，计划建设期 3 年，第 4 年工厂投产，投产当年的生产负荷达到设计生产能力的 60%，第 5 年达到设计生产能力的 85%，第 6 年达到设计生产能力。项目运营期 20 年。

该项目所需设备分为进口设备与国产设备两部分。

进口设备重 1000 吨，其装运港船上交货价为 600 万美元，海运费为 300 美元/吨，海运保险费和银行手续费分别为货价的 2‰和 5‰，外贸手续费费率为 1.5%，增值税税率为 17%，关税税率为 25%，美元对人民币汇率为 1∶6.8。设备从到货口岸至安装现场 500 公里，运输费为 0.5 元人民币/吨公里，装卸费为 50 元人民币/吨，国内运输保险费率为抵岸价的 1‰，设备的现场保管费费率为抵岸价的 2‰。

国产设备均为标准设备，其带有备件的订货合同价为 9500 万元人民币。国产标准设备的设备运杂费率为 3‰。

该项目的工具、器具及生产家具购置费费率为 4%。

该项目建筑安装工程费用估计为 5000 万元人民币，工程建设其他费用估计为 3100 万元人民币。建设期间的基本预备费费率为 5%，涨价预备费为 2000 万元人民币，流动资金估计为 5000 万元人民币。

项目的资金来源分为自有资金与贷款。其贷款计划为：建设期第一年贷款 2500 万元人民币、350 万美元；建设期第 2 年贷款 4000 万元人民币、250 万美元；建设期第 3 年贷款 2000 万元人民币。贷款的人民币部分从中国建设银行获得，年利率 10%(每半年计息一次)，贷款的外汇部分从中国银行获得，年利率为 8%(按年计息)。

问题：

1. 估算设备及工器具购置费用。

2. 估算建设期贷款利息。

3. 估算该工厂建设的总投资。

【案例二】

背景：

某施工企业施工时使用自有模板，已知一次使用量为 1000m^2，模板价格为 50 元/m^2，若周转次数为 10，补损率为 5%，施工损耗为 9%，不考虑支、拆、运输费。

问题：

求模板费为多少元？

第3章 建设工程造价计价依据

通过对本章内容的学习，要求读者掌握建设工程造价计价的主要依据，能够应用各类依据解决实际造价管理问题。具体要求是熟悉工程造价计价依据的概念及种类，掌握工程定额的分类体系，熟悉工时研究与分析方法，掌握施工定额及企业定额的测定原理，熟悉预算定额、概算定额、概算指标、投资估算指标等计价依据的编制方法，了解工程造价指数的确定过程，熟悉施工资源单价、工程单价的确定方法，能够熟练应用所学计价依据解决实际造价管理问题。

3.1 工程造价计价依据概述

3.1.1 工程造价计价依据

1. 工程造价计价依据的概念

工程造价计价依据是用以计算和确定工程造价的各类基础资料的总称。由于影响工程造价的因素很多，每项工程的造价都要根据工程的用途、类别、规模尺寸、结构特征、建设标准、所在地区、建设地点、市场造价信息以及政府的有关政策具体计算。这就需要确定与上述各项因素有关的各种量化的基本资料作为计算和确定工程造价的计价基础。

2. 工程造价计价依据的种类

工程造价的计价依据有很多，概括起来有以下几个方面。

(1) 计算工程量和设备数量的依据。主要包括：可行性研究资料；初步设计、扩大初步设计、施工图设计的图纸和资料；工程量计算规则；施工组织设计或施工方案等。

(2) 计算分部分项工程人工、材料、机械台班消耗量及费用的依据。主要包括：概算指标、概算定额、预算定额；人工费单价、材料预算单价、机械台班单价；企业定额或市场价格。

(3) 计算建筑安装工程费用的依据。主要是建筑安装工程费用定额、利润率、价格指数等。

(4) 计算设备购置费的依据。包括设备价格和运杂费费率等。

(5) 建设工程工程量清单计价规范。

(6) 计算工程建设其他费用的依据。包括用地指标、各项工程建设其他费用定额等。

(7) 与计算造价相关的法规和政策。包括：包含在工程造价内的税种、税率；与产业政策、能源政策、环境政策、技术政策和土地等资源利用政策有关的取费标准；利率和汇率；其他计价依据。

本章主要介绍关于计算分部分项工程的人工、材料、机械台班消耗量等的工程定额、资源单价、工程单价和工程造价指数等计价依据。

3. 工程造价计价依据的作用

依照不同的建设管理主体，计价依据在不同的工程建设阶段，针对不同的管理对象具有不同的作用。

(1) 编制相关计划的基本依据。无论是国家建设计划、业主投资计划、资金使用计划还是施工企业的施工进度计划、年度计划、月旬作业计划以及下达生产任务单等，都是以计价依据来计算人工、材料、机械、资金等需要数量，合理地平衡和调配人力、物力、财力等各项资源，以保证提高投资效益，落实各种建设计划。

(2) 计算和确定工程造价的依据。工程造价的计算和确定必须依赖定额等计价依据。如估算指标用于计算和确定投资估算，概算定额用于计算和确定设计概算，预算定额用于计算和确定施工图预算，施工定额用于计算确定施工项目成本。

(3) 企业实行经济核算的依据。经济核算制是企业管理的重要经济制度，它可以促使企业以尽可能少的资源消耗，取得最大的经济效益。定额等计价依据是考核资源消耗的主要标准。如对资源消耗和生产成果进行计算、对比和分析，就可以发现改进的途径，采取措施加以改进。

(4) 有利于建筑市场的良好发育。计价依据既是投资决策的依据，又是价格决策的依据。对于投资者来说，可以利用定额等计价依据有效地提高其项目决策的科学性，优化其投资行为；对于施工企业来说，定额等计价依据是施工企业适应市场投标竞争和企业进行科学管理的重要工具。

3.1.2　工程定额的概念

1. 工程定额的含义

定额是一种规定的额度，是人们根据各种不同的需要，对某一事物规定的数量标准。

工程定额是指在合理的劳动组织和合理地使用材料与机械的条件下，完成一定计量单位合格建筑产品所消耗的人工、材料、机械、资金的规定额度。这种规定额度反映的是在一定的社会生产力水平下，完成工程建设中的某项产品与各种生产消费之间的特定的数量关系，体现在正常施工条件下人工、材料、机械、资金等消耗的社会平均合理水平。

2. 工程定额的分类

工程定额是工程建设中各类定额的总称，可以按照不同的原则和方法对它进行科学的分类。

(1) 按照定额反映的生产要素消耗内容分类，如图 3.1 所示。

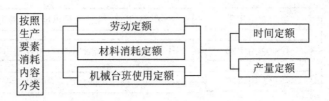

图 3.1 按照定额反映的生产要素消耗内容对工程定额分类

(2) 按照编制程序和用途对工程定额分类，如图 3.2 所示。

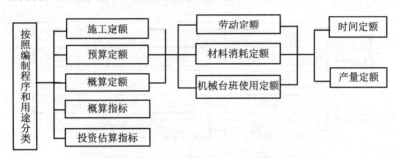

图 3.2 按照编制程序和用途对工程定额分类

按照用途分类的上述定额间的相互联系可参见表 3.1。

表 3.1 按照用途分类的定额间关系比较

内 容	施工定额	预算定额	概算定额	概算指标	投资估算指标
对象	工序	分项工程	扩大的分项工程	整个建筑物或构筑物	独立的单项工程或完整的工程项目
用途	编制施工预算	编制施工图预算	编制扩大初步设计概算	编制初步设计概算	编制投资估算
项目划分	最细	细	较粗	粗	很粗
定额水平	平均先进	平均	平均	平均	平均
定额性质	生产性定额	计价性定额			

(3) 按照投资费用性质对工程定额分类，如图3.3所示。

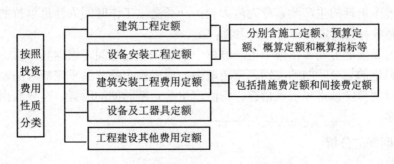

图 3.3 按照投资费用性质对工程定额分类

(4) 按照专业性质对工程定额分类，如图 3.4 所示。

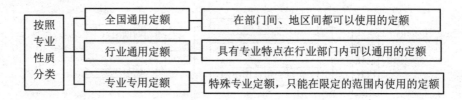

图3.4 按照专业性质对工程定额分类

(5) 按照编制单位和管理权限对工程定额分类,如图3.5所示。

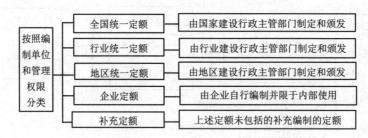

图3.5 按照编制单位和管理权限对工程定额分类

3. 工程定额的作用

(1) 工程计价的依据。编制建设工程投资估算、设计概算、施工图预算和竣工决算,无论是划分工程项目、计算工程量,还是计算人工、材料和施工机械台班消耗量,都要以工程定额为标准依据。所以,工程定额既是建设工程计划、设计、施工、竣工验收等各项工作取得最佳经济效益的有效工具和杠杆,又是考核和评价上述各阶段工作的经济尺度。

(2) 建筑施工企业实行科学管理的必要手段。建筑施工企业在编制施工进度计划、施工作业计划、下达施工任务、组织调配资源、进行成本核算过程中,都可以按照定额提供的人工、材料、机械台班消耗量为标准,进行科学、合理的管理。

3.1.3 工时研究与分析

1. 工时研究的概念

工程建设中消耗的生产要素分为两大类:一类是以工作时间为计量单位的活劳动的消耗;另一类是各种物质资料和资源的消耗。

工时研究是指把劳动者在整个生产过程中消耗的作业时间,根据其性质、范围和具体情况,给予科学的划分、归纳类别、分析取舍,明确规定哪些属于定额时间,哪些属于非定额时间,以便拟定技术和组织措施,消除产生非定额时间的因素,充分利用作业时间,提高生产效率。

2. 工作时间的分析

分析工作时间最主要的目的是确定施工的时间定额和产量定额,研究施工中工作时间的前提,是对工作时间按其消耗性质进行分类,以便研究工时消耗数量及其特点。

工作时间是指工作班持续时间。根据劳动定额和机械台班消耗定额编制要求,工时分析常常以人工作业时间消耗定额和机械作业时间消耗定额两个系统进行。

1) 人工工时分析

人工工时可分为定额时间和非定额时间。人工工时分析是指将工人在整个生产过程中消耗的工作时间，予以科学的划分、归纳，明确哪些属于定额时间，哪些属于非定额时间。对于非定额时间，在确定单位产品用工标准时均不予考虑。人工工时构成如图 3.6 所示。

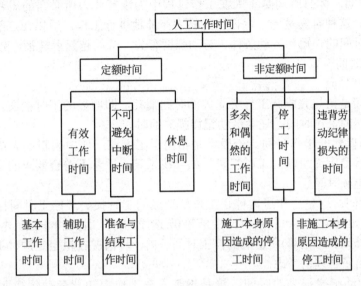

图 3.6　人工工作时间分析框图

(1) 定额时间。

定额时间是指工人在正常施工条件下，为完成一定数量的合格产品或符合要求的工作所必须消耗的工作时间，由有效工作时间、不可避免的中断所消耗的时间(可简称不可避免中断时间)和休息时间三部分组成。

① 有效工作时间。有效工作时间是指从生产效果来看，与产品生产直接有关的时间消耗，其中包括基本工作时间、辅助工作时间、准备与结束工作时间的消耗。

基本工作时间是指施工过程中工人直接完成基本施工工艺的操作所消耗的时间。通过这些工艺操作过程可以使材料改变外形，如钢筋煨弯等；可以改变材料的结构与性质，如混凝土制品的养护干燥等；可以使预制构配件安装组合成型；也可以改变产品外部及表面的性质，如粉刷、油漆等。基本工作时间所包括的内容依工作性质各不相同。基本工作时间的长短和工作量大小成正比。

辅助工作时间是指为保证基本工作顺利完成所消耗的时间。在辅助工作时间里，不能使产品的形状大小、性质或位置发生变化。辅助工作时间的结束，往往就是基本工作时间的开始。辅助工作时间的长短与工作量大小有关。

准备与结束工作时间是执行任务前或任务结束后所消耗的工作时间，如工作地点、劳动工具和劳动对象的准备工作时间以及工作结束后的整理工作时间。准备和结束工作时间的长短与所担负的工作量大小无关，往往和工作内容有关。所以，又可以把这项工作时间的消耗分为班内的准备与结束工作时间和任务的准备与结束工作时间。其中任务的准备和结束工作时间是在一批任务的开始与结束时产生的，如熟悉图纸、准备相应的工具、事后清理场地等，通常不反映在每一个工作班里。

② 不可避免的中断所消耗的时间。不可避免的中断所消耗的时间是指由于施工工艺特点所引起的工作中断所必需的时间。与施工过程工艺特点有关的工作中断时间，应包括在定额时间内，但应尽量缩短此项时间的消耗。与工艺特点无关的工作中断所占用的时间，是由于劳动组织不合理引起的，属于损失时间，不能计入定额时间。

③ 休息时间。休息时间是工人在工作过程中为恢复体力所必需的短暂休息和生理需要的时间消耗。这种时间是为了保证工人精力充沛地进行工作，所以在定额时间中必须进行计算。休息时间的长短和劳动条件、劳动强度有关，劳动越繁重紧张、劳动条件越差(如高温)，则休息时间就要越长。

(2) 非定额时间。

非定额时间是指与完成施工任务无关的时间消耗，即明显的工时损失。它包括停工时间、多余和偶然的工作时间、违背劳动纪律损失的时间。

① 多余和偶然的工作时间。一般都是指由于工人在工作中因粗心大意、操作不当或由于技术水平等原因而引起的工时浪费，如寻找工具、质量不符合要求的整修和返工等。因此不应计入定额时间。

② 停工时间。这是工作班内停止工作所造成的工时损失。停工时间按其性质可分为施工本身原因(如组织不善、材料供应中断等)所造成的停工时间和非施工本身原因(如突然停电、停水、暴风和暴雨等)所造成的停工时间。前一种情况在拟定定额时不应该计算，后一种情况则应给予合理的考虑。

③ 违背劳动纪律损失的时间。这是指工人在工作中违背劳动纪律而发生的时间损失，此项工时损失不应允许存在，因此在定额中是不能考虑的。

2) 机械工时分析

机械工作时间也分为必须消耗的机械定额时间和损失的机械非定额时间两类，如图3.7所示。

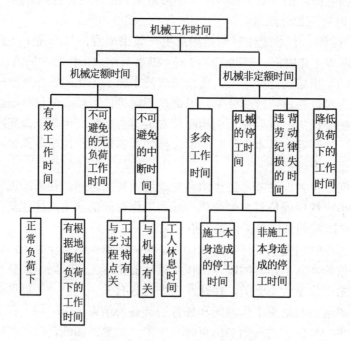

图 3.7　机械工作时间分析框图

(1) 机械定额时间。

机械定额时间是指工作班内消耗的与完成合格产品生产有关的工作时间，包括有效工作时间、不可避免的无负荷工作时间和不可避免的中断时间三项时间消耗。

① 有效工作时间。包括正常负荷下，有根据地降低负荷下工作的工时消耗。

正常负荷下的工作时间，是机械在与机械说明书规定的计算负荷相符的情况下进行工作的时间。

有根据地降低负荷下的工作时间，是指在个别情况下，由于技术上的原因，机械在低于其计算负荷下工作的时间。例如，汽车运输重量轻而体积大的货物时，不能充分利用汽车的载重吨位，因而不得不降低其计算负荷。

② 不可避免的无负荷工作时间。这是由施工过程特点和机械结构特点造成的机械无负荷工作时间。例如，筑路机在工作区末端掉头等，就属于此项工作时间的消耗。

③ 不可避免的中断时间。这与工艺过程的特点、机械的使用和保养、工人休息有关，所以又可以分为三类。

与工艺过程特点有关的不可避免的中断时间，有循环的和定期的两种：循环的不可避免中断，是指在机器工作的每个循环中重复一次，如汽车装货和卸货时的停车；定期的不可避免中断时间，是指经过一定时期重复一次，如把灰浆泵由一个工作地点转移到另一个工作地点时的工作中断。

与机械有关的不可避免的中断时间，是指由于工人进行准备与结束工作时或辅助工作时，机械停止工作而引起的中断时间，这是与机械的使用与保养有关的不可避免的中断时间。

工人休息时间，前面已经作了说明。要注意的是，工人应尽量利用与工艺过程有关的和与机械有关的不可避免的中断时间进行休息，以充分利用工作时间。

(2) 机械非定额时间。

机械非定额时间是损失的工作时间，包括多余工作、停工和违反劳动纪律所消耗的工作时间等。

① 多余工作时间。一是机器进行任务内和工艺过程内未包括的工作而延续的时间。如工人没有及时供料而使机器空运转的时间；二是机械在负荷下所做的多余工作，如混凝土搅拌机搅拌混凝土时超过规定的搅拌时间。

② 机械的停工时间。分为施工本身造成的停工和非施工本身造成的停工。前者是由于施工组织不好而引起的停工现象，如由于未及时供给机器燃料而引起的停工；后者是由于气候条件所引起的停工现象，如暴雨时压路机的停工。

③ 违反劳动纪律损失的时间。这是指由于工人迟到、早退或擅离岗位等原因引起的机械停工时间。

④ 降低负荷下的工作时间。这是指由于工人或技术人员的过错所造成的施工机械在降低负荷情况下的工作时间。此项工作时间不能作为计算时间定额的基础。

分析和研究工程建设中的工作时间，对施工定额的管理有着密切的关系和重要的意义。对工作班延续时间进行分类和研究，是编制工程定额的必要前提。只有把工作班的延续时间按其消耗性质加以区别和分类，才能划分必须消耗时间和损失消耗时间的界限，为编制工程定额建立科学的计算依据，也才能明确哪些工时消耗应计入定额，哪些不应计入定额。

3.2 施工定额及企业定额

3.2.1 施工定额的概念

施工定额是指在正常的施工条件下，完成某一计量单位的某一施工过程或工序所必须消耗的人工工日、材料和机械台班的数量标准。

施工定额是直接用于施工管理的一种定额，是建筑安装企业的生产性定额。根据施工定额，可以计算不同工程项目的人工、材料和机械台班的需要量。施工定额是施工单位企业管理的基础之一，是企业编制施工预算、施工组织设计和施工作业计划、签发工程任务单和限额领料单、实行经济核算、结算计件工资、计发奖金、考核基层施工单位经济效果的依据，也是制定预算定额的基础。

施工定额由劳动定额、材料消耗定额和施工机械台班使用定额三部分组成，是最基本的定额。

3.2.2 施工定额的编制原则

为保证施工定额的编制质量，在编制施工定额时，要遵循以下两个原则。

1. 定额水平平均先进

施工定额水平是指定额的劳动力、材料和施工机械台班的消耗标准。施工定额水平的确定，必须符合平均先进的原则。也就是说，在正常的施工条件下，多数人经过努力可以达到，少数人可以接近，个别生产者可以超过的水平。一般情况下，它低于先进水平而略高于平均水平。可以说它是一种鼓励先进、勉励中间、鞭策后进的定额水平，是编制施工定额的理想水平，只有具有该水平的定额才能促进企业生产力水平的提高。

2. 内容和形式简明、适用

内容和形式简明、适用是为了方便定额的贯彻和执行。简明，可以保证其易于为工人和业务人员掌握，便于查阅、计算等；适用是指可以满足不同用途的需要。

3.2.3 施工定额人工消耗量的确定

施工定额人工消耗量是通过劳动定额确定的。

1. 劳动定额概述

1) 劳动定额的概念

劳动定额是指在正常的生产组织和生产技术条件下，完成单位合格产品所必需的劳动消耗标准。劳动定额是人工消耗定额，又称人工定额。

2) 劳动定额的表现形式

劳动定额的表现形式分为两种，即时间定额和产量定额。

(1) 时间定额是指在合理的生产技术和生产组织下，某工种、某技术等级的工人小组或个人，完成单位合格产品所必须消耗的工作时间。

$$单位产品时间定额(工日)=\frac{1}{每工日产量} \tag{3.1}$$

或

$$单位产品时间定额(工日)=\frac{小组成员工日数总和}{小组台班产量} \tag{3.2}$$

时间定额以工日为单位，根据现行的劳动制度，每工日的工作时间为 8h。

(2) 产量定额是指在合理的生产技术和生产组织下，某工种、某技术等级的工人小组或个人，在单位时间内所应该完成的合格产品的数量。

$$每工日产量=\frac{1}{单位产品时间定额} \tag{3.3}$$

或

$$小组台班产量=\frac{小组成员工日数总和}{单位产品时间定额} \tag{3.4}$$

(3) 时间定额与产量定额的关系：两者互为倒数，即

$$时间定额=\frac{1}{产量定额} \tag{3.5}$$

或

$$时间定额×产量定额=1 \tag{3.6}$$

2. 劳动定额的编制方法

劳动定额的编制是通过测定其时间定额来完成的。而时间定额是由基本工作时间、辅助工作时间、准备与结束工作时间、不可避免的中断所消耗的时间和休息时间组成的，它们之和就是劳动定额的时间定额。由于时间定额与产量定额互为倒数，所以根据时间定额可计算出产量定额。

劳动定额制定的方法有 4 种，即经验估计法、统计分析法、比较类推法和技术测定法。

1) 经验估计法

经验估计法是指由定额人员、工程技术人员和工人三结合，根据个人或集体的实践经验，经过图纸分析和现场观察，了解施工工艺，分析施工的生产技术组织条件和操作方法的简繁难易等情况，进行座谈讨论，从而制定劳动定额。

运用经验估计法制定定额，应以工序(或产品)为对象，将工序分为操作(或动作)，分别测算出操作(或动作)的基本工作时间，然后考虑辅助工作时间、准备时间、结束时间和休息时间，经过综合整理，并对整理结果予以优化处理，即得出该工序(或产品)的时间定额或产量定额。

这种方法的优点是简单、速度快。缺点是容易受参加人员的主观因素和局限性影响，使制定出来的定额出现偏高或偏低的现象。因此，经验估计法只适用于企业内部，作为某些局部项目的补充定额。

为了提高经验估计法的精确度，使取定的定额水平适当，可以用概率论的方法来估算定额。这种方法是请有经验的人员，分别对某一单位产品或施工过程进行估算，从而得出 3 个工时消耗数值：先进的估计值为 a、一般的估计值为 m、保守的估计值为 b，从而计算

出来它们的平均值 $\bar{t}$，即

$$\bar{t} = \frac{a + 4m + b}{6} \tag{3.7}$$

式中：$\bar{t}$ ——经验估计的平均值；

　　　a ——先进的估计值；

　　　m ——一般的估计值；

　　　b ——保守的估计值。

2) 统计分析法

统计分析法是指将以往施工中同类工程或同类产品的工时消耗统计资料，与当前生产技术组织条件的变化因素结合在一起进行研究，以制定劳动定额。

由于统计分析资料反映的是工人过去已经达到的水平，在统计时没有也不可能剔除施工过程中不合理的因素，因而这个水平一般偏于保守。为了克服统计分析资料的这一缺陷，使确定出来的定额保持平均先进水平，可以采用二次平均法计算平均先进值作为确定定额水平的依据。

其步骤如下。

(1) 剔除统计资料中特别偏高、偏低的明显不合理的数据。

(2) 计算一次平均值。

(3) 计算平均先进值。对于时间定额，平均先进值等于数列中小于一次平均值的各数值的平均值；对于产量定额，平均先进值等于数列中大于一次平均值的各数值的平均值。

(4) 计算二次平均先进值。二次平均先进值等于一次平均值与平均先进值的平均值，也即第二次平均，以此作为确定定额水平的依据。

【例 3.1】已知由统计得来的工时消耗数据资料为 21、40、60、70、70、70、60、50、50、60、60、105。用二次平均的方法计算其平均先进值。

解：(1) 剔除偏高、偏低的明显不合理的数据 21、105。

(2) 计算一次平均值，即

$$\bar{t} = \frac{1}{10}(40 + 60 + 70 + 70 + 70 + 60 + 50 + 50 + 60 + 60) = \frac{1}{10} \times 590 = 59$$

(3) 计算平均先进值，即

$$\bar{t}_n = \frac{40 + 50 + 50}{3} = 46.67$$

(4) 计算二次平均先进值，即

$$\bar{t}_0 = \frac{\bar{t} + \bar{t}_n}{2} = \frac{59 + 46.67}{2} = 52.84$$

52.84 即是这一组统计资料整理优化后的数值，可作为确定劳动定额的依据。

3) 比较类推法

比较类推法又叫典型定额法，是指以同类型、相似类型产品或工序的典型定额项目的定额水平为标准，经过分析比较，类推出同一组定额中相邻项目定额水平的方法。

这种方法简便，工作量小，只要典型定额选择恰当，切合实际，具有代表性，类推出的定额一般比较合理。这种方法适用于同类型规格多、批量小的施工过程。为了提高定额水平的精确度，通常采用主要项目作为典型定额来类推。

采用这种方法时要特别注意掌握生产产品的施工工艺和劳动组织类似或近似的特征，细致分析施工过程中的各种影响因素，防止将因素变化很大的项目作为典型定额比较类推。用公式表示为

$$t = Pt_0 \tag{3.8}$$

式中：t——需计算的时间定额；

　　　t_0——相邻的典型定额项目的时间定额；

　　　P——已确定出的比例。

4) 技术测定法

技术测定法是指根据先进合理的生产(施工)技术、操作工艺、劳动组织和正常的生产(施工)条件，对施工过程中的具体活动进行实地观察，详细记录施工的工人和机械的工作时间消耗、完成产品的数量及有关影响因素，将记录的结果加以整理，客观分析各种因素对产品工作时间消耗的影响，据此进行取舍，以获得各个项目的时间消耗资料，从而制定劳动定额的方法。

这种方法有较高的准确性和科学性，是制定新定额和典型定额的主要方法。

根据施工过程的特点和技术测定的目的、对象和方法的不同，技术测定法又可以分为测时法、写实记录法、工作日写实法和简易测定法 4 种。

(1) 测时法，主要用于观测研究施工过程中各循环组成部分的工作时间消耗，不研究工人休息、准备与结束及其他非循环的工作时间。这种方法主要适用于施工机械。

(2) 写实记录法，用于研究所有种类的工作时间消耗，包括基本工作时间、辅助工作时间、不可避免的中断时间、准备与结束时间、休息时间以及各种损失时间，以获得分析工时消耗和制定定额时所必需的全部资料。这种方法比较简便，易于掌握，并能保证必需的精确度，因此在实际中得到广泛应用。

(3) 工作日写实法，主要是指对工人全部工作时间中的各类工时消耗按顺序进行实地观察、记录和分析研究的一种测定方法。运用这种方法可以分析哪些工时消耗是合理的、哪些工时消耗是无效的，并找出工时损失的原因，拟定改进的措施，消除引起工时损失的因素，促进劳动生产率的提高。根据写实对象的不同，工作日写实法可分为个人工作日写实、小组工作日写实和机械工作日写实 3 种。

(4) 简易测定法，就是对前面几种技术测定的方法予以简化，但仍保持了现场实地观察记录的基本原则。在测定时，它只测定定额时间中的基本工作时间，而其他时间(即辅助工作时间、规范时间)可借助"工时消耗规范"查出，然后利用计算公式，确定出定额指标。这种方法简便，容易掌握，且节省人力和时间，常用于编制企业补充定额或临时定额。其计算公式为

$$工序作业时间 = \frac{基本工作时间}{1 - 辅助时间的比例(\%)} \tag{3.9}$$

$$规范时间 = 准备与结束工作时间 + 不可避免的中断时间 + 休息时间 \tag{3.10}$$

$$定额时间 = \frac{工序作业时间}{1 - 规范时间的比例(\%)} \tag{3.11}$$

总之，以上 4 种技术测定方法，可以根据施工过程的特点以及测定的目的分别选用。同时还应注意与比较类推法、统计分析法、经验估计法相结合，取长补短，拟定和编制工

程定额。

【例 3.2】人工挖土方(土壤系潮湿的黏性土，按土壤分类属二类土)测时资料表明，挖 $1m^3$ 消耗基本工作时间 60min，辅助工作时间占工序作业时间的 2%，准备与结束工作时间占 2%，不可避免的中断时间占 1%，休息时间占 20%。确定时间定额和产量定额。

解：基本工作时间$=60 \text{ min/m}^3=1\text{h/m}^3=0.125(工日/m^3)$

工序作业时间$=0.125/(1-2\%) \approx 0.128(工日/m^3)$

时间定额$=0.128/(1-2\%-1\%-20\%)=0.166(工日/m^3)$

根据时间定额可计算出产量定额$=\dfrac{1}{0.166}=6.024(m^3/工日)$

3.2.4 施工定额材料消耗量的确定

1. 材料消耗定额概述

1) 材料消耗定额的概念

材料消耗定额是指在合理和节约使用材料的条件下，生产单位合格产品所必须消耗的一定品种、规格的建筑材料(包括原材料、燃料、半成品、配件和水、动力等资源)的数量标准。

2) 材料消耗定额的组成

单位合格产品所消耗的材料数量等于材料净用量和不可避免的合理材料损耗量之和，即

$$材料消耗量=净用量+损耗量 \tag{3.12}$$

材料净用量是指为了完成单位合格产品或施工过程所必需的材料数量，即直接用于建筑和安装工程的材料数量。材料损耗量是指材料从现场仓库领出，到完成合格产品的过程中不可避免的材料合理损耗量，包括场内搬运的合理损耗、加工制作的合理损耗和施工操作损耗三部分。

材料的损耗一般以损耗率表示，即

$$材料损耗率=\frac{材料损耗量}{材料净用量}\times 100\% \tag{3.13}$$

材料的净用量可以根据产品的设计图纸计算求得，只要知道生产某种产品的某种材料的损耗率，就可以计算出该单位产品材料的消耗数量，即

$$材料消耗量=材料净用量\times(1+材料损耗率) \tag{3.14}$$

3) 材料消耗定额的作用

材料是完成产品的物化劳动过程的物质条件，在建筑工程中，所用的材料品种繁多，耗用量大，在一般的工业与民用建筑工程中，材料费用占整个工程造价的 60%～70%，因此，合理使用材料、降低材料消耗对降低工程成本具有举足轻重的意义。材料消耗定额的具体作用如下。

(1) 材料消耗定额是施工企业确定材料需要量和储备量的依据。

(2) 材料消耗定额是企业编制材料需用量计划的基础。

(3) 材料消耗定额是施工队对工人班组签发限额领料、考核分析班组材料使用情况的依据。

(4) 材料消耗定额是进行材料核算，推行经济责任制，促进材料合理使用的重要手段。

2. 材料消耗定额的制定方法

根据材料消耗与工程实体的关系，可以将工程建设中的材料分为实体性材料和措施性材料两类。实体性材料是指直接构成工程实体的材料，包括主要材料和辅助材料；措施性材料是指在施工中必须使用但又不能构成工程实体的施工措施性材料，主要是周转性材料，如模板、脚手架等。有关措施性材料消耗的计算在第 2 章已有所论述，此处主要说明实体性材料消耗定额的确定。

编制实体性材料消耗定额的方法有 4 种，即观察法、试验法、统计分析法和理论计算法。

(1) 观察法，也称施工试验法，是在施工现场对某一产品的材料消耗量进行实际测算，通过产品数量、材料消耗量和材料净用量的计算，确定该单位产品的材料消耗量或损耗率。用观察法制定材料消耗定额时，所选用的观察对象应该符合下列要求。

① 建筑物应具有代表性。

② 施工方法应符合操作规范的要求。

③ 建筑材料的品种、规格、质量符合技术、设计要求。

④ 被观测的对象在节约材料和保证产品质量等方面有较好的成绩。

同时，要做好观察前的技术准备和组织准备工作，包括被测定材料的性质、规格、质量、运输条件、运输方法、堆放地点、堆放方法及操作方法，并准备标准桶、标准运输工具和标准运输设备等；事先与工人班组联系，说明观测的目的和要求，以便在观察中及时测定材料消耗的数量、完成产品的数量以及损耗量、废品数量等。

(2) 试验法，是通过专门的仪器和设备在实验室内确定材料消耗定额的一种方法。这种方法适用于能在实验室条件下进行测定的塑性材料和液体材料，常见的有混凝土、砂浆、沥青马蹄脂、油漆涂料和防腐剂等。

由于在实验室内比施工现场具有更好的工作条件，所以能够更深入、详细地研究各种因素对材料消耗的影响，从中得出比较准确的数据。

但是，在实验室中无法充分估计到施工现场中某些外界因素对材料消耗的影响，因此，要求实验室条件应尽可能与施工过程中的正常施工条件相一致，同时在测定后用观察法进行审核和修订。

(3) 统计分析法，是指在施工过程中对分部分项工程所用的各种材料数量、完成的产品数量和竣工后剩余的材料数量，进行统计、分析、计算来确定材料消耗定额的方法。这种方法简便易行，不需组织专人观测和试验。但应注意统计资料的真实性和系统性，要有准确的领退料统计数字和完成工程量的统计资料。统计对象也应加以认真选择，并注意和其他方法结合使用，以提高所编制定额的准确程度。

(4) 理论计算法，是指根据施工图纸和其他技术资料，用理论公式计算出产品材料的净用量，从而制定出材料的消耗定额。这种方法主要适用于制定块状、板状和卷筒状产品(如砖、钢材、玻璃、油毡等)的材料消耗量定额。举例如下。

① 1m³ 砖砌体中砖的净用量计算。

$$1m^3 \text{砖砌体中砖的净用量} = \frac{\text{墙厚的砖数} \times 2}{\text{墙厚} \times (\text{砖长} + \text{灰缝}) \times (\text{砖厚} + \text{灰缝})} \qquad (3.15)$$

$$\text{砖消耗量} = \text{砖净用量} \times (1 + \text{砖损耗率}) \qquad (3.16)$$

$$砂浆消耗量(m^3)=(1-砖净用量×每块砖体积)×(1+损耗率) \tag{3.17}$$

标准砖、多孔砖(中砖)的砖宽与墙厚的关系如表 3.2 所示。

表 3.2　砖宽与墙厚的关系表

墙厚/砖数	1/4	1/2	3/4	1	1.5	2
标准砖厚度/mm	53	115	180	240	365	490
多孔砖(中砖)厚度/mm	90	115	215	240	365	490

【例 3.3】计算 1m³ 一砖半厚的砖墙的标准砖、砂浆的净用量。

解: 标准砖的净用量 $=\dfrac{1.5×2}{(0.24+0.001)×(0.053+0.001)}×0.365=522(块)$

砂浆净用量 $=1-522×0.24×0.115×0.053=0.237(m^3)$

② 计算 100m² 块料面层的材料净用量。

$$块料净用量 =\frac{100}{(块料长+灰缝)×(块料宽+灰缝)}$$

接合层材料净用量 $=100m^2×接合层厚度$

嵌(勾)缝材料净用量 $=(100-块料长×块料宽×块料净用量)×缝深$

【例 3.4】用 1:1 水泥砂浆贴 150mm×150mm×5mm 的瓷砖墙面,接合层厚度为 10mm,灰缝宽度为 2mm。用理论计算法计算 100m² 墙面瓷砖和砂浆的消耗量。瓷砖、砂浆的损耗率分别为 1.5%、1%。

解: 每 100m² 瓷砖墙面中瓷砖净用量 $=\dfrac{100}{(0.15+0.002)×(0.15+0.002)}=4328.3(块)$

瓷砖消耗量 $=4328.3×(1+1.5\%)=4393.2(块)$

每 100m² 墙面中接合层砂浆量 $=100×0.01=1.00(m^3)$

每 100m² 墙面中瓷砖缝隙砂浆量 $=(100-4328.3×0.15×0.15)×0.005=0.013(m^3)$

瓷砖墙面砂浆消耗量 $=(1+0.013)×(l+1\%)=1.02(m^3)$

上述 4 种建筑材料消耗量定额的制定方法,都有一定的优缺点,在实际工作中应根据所测定材料的不同,分别选择其中一种或两种以上的方法结合使用,制定实体性材料的消耗量定额。

3.2.5　施工定额机械台班消耗量的确定

1. 施工机械台班定额

1) 施工机械台班定额的概念

施工机械台班定额是指在合理使用机械和合理的施工组织条件下,完成单位合格产品所必须消耗的机械台班数量标准。

施工机械台班定额是编制机械需用量计划和考核机械工作效率的依据,也是对操作机械的工人班组签发施工任务书,实行计件奖励的依据。

一个台班,指工人使用一台机械工作 8h。一个台班的工作,既包括机械的运行,也包括工人的劳动。

2) 施工机械台班定额的表现形式

(1) 时间定额，是指在合理的劳动组织与合理地使用机械的条件下，某种机械生产单位合格产品所必须消耗的台班数量。

$$机械台班时间定额 = \frac{1}{机械台班产量定额} \qquad (3.18)$$

(2) 产量定额，是指在合理的劳动组织和合理使用机械的条件下，某种机械在一个台班时间内所应完成的合格产品的数量。

$$机械台班产量定额 = \frac{1}{机械台班时间定额} \qquad (3.19)$$

由此可以看出，机械台班的时间定额和产量定额互为倒数关系。

2. 施工机械台班定额的制定方法

1) 定额的时间构成

机械施工过程的定额时间，可分为净工作时间和其他工作时间。

(1) 净工作时间，是指工人利用机械对劳动对象进行加工，用于完成基本操作所消耗的时间。其主要包括：机械的有效工作时间；机械在工作中不可避免的无负荷运转时间；与操作有关的不可避免的中断时间。

(2) 其他工作时间，是指除了净工作时间以外的其他工作时间。

(3) 机械时间利用系数，是指机械净工作时间(t)与工作延续时间(T)的比值(K_B)，即

$$K_B = \frac{t}{T} \qquad (3.20)$$

【例 3.5】 某施工机械的工作延续时间为 8h，机械准备与结束时间为 0.5h，保持机械的延续时间为 1.5h，求该机械时间利用系数。

解： 机械的净工作时间=8-(0.5+1.5)=6h，则机械时间利用系数为

$$K_B = \frac{6}{8} = 0.75$$

2) 确定机械 1h 净工作正常生产率

建筑机械可分为循环动作和连续动作两种类型，在确定机械 1h 净工作正常生产率时，要分别对两类不同机械进行研究。

(1) 循环动作机械。循环动作机械 1h 净工作正常生产率(N_h)，就是在正常施工组织条件下，具有必需的知识和技能的技术工人操纵机械 1h 的生产率，即

$$N_h = nm \qquad (3.21)$$

式中：n——机械净工作 1h 的正常循环次数；

m——每次循环中所生产的产品数量。

$$n = \frac{60 \times 60}{t_1 + t_2 + t_3 + \cdots + t_n} \qquad (3.22)$$

或

$$n = \frac{60 \times 60}{t_1 + t_2 + \cdots + t_c - t_c' + \cdots + t_n} \qquad (3.23)$$

式中：$t_1, t_2, t_3, \cdots, t_n$——机械每一循环内各组成部分延续时间；

t'_c——组成部分的重叠工作时间。

计算循环动作机械净工作 1h 正常生产率的步骤如下。

① 根据计时观察资料和机械说明书确定各循环组成部分的延续时间。

② 将各循环组成部分的延续时间相加，减去各组成部分之间的重叠时间，求出循环过程的正常延续时间。

③ 计算机械净工作 1h 的正常循环次数。

④ 计算循环机械净工作 1h 的正常生产率。

(2) 连续动作机械。连续动作机械净工作 1h 的正常生产率，主要根据机械性能来确定。机械净工作 1h 正常生产率(N_h)，是通过试验或观察取得机械在一定工作时间(t)内的产品数量(m)而确定，即

$$N_h = \frac{m}{t} \tag{3.24}$$

对于不易用计时观察法精确确定机械产品数量、施工对象加工程度的施工机械，连续动作机械净工作 1h 正常生产率应与机械说明书等有关资料的数据进行比较，最后分析取定。

3) 确定施工机械台班定额

机械台班产量($N_{台班}$)等于该机械净工作 1h 的生产率(N_h)乘以工作班的延续时间 T(一般为 8h)，再乘以机械时间利用系数(K_B)，即

$$N_{台班} = N_h T K_B \tag{3.25}$$

对于一次循环时间大于 1h 的机械施工过程就不必先计算净工作 1h 的生产率，可以直接用一次循环时间 t(单位：h)求出台班循环次数(T/t)，再根据每次循环的产品数量(m)确定其台班产量，即

$$N_{台班} = \frac{T}{t} \times m \times K_B \tag{3.26}$$

【例 3.6】 某混凝土浇筑现场，有一台出料容量为 200L 的混凝土搅拌机。搅拌机每次循环中，装料、搅拌、卸料、中断需要的时间分别为 1min、3min、1min、1min，该搅拌机正常功能利用系数为 0.9。求该搅拌机的台班产量定额和时间定额。

解： 搅拌机一次循环的正常延续时间=1+3+1+1=6 (min)

该搅拌机纯工作 1h 循环次数= $\frac{60}{6}$ =10(次)

该搅拌机纯工作 1h 正常生产率=10×200/1000=2 (m³)

该搅拌机台班产量定额=2×8×0.9=14.4(m³/台班)

该搅拌机时间定额= $\frac{1}{14.4}$ =0.069(台班/ m³)

3.2.6 企业定额

1. 企业定额的概念

企业定额是指施工企业根据本企业的施工技术和管理水平而编制完成单位合格产品所必需的人工、材料和施工机械台班等的消耗标准。

从一定意义上讲，企业定额是企业的商业秘密，是企业参与市场竞争的核心竞争能力的具体表现。企业定额适应了我国工程造价管理体制和管理制度的改革，是实现工程造价管理改革目标不可或缺的一个重要环节。要实现工程造价管理的市场化，由市场形成价格是关键。以各企业的企业定额为基础做出报价，能真实地反映出企业成本的差异，能在施工企业之间形成实力的竞争，从而真正达到市场形成价格的目的。

2. 企业定额的作用

(1) 企业定额是施工企业进行建设工程投标报价的主要依据。自 2003 年 7 月开始实行工程量清单计价后，实现工程量清单计价的关键及核心就在于企业定额的编制和使用。企业定额是形成企业个别成本的基础，根据企业定额进行的投标报价具有更大的合理性，能有效提升企业投标报价的竞争力。

(2) 企业定额的建立和运用可以提高企业的管理水平和生产力水平。企业定额是企业生产力的综合反映，能直接对企业的技术、经营管理水平及工期、质量、价格等因素进行准确的测算和控制，进而控制工程成本。同时，通过编制企业定额可以摸清企业生产力状况，发挥优势，弥补不足，促进企业生产力水平的提高。

(3) 企业定额是业内推广先进技术和鼓励创新的工具。企业定额代表企业先进施工技术水平、施工机具和施工方法。因此，企业在建立企业定额后，会促使各企业主动学习先进企业的技术，这样就达到了推广先进技术的目的。同时，各个企业要想超过其他企业的定额水平，就必须进行管理创新或技术创新。因此，企业定额实际上也就成为企业推动技术和管理创新的一种重要手段。

(4) 企业定额的建立和使用可以规范发包和承包行为，维护建筑市场秩序。企业定额的应用，促使企业在市场竞争中按实际消耗水平报价，这就避免了施工企业为了在竞标中取胜，无节制地压价、降价，造成企业效率低下、生产亏损、发展滞后现象的发生，也避免了业主在招投标中腐败现象的发生。企业定额的建立和使用，对企业自身的发展和建筑业的可持续发展，都会产生深远和重大的影响。

3.3 预 算 定 额

3.3.1 预算定额概述

1. 预算定额的概念

预算定额是指完成一定计量单位质量合格的分项工程或结构构件的人工、材料、机械台班的数量标准，也是计算建筑安装工程产品造价的基础。

预算定额一般是由施工定额中的劳动定额、材料消耗定额、机械台班定额经合理计算并考虑其他一些合理因素而综合编制的。

2. 预算定额的用途

(1) 预算定额是编制施工图预算，确定建筑安装工程造价的基本依据。

(2) 预算定额是施工企业编制施工组织设计，确定人工、材料和机械台班用量的

依据。

(3) 预算定额是建设单位向施工企业拨付工程款和进行竣工结算的依据。

(4) 预算定额是施工单位进行经济活动分析的依据。

(5) 预算定额是编制概算定额和概算指标的依据。

(6) 预算定额是合理编制招标控制价、投标报价的依据。

(7) 预算定额是对设计方案和施工方案进行经济评价的依据。

3.3.2　预算定额与施工定额的关系

预算定额和施工定额之间既有联系又有区别。

1. 两种定额之间的联系

两种定额之间的联系表现在预算定额是以施工定额为基础编制的，都规定了完成单位合格产品所需的人工、材料、机械台班的数量标准。

2. 两种定额之间的区别

两种定额之间的区别主要表现在以下几个方面。

1) 编制单位、作用不同

预算定额是由国家、行业或地区建设行政主管部门编制，是国家、行业或地区建设工程造价计价的法规性标准，用来确定工程造价，属于计价性定额；施工定额是由施工企业编制，是企业内部使用的定额，主要用于施工管理，属于生产性定额。

2) 产品标定对象不同

预算定额是以分项工程或结构构件为标定对象，施工定额是以同一性质施工过程为标定对象。前者在后者基础上，在标定对象上进行了科学综合扩大。

3) 编制考虑的因素不同

预算定额编制时考虑的是一般情况，考虑了施工过程中对前面施工工序的检验，对后继施工工序的准备，以及相互搭接中的技术间歇、零星用工等人工、材料和机械台班消耗数量的增加等因素；施工定额考虑的是企业施工中的特殊情况。所以，预算定额比施工定额考虑的因素更多、更复杂。

4) 编制采用的水平不同

预算定额资源消耗量的确定采用的是社会平均水平；施工定额资源消耗量的确定采用的是平均先进水平。

3.3.3　预算定额的编制原则及依据

1. 编制原则

为保证预算定额的编制质量，充分发挥预算定额的作用，实际使用方便，在编制工作中应遵循以下几个原则。

(1) 按社会平均水平的原则。即按照"在现有的社会正常的生产条件下，在社会平均的劳动熟练程度和劳动强度下制造某种使用价值所需要的劳动时间"来确定定额水平。预算定额的水平以大多数施工单位的施工定额水平为基础，但是比施工定额的工作内容综合扩大，包含了更多的可变因素，需要保留合理的幅度差，如人工幅度差、机械幅度差、材料的超运距等。

(2) 简明适用的原则。首先，合理确定定额步距，从而合理划分定额项目。步距大，定额的子目就会减少，精确度就会降低；步距小，定额子目则会增加，精确度也会提高。对主要工种、主要项目、常用项目，定额步距要小一些；对次要工种、次要项目、不常用项目，定额步距可以适当大一些。其次，对定额的活口也要设置适当。所谓活口，即在定额中规定若符合一定条件时，允许该定额另行调整。最后，还要求合理确定预算定额的计算单位，简化工程量的计算，尽量减少定额附注和换算系数。

(3) 坚持统一性和差别性相结合的原则。统一性是从培育全国统一市场规范计价行为出发，由国务院建设行政主管部门归口，并负责全国统一定额的制定或修订等。通过编制全国统一定额，使建筑安装工程具有统一的计价依据，也使考核设计和施工的经济效果具有统一尺度，这样就有利于通过定额和工程造价的管理实现建筑安装工程价格的宏观调控。差别性是在统一性的基础上，各部门和省、自治区、直辖市主管部门可以在自己的管辖范围内，根据本部门和地区的具体情况，制定部门和地区性定额、补充性制度和管理办法，以适应我国幅员辽阔、地区间部门发展不平衡和差异大的实际情况。

2. 编制的依据

(1) 定额类资料。包括现行劳动定额、施工定额、预算定额。预算定额中的实物消耗量指标是在现行劳动定额和施工定额的基础上取定的；预算定额计量单位的选择也要以施工定额为参考，从而保证两者的协调和可比性，减轻预算定额的编制工作量，缩短编制时间；现行的预算定额、材料预算价格、过去定额编制过程中积累的基础资料及有关文件规定，也是编制新的预算定额的依据和参考。

(2) 技术类资料。包括现行设计规范、施工及验收规范，质量评定标准和安全操作规程，以及具有代表性的典型工程施工图及有关标准图。

(3) 其他资料。新技术、新结构、新材料和先进的施工方法等资料是调整定额水平和增加新的定额项目所必需的依据；有关科学实验、技术测定和统计、经验数据这类资料是确定定额水平的重要依据。

3.3.4　预算定额人工、材料、机械消耗量的确定

1. 人工工日消耗量的确定

人工消耗量是指在正常施工条件下，完成单位合格产品所必须消耗的各种用工的工日数以及该用工量指标的平均技术等级。

确定人工消耗量的方法有两种：一种是以施工定额中的劳动定额为基础确定；另一种是以现场观察测定资料为基础计算，主要用于遇到劳动定额缺项时，采用现场工作日写实等测时方法确定和计算定额的人工耗用量。

预算定额的人工消耗量分为两部分：一部分是直接完成单位合格产品所必须消耗的技术用工的工日数，称为基本用工；另一部分是辅助直接用工的其他用工数，称为其他用工。

1) 基本用工

基本用工是指完成某一项合格分项工程所必须消耗的技术工种用工，如为完成砖墙工

程中的砌砖、调运砂浆、铺砂浆、运砖等所需的工日数量。基本用工按技术工种相应劳动定额的工时定额计算，以不同工种列出定额工日。计算公式为

$$基本用工=\sum(某工序工程量×相应工序的时间定额) \tag{3.27}$$

2) 其他用工

其他用工包括超运距用工、辅助用工和人工幅度差。

(1) 超运距用工，是指劳动定额中已包括的材料、半成品场内水平搬运距离与预算定额所考虑的现场材料、半成品堆放地点到操作地点的水平运输距离之差。

$$超运距=预算定额取定运距-劳动定额已包括的运距 \tag{3.28}$$

$$超运距用工=\sum(材料数量×超运距的时间定额) \tag{3.29}$$

💡 **注意**：实际工程现场运距超过预算定额取定运距时，可另行计算现场二次搬运费。

(2) 辅助用工，指技术工种劳动定额内不包括而在预算定额内又必须考虑的用工。例如，机械土方工程配合用工、材料加工(筛砂、洗石、淋化石膏)、电焊点火用工等。

$$辅助用工=\sum(材料加工数量×相应的加工劳动定额) \tag{3.30}$$

(3) 人工幅度差。这是预算定额与劳动定额的差额，主要指在劳动定额中未包括而在正常施工情况下不可避免但又很难准确计量的用工和各种工时损失。其内容包括以下几个方面。

① 在正常施工条件下，土建各工种间的工序搭接及土建工程与水、暖、电工程之间的交叉作业相互配合或影响所发生的停歇时间。

② 施工机械在单位工程之间转移及临时水电线路移动所造成的停工。

③ 工程质量检查和隐蔽工程验收工作。

④ 场内班组操作地点转移影响工人的操作时间。

⑤ 工序交接时对前一工序不可避免的修整用工。

⑥ 施工中不可避免的其他零星用工。

$$人工幅度差=(基本用工+辅助用工+超运距用工)×人工幅度差系数 \tag{3.31}$$

人工幅度差系数一般为 10%～15%。在预算定额中，人工幅度差的用工量列入其他用工量中。

3) 预算定额人工工日消耗量

$$预算定额人工工日消耗量=基本用工+辅助用工+超运距用工+人工幅度差 \tag{3.32}$$

【例 3.7】已知完成单位合格产品的基本用工为 22 工日，超运距用工为 4 工日，辅助用工为 2 工日，人工幅度差系数是 12%。计算预算定额中的人工工日消耗量。

解：预算定额中人工工日消耗量包括基本用工、其他用工两部分。其他用工包括辅助用工、超运距用工和人工幅度差。

人工消耗量指标=(基本用工+超运距用工+辅助用工)×(1+人工幅度差系数)

$$= [(22+4+2)×(1+12\%)] =31.36(工日)$$

2. 材料消耗量的确定

材料消耗量是指在正常施工条件下，完成单位合格产品所必须消耗的材料、成品、半成品的数量标准。材料按用途可分为实体性材料、周转性材料和其他材料。材料消耗量包

括材料的净用量和材料的损耗量。

1) 主要材料净用量的计算

主要材料的净用量，一般根据设计施工规范和材料的规格采用理论方法计算后，再根据定额项目综合的内容和实际资料适当调整确定，如砖、防水卷材、块料面层等。当有设计图纸标注尺寸及下料要求的，应按设计图纸尺寸计算材料净用量，如门窗制作用的方木、板料等。胶结、涂料等材料的配合比用料可根据要求条件换算得出材料用量。混凝土及砌筑砂浆耗用原材料净用量的计算，需按照规范要求试配、试压合格和调整后得出的水泥、砂子、石子、水的用量来确定。对新材料、新结构，当不能用以上方法计算定额消耗用量时，需用现场测定方法来确定。

2) 材料的损耗量

材料的损耗量用测定或计算的办法得到。

3) 其他材料的确定

对于用量不多、价值不大的材料，一般用估算的办法计算其使用量，预算定额将其合并为一项(其他材料费)，不列材料名称及消耗量。

4) 周转性材料的确定

周转性材料在施工中会多次使用、周转，使用中有损耗则要维修补充，直至达到规定的使用次数才能报废，报废的周转材料按规定折价回收。将全部材料分摊到每一次使用上，即周转性材料是考虑回收残值以后使用一次的摊销量。

3. 机械台班消耗量的确定

预算定额中的机械台班消耗量是指在正常施工条件下，生产单位合格产品(分部分项工程或结构构件)必须消耗的某种型号施工机械的台班数量。

1) 预算定额中的机械幅度差

在编制预算定额时，机械台班消耗量是以施工定额中机械台班产量加机械幅度差为基础，再考虑到在正常施工组织条件下不可避免的机械空转时间、施工技术原因的中断及合理停滞时间编制的。

预算定额中的机械幅度差包括以下几个方面。

(1) 施工中机械转移工作面及配套机械相互影响损失的时间。

(2) 在正常施工条件下，机械施工中不可避免的工序间歇。

(3) 工程结尾工作量不饱满损失的时间。

(4) 检查工程质量影响机械操作的时间。

(5) 在施工中，由于水电线路移动所发生的不可避免的机械操作间歇时间。

(6) 冬季施工期内启动机械的时间。

(7) 不同厂牌机械的工效差。

(8) 配合机械施工的工人，在人工幅度差范围内的工作间歇而影响机械操作的时间。

2) 机械台班消耗量的确定

(1) 大型机械施工的土石方、打桩、构件吊装、运输等项目。按全国建筑安装工程统一劳动定额台班产量加机械幅度差计算。一般为：土石方机械 1.25，打桩机械 1.33，吊装机械 1.3。

$$机械台班消耗量 = 施工定额机械台班消耗量 \times (1 + 机械幅度差系数) \qquad (3.33)$$

(2) 按小组配用的机械，如砂浆、混凝土搅拌机等，以小组产量计算机械台班产量，不另增加机械幅度差。其他分部工程中，如钢筋加工、木材、水磨石等各项专用机械的幅度差为 1.1。

(3) 中小型机械台班消耗量，以其他机械费表示，列入预算定额内，不列台班数量。如遇到施工定额(劳动定额)缺项者，则需要依据单位时间完成的产量进行现场测定，以确定机械台班消耗量。

3.4 概算定额、概算指标与投资估算指标

3.4.1 概算定额

1. 概算定额的概念

概算定额是在预算定额的基础上，确定完成合格的单位扩大分部分项工程或扩大结构件所需消耗的人工、材料和机械台班的数量标准，概算定额又称为扩大结构定额。

概算定额是预算定额的综合与扩大，将预算定额中有联系的若干个分项工程项目综合为一个概算定额项目。如概算定额中的砖基础项目，就是以砖基础为主，综合了平整场地、挖地槽、铺设垫层、砌砖基础、铺设防潮层、回填土及运土等预算定额中分项工程项目；又如砖墙定额，就是以砖墙为主，综合了砌砖、钢筋混凝土过梁制作、运输、安装，勒脚，内外墙面抹灰，内外墙面刷白等预算定额的分项工程项目。

概算定额与预算定额的相同之处在于，它们都是以建(构)筑物各个结构部分和分部分项工程为单位表示的，内容也包括人工、材料和机械台班使用量 3 个基本部分，并列有基价。概算定额表达的主要内容、主要方式及基本使用方法都与预算定额相近。

概算定额与预算定额的不同之处在于项目划分和综合扩大程度上的差异，同时，概算定额主要用于设计概算的编制。由于概算定额综合了若干分项工程的预算定额，因此使得概算工程量计算和概算指标的编制，都比编制施工图预算更简化。

2. 概算定额的作用

(1) 概算定额是初步设计阶段编制设计概算、扩大初步设计阶段编制修正概算的主要依据。

(2) 概算定额是对设计项目进行技术经济分析比较的基础资料之一。

(3) 概算定额是建设工程主要材料计划编制的依据。

(4) 概算定额是编制概算指标的依据。

3.4.2 概算指标

1. 概算指标的概念

建筑安装工程概算指标通常以整个建筑物和构筑物为对象，以建筑面积、体积或成套设备装置的台或组为计量单位而规定的人工、材料、机械台班的消耗量标准和造价指标。

从上述概念中可以看出，建筑安装工程概算定额与概算指标的主要区别如下。

(1) 确定各种消耗量指标的对象不同。概算定额是以单位扩大分项工程或单位扩大结

构构件为对象，而概算指标则是以整个建筑物和构筑物为对象。因此，概算指标比概算定额更加综合与扩大。

(2) 确定各种消耗量指标的依据不同。概算定额以现行预算定额为基础，通过计算之后综合确定出各种消耗量指标；而概算指标中各种消耗量指标的确定，则主要来自各种预算或结算资料。

2. 概算指标的作用

概算指标和概算定额、预算定额一样，都是与各个设计阶段相适应的多次性计价的产物，它主要用于投资估价、初步设计阶段。其作用主要有以下几个方面。

(1) 概算指标可以作为投资估算的参考。

(2) 概算指标中的主要材料指标可以作为匡算主要材料用量的依据。

(3) 概算指标是设计单位进行设计方案比较的依据。

(4) 概算指标是编制固定资产投资计划、确定投资额和材料计划的主要依据。

3. 概算指标的分类

概算指标可分为两大类：一类是建筑工程概算指标；另一类是安装工程概算指标。

建筑工程概算指标包括一般土建工程概算指标、给排水工程概算指标、采暖工程概算指标、通信工程概算指标和电气照明工程概算指标。

安装工程概算指标包括机械设备及安装工程概算指标、电气设备及安装工程概算指标和工器具及生产家具购置费概算指标。

3.4.3　投资估算指标

1. 投资估算指标及其作用

工程建设投资估算指标是编制建设项目建议书、可行性研究报告等前期工作阶段投资估算的依据，也可以作为编制固定资产长远规划投资额的参考。

投资估算指标为完成项目建设的投资估算提供依据和手段，在固定资产的形成过程中起着投资预测、投资控制、投资效益分析的作用，是合理确定项目投资的基础。投资估算指标中的主要材料消耗量也是一种扩大材料消耗量指标，可以作为计算建设项目主要材料消耗量的基础。估算指标的正确制定对于提高投资估算的准确度、对建设项目的合理评估、正确决策具有重要意义。

2. 投资估算指标的内容

投资估算指标是确定和控制建设项目全过程各项投资支出的技术经济指标，其范围涉及建设前期、建设实施期和竣工验收交付使用等各个阶段的费用支出，内容因行业不同而异，一般可分为建设项目综合指标、单项工程指标和单位工程指标 3 个层次。

1) 建设项目综合指标

建设项目综合指标按规定应列入建设项目总投资的从立项筹建开始至竣工验收交付使用的全部投资额，包括单项工程投资、工程建设其他费用和预备费等。

建设项目综合指标一般以项目的综合生产能力单位投资表示，如"元/t""元/kW"，或以使用功能表示，如医院床位的"元/床"。

2) 单项工程指标

单项工程指标是指按规定应列入能独立发挥生产能力或使用效益的单项工程内的全部投资额,包括建筑工程费、安装工程费、设备、工器具及生产家具购置费和其他费用。单项工程的一般划分原则如下。

(1) 主要生产设施。主要生产设施是指直接参加生产产品的工程项目,包括生产车间或生产装置。

(2) 辅助生产设施。辅助生产设施是指为主要生产车间服务的工程项目,包括集中控制室、中央实验室、机修、电修、仪器仪表修理及木工(模)等车间,原材料、半成品、成品及危险品等仓库。

(3) 公用工程。公用工程包括给排水系统(给排水泵房、水塔、水池及厂区给排水管网)、供热系统(锅炉房及水处理设施、全厂热力管网)、供电及通信系统(变配电所、开关所及全厂输电、电信线路)以及热电站、热力站、煤气站、空压站、冷冻站、冷却塔和厂区管网等。

(4) 环境保护工程。环境保护工程包括废气、废渣、废水等处理和综合利用设施及厂区绿化。

(5) 总图运输工程。总图运输工程包括厂区防洪、围墙大门、传达室及收发室、汽车库、消防车库、厂区道路、桥涵、厂区码头及厂区大型土石方工程。

(6) 厂区服务设施。厂区服务设施包括厂区办公室、厂区食堂、医务室、浴室、自行车棚等。

(7) 生活福利设施。生活福利设施包括职工医院、住宅、生活区食堂、俱乐部、托儿所、幼儿园、子弟学校、商业服务点以及与之配套的设施。

(8) 厂外工程。厂外工程包括水源工程、厂外输电、输水、排水、通信、输油等管线以及公路、铁路专用线等。

单项工程指标一般以单项工程生产能力单位投资,如"元/t"或其他单位表示。如变配电站的"元/(kV·A)";锅炉房的"元/蒸汽吨";供水站的"元/m^3";办公室、仓库、宿舍、住宅等房屋则区别不同结构形式以"元/m^2"表示。

3) 单位工程指标

单位工程指标按规定应列入能独立设计、施工的工程项目的费用,即建筑安装工程费用。单位工程指标一般以如下方式表示:房屋区别于不同结构形式以"元/m^2"表示;道路区别于不同结构层、面层以"元/m^2"表示;水塔区别于不同结构层、容积以"元/座"表示;管道区别于不同材质、管径以"元/m"表示。

3.5 工程造价指数

3.5.1 工程造价指数的概念与用途

1. 工程造价指数的概念

工程造价指数是用来反映一定时期由于价格变化对工程造价影响程度的一种指标,是调整工程造价价差的依据,它反映了报告期与基期相比的价格变动趋势。

2. 工程造价指数的作用

(1) 可以利用工程造价指数分析价格变动趋势及其原因。

(2) 可以利用工程造价指数估计工程造价变化对宏观经济的影响。

(3) 工程造价指数是工程承、发包双方进行工程估价和结算的重要依据。

3.5.2　工程造价指数的分类

工程造价指数可以分为各种单项价格指数，设备、工器具价格指数，建筑安装工程造价指数，建设项目或单项工程造价指数；也可以根据造价资料的期限长短来分类，分为时点造价指数、月指数、季指数和年指数。

1. 各种单项价格指数

各种单项价格指数是反映各类工程的人工费、材料费、施工机械使用费报告期对基期价格变化程度的指标。各种单项价格指数属于个体指数(个体指数是反映个别现象变动情况的指数)，编制比较简单，如直接费指数、间接费指数、工程建设其他费用指数等的编制可以直接用报告期的费用(率)与基期的费用(率)之比求得。

2. 设备、工器具价格指数

总指数是用来反映不同量度单位的许多商品或产品所组成的复杂现象总体方面的总动态。综合指数是总指数的基本形式，可以把各种不能直接相加的现象还原为价值形态，先综合(相加)，再对比(相除)，从而反映观测对象的变化趋势。设备、工器具由不同规格、不同品种组成，因此设备、工器具价格指数属于总指数。由于采购数量和采购价格的数据无论是基期还是报告期都很容易获得，因此，设备、工器具价格指数可以用综合指数的形式来表示。

3. 建筑安装工程造价指数

建筑安装工程造价指数是一种综合指数，包括人工费指数、材料费指数、施工机械使用费指数、措施费指数、间接费指数等各项个体指数。建筑安装工程造价指数的特点是既复杂又涉及面广，利用综合指数计算分析难度大。因此，可以用各项个体指数加权平均后的平均指数表示。

4. 建设项目或单项工程造价指数

建设项目或单项工程造价指数是由设备、工器具价格指数，建筑安装工程造价指数，工程建设其他费用指数综合得到的。建设项目或单项工程造价指数是一种总指数，用平均指数表示。

3.5.3　工程造价指数的确定

1. 人工费、材料费、施工机械使用费价格指数的确定

人工费、材料费、施工机械使用费等价格指数可以直接用报告期价格与基期价格相比后得到，即

$$\text{人工费(材料费、施工机械使用费)价格指数} = \frac{P_n}{P_0} \tag{3.34}$$

式中：P_0——基期人工日工资单价或材料价格、机械台班单价；

P_n——报告期人工日工资单价或材料价格、机械台班单价。

2. 措施费、间接费及工程建设其他费等费率指数的确定

措施费、间接费及工程建设其他费等费率指数的计算公式为

$$\text{措施费、间接费、工程建设其他费费率指数} = \frac{P_n}{P_0} \tag{3.35}$$

式中：P_0——基期措施费、间接费、工程建设其他费费率；

P_n——报告期措施费、间接费、工程建设其他费费率。

3. 设备、工器具价格指数的确定

设备、工器具价格指数的计算公式为

$$\text{设备、工器具价格指数} = \frac{\sum(\text{报告期设备工器具单价} \times \text{报告期购置数量})}{\sum(\text{基期设备工器具单价} \times \text{报告期购置数量})} \tag{3.36}$$

4. 建筑安装工程价格指数的确定

建筑安装工程价格指数的计算公式为

$$\text{建筑安装工程造价指数} = \frac{\text{报告期建筑安装工程费}}{\dfrac{\text{报告期人工费}}{\text{人工费指数}} + \dfrac{\text{报告期材料费}}{\text{材料费指数}} + \dfrac{\text{报告期施工机具使用费}}{\text{施工机具使用费指数}} + \dfrac{\text{报告期企业管理费}}{\text{企业管理费指数}} + \text{利润} + \text{规费} + \text{税金}} \tag{3.37}$$

5. 建设项目或单项工程综合造价指数的确定

建设项目或单项工程综合造价指数的计算公式为

$$\text{建设项目或单项工程综合造价指数} = \frac{\text{报告期建设项目或单项工程造价}}{\dfrac{\text{报告期建筑安装工程费}}{\text{建筑安装工程造价指数}} + \dfrac{\text{报告期设备、工器具费}}{\text{设备、工器具价格指数}} + \dfrac{\text{报告期工程建设其他费用}}{\text{工程建设其他费用指数}}} \tag{3.38}$$

3.6 施工资源单价

施工资源包括人工、材料和施工机械。

施工资源单价是指施工过程中人工、材料和机械台班的动态价格或市场价格。

随着工程造价管理体制和工程计价模式的改革，量价分离以及工程量清单计价模式的推广使用，越来越需要编制动态的人工、材料和机械台班的预算价格。

本节所讲的每种资源的单价，分别是从价格组成和计算方法角度进行介绍。

3.6.1　人工工日单价的确定

1. 人工工日单价的概念

人工工日单价是指一个建筑安装生产工人一个工作日中应计入的全部人工费用。它基本上反映了建筑安装生产工人的工资水平和一个工人在一个工作日中可以得到的报酬。合理确定人工工日单价是正确计算人工费和工程造价的前提和基础。

2. 人工工日单价的组成与计算

人工工日单价由计时工资或计件工资、奖金、津贴(补贴)以及特殊情况下支付的工资组成。

(1) 年平均每月法定工作日。由于人工日工资单价是每个法定工作日的工资总额，因此需要对年平均每月法定工作日进行计算。计算公式为

$$年平均每月法定工作日 = \frac{全年日历日 - 法定假日}{12} \tag{3.39}$$

在式(3.39)中，法定假日指双休日和法定放假的节日。

(2) 日工资单价的计算。确定了年平均每月法定工作日后，将上述工资总额进行分摊，即形成人工日工资单价。计算公式为

$$日工资单价 = \frac{生产工人平均月工资(计时、计件) + 平均月\left(奖金 + 津贴补贴 + \begin{array}{c}特殊情况下\\支付的工资\end{array}\right)}{年平均每月法定工作日} \tag{3.40}$$

(3) 日工资单价的管理。虽然施工企业投标报价时可以自主确定人工费，但由于人工日工资单价在我国具有一定的政策性，因此工程造价管理机构确定日工资单价应根据工程项目的技术要求，通过市场调查并参考实物工程量人工单价综合分析确定，发布的最低日工资单价不得低于工程所在地人力资源和社会保障部门所发布的最低工资标准的以下倍数，即普工 1.3 倍，一般技工 2 倍，高级技工 3 倍。

3. 影响人工工日单价的因素

影响建筑安装工人人工工日单价的因素很多，归纳起来有以下几方面。

(1) 社会平均工资水平。建筑安装工人人工日工资单价必然和社会平均工资水平趋同。社会平均工资水平取决于经济发展水平。由于经济的增长，社会平均工资也会增长，从而影响人工日工资单价的提高。

(2) 生活消费指数。生活消费指数的提高会影响人工日工资单价的提高，以减少生活水平的下降，或维持原来的生活水平。生活消费指数的变动决定于物价的变动，尤其决定于生活消费品物价的变动。

(3) 人工日工资单价的组成内容。《关于印发<建筑安装工程费用项目组成>的通知》(建标〔2013〕44 号)将职工福利费和劳动保护费从人工日工资单价中删除，这也必然影响人工日工资单价的变化。

(4) 劳动力市场供需变化。如果劳动力市场需求大于供给，人工日工资单价就会提

高；供给大于需求，市场竞争激烈，人工日工资单价就会下降。

(5) 政府推行的社会保障和福利政策也会影响人工日工资单价的变动。

3.6.2 材料单价的确定

在建筑工程中，材料费占总造价的 60%～70%，在金属结构工程中所占比例还要大，是直接费的主要组成部分。因此，合理确定材料预算价格构成，正确计算材料预算单价，有利于合理确定和有效控制工程造价。材料单价是指建筑材料从其来源地运到施工工地仓库，直至出库形成的综合单价。

1. 材料原价(或供应价格)

材料原价是指国内采购材料的出厂价格，对于国外采购材料则是指抵达买方边境、港口或车站并交纳完各种手续费、税费(不含增值税)后形成的价格。在确定原价时，凡同一种材料因来源地、交货地、供货单位、生产厂家不同，而有几种价格(原价)时，根据不同来源地供货数量比例，采取加权平均的方法确定其综合原价。计算公式为

$$\text{加权平均原价} = \frac{K_1 C_1 + K_2 C_2 + \cdots + K_n C_n}{K_1 + K_2 + \cdots + K_n} \tag{3.41}$$

式中：$K_1, K_2, \cdots, K_n$——各不同供应地点的供应量或各不同使用地点的需要量；

$C_1, C_2, \cdots, C_n$——各不同供应地点的原价。

若材料供货价格为含税价格，则材料原价应以购进货物适用的税率(17%或 11%)或征收率(3%)扣减增值税进项税额。

2. 材料运杂费

材料运杂费是指国内采购材料自来源地、国外采购材料自到岸港运至工地仓库或指定堆放地点发生的费用(不含增值税)。含外埠中转运输过程中所发生的一切费用和过境过桥费用，包括调车和驳船费、装卸费、运输费及附加工作费等。

同一品种的材料有若干个来源地，应采用加权平均的方法计算材料运杂费。计算公式如下：

$$\text{加权平均运杂费} = \frac{(K_1 T_1 + K_2 T_2 + \cdots + K_n T_n)}{K_1 + K_2 + \cdots + K_n} \tag{3.42}$$

式中：$K_1, K_2, \cdots, K_n$——各不同供应点的供应量或各不同使用地点的需求量；

$T_1, T_2, \cdots, T_n$——各不同运距的运费。

若运输费用为含税价格，则需要按"两票制"和"一票制"两种支付方式分别调整。

(1) "两票制"支付方式。所谓"两票制"材料，是指材料供应商就收取的货物销售价款和运杂费向建筑业企业分别提供货物销售和交通运输两张发票的材料。在这种方式下，运杂费以接受交通运输与服务适用税率 11%扣减增值税进项税额。

(2) "一票制"支付方式。所谓"一票制"材料，是指材料供应商就收取的货物销售价款和运杂费合计金额向建筑业企业仅提供一张货物销售发票的材料。在这种方式下，运杂费采用与材料原价相同的方式扣减增值税进项税额。

3. 运输损耗

在材料的运输中应考虑一定的场外运输损耗费用。这是指材料在运输装卸过程中不可避免的损耗。运输损耗的计算公式为

$$运输损耗=(材料原价+运杂费)×运输损耗率(\%) \tag{3.43}$$

4. 采购及保管费

采购及保管费是指为组织采购、供应和保管材料过程中所需要的各项费用，包含采购费、仓储费、工地保管费和仓储损耗。

采购及保管费一般按照材料到库价格以费率取定。材料采购及保管费计算公式为

$$采购及保管费=材料运到工地仓库价格×采购及保管费费率(\%) \tag{3.44}$$

或　　$$采购及保管费=(材料原价+运杂费+运输损耗费)×采购及保管费费率(\%) \tag{3.45}$$

综上所述，材料单价的一般计算公式为

$$材料单价=[(供应价格+运杂费)×(1+运输损耗率(\%))] \tag{3.46}$$
$$×(1+采购及保管费费率(\%))$$

由于我国幅员辽阔，建筑材料产地与使用地点的距离，各地差异很大，采购、保管、运输方式也不尽相同，因此材料单价原则上按地区范围编制。

【例 3.8】某建设项目材料(适用 17%增值税税率)从两个地方采购，其采购量及有关费用如表 3.3 所示，求该工地水泥的单价(表中原价、运杂费均为含税价格，且材料采用"两票制"支付方式)。

表 3.3　材料采购信息表

采购处	采购量 /t	原价 /(元/t)	运杂费 /(元/t)	运输损耗率 /%	采购及保管费费率 /%
来源一	300	240	20	0.5	3.5
来源二	200	250	15	0.4	

解：

应将含税的原价和运杂费调整为不含税价格，具体过程如表 3.4 所示。

表 3.4　材料价格信息不含税价格处理

采购处	采购量 /t	原价 /(元/t)	原价(不含税) /(元/t)	运杂费 /(元/t)	运杂费(不含税) /(元/t)	运输损耗率 /%	采购及保管费费率/%
来源一	300	240	240/1.17=205.13	20	20/1.11=18.02	0.5	3.5
来源二	200	250	250/1.17=213.68	15	15/1.11=13.51	0.4	

$$加权平均原价=\frac{300×205.13+200×213.68}{300+200}=208.55(元/t)$$

$$加权平均运杂费=\frac{300×18.02+200×13.51}{300+200}=16.22(元/t)$$

来源一的运输损耗费=(205.13+18.02)×0.5%=1.12(元/t)

来源二的运输损耗费=(213.68+13.51)×0.4%=0.91(元/t)

加权平均运输损耗费=$\dfrac{300 \times 1.12 + 200 \times 0.91}{300 + 200}$=1.04(元/t)

材料单价=(208.55+16.22+1.04)×(1+3.5%)=233.71(元/t)

3.6.3 施工机械台班单价的确定

1. 施工机械台班单价及其组成

施工机械台班单价是指一台施工机械,在正常运转条件下,工作 8h 所必须消耗的人工、物料和应分摊的费用。根据施工机械的获取方式不同,施工机械可分为自有施工机械和外部租赁施工机械。

1) 自有施工机械台班单价

自有施工机械台班单价由 7 项费用组成,包括折旧费、大修理费、经常修理费、安拆费及场外运费、燃料动力费、人工费及其他费用。

2) 外部租赁施工机械单价

外部租赁施工机械单价一般按市场情况确定,但必须在充分考虑机械租赁单价组成因素的基础上,通过计算得到保本的边际单价水平,并以此为基础根据市场策略增加一定的期望利润来确定的租赁单价。机械租赁单价的组成因素包括折旧费、使用成本、机械出租或使用率、期望的投资收益率等。

2. 施工机械台班单价的计算

1) 自有施工机械台班单价

自有施工机械台班单价的计算公式为

$$\text{机械台班单价} = 折旧费+大修理费+经常修理费+安拆费及场外运输费$$
$$+燃料动力费+台班人工费+其他费用 \tag{3.47}$$

(1) 折旧费。折旧费是指施工机械在规定使用期限内,每个台班所分摊的机械原值及支付贷款利息的费用,即

$$\text{台班折旧费}=\frac{机械预算价格 \times (1-残值率) \times 贷款利息系数}{耐用总台班} \tag{3.48}$$

① 机械预算价格按机械出厂(或到岸完税)价格和机械从交货地点或口岸运至使用单位机械管理部门的全部运杂费以及车辆购置税等之和计算。

② 残值率是指机械报废时回收的残值占机械原值的比率。残值率按有关文件规定执行:运输机械为 2%,特大型机械为 3%,中小型机械为 4%,掘进机械为 5%。

③ 贷款利息系数是为补偿企业贷款购置机械设备所支付的利息,从而合理反映资金的时间价值,以大于 1 的贷款利息系数,将贷款利息(单利)分摊到台班折旧费中,即

$$\text{贷款利息系数}=1+\frac{n+1}{2} \cdot i \tag{3.49}$$

式中:n——国家有关文件规定的此类机械折旧年限;

i——编制期银行贷款利率。

④ 耐用总台班是指机械在正常施工作业条件下,从开始投入使用直到报废为止,按

规定应达到的使用总台班数。《全国统一施工机械台班费用定额》中的耐用总台班是以经济使用寿命为基础，并依据国家有关固定资产折旧年限规定，结合施工机械工作对象和环境以及年能达到的工作台班确定，即

$$耐用总台班=折旧年限×年工作台班=大修间隔台班×大修周期 \qquad (3.50)$$

式中：年工作台班——根据有关部门对各类主要机械最近 3 年的统计资料分析确定；

大修间隔台班——机械自投入使用起至第一次大修止或自上一次大修后投入使用起

至下一次大修止，应达到的使用台班数。

大修周期是指机械在正常的施工作业条件下，将其寿命期(即耐用总台班)按规定的大修理次数划分为若干个周期，即

$$大修周期=寿命期大修理次数+1 \qquad (3.51)$$

(2) 大修理费。大修理费是指机械设备按规定的大修间隔台班进行必要的大修理，以恢复机械正常功能所需的费用。

台班大修理是对机械进行全面的修理，更换其磨损的主要部件和配件，大修理费包括更新零配件和其他材料费、修理工时费等，即

$$台班大修理费=\frac{一次大修理费×寿命期内大修理次数}{耐用总台班} \qquad (3.52)$$

① 一次大修理费是指机械设备规定的大修理范围和工作内容，进行一次全面修理所需消耗的工时、配件、辅助材料、油燃料以及送修运输等全部费用。

② 寿命期内大修理次数是指为恢复原机械功能按规定在寿命期内需要进行的大修理次数。

(3) 经常修理费。经常修理费是指机械在寿命期内除大修理以外的各级保养以及临时故障排除和机械停置期间的维护等所需的各项费用，为保障机械正常运转所需的替换设备、随机工器具的摊销费用及机械日常保养所需的润滑擦拭材料费之和，是按大修理间隔台班分摊提取的，即

$$台班经常修理费=\frac{\sum(各级保养一次费用×寿命期各级保养总次数+临时故障排除费)}{耐用总台班}$$
$$+替换设备台班摊销费+工具器具台班摊销费+例保辅料费 \qquad (3.53)$$

或

$$台班经常修理费=台班大修费×K \qquad (3.54)$$

$$K=\frac{机械台班经常修理费}{机械台班大修理费} \qquad (3.55)$$

① 各级保养一次费用：是指机械在各个使用周期内为保证机械处于完好状况，必须按规定的各级保养间隔周期、保养范围和内容进行的一、二、三级保养或定期保养所消耗的工时、配件、辅料、油燃料等费用。

② 寿命期各级保养总次数：是指一、二、三级保养或定期保养在寿命期内各个使用周期中保养次数之和。

③ 临时故障排除费：是指机械除规定的大修理及各级保养以外，临时故障排除所需费用以及机械在工作日以外的保养维护所需润滑擦拭材料费，可按各级保养(不包括例保辅料费)费用之和的 3%计算，即

$$临时故障排除费=\sum(各级保养一次费用\times寿命期各级保养总次数)\times3\% \qquad (3.56)$$

④ 替换设备及工具、器具台班摊销费：是指轮胎、电缆、蓄电池、运输皮带、钢丝绳、胶皮管、履带板等消耗性设备和按规定随机配备的全套工具附具的台班摊销费，即

$$替换设备及工具器具台班摊销=\sum\left[\left(各类替换设备数量\times\frac{单价}{耐用台班}\right)\right.$$
$$\left.+\left(各类随机工具附具数量\times\frac{单价}{耐用台班}\right)\right] \qquad (3.57)$$

⑤ 例保辅料费：是指机械日常保养所需润滑擦拭材料的费用。

(4) 安拆费及场外运输费。安拆费是指机械在施工现场进行安装、拆卸所需人工、材料、机械和试运转费用，包括机械辅助设施(如基础、底座、固定锚桩、行走轨道、枕木等)的折旧、搭设、拆除等费用。场外运输费是指机械整体或分体自停置地点运至施工现场或某一工地运至另一工地的运输、装卸、辅助材料以及架线等费用。

安拆费及场外运输费根据施工机械不同分为计入台班单价、单独计算和不计算 3 种类型。

① 工地间移动较为频繁的小型机械及部分中型机械，其安拆费及场外运输费应计入台班单价。台班安拆费及场外运输费应按下列公式计算，即

$$台班安拆费及场外运输费=\frac{一次安拆费及场外运输费\times年平均安拆次数}{年工作台班} \qquad (3.58)$$

说明如下。

a. 一次安拆费应包括施工现场机械安装和拆卸一次所需的人工费、材料费、机械费及试运转费。

b. 一次场外运输费应包括运输、装卸、辅助材料和架线等费用。

c. 年平均安拆次数应以《全国统一施工机械保养修理技术经济定额》为基础，由各地区(部门)结合具体情况确定。

d. 运输距离均应按 25km 计算。

② 移动有一定难度的特大型、大型(包括少数中型)机械，其安拆费及场外运输费应单独计算。单独计算的安拆费及场外运输费除应计算安拆费、场外运输费外，还应计算辅助设施(包括基础、底座、固定锚桩、行走轨道枕木等)的折旧、搭设和拆除等费用。

③ 不需安装、拆卸且自身又能开行的机械和固定在车间不需安装、拆卸及运输的机械，其安拆费及场外运输费不计算。

④ 自升式塔式起重机安装、拆卸费用的超高起点及其增加费，各地区(部门)可根据具体情况确定。

(5) 燃料动力费。燃料动力费是指机械在运转或施工作业中所耗用的固体燃料(煤炭、木材)、液体燃料(汽油、柴油)及水、电等费用。

$$台班燃料动力消耗量=\frac{实测次数\times4+定额平均值+调查平均值}{6} \qquad (3.59)$$

$$燃料动力费=台班燃料动力消耗量\times各地市规定的相应单价 \qquad (3.60)$$

(6) 台班人工费。台班人工费是指机上司机或副司机、司炉的基本工资和其他工资性津贴。年工作台班以外的机上人员基本工资和工资性津贴以增加系数的形式表示。

$$台班人工费=人工消耗量×\left(1+\frac{年制度工作日-年工作台班}{年工作台班}\right)×人工日工资单价 \quad (3.61)$$

① 人工消耗量是指机上司机(司炉)和其他操作人员工日消耗量。

② 年制度工作日应执行编制期国家有关规定。

③ 人工日工资单价应执行编制期工程造价管理部门的有关规定。

(7) 其他费用的组成和确定。其他费用是指按照国家和有关部门规定应交纳的养路费、车船使用税、保险费及年检费用等。其计算公式为

$$台班其他费用 = \frac{年养路费+年车船使用税+年保险费+年检费用}{年工作台班} \quad (3.62)$$

① 年养路费、年车船使用税、年检费用应执行编制期有关部门的规定。

② 年保险费执行编制期有关部门强制性保险的规定，非强制性保险不应计算在内。

2) 外部租赁施工机械单价的计算

外部租赁施工机械单价一般有两种计算方法，即静态计算法和动态计算法。

(1) 静态计算法。静态计算法即不考虑资金时间价值的方法。其基本思路是：首先根据组成机械租赁单价的折旧费、使用成本、机械出租或使用率、期望的投资收益等组成因素，计算出机械在单位时间里所发生的费用总和，并使之作为该机械台班的边际租赁单价，然后在此基础上增加一定的期望利润即成为机械租赁单价。

(2) 动态计算法。动态计算法即在计算租赁施工机械单价时考虑资金时间价值的方法。一般可以采用"折现现金流量"来计算考虑时间价值时的机械台班租赁单价。

3.7　案　例　分　析

【案例一】

背景：

某地区施工民用住宅采用三七墙，经测定得技术资料如下。

完成 $1m^3$ 砖砌体需要的基本工作时间为 14h，辅助工作时间占工作延续时间的 2.5%，准备与结束时间占工作延续时间的 3%，不可避免的中断时间占工作延续时间的 3%，休息时间占工作延续时间的 10%。人工幅度差系数为 12%，超运距运砖每千块砖需要 2h。

标准砖砖墙采用 M5 水泥砂浆砌筑，实体积与虚体积之间的折算系数为 1.07，标准砖与砂浆的损耗率为 1.2%，完成 $1m^3$ 砖砌体需用水 $0.85m^3$。砂浆采用 400L 搅拌机现场搅拌，水泥在搅拌机附近堆放，砂堆场距搅拌机 200m，需用推车运至搅拌机处。推车在砂堆场处装砂子时间需 20s，从砂堆场运至搅拌机的单程时间需 130s，卸砂时间需 10s。往搅拌机装填各种材料的时间需 60s，搅拌时间需 80s，从搅拌机卸下搅拌好的材料需 30s，不可避免的中断时间需 15s，机械利用系数为 0.85，机械幅度差系数为 15%。

若人工日工资单价为 40 元/工日，M5 水泥砂浆单价为 150 元/m^3，砖单价为 210 元/千块，水价为 0.75 元/m^3，400L 砂浆搅拌机台班单价为 150 元/台班。

问题:

1. 确定砌筑 1m³ 三七砖墙的施工定额。

2. 确定 10m³ 砖墙的预算定额与工程单价(预算定额基价)。

参考答案:

问题1:

确定砌筑 1m³ 三七砖墙的施工定额,实际上是确定砌筑 1m³ 砖墙施工定额中人工、材料、机械的消耗量。因此,应搞清楚施工定额中的人工、材料、机械台班消耗量计算时需要算什么、怎么算。

1) 人工消耗量

施工定额中的人工消耗量可从时间定额与产量定额两个角度表述。在人工消耗量计算中所用的基本概念是

砌 1m³ 三七砖所需工作延续时间=准备与结束时间+基本工作时间+辅助工作时间+休息时间+不可避免的中断时间。

设:砌 1m³ 三七墙所需工作延续时间=x(h)

则根据背景资料可列出算式

$$x=3\%x+14+2.5\%x+10\%x+3\%x$$

根据上式可求出

$$x=\frac{14}{1-3\%-2.5\%-10\%-3\%}=17.18(\text{h})$$

(1) 时间定额是指生产单位产品所需消耗的时间。在砖墙砌筑中时间定额的计量单位是"工日/m³",因此有

$$\text{时间定额}=\frac{17.18}{8^{①}}=2.15(\text{工日/m}^3)$$

(2) 产量定额是指单位时间内生产产品的数量。产量定额为时间定额的倒数,因此有

$$\text{产量定额}=\frac{1}{\text{时间定额}}=0.47(\text{m}^3/\text{工日})$$

2) 材料消耗量

施工定额中砖墙砌筑的材料消耗主要有砖、砂浆、水。因此,要分别计算砌 1m³ 三七墙这 3 种材料的消耗量,即

$$1\text{m}^3\text{三七墙中标准砖的净用量}=\frac{\text{墙厚的砖数}\times2}{\text{墙厚}\times(\text{砖长}+\text{灰缝})\times(\text{砖厚}+\text{灰缝})}$$

$$=\frac{1.5\times2}{0.365\times(0.24+0.01)\times(0.053+0.01)}$$

$$=522(\text{块})$$

$$\text{砖的消耗量}=522\times(1+1.2\%)=529(\text{块})$$

---

① 8 小时为一个工日。

砂浆净用量=砖砌体的体积-砌体中砖所占的体积

$$=(1-522×0.24×0.115×0.053)×1.07=0.253(\text{m}^3)$$

砂浆消耗量$=0.253×(1+1.2\%)=0.256(\text{m}^3)$

水的耗用量$=0.85\text{m}^3$

3）机械消耗量

机械消耗量可以从两个角度描述，即时间定额和产量定额。这是因为对于某项工作，有些可由人来做，而有些也可由机械来做。所以，机械消耗的表述方式与人工消耗的类似，其差别在于：人工用工日来表示，机械用台班来表示。

根据背景资料所给的条件，本案例应先求产量定额。

机械消耗产量定额的概念与人工消耗产量定额类似。求机械消耗产量定额的关键是要搞清楚砂浆搅拌的整个工作运作过程。砂浆搅拌运作过程如图 3.8 所示。

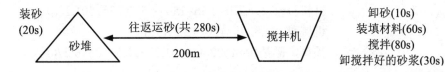

图 3.8　砂浆搅拌运作示意图

搅拌一罐砂浆的完整循环程序：从搅拌机处去砂堆→装砂→运砂至搅拌机处→往搅拌机里装填材料→搅拌→卸搅拌好的砂浆。

详细观察图 3.8 及上面的循环程序可知，砂浆搅拌全过程的时间消耗分为两大部分：第一部分是往返运砂及装砂，共 280s；第二部分是卸砂、装填材料、搅拌、卸搅拌好的砂浆，共 180s。因为在做第一部分工作时，第二部分工作可同时进行。因此，搅拌一罐砂浆实际消耗的时间是 280s(即取两个独立部分时间组合中的大者)。

如果一台班按 8h、1h 按 60min、1min 按 60s 考虑，则一台班可搅拌砂浆为

$$产量定额=\frac{8×60×60}{280}×0.4×0.85≈34.97(\text{m}^3/台班)$$

搅拌 1m^3 砂浆所需要的台班数量为

$$时间定额=\frac{1}{产量定额}=\frac{1}{34.97}≈0.0286(台班/\text{m}^3)$$

由于本案例需要求的是砌筑 1m^3 三七砖墙所需消耗的机械定额，而 1m^3 三七砖墙所需消耗的砂浆是 0.256m^3，所以有

砌筑 1m^3 三七砖墙的机械消耗量$=0.0286×0.256=0.0073(台班)$

问题 2：

根据案例要求，预算定额中的单位是 10m^3，确定预算定额实际上是以 10m^3 为单位，综合考虑预算定额与施工定额的差异，确定人工、材料、机械消耗量。确定预算单价也是以 10m^3 为单位，确定人工费、材料费、机械费与预算定额基价。

1）确定 10m^3 砖墙的预算定额

预算定额中的人工消耗量是在施工定额的基础上，增加人工幅度差与超运距用工而形成的。其计算式为

$$预算人工消耗量=\left(2.15+0.529\times\frac{2}{8}\right)\times(1+12\%)\times10$$

$$=25.56(工日/10m^3)$$

预算材料消耗量为

$$砖=529\times10=5290(块)$$

$$砂浆=0.256\times10=2.56(m^3)$$

$$水=0.85\times10=8.5(m^3)$$

$$预算机械消耗量=0.0073\times(1+15\%)\times10=0.08395(台班/10m^3)$$

2) 确定 10m³ 砖墙的预算单价

预算定额单价包括人工费、材料费、机械费和预算定额基价。砌筑 10m³ 三七砖墙的上述单价分别为

$$人工费=25.56\times40=1022.4(元)$$

$$材料费=5.29\times210+2.56\times150+8.5\times0.75=1501.28(元)$$

$$机械费=0.08395\times150=12.59(元)$$

$$预算定额基价=1022.4+1501.28+12.59=2536.27(元)$$

【案例二】

背景:

某外墙面挂贴花岗岩工程,定额测定资料如下。

(1) 完成每平方米挂贴花岗岩的基本工作时间为 4.5h。

(2) 辅助工作时间、准备与结束工作时间、不可避免的中断时间和休息时间分别占工作时间的 3%、2%、1.5% 和 16%,人工幅度差为 10%。

(3) 每挂贴 100m² 花岗岩需消耗水泥砂浆 5.55m³,600×600 花岗岩板 102m²,白水泥 15kg,铁件 34.87kg,塑料薄膜 28.05m²,水 1.53m³。

(4) 每挂贴 100m² 花岗岩需 200L 灰浆搅拌机 0.93 台班。

(5) 该地区人工工日单价为 20.50 元/工日;花岗岩预算价格为 300.00 元/m²;白水泥预算价格为 0.43 元/kg;铁件预算价格为 5.33 元/kg;塑料薄膜预算价格为 0.90 元/m²;水预算价格为 1.24 元/m³;200L 砂浆搅拌机台班单价为 42.84 元/台班;水泥砂浆单价为 153.00 元/m³。

问题:

1. 确定每平方米挂贴花岗岩墙面的人工时间定额和人工产量定额。

2. 确定该分项工程的补充定额单价。

3. 若设计变更为进口印度花岗岩,该花岗岩预算价格为 500 元/m²,应如何换算定额单价?换算后的新单价是多少?

参考答案:

问题 1:

定额劳动消耗计算:

(1) 挂贴花岗岩墙面人工时间定额的确定。

假定挂贴花岗岩墙面的工作延续时间为 x：

$$x=4.5+x(3\%+2\%+1.5\%+16\%)$$

则

$$x=\frac{4.5}{1-22.5\%}=5.806(工时)$$

若每工日按 8 工时计算，则

$$挂贴花岗岩墙面人工时间定额=\frac{x(1+10\%)}{8}=0.798(工日/m^2)$$

(2) 挂贴花岗岩墙面人工产量定额的确定。

$$挂贴花岗岩墙面人工产量定额的确定=\frac{1}{0.798}=1.253(m^2/工日)$$

问题 2：

挂贴花岗岩墙面补充定额单价计算(定额计量单位为 $100m^2$)：

(1) 定额人工费=时间定额×工日单价×计量单位
$$=0.798\times100\times20.5=1635.90(元/100m^2)$$

(2) 定额材料费=砂浆消耗量×砂浆单价+花岗岩耗量×花岗岩单价+水耗量×水单价
　　　　　　　+白水泥耗量×白水泥单价+铁件耗量×铁件单价
　　　　　　　+薄膜耗量×薄膜单价
$$=5.55\times153+102\times300+15\times0.43+34.87\times5.33+28.05\times0.9+1.53\times1.24$$
$$=31\,668.60(元/100m^2)$$

(3) 定额机械费=$0.93\times42.84=39.84(元/100m^2)$

挂贴花岗岩墙面补充定额单价计算=定额人工费+定额材料费+定额机械费
$$=1635.90+31\,668.60+39.84$$
$$=33\,344.34(元/100m^2)$$

问题 3：

挂贴印度花岗岩换算定额单价=$33\,344.34+102\times(500-300)$
$$=53\,744.34(元/100m^2)$$

习　题

一、单项选择题

1. 工程定额中基础性定额是(　　)。
　　A. 概算定额　　　　　　　　　B. 预算定额
　　C. 施工定额　　　　　　　　　D. 概算指标

2. 已知某挖土机挖土的一个工作循环需 2min，每循环一次挖土 $0.5m^3$，工作班的延续时间为 8h，时间利用系数 $K=0.85$，则其台班产量定额为(　　)m^3/台班。
　　A. 12.8　　　　　B. 15　　　　　C. 102　　　　　D. 120

3. 根据国家相关法律、法规和政策规定，因停工学习、履行国家或社会义务等原因按计时工资标准支付的工资属于人工日工资单价中的(　　)。
　　A. 基本工资　　　　B. 奖金　　　　C. 津贴补贴　　　D. 特殊情况下支付的工资

4. 某工地商品混凝土的采购有关费用如下表所示,该商品混凝土的材料单价为(   )元。

供应价格	运杂费	运输损耗率	采购及保管费费率
300	20	1%	5%

    A. 323.2   B.338.15   C.339.15   D.339.36

5. 已知某施工机械耐用总台班为 6000 台班,大修间隔台班为 400 台班,一次大修理费为 10 000 元,则该施工机械的台班大修理费为(   )元/台班。

    A. 12   B. 23.3   C. 24   D. 25

6. 设 $1m^3$ 分项工程,其中基本用工为 a 工日,超运距用工为 b 工日,辅助用工为 c 工日,人工幅度差系数为 d,则该工程预算定额人工消耗量为(   )工日。

    A. $a×d+a+b+c$ B. $(a+b)×d+a+b+c$

    C. $(a+b+c)×d+a+b+c$ D. $(a+c)×d+a+b+c$

7. 已知水泥必须消耗量是 41 200 t,损耗率是 3%,那么水泥的净用量是(   )t。

    A. 39 964   B. 42 436   C. 40 000   D. 42 474

8. 已知某工地钢材由甲、乙方供货,甲、乙方的原价分别为 3830 元/t、3810 元/t,甲、乙方的运杂费分别为 31.5 元/t、33.5 元/t,甲、乙的供应量分别为 400t、800t,材料的运输损耗率为 1.5%,采购及保管费费率为 2.5%,则该工地钢材的材料单价为(   )元/t。

    A. 4003.92   B. 4004.92

    C. 4001.92   D. 4002.92

9. 施工机械台班定额的编制中,第一步要(   )。

    A. 确定施工机械纯 1 小时正常生产率   B. 拟定施工机械的正常条件

    C. 确定施工机械的正常利用系数   D. 计算施工机械定额

10. 某单位工程中,建筑安装工程费为 2000 万元,价格指数为 108%;设备工器具购置费为 2000 万元,价格指数为 102%;工程建设其他费用为 250 万元,价格指数为 105%,则单项工程造价指数为(   )。

    A. 315%   B. 105.26%   C. 105%   D. 115%

二、多项选择题

1. 按照生产要素消耗内容分类,建设工程定额可以分为(   )。

    A. 劳动定额   B. 施工定额   C. 材料消耗定额

    D. 预算定额   E. 机械台班使用定额

2. 机械定额时间包括(   )。

    A. 有效工作时间   B. 辅助工作时间

    C. 不可避免的中断时间   D. 降低负荷下的工作时间

    E. 不可避免的无负荷工作时间

3. 下列属于计价性定额的有(   )。

    A. 施工定额   B. 预算定额   C. 概算定额

    D. 概算指标   E. 投资估算指标

4. 在下列工作时间中,包含在定额中或在定额中给予合理考虑的时间有(   )。

    A. 休息时间   B. 多余工作时间

C. 不可避免的中断时间　　　　　　　D. 违反劳动纪律损失时间

E. 施工本身造成的停工时间

5. 在下列机械工作时间中，应计入定额时间或应给予适当考虑的时间有(　　)。

A. 不可避免的无负荷工作时间　　　　B. 不可避免的中断时间

C. 低负荷下的有效工作时间　　　　　D. 非施工本身造成的停工时间

E. 工人休息时间

6. 与机械台班折旧费计算有关的项目有(　　)。

A. 残值率　　　　　　　　　　　　　B. 贷款利息系数

C. 大修理费　　　　　　　　　　　　D. 耐用总台班

E. 安拆费

7. 人工单价是指施工企业平均技术熟练程度的生产工人在每工作日(国家法定工作时间内)按规定从事施工作业应得的日工资总额，它主要由(　　)组成。

A. 计时工资或计件工资　　　　　　　B. 奖金

C. 津贴补贴　　　　　　　　　　　　D. 加班加点工资

E. 特殊情况下支付的工资

8. 机械台班单价组成内容有(　　)。

A. 机械预算价格　　　　　　　　　　B. 机械折旧费

C. 机械经常修理费　　　　　　　　　D. 机械燃料动力费

E. 机械操作人员的工资

9. 按定额反映的物质消耗内容分类，可以把工程建设定额分为(　　)。

A. 建筑工程定额　　　　　　　　　　B. 设备安装工程定额

C. 劳动定额　　　　　　　　　　　　D. 机械台班定额

E. 材料定额

10. 在下列各指标层次中，属于投资估算指标内容的有(　　)。

A. 单位工程指标　　　　　　　　　　B. 单项工程指标

C. 建设项目综合指标　　　　　　　　D. 扩大分部分项工程指标

E. 分部分项工程指标

三、案例分析题

【案例一】

背景：

某市政工程需砌筑一段毛石护坡，剖面尺寸如图 3.9 所示，拟采用 M5 水泥砂浆砌筑。根据甲、乙双方商定，工程单价的确定方法是：首先现场测定每 $10m^3$ 砌体人工工日、材料、机械台班消耗量指标，然后乘以相应的当地人工、材料和机械台班的价格。各项测定数据如下。

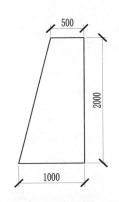

图 3.9　毛石护坡剖面图

(1) 砌筑 $1m^3$ 毛石砌体所需工时参数为：基本工作时间为 12.6h(折算为一人工作)，辅助工作时间占工作延续时间的 2%，休息时间占工作延续时间的 18%，准备与结束时间占工作延续时间的 2%，不可避免的中断时间占工作延续时间的 3%，人工幅度差系数取 10%。

(2) 砌筑 1m³ 毛石砌体所需各种材料净用量为：毛石 0.72m³，M5 水泥砂浆 0.28m³，水 0.75m³，毛石和砂浆的损耗率分别为 20%、8%。

(3) 砌筑 1m³ 毛石砌体需用 200L 砂浆搅拌机 0.5 台班，机械幅度差为 15%。

问题：

1. 试确定该砌体工程的人工时间定额和产量定额。

2. 假设当地人工日工资标准为 20.50 元/工日，毛石单价为 55.60 元/m³；M5 水泥砂浆单价为 105.80 元/m³；水单价为 0.60 元/m³；其他材料费为毛石、水泥砂浆和水费用之和的 2%；200L 砂浆搅拌机台班单价为 39.50 元/台班。确定每 10m³ 毛石砌体的单价。

【案例二】

背景：

某工业架空热力管道的型钢支架工程，由于现行预算定额中没有适用的定额子目，需要根据现场实测数据，结合工程所在地的人工、材料、机械台班单价，编制每 10t 型钢支架的工程单价。

问题：

1. 简述分部分项工程单价费用的组成，并写出计算表达式。

2. 若测得每焊接 1t 型钢支架需要基本工作时间(折算为 1 人工作)54h，辅助工作时间、准备与结束工作时间、不可避免的中断时间、休息时间分别占工作延续时间的 3%、2%、2%、18%。试计算每焊接 1t 型钢支架的人工时间定额和产量定额。

3. 除焊接外，若测算出的每吨型钢支架安装、防腐、油漆等作业人工时间定额为 12 工日，各项作业人工幅度差取 10%，试计算每吨型钢支架工程的定额人工消耗量。

4. 若工程所在地综合人工日工资标准为 22.50 元/工日，每吨型钢支架工程消耗的各种型钢 1.06t(型钢综合单价 3600 元/t)，消耗安装材料费 380 元，消耗各种机械台班费 490 元，计算每 10t 型钢支架工程的单价。

第4章 建设项目投资决策阶段工程造价管理

通过对本章内容的学习，要求读者了解建设项目投资决策阶段工程造价管理的内容，掌握投资估算的编制方法，并能初步开展财务评价工作。具体任务和要求是：熟悉投资决策阶段工程造价管理的主要内容；掌握投资估算的编制方法；熟悉财务评价工作的程序及内容；掌握财务评价报表的编制；熟悉财务评价指标的计算和评价标准。

4.1 投资决策阶段工程造价管理概述

4.1.1 建设项目投资决策与工程造价的关系

1. 建设项目投资决策的含义

建设项目投资决策是选择和决定投资行动方案的过程，指建设项目投资者按照自己的意图或目的，在调查、分析及研究的基础上，对投资规模、投资方向、投资结构、投资分配以及投资项目的选择和布局等方面进行分析研究，在一定的约束条件下，对拟建项目的必要性和可行性进行技术经济论证，对不同建设方案进行技术经济分析、比较及做出判断和决定的过程。

项目投资决策是投资行动的前提和准则。正确的项目投资来源于正确的项目投资决策。项目决策得正确与否，是合理确定与控制工程造价的前提，它关系到工程造价的高低及投资效果的好坏，并直接影响到项目建设的成败。因此，加强建设项目决策阶段的工程造价管理意义重大。

2. 建设项目投资决策与工程造价的关系

1) 建设项目投资决策的正确性是工程造价合理性的前提

建设项目投资决策正确，意味着对项目建设做出科学的决断，优选出最佳投资行动方案，达到资源的合理配置，只有这样才能合理确定工程造价，并且在实施最优投资方案过程中有效地控制工程造价。建设项目投资决策失误，主要体现在不该建设的项目进行投资建设、项目建设地点的选择错误，或者投资方案的确定不合理等。诸如此类的决策失误，会造成不必要的人力、物力及财力的浪费，甚至造成不可弥补的损失。在这种情况下，进行工程造价的计价与控制将毫无意义。因此，要使工程造价合理，事先就要保证项目决策

的正确，避免决策失误。

2) 建设项目投资决策的工作内容是决定工程造价的基础

工程造价的计价与控制贯穿于建设项目的全过程，但投资决策阶段各项技术经济分析与判断，对该项目的工程造价有重大影响，特别是建设标准的确定、建设地点的选择、技术工艺的评选、生产设备的选用等，直接关系到工程造价的高低。据有关资料统计，在建设项目的全过程中，项目决策阶段对工程造价的影响程度最高，达到 70%～90%。因此，项目投资决策阶段是决定工程造价的基础阶段，直接影响着投资决策阶段之后的各个建设阶段工程造价的计价与控制。

3) 工程造价的高低影响项目的最终决策

投资决策阶段对工程造价的估算，即投资估算结果的高低是投资方案选择的重要依据之一，同时也是决定投资项目是否可行及主管部门进行项目审批的参考依据，所以建设项目工程造价的高低对项目的决策产生影响。

4) 项目投资决策的深度影响投资估算的精确度，也影响工程造价的控制效果

建设项目投资决策过程是一个由浅入深、不断深化的过程，依次分为若干个工作阶段，不同阶段决策的深度不同，投资估算的精确度也不同。另外，由于在建设项目的实施过程中，即决策阶段、初步设计阶段、技术设计阶段、施工图设计阶段、工程招投标及承发包阶段、施工阶段以及竣工验收阶段，通过工程造价的确定与控制，形成相应的投资估算、设计概算、修正概算、施工图预算、承包合同价、结算价及竣工决算造价。这些造价形式之间存在着前者控制后者，后者补充前者的相互作用关系。按照"前者控制后者"的制约关系，意味着投资估算对其后面的各种形式的造价起着制约作用，是其限额目标。由此可见，只有加强项目投资决策的深度，采用科学的估算方法和可靠的数据资料，合理地进行投资估算，保证投资估算足够，才能保证其他阶段的造价被控制在合理的范围，才能使投资控制目标得以实现。

4.1.2　投资决策阶段影响工程造价的因素

建设项目投资决策阶段影响工程造价的因素主要有项目建设规模、项目建设标准、项目建设地点、项目生产工艺和设备选用方案、环境保护措施 5 个方面。

1. 项目建设规模

要使建设项目达到一定的规模，并实现项目的投资目的，就必须考察其生产规模是否合理，并力求取得规模经济的收效。

1) 建设项目的生产规模

建设项目的生产规模是指生产要素与产品在一个经济实体中的集中程度。通俗地讲，就是解决"生产多少"的问题，它往往以该建设项目的年生产(完成)能力来表示。生产规模的大小必将影响建设项目在生产工艺、设备选型、建设资源等方面的决策，进而影响投资规模的大小。

生产规模过小或过大，均得不到较好的投资效益。比如：冶金工业的炼铁，规模小，单位生产能力的能耗就高，原料利用率较低，效益差；而规模过大，使得资源供给不足，生产能力得不到有效发挥，或是产品供给超过需求，打乱了现有的供需平衡，导致价格的

下滑，对本项目的投资和原有的市场均将产生巨大的损害。

2) 规模经济

规模经济是指伴随生产规模扩大引起单位成本下降而带来的经济效益，也称规模效益。

当项目单位产品的报酬为一定时，项目的经济效益与项目的生产规模成正比，即随着生产规模的扩大会出现单位成本下降和收益递增的现象。规模经济的客观存在对项目规模的合理选择有重大影响，可以充分利用规模经济来合理确定和有效控制工程造价，提高项目的经济效益。

合理确定项目的建设规模，不仅要考虑项目内部各因素之间的数量匹配、能力协调，还要使所有生产力因素共同形成的经济实体在规模上大小适应，以合理确定和有效控制工程造价。

2. 项目建设标准

项目建设标准包括项目建设规模、占地面积、工艺装备、建筑标准、配套工程、劳动定员等方面的标准或指标。建设标准是编制、评估、审批项目可行性研究和初步设计的重要依据，是衡量工程造价是否合理及监督检查项目建设的客观尺度。

建设标准能否起到控制工程造价、指导建设的作用，关键在于标准水平制定得是否合理。标准制定得过高，会脱离我国实际情况和财力、物力的承受能力，增加造价；标准制定得过低，将会妨碍技术进步，影响国民经济发展和人民生活水平的改善。根据我国目前的情况，大多数工业交通项目应采用中等适用为好，对于少数引进国外先进技术和设备的项目、有特殊要求的项目以及高新技术项目，标准可适当提高。在建筑方面应坚持适用、安全、经济、美观的原则。建设标准水平应从我国目前的经济发展水平出发，按照不同地区、不同规模、不同等级、不同功能合理确定。

3. 项目建设地点

项目建设地点包括建设地区和具体厂址的选择。它们之间既相互联系又相互区别，是一种递进关系。建设地区的选择是指在几个不同地区之间对拟建项目适宜建设在哪个区域范围的选择，厂址的选择是指对项目具体坐落位置的选择。

建设地区的选择对于该项目的建设工程造价和建成后的生产成本，以及国民经济均有直接的影响。建设地区合理与否，在很大程度上决定着拟建项目的命运，影响着工程造价、建设工期和建设质量，甚至影响建设项目投资目的的成功与否。因此，要根据国民经济发展的要求和市场需要以及各地社会经济、资源条件等，认真选择合适的建设地区。具体要考虑符合国民经济发展战略规划；要靠近基本投入物，如原料、燃料的提供地和产品消费地；要考虑工业项目适当积聚的原则。

建设项目厂址的选择应分析的主要内容有厂址的位置、占地面积、地形地貌、气象条件、工程地质及水文地质条件、征地拆迁移民安置条件、交通运输条件、水电供应条件、环境保护条件、生活设施依托条件和施工条件等。

总之，在项目建设地点的选择上要从项目投资费用和项目建成后的使用费用两个方面权衡考虑，使项目全寿命费用最低。

4. 项目生产工艺和设备选用方案

(1) 项目生产工艺方案。生产工艺是指生产产品所采用的工艺流程和制作方法。工艺流程是指投入物(原料或半成品)经过有次序的生产加工,成为产出物(产品或加工品)的过程。选定不同的工艺流程,建设项目的工程造价将会不同,项目建成后的生产成本与经济效益也不同。一般把工艺先进适用、经济合理作为选择工艺流程的基本标准。

(2) 设备选用方案。主要设备的选用应遵循以下原则:设备的选用应立足国内,尽量使用国产设备,凡国内能够制造,并能保证质量、数量和按期供货的设备,或者引进一些关键技术就能在国内生产的设备,尽量选用国内制造;只引进关键设备就能由国内配套使用的,就不必成套引进;已引进设备并根据引进设备或资料能国产的,就不再重复引进。

引进设备时要注意配套问题:注意引进设备之间以及国内外设备之间的配套衔接问题;注意引进设备与本厂原有设备的工艺、性能是否配套问题;注意进口设备与原材料、备品备件及维修能力之间的配套问题。

选用设备时要选用满足工艺要求和性能好的设备。满足工艺要求是选择设备的最基本原则,如不符合工艺要求,设备再好也无用,会造成巨大的浪费。要选用低耗能又高效率的设备;要尽量选用维修方便、适用性和灵活性强的设备;尽可能选用标准化设备,以便配套和更新零部件。

5. 环境保护措施

工程建设项目应注意保护厂址及其周围地区的水土资源、海洋资源、矿产资源、森林植被、文物古迹、风景名胜等自然环境和社会环境。建设项目一般会引起项目所在地自然环境、社会环境和生态环境的变化,对环境状况、环境质量产生不同程度的影响。

因此,需要在确定厂址方案和生产工艺方案中,调查研究环境条件,识别和分析拟建项目影响环境的因素,并提出治理和保护环境的措施,比选和优化环境保护方案。

4.1.3 投资决策阶段工程造价管理的主要内容

项目投资决策阶段工程造价管理,主要从整体上把握项目的投资,分析确定建设项目工程造价的主要影响因素,编制建设项目的投资估算,对建设项目进行经济财务分析,考察建设项目的国民经济评价与社会效益评价,结合建设项目在决策阶段的不确定性因素对建设项目进行风险管理等。

1. 确定影响建设项目投资决策的主要因素

(1) 确定建设项目的资金来源。目前,我国建设项目的资金来源有多种渠道,一般从国内资金和国外资金两大渠道来筹集。国内资金来源一般包括国内贷款、国内证券市场筹集、国内外汇资金和其他投资等。国外资金来源一般包括国外直接投资、国外贷款、融资性贸易、国外证券市场筹集等。不同的资金来源其筹集资金的成本不同,应根据建设项目的实际情况和所处的环境选择恰当的资金来源。

(2) 选择资金筹集方法。从全社会来看,筹资方法主要有利用财政预算投资、利用自筹资金投资、利用银行贷款投资、利用外资投资、利用债券和股票投资等。各种筹资方法的筹资成本不尽相同,对建设项目工程造价均有影响,应选择适当的几种筹资方法进行组合，使得建设项目的资金筹集不仅可行，而且经济。

(3) 合理处理影响建设项目工程造价的主要因素。在建设项目投资决策阶段，应合理地确定项目的建设规模、建设地区和厂址，科学地选定项目的建设标准并适当地选择项目生产工艺和设备，这些都直接关系到项目的工程造价和全寿命成本。

2. 建设项目决策阶段的投资估算

投资估算是一个项目决策阶段的主要造价文件，是项目可行性研究报告和项目建议书的组成部分，对于项目的决策及投资的成败十分重要。编制工程项目的投资估算时，应根据项目的具体内容及国家有关规定和估算指标等，以估算编制时的价格进行编制，并按照有关规定，合理地预测估算编制后至竣工期间的价格、利率、汇率等动态因素的变化对投资的影响，确保投资估算的编制质量。

提高投资估算的准确性，应从以下几点做起：认真收集并整理各种建设项目的竣工决算的实际造价资料；不生搬硬套工程造价数据，要结合时间、物价及现场条件和装备水平等因素做出充分的调查研究；提高造价专业人员和设计人员的技术水平；提高计算机的应用水平；合理估算工程预备费；对引进设备和技术项目要考虑每年的价格浮动和外汇的折算变化等。

3. 建设项目决策阶段的经济评价

建设项目的经济评价是指以建设工程和技术方案为对象的经济方面的研究。它是可行性研究的核心内容，是建设项目决策的主要依据。其主要内容是对建设项目的经济效果和投资效益进行分析。进行项目经济分析就是在项目决策的可行性研究和评价过程中，采用现代化经济分析方法，对拟建项目计算期(包括建设期和生产期)内投入产出等诸多经济因素进行调查、预测、研究、计算和论证，做出全面的经济评价，提出投资决策的经济依据，确定最佳投资方案。

1) 现阶段建设项目经济评价的基本要求

(1) 动态分析与静态分析相结合，以动态分析为主。

(2) 定量分析与定性分析相结合，以定量分析为主。

(3) 全过程经济效益分析与阶段性经济效益分析相结合，以全过程经济效益分析为主。

(4) 宏观效益分析与微观效益分析相结合，以宏观效益分析为主。

(5) 价值量分析与实物量分析相结合，以价值量分析为主。

(6) 预测分析与统计分析相结合，以预测分析为主。

2) 财务评价

财务评价是项目可行性研究中经济评价的重要组成部分，它是根据国家现行财税制度和价格体系，分析、计算项目直接发生的财务效益和费用，编制财务报表，计算评价指标，考察项目的盈利能力、清偿能力以及外汇平衡等财务状况，据以判别项目的财务可行性。其评价结果是决定项目取舍的重要决策依据。

(1) 财务盈利能力评价。

财务盈利能力评价主要是考察项目投资的盈利水平，主要指标有以下几个。

① 财务内部收益率(FIRR)，是考察项目盈利能力的主要动态评价指标。

② 投资回收期(P_t)，是考察项目在财务上投资回收能力的主要静态评价指标。

③ 财务净现值(FNPV)，是考察项目在计算期内盈利能力的动态评价指标。

④ 投资利润率，是考察项目单位投资盈利能力的静态指标。

⑤ 投资利税率，是判别单位投资对国家积累贡献水平高低的指标。

⑥ 资本金利润率，是反映投入项目的资本金盈利能力的指标。

(2) 项目清偿能力评价。

项目清偿能力评价主要是考察计算期内各年的财务状况及偿债能力，主要指标有以下几个。

① 固定资产投资借款偿还期。

② 利息备付率，表示使用项目利润偿付利息的保证倍率。

③ 偿债备付率，表示可用于还本付息的资金偿还借款本息的保证倍率。

(3) 财务外汇效果评价。

建设项目涉及产品出口创汇及替代进口节汇时，应进行项目的外汇效果分析。在分析时，该评价需计算财务外汇净现值、财务换汇成本、财务节汇成本等指标。

3) 国民经济评价

国民经济评价是指按照资源合理配置的原则，从国家整体角度考虑项目的效益和费用，用货物影子价格、影子工资、影子汇率和社会折现率等经济参数分析、计算项目对国民经济的净贡献，评价项目的经济合理性。

(1) 国民经济评价指标。国民经济评价的主要指标是经济内部收益率。另外，根据建设项目的特点和实际需要，计算经济净现值和经济净现值率指标。初选建设项目时，可计算静态指标投资净效益率。其中经济内部收益率(EIRR)是反映建设项目对国民经济贡献程度的相对指标；经济净现值(ENPV)是反映建设项目对国民经济所做贡献的绝对指标；经济净现值率(ENPVR)是反映建设项目单位投资为国民经济所做净贡献的相对指标；投资净效益率是反映建设项目投产后单位投资对国民经济所做年净贡献的静态指标。

(2) 国民经济评价外汇分析。国民经济评价外汇分析涉及产品出口创汇及替代进口节汇的建设项目，应进行外汇分析，计算经济外汇净现值、经济换汇成本、经济节汇成本等指标。

4) 社会效益评价

目前，我国现行的建设项目经济评价指标体系中，还没有规定出社会效益评价指标。社会效益评价以定性分析为主，主要分析项目建成投产后对环境保护和生态平衡的影响，对提高地区和部门科学技术水平的影响，对提供就业机会的影响，对产品用户的影响，对提高人民物质文化生活及社会福利的影响，对城市整体改造的影响，对提高资源利用率的影响等。

4. 建设项目决策阶段的风险管理

风险通常指产生不良后果的可能性。在工程项目的整个建设过程中，决策阶段是进行造价控制的重点阶段，也是风险最大的阶段，因而风险管理的重点也在建设项目投资决策阶段。所以，在该阶段要及时通过风险辨识和风险分析，提出建设投资决策阶段的风险防范措施，提高建设项目的抗风险能力。

4.1.4　建设项目可行性研究

1. 可行性研究概述

1) 可行性研究的概念

可行性研究是指在建设项目拟建之前，运用多种科学手段综合论证建设项目在技术上是否先进、实用，在财务上是否盈利，做出环境影响、社会效益和经济效益的分析和评价，以及建设项目抗风险能力等的结论，从而确定建设项目是否可行以及选择最佳实施方案等结论性意见，为投资决策提供科学的依据。

在建设项目投资决策之前，通过项目的可行性研究，使项目的投资决策工作建立在科学性、可靠性的基础之上，从而实现项目投资决策科学化，减少和避免投资决策的失误，提高项目投资的经济效益。

2) 可行性研究的作用

可行性研究是建设项目前期工作的重要组成部分，其主要作用有以下几方面。

(1) 作为建设项目投资决策的依据。由于可行性研究对于建设项目有关的各方面都进行了调查研究和分析，并以大量数据论证了项目的先进性、合理性、经济性，以及其他方面的可行性，这是建设项目投资建设的首要环节。项目的主管部门主要是根据项目可行性研究的评估结果，并结合国家的财政经济条件和国民经济发展的需要，做出该项目是否投资和如何投资的决定。

(2) 作为筹集资金和向银行贷款的依据。可行性研究报告详细预测了建设项目的财务效益、经济效益和社会效益。银行通过审查项目可行性研究报告，确认项目的经济效益水平和偿还能力后，才能同意贷款。

(3) 作为项目进行科研试验、机构设置、职工培训、生产组织等的依据。

(4) 作为向当地政府和有关部门申请审批的依据。建设项目在建设过程中和建成后的运营过程中对市政建设、环境及生态都有影响，因此项目的开工建设需要当地市政、规划及环保部门的审批和认可。在可行性研究报告中，对选址、总图布置、环境及生态保护方案等诸方面都作了论证，为申请和批准建设执照提供了依据。

(5) 作为对建设项目考核的依据。建设项目竣工和正式投产后的生产考核，应以可行性研究所制定的生产纲领、技术标准以及经济效果指标作为考核标准进行比较。

3) 可行性研究的阶段划分

可行性研究工作分为投资机会研究、初步可行性研究、详细可行性研究 3 个阶段。各个研究阶段的目的、任务、要求以及所需费用和时间各不相同，其研究的深度和可靠程度也不同。可行性研究工作，可由建设单位的相关部门或建设单位委托工程咨询单位承担。可行性研究各阶段的目的及有关费用等方面的要求见表 4.1。

2. 可行性研究工作的内容

可行性研究工作对投资机会研究、初步可行性研究、详细可行性研究 3 个阶段有不同的工作内容。投资机会研究主要是为了鉴别与选择项目，寻找投资机会；初步可行性研究是为了对项目进行初步技术经济分析，筛选项目方案；详细可行性研究是通过深入细致的技术经济分析，进行多方案优选，提出结论性意见。

表 4.1 可行性研究各阶段的深度要求

研究阶段	深度要求			
	目 的	总投资额误差/%	研究费用占投资比率/%	花费时间/月
投资机会研究	鉴别与选择项目，寻找投资机会	±30	0.2~1.0	1~3
初步可行性研究	对项目进行初步技术经济分析，筛选项目方案	±20	0.25~1.5	4~6
详细可行性研究	进行深入细致的技术经济分析，多方案选优，提出结论性意见	±10	1.0~3.0	8~10

下面以工业建设项目为例，说明可行性研究报告包括的主要内容。

(1) 总论。该部分主要说明项目提出的背景、项目概况、问题和建议。

(2) 市场预测。该部分主要内容包括市场现状分析、产品供需预测、竞争力预测和市场风险分析。

(3) 资源条件分析。该部分主要内容包括资源可利用量、资源品质情况、资源储存条件和资源开发价值。

(4) 建设规模与产品方案。该部分主要内容包括建设规模与产品方案构成、建设规模与产品方案的比选、推荐的建设规模与产品方案以及技术改造项目与原有设施利用情况。

(5) 厂址选择。该部分主要内容包括厂址现状、厂址方案比选、推荐的厂址方案以及技术改造项目现有厂址的利用情况。

(6) 技术方案、设备方案和工程方案。该部分主要内容包括技术方案选择、主要设备方案选择、工程方案选择和技术改造项目改造前后的比较。

(7) 原材料和燃料及动力供应。该部分主要内容包括主要原材料供应方案、燃料供应方案和动力供应方案。

(8) 总图、运输与公用辅助工程。该部分主要内容包括总图布置方案、场内运输方案、公用工程与辅助工程方案以及技术改造项目、现有公用辅助设施利用情况。

(9) 节能措施。该部分主要内容包括节能措施和能耗指标分析。

(10) 节水措施。该部分主要内容包括节水措施和水耗指标分析。

(11) 环境影响评价。该部分主要内容包括环境条件调查、影响环境因素分析、环境保护措施。

(12) 劳动、安全、卫生与消防。该部分主要内容包括危险因素与危害程度分析、安全防范措施、卫生保健措施和消防设施。

(13) 组织机构与人力资源配置。该部分主要内容包括组织机构设置及其适应性分析、人力资源配置、员工培训。

(14) 项目实施进度。该部分主要内容包括建设工期、实施进度安排、技术改造项目建设与生产的衔接。

(15) 投资估算。该部分主要内容包括建设投资估算、流动资金估算和投资估算表。

(16) 融资方案。该部分主要内容包括融资组织形式、资本金筹措、债务资金筹措和融资方案分析。

(17) 财务评价。该部分主要内容包括财务评价基础数据与参数选取、销售收入与成本费用估算、财务评价报表、盈利能力分析、偿债能力分析、不确定性分析、财务评价结论。

(18) 国民经济评价。该部分主要内容包括影子价格及评价参数选取、效益费用范围与数值调整、国民经济评价报表、国民经济评价结论。

(19) 社会评价。该部分主要内容包括项目对社会影响分析、项目所在地互适性分析、社会风险分析和社会评价结论。

(20) 风险分析。该部分主要内容包括项目主要风险识别、风险程度分析和防范风险对策。

(21) 研究结论与建议。该部分主要内容包括推荐方案总体描述、推荐方案优缺点描述、主要对比方案以及结论与建议。

3. 可行性研究报告的编制

1) 编制程序

根据我国现行的工程项目建设程序和国家颁布的《关于建设项目进行可行性研究试行管理办法》，可行性研究的工作程序如下。

(1) 建设单位提出项目建议书和初步可行性研究报告。各投资单位在广泛调查研究、收集资料、踏勘建设地点、初步分析投资效果的基础上，提出需要进行可行性研究的项目建议书和初步可行性研究报告。跨地区、跨行业的建设项目以及对国计民生有重大影响的大型项目，由有关部门和地区联合提出项目建议书和初步可行性研究报告。

(2) 项目业主、承办单位委托有资格的单位进行可行性研究。当项目建议书经国家计划部门、贷款部门审定批准后，该项目即可立项。项目业主或承办单位就可以通过签订合同的方式委托有资格的工程咨询公司(或设计单位)着手编制拟建项目可行性研究报告。双方签订的合同中，应规定研究工作的依据、研究范围和内容、前提条件、研究工作质量和进度安排、费用支付办法、协作方式及合同双方的责任和关于违约处理的方法等。

(3) 设计或咨询单位进行可行性研究工作，编制完整的可行性研究报告。可行性研究工作一般按以下 5 个步骤开展工作。

① 了解有关部门与委托单位对建设项目的意图，并组建工作小组，制订工作计划。

② 调查研究与收集资料。可行性研究小组在了解清楚委托单位对项目建设的意图和要求后，即可拟定调研提纲，组织人员进行实地调查，收集整理数据与资料，从市场和资源两方面着手论证项目建设的必要性。

③ 方案设计和优选。结合市场和资源调查，在收集基础资料和基准数据的基础上，建立几种可供选择的技术方案和建设方案，并进行论证和比较，从中选出最优方案。

④ 经济分析和评价。项目经济分析人员根据调查资料和上级管理部门的有关规定，选定与本项目有关的经济评价基础数据和定额指标参数，对选定的最佳建设方案进行详细的财务预测、财务效益评价、国民经济评价和社会效益评价。

⑤ 编写可行性研究报告。项目可行性研究各专业方案，经过技术经济论证和优化后，由各专业组分工编写，经项目负责人衔接协调，综合汇总，提出"可行性研究报告"初稿，与委托单位交换意见后定稿。

2) 编制依据

(1) 项目建议书(初步可行性研究报告)及其批复文件。

(2) 国家和地方的经济和社会发展规划，行业部门发展规划。

(3) 国家有关法律、法规和政策。

(4) 对于大中型骨干项目，必须具有国家批准的资源报告、国土开发整治规划、区域规划、江河流域规划、工业基地规划等有关文件。

(5) 有关机构发布的工程建设方面的标准、规范和定额。

(6) 合资、合作项目各方签订的协议书或意向书。

(7) 委托单位的委托合同。

(8) 经国家统一颁布的有关项目评价的基本参数和指标。

(9) 有关的基础数据。

3) 编制要求

(1) 编制单位必须具备承担可行性研究的条件。可行性研究报告的质量取决于编制单位的资质和编写人员的素质。因此，编制单位必须具有经国家有关部门审批登记的资质等级证明，并且具有编制可行性研究报告的能力和经验。

(2) 确保可行性研究报告的真实性和科学性。可行性研究报告是投资者进行项目最终决策的重要依据，其质量如何影响重大。报告编制单位和人员应坚持独立、客观、公正、科学、可靠的原则，实事求是，对提供的可行性研究报告质量负完全责任。

(3) 可行性研究的深度要规范化和标准化。可行性研究报告内容要完整、文件要齐全、结论要明确、数据要准确、论据要充分，能满足决策者确定方案的要求。

(4) 可行性研究报告必须经签证和审批。可行性研究报告编制完成后，应由编制单位的行政、技术、经济方面的负责人签字，并对研究报告质量负责。另外，还需上报主管部门审批。

4. 可行性研究报告的审批

我国建设项目的可行性研究，按照国家发改委的有关规定有以下几方面：大中型建设项目的可行性研究报告，由各主管部门及各省、市、自治区或全国性专业公司负责预审，报国家发改委审批，或由国家发改委委托有关单位审批；重大项目和特殊项目的可行性研究报告，由国家发改委会同有关部门预审，报国务院审批；小型项目的可行性研究报告，按照隶属关系由各主管部门及各省、市、自治区或全国性专业公司审批。

4.2 建设项目投资估算

4.2.1 建设项目投资估算概述

1. 投资估算的概念

投资估算是指在项目投资决策过程中，在对项目的建设规模、产品方案、工艺技术及设备选用方案、工程方案及项目实施进度等进行研究并基本确定的基础上，估算项目从筹建、施工直至建成投产所需资金总额，并测算建设期各年资金使用计划的过程。投资估算

是拟建项目编制项目建议书、可行性研究报告的重要组成部分，是项目决策的重要依据之一。

2. 投资估算的作用

投资估算的准确程度不仅影响可行性研究工作的质量和经济评价结果，而且直接关系到下一阶段设计概算和施工图预算的编制，对建设项目资金筹措方案也有直接的影响。

(1) 项目建议书阶段的投资估算，是项目主管部门审批项目建议书的依据之一，并对项目的规划、项目规模的控制起参考作用。

(2) 项目可行性研究阶段的投资估算，是项目投资决策的重要依据，也是研究、分析、计算项目投资经济效果的重要条件。当可行性研究报告被批准之后，其投资估算额就作为设计任务书的投资限额，即建设项目投资的最高限额，不得随意突破。

(3) 项目投资估算对工程设计概算起控制作用，设计概算不得突破批准的投资估算额，并应控制在投资估算额以内。

(4) 项目投资估算可作为项目资金筹措及制订建设贷款计划的依据，建设单位可根据批准的项目投资估算额，进行资金筹措和向银行申请贷款。

(5) 项目投资估算是核算建设项目固定资产投资需要额和编制固定资产投资计划的重要依据。

4.2.2 投资估算的阶段划分、内容及步骤

1. 投资估算的阶段划分与精度要求

我国建设项目的投资估算可分为以下几个阶段。

(1) 项目规划阶段的投资估算。建设项目规划阶段指有关部门根据国民经济发展规划、地区发展规划和行业发展规划的要求，编制一个建设项目的建设规划。此阶段是按项目规划的要求和内容，粗略地估算建设项目所需要的投资额。对投资估算精度的要求在±30%以内。

(2) 项目建议书阶段的投资估算。在项目建议书阶段，按项目建议书中的产品方案、项目建设规模、产品主要生产工艺、企业车间组成、初选建厂地点等，估算建设项目所需要的投资额。其对投资估算精度的要求为误差控制在±30%以内。此阶段项目投资估算的意义是可据此判断一个项目是否需要进行下一阶段的工作。

(3) 初步可行性研究阶段的投资估算。初步可行性研究阶段，是在掌握了更详细、更深入的资料后，估算建设项目所需的投资额。其对投资估算精度的要求为误差控制在±20%以内。此阶段项目投资估算的意义是据以确定是否进行详细可行性研究。

(4) 详细可行性研究阶段的投资估算。详细可行性研究阶段的投资估算至关重要，因为这个阶段的投资估算经审查批准之后，即工程设计任务书中规定的项目投资限额，并可据此列入项目年度基本建设计划。其对投资估算精度的要求为误差控制在±10%以内。

2. 投资估算的内容

根据国家规定，从满足建设项目投资设计和投资规模的角度，建设项目投资的估算包括固定资产投资(建设投资、建设期利息)估算和流动资金估算。

固定资产投资估算按照时间划分为静态投资和动态投资两部分；按照费用的性质划分

为建设投资和建设期利息两部分。

建设投资包括设备及工器具购置费、建筑安装工程费、工程建设其他费用、基本预备费、涨价预备费。其中，设备及工器具购置费、建筑安装工程费直接形成实体固定资产，称为工程费用；工程建设其他费用可分别形成固定资产其他费用、无形资产费用及其他资产费用。基本预备费、涨价预备费，在可行性研究阶段为简化计算，一并计入固定资产。

建设期利息是指筹措债务资金时在建设期内发生并应计入固定资产原值的利息，包括借款(或债券)利息及手续费、承诺费、管理费、信贷保险费等。建设期利息单独估算，以便对建设项目进行融资前和融资后财务分析。

流动资金指生产经营性项目投产后，用于购买原材料、燃料、支付工资及其他经营费用等所需的周转资金。它是伴随着建设投资而发生的长期占用的流动资产投资，流动资金=流动资产-流动负债。其中，流动资产主要考虑现金、应收账款、预付账款和存货；流动负债主要考虑应付账款和预收账款。因此，流动资金的概念，实际上就是财务中的营运资金。建设项目投资估算构成如图4.1所示。

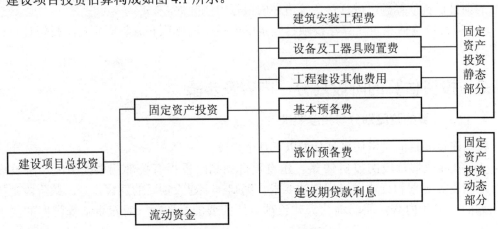

图4.1　建设项目总投资估算构成框图

3. 投资估算的步骤

(1) 分别估算各单项工程所需的设备及工器具购置费、建筑安装工程费。

(2) 在汇总各单项工程费用的基础上，估算工程建设其他费用和基本预备费。

(3) 估算涨价预备费。

(4) 估算建设期利息。

(5) 估算流动资金。

4.2.3　固定资产投资估算方法

1. 固定资产投资静态部分的估算方法

固定资产静态部分的投资估算，要按某一确定的时间来进行，一般以开工的前一年为基准年，以这一年的价格为依据估算；否则就会失去基准作用。

不同阶段的投资估算，其方法和允许误差都是不同的。在项目规划和项目建议书阶段，投资估算的精度低，可采取简单的计算法，如生产能力指数法、单位生产能力法、比

例法、系数估算法等；在可行性研究阶段，投资估算精度要求高，需采用相对详细的投资估算方法，如指标估算法。

1) 生产能力指数法

生产能力指数法又称为指数估算法，是根据已建成的、性质类似的建设项目的投资额和生产能力及拟建项目的生产能力估算拟建项目的投资额。其计算公式为

$$C_2 = C_1 \left(\frac{Q_2}{Q_1} \right)^n \cdot f \tag{4.1}$$

式中：C_1——已建类似项目的投资额；

　　　C_2——拟建项目的投资额；

　　　Q_1——已建类似项目的生产能力；

　　　Q_2——拟建项目的生产能力；

　　　n——生产能力指数；

　　　f——不同时期、不同地点的定额、单价、费用变更等的综合调整系数。

若已建类似项目或装置的规模和拟建项目或装置的规模相差不大，Q_1 与 Q_2 比值为 0.5～2，则指数 n 的取值近似为 1。

若已建类似项目或装置的规模和拟建项目或装置的规模相差不大于 50 倍，且拟建项目规模的扩大仅靠增大设备规模来达到时，则指数 n 的取值为 0.6～0.7；若靠增加相同规格设备的数量达到时，指数 n 的取值为 0.8～0.9。

采用这种方法，计算简单、速度快，但要求类似工程的资料可靠，条件基本相同，否则误差就会增大。

【例 4.1】 已知年产 25 万吨乙烯装置的投资额为 45 000 万元，估算拟建年产 60 万吨乙烯装置的投资额。若将拟建项目的生产能力提高两倍，投资额将增加多少？(设生产能力指数为 0.7，综合调整系数为 1.1)

解： ① 拟建年产 60 万吨乙烯装置的投资额为

$$C_2 = C_1 \left(\frac{Q_2}{Q_1} \right)^n \cdot f = 45\,000 \times \left(\frac{60}{25} \right)^{0.7} \times 1.1 = 91\,359.36 (万元)$$

② 将拟建项目的生产能力提高两倍，投资额将增加

$$45\,000 \times \left(\frac{3 \times 60}{25} \right)^{0.7} \times 1.1 - 45\,000 \times \left(\frac{60}{25} \right)^{0.7} \times 1.1 = 105\,763.93 (万元)$$

2) 系数估算法

系数估算法是指以拟建项目的主要设备购置费或主体工程费为基数，以其他工程费占主要设备费或主体工程费的百分比为系数估算项目的静态投资。系数估算法简单易行，但精度较低，常用于项目建议书阶段的投资估算。系数估算法的种类很多，在我国国内常用的方法有设备系数法和主体专业系数法，朗格系数法是世行项目投资估算常用的方法。

(1) 设备系数法。以拟建项目的设备费为基数，根据已建成的同类项目的建筑安装工程费和工程建设其他费用占设备价值的百分比，求出拟建项目建筑安装工程费和工程建设其他费用，进而求出建设项目的静态投资。计算公式为

$$C = E(1 + f_1 P_1 + f_2 P_2 + f_3 P_3 + \cdots) + I \tag{4.2}$$

式中：C——拟建项目的静态投资；

E——拟建项目根据当时当地价格计算的设备购置费；

$P_1,P_2,P_3,\cdots$——已建项目中建筑、安装及工程建设其他费用等占设备购置费的百分比；

$f_1,f_2,f_3,\cdots$——因时间因素引起的定额、价格、费用标准等变化的综合调整系数；

I——拟建项目的其他费用。

【例 4.2】 A 地于 2010 年 8 月拟兴建一年产 40 万吨甲产品的工厂，现获得 B 地 2009 年 10 月投产的年产 30 万吨甲产品类似厂的建设投资资料。B 地类似厂的设备费为 12 400 万元，建筑工程费为 6000 万元，安装工程费为 4000 万元，工程建设其他为 2800 万元。若拟建项目的其他费用为 2500 万元，考虑因 2009 年至 2010 年时间因素导致的对设备费、建筑工程费、安装工程费、工程建设其他费的综合调整系数分别为 1.15、1.25、1.05、1.1，生产能力指数为 0.6，估算拟建项目的静态投资。

解： ① 求建筑工程费、安装工程费、工程建设其他费占设备费百分比。

建筑工程费占比：$6000 \div 12\ 400 = 0.4839$

安装工程费占比：$4000 \div 12\ 400 = 0.3226$

工程建设其他费占比：$2800 \div 12\ 400 = 0.2258$

② 估算拟建项目的静态投资。

$C = E(1 + f_1P_1 + f_2P_2 + f_3P_3 + \cdots) + I$

$= 12\ 400 \times \left(\dfrac{40}{30}\right)^{0.6} \times 1.15(1 + 1.25 \times 0.4839 + 1.05 \times 0.3226 + 1.1 \times 0.2258) + 2500$

$= 39\ 646.7083(万元)$

(2) 主体专业系数法。以拟建项目中的最主要的、投资比例较大并与生产能力直接相关的工艺设备的投资(包括运杂费和安装费)为基数，根据同类型的已建项目的有关统计资料，计算出拟建项目的各专业工程(总图、土建、暖通、给排水、管道、电气、自控等)占工艺设备投资的百分比，据以求出拟建项目各专业的投资，然后把各部分投资费用(包括工艺设备费用)相加求和，再加上工程其他有关费用，即为拟建项目的静态投资。其计算公式为

$$C = E(1 + f_1P'_1 + f_2P'_2 + f_3P'_3 + \cdots) + I \tag{4.3}$$

式中：$P'_1,P'_2,P'_3,\cdots$——已建项目中各专业工程费用占工艺设备投资的百分比。

(3) 朗格系数法。这种方法以设备费为基础，乘以适当系数来推算项目的静态投资。其基本原理是将项目建设中总成本费用中的直接成本和间接成本分别计算，再合并为项目的静态投资。计算公式为

$$C = E(1 + \sum K_i)K_c \tag{4.4}$$

式中：C——建设项目的静态投资；

E——拟建项目根据当时当地价格计算的设备购置费；

K_i——管线、仪表、建筑物等项费用的估算系数；

K_c——管理费、合同费、应急费等项目费用的总估算系数。

静态投资与设备费用之比为朗格系数 K_L，即

$$K_L = (1 + \sum K_i)K_c \tag{4.5}$$

朗格系数包含的内容见表4.2。

表 4.2　朗格系数包含的内容

项　目		固体流程	固流流程	液体流程
朗格系数 K_L		3.1	3.63	4.74
内容	(1)包括基础、设备、绝热、油漆及设备安装费	$E \times 1.43$		
	(2)包括上述在内和配管工程费	(1)×1.1	(1)×1.25	(1)×1.6
	(3)装置直接费	(2)×1.5		
	(4)包括上述在内和间接费，总费用(C)	(3)×1.31	(3)×1.35	(3)×1.38

【例 4.3】 某地拟建一年产 50 万套汽车轮胎的工厂，已知该工厂的设备到达工地的费用为 20 000 万美元，计算各阶段费用并估算工厂的静态投资。

解： 轮胎工厂的生产流程基本属于固体流程，因此采用朗格系数法时全部数据应采用固体流程的数据。

① 设备到达现场的费用 20 000 万美元。

② 根据表 4.2 计算费用(1)

费用(1)=E×1.43=20 000×1.43=28 600(万美元)

则设备基础、绝热、刷油及安装费用为：28 600−20 000=8600(万美元)

③ 计算费用(2)。

费用(2) = E×1.43×1.1=20 000×1.43×1.1=31 460(万美元)

则其中配管(管道工程)费用为：31 460−28 600=2860(万美元)

④ 计算费用(3)即装置直接费。

费用(3) = E×1.43×1.1×1.5=47 190(万美元)

则电气、仪表、建筑等工程费用为：47 190−31 460=15 730(万美元)

⑤ 计算静态投资 C。

$C = E$×1.43×1.1×1.5×1.31 = 61818.9(万美元)

则间接费用为：61 818.9−47 190=14 628.9(万美元)

由此估算出该工厂的静态投资为 61 818.9 万美元，其中间接费用为 14 628.9 万美元。

3) 指标估算法

指标估算法是把建设项目以单项工程或单位工程，按建设内容纵向划分为各个主要生产设施、辅助及公用设施、行政及福利设施以及各项其他基本建设费用，按费用性质横向划分为设备购置、建筑工程、安装工程等，根据各种具体的投资估算指标，进行各单位工程或单项工程投资的估算，在此基础上汇集编制成拟建建设项目的各个单项工程费用和拟建项目的工程费用投资估算，再按相关规定估算工程建设其他费用、基本预备费等，形成拟建项目静态投资。

投资估算的指标形式较多，如以元/m、元/m²、元/m³、元/t、元/(kV·A)表示。根据这些投资估算指标，乘以所需的面积、体积等，就可求出相应的建筑工程、设备安装工程等各单位工程的投资。

采用指标估算法时，要根据国家的有关规定、投资主管部门或地区颁布的估算指标，结合工程的具体情况编制。一方面要注意，若套用的指标与具体工程之间的标准或条件有差异时，应加以必要的换算或调整；另一方面要注意，使用的指标单位应密切结合每个单

位工程的特点，能正确反映其设计参数，不要盲目地单纯套用一种指标。

4) 资金周转率法

资金周转率法是一种利用资金周转率来推测投资额的简便方法。其公式为

$$资金周转率 = \frac{年销售总额}{总投资} \times 100\% = \frac{产品年产量 \times 产品单价}{总投资} \times 100\% \quad (4.6)$$

$$总投资 = \frac{产品年产量 \times 产品单价}{资金周转率} \quad (4.7)$$

例如，国外化学工业的资金周转率近似为 1.0，生产合成甘油的化工装置的资金周转率为 1.41。

拟建项目的资金周转率可以根据已建相似项目的有关数据进行估计，然后再根据拟建项目的预计产品的年产量及单价，估算拟建项目的投资额。这种方法比较简单，计算速度快，但精确度较低，可用于投资机会研究及项目建议书阶段的投资估算。

2. 固定资产投资动态部分的估算方法

建设项目的动态投资包括价格变动可能增加的投资额、建设期利息等，如果是涉外项目，还应计算汇率的影响。动态部分的估算应以基准年静态投资的资金使用计划为基础来计算，而不是以编制的年静态投资为基础计算。在实际估算时，主要考虑涨价预备费、建设期贷款利息、汇率变化 3 个方面。

1) 涨价预备费

涨价预备费的具体估算方法详见本书 2.7 节。

2) 建设期贷款利息

在建设投资分年计划的基础上可设定初步融资方案，对采用债务融资的项目应估算建设期利息。建设期利息指筹措债务资金时在建设期内发生并按规定允许在投产后计入固定资产原值的利息，即资本化利息。

建设期利息包括银行借款和其他债务资金的利息以及其他融资费用。其他融资费用指某些债务融资中发生的手续费、承诺费、管理费、信贷保险费等融资费用，一般情况下应将其单独计算并计入建设期利息；在项目前期研究的初期阶段，也可作粗略估算并计入建设投资；对于不涉及国外贷款的项目，在可行性研究阶段，也可作粗略估算并计入建设投资。

估算建设期利息，需要根据项目进度计划，提出建设投资分年计划，列出各年投资额，并明确其中的外汇和人民币。

计算建设期利息时，为了简化计算，通常假定借款均在每年的年中支用，借款当年按半年计息，其余各年份按全年计息，计算公式为

各年应计利息=(年初借款本息累计+本年借款额/2)×有效年利率

对于多种借款资金来源，每笔借款的年利率各不相同的项目，既可分别计算每笔借款的利息，也可先计算出各笔借款加权平均的年利率，并以此利率计算全部借款的利息。其具体估算方法见本书 2.7 节。

在估算建设期利息时需编制建设期利息估算表，见表 4.3。

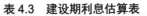

表 4.3　建设期利息估算表　　　　　　　　　　　人民币单位：万元

序　号	项　目	合　计	建设期					
			1	2	3	4	...	n
1	借款							
1.1	建设期利息							
1.1.1	期初借款余额							
1.1.2	当期借款							
1.1.3	当期应计利息							
1.1.4	期末借款余额							
1.2	其他融资费用							
1.3	小计(1.1+1.2)							
2	债券							
2.1	建设期利息							
2.1.1	期初债务余额							
2.1.2	当其债务金额							
2.1.3	当期应计利息							
2.1.4	期末债务余额							
2.2	其他融资费用							
2.3	小计(2.1+2.2)							
3	合计(1.3+2.3)							
3.1	建设期利息合计(1.1+2.1)							
3.2	其他融资费用合计(1.2+2.2)							

3) 汇率变化

汇率是两种不同货币之间的兑换比率，或者说是以一种货币表示的另一种货币的价格。汇率的变化意味着一种货币相对于另一种货币的升值或贬值。在我国，人民币与外币之间的汇率采取以人民币表示外币价格的形式给出，如 1 美元=6.85 元人民币。由于涉外项目的投资中包含人民币以外的币种，需要按照相应的汇率把外币投资额换算为人民币投资额，所以汇率变化就会对涉外项目的投资额产生影响。

(1) 外币对人民币升值。项目从国外市场购买设备材料所支付的外币金额不变，但换算成人民币的金额增加；从国外借款，本息所支付的外币金额不变，但换算成人民币的金额增加。

(2) 外币对人民币贬值。项目从国外市场购买设备材料所支付的外币金额不变，但换算成人民币的金额减少；从国外借款，本息所支付的外币金额不变，但换算成人民币的金额减少。

估计汇率变化对建设项目投资的影响，是通过预测汇率在项目建设期内的变动程度，以估算年份的投资额为基数，计算求得。

3. 建设投资估算表编制

建设投资是项目费用的重要组成部分，是项目财务分析的基础数据。根据项目前期研究各阶段对投资估算精度的要求、行业的特点和相关规定，可选用相应的投资估算方法。在估算出建设投资后需编制建设投资估算表，为后期的融资决策提供依据。

按照费用归集形式，建设投资可按概算法或形成资产法分类。

(1) 按概算法分类，建设投资由工程费用、工程建设其他费用和预备费三部分构成。其中工程费用又由设备购置费(含工器具及生产家具购置费)、建筑工程费、安装工程费构成；工程建设其他费用内容较多，且随行业和项目的不同而有所区别；预备费包括基本预备费和涨价预备费两种。按照概算法编制的建设投资估算表如表4.4所示。

表4.4 建设投资估算表(概算法)

人民币单位：万元；外币单位：万美元

序号	工程或费用名称	设备购置费	建筑工程费	安装工程费	其他费用	合计	其中：外币	比例/%
1	工程费用							
1.1	主体工程							
1.1.1	×××							
	……							
1.2	辅助工程							
1.2.1	×××							
	……							
1.3	公用工程							
1.3.1	×××							
	……							
1.4	服务性工程							
1.4.1	×××							
	……							
1.5	厂外工程							
1.5.1	×××							
	……							
1.6	×××							
2	工程建设其他费用							
2.1	×××							
	……							
3	预备费							
3.1	基本预备费							
3.2	涨价预备费							
4	建设投资合计							
	比例/%							

(2) 按形成资产法分类，建设投资由形成固定资产费用、形成无形资产费用、形成其他资产费用和预备费四部分组成。

形成固定资产费用指项目投产时将直接形成固定资产的建设投资，包括工程费用和工程建设其他费用中按规定将形成固定资产的费用，后者称为固定资产其他费用，主要包括建设管理费、建设用地费、可行性研究费、研究试验费、勘查设计费、环境影响评价费、劳动安全卫生评价费、场地准备及临时设施费、引进技术和引进设备其他费、工程保险费、联合试运转费、特殊设备安全监督检验费和市政公用设施建设及绿化费等。

形成无形资产费用指将直接形成无形资产的建设投资，主要是专利权、非专利技术、商标权、土地使用权和商誉等。

形成其他资产费用指建设投资中除形成固定资产和无形资产以外的部分，如生产准备及开办费等。

对于土地使用权的特殊处理，按照有关规定，在尚未开发或建造自用项目前，土地使用权作为无形资产核算，房地产开发企业开发商品房时，将其账面价值转入开发成本；企业建造自用项目时将其账面价值转入在建工程成本。因此，为了与以后的折旧和摊销计算相协调，在建设投资估算表中通常可将土地使用权直接列入固定资产其他费用中。

按形成资产法编制的建设投资估算表如表4.5所示。

表4.5 建设投资估算表(形成资产法)

人民币单位：万元；外币单位：万美元

序　号	工程或费用名称	设备购置费	建筑工程费	安装工程费	其他费用	合　计	其中：外币	比例/%
1	固定资产费用							
1.1	工程费用							
1.1.1	×××							
1.1.2	×××							
1.1.3	×××							
	……							
1.2	固定资产其他费用							
	×××							
	……							
2	无形资产费用							
2.1	×××							
	……							
3	其他资产费用							
3.1	×××							
	……							
4	预备费							
4.1	基本预备费							
4.2	涨价预备费							
5	建设投资合计							
	比例/%							

4.2.4 流动资金投资估算

流动资金指生产经营性项目投产后，为保证正常的生产运营，用于购买原材料、燃料，支付工资及其他经营费用等所用的周转资金。

在工业项目决策阶段，为了保证项目投产后能正常生产经营，往往需要有一笔最基本的周转资金，这笔最基本的周转资金称为铺底流动资金。铺底流动资金一般为流动资金总额的30%，在项目正式建设前就应该落实。

流动资金估算一般采用分项详细估算法，个别情况或小型项目可采用扩大指标估算法。

1. 分项详细估算法

流动资金的显著特点是在生产过程中不断周转，其周转额的大小与生产规模及周转速度直接相关。分项详细估算法是根据周转额与周转速度之间的关系，对构成流动资金的各项流动资产和流动负债分别进行估算。流动资产的构成要素一般包括现金、应收账款、预付账款和存货；流动负债的构成要素一般包括应付账款和预收账款。在可行性研究中，它们的计算公式为

$$流动资金=流动资产-流动负债 \tag{4.8}$$

$$流动资产=现金+应收账款+预付账款+存货 \tag{4.9}$$

$$流动负债=应付账款+预收账款 \tag{4.10}$$

1) 现金估算

项目流动资金中的现金是指货币资金，即企业生产运营活动中停留于货币形态的那部分资金，包括企业库存现金和银行存款。

$$现金=\frac{年工资及福利费+年其他费用}{现金周转次数} \tag{4.11}$$

$$年其他费用=制造费用+管理费用+营业费用-(以上三项费用中所含的$$
$$工资及福利费、折旧费、摊销费、修理费) \tag{4.12}$$

周转次数是指流动资金的各个构成项目在一年内完成多少个生产过程。周转次数可用1年天数(通常按360天计算)除以流动资金的最低周转天数计算，则各项流动资金平均占用额度为流动资金的年周转额度除以流动资金的年周转次数，即

$$现金周转次数=\frac{360天}{最低周转天数} \tag{4.13}$$

2) 应收账款估算

应收账款是指企业对外赊销商品、提供劳务尚未收回的资金。应收账款的周转额应为全年经营成本，即

$$应收账款=\frac{年经营成本}{应收账款周转次数} \tag{4.14}$$

3) 预付账款估算

预付账款是指企业为购买各类材料、半成品或服务所预先支付的款项，计算公式为

$$预付账款=\frac{外购商品或服务年费用金额}{预付账款周转次数} \tag{4.15}$$

4) 存货估算

存货是指企业为销售或生产而储备的各种物资,包括原材料、辅助材料、燃料、低值易耗品、维修备件、包装物、在产品、自制半成品和产成品等。为简化计算,仅考虑外购原材料、外购燃料、其他材料、在产品和产成品,并分项进行计算。

$$存货=外购原材料、燃料+其他材料+在产品+产成品 \tag{4.16}$$

$$外购原材料、燃料=\frac{年外购原材料、燃料费用}{分项周转次数} \tag{4.17}$$

$$其他材料=\frac{年其他材料费用}{其他材料周转次数} \tag{4.18}$$

$$在产品=\frac{年外购原材料、燃料+年工资及福利费+年修理费+年其他制造费用}{在产品周转次数} \tag{4.19}$$

$$产成品=\frac{年经营成本-年其他营业费用}{产成品周转次数} \tag{4.20}$$

5) 流动负债估算

流动负债是指在一年或超过一年的一个营业周期内,需要偿还的各种债务,包括短期借款、应付票据、应付账款、预收账款、应付工资、应付福利费、应付股利、应交税费、其他暂收应付、预提费用和一年内到期的长期借款等。在可行性研究中,流动负债的估算可以只考虑应付账款和预收账款两项,即

$$应付账款=\frac{外购原材料、燃料动力费及其他材料年费用}{应付账款周转次数} \tag{4.21}$$

$$预收账款=\frac{预收的营业收入年金额}{预收账款周转次数} \tag{4.22}$$

根据流动资金各项估算结果,编制流动资金估算表,如表4.6所示。

表4.6 流动资金估算表

单位:万元

序 号	项 目	最低周转天数	周转次数	计 算 期					
				建 设 期		投 产 期		达 产 期	
				1	2	3	4	……	n
1	流动资产								
1.1	现金								
1.2	应收账款								
1.3	预付账款								
1.4	存货								
1.4.1	原材料								
1.4.2	×××								
	……								
1.4.3	燃料								
	×××								
	……								
1.4.4	在产品								
1.4.5	产成品								

续表

序　号	项　目	最低周转天数	周转次数	计　算　期					
				建　设　期		投　产　期		达　产　期	
				1	2	3	4	…	n
2	流动负债								
2.1	应付账款								
2.2	预收账款								
3	流动资金(1-2)								
4	流动资金当期增加额								

注：流动资金本年增加额=本年流动资金-上年流动资金。

2. 扩大指标估算法

扩大指标估算法是根据现有同类企业的实际资料，求得各种流动资金率指标，也可依据行业或部门给定的参考值或经验确定比率。将各类流动资金率乘以相对应的费用基数来估算流动资金。一般常用的基数有营业收入、经营成本、总成本费用和建设投资等，究竟采用何种基数依行业习惯而定。扩大指标估算法简便易行，但准确度不高，适用于项目建议书阶段的估算。扩大指标估算法计算流动资金的公式为

$$年流动资金额=年费用基数×各类流动资金率 \tag{4.23}$$

$$年流动资金额=年产量×单位产品产量占用流动资金额 \tag{4.24}$$

【**例 4.4**】某项目投产后的年产值为 1.5 亿元，其同类企业的百元产值流动资金占用额为 17.5 元，求该项目的流动资金估算额。

解：该项目的流动资金估算额：15 000×17.5/100=2625(万元)

3. 铺底流动资金的估算

铺底流动资金一般按上述流动资金的 30%估算。

4. 流动资金投资估算中应注意的问题

(1) 在采用分项详细估算法时，应根据项目实际情况分别确定现金、应收账款、预付账款、存货、应付账款和预收账款的最低周转天数，并考虑一定的保险系数，对于存货中的外购原材料、燃料要根据不同品种和来源，考虑运输方式和运输距离等因素确定。

(2) 不同生产负荷下的流动资金是按相应负荷时的各项费用金额和给定的公式计算出来的，不能按 100%负荷下的流动资金乘以负荷百分数求得。

(3) 流动资金属于长期性(永久性)资金，流动资金的筹措可通过长期负债和资本金(一般要求占 30%)的方式解决。流动资金一般要求在投产前一年开始筹措，为简化计算，可规定在投产的第一年开始按生产负荷安排流动资金需用量。其借款部分按全年计算利息，流动资金利息应计入生产期间财务费用，项目计算期末收回全部流动资金(不含利息)。

(4) 用详细估算法计算流动资金，需以经营成本及其中的某些科目为基数，因此实际上流动资金估算应能够在经营成本估算之后进行。

【**例 4.5**】某拟建项目生产规模为年产某产品 500 万吨。根据统计资料，生产规模为年产 400 万吨的同类产品的投资额为 3000 万元，项目投资的综合调整系数为 1.08，生产能力指数为 0.7。该项目年经营成本估算为 14 000 万元，存货资金占用估算为 4700 万元，

全部职工人数为 1000 人，每人每年工资及福利费估算为 24 000 元，年其他费用估算为 3500 万元，年外购原材料、燃料及动力费为 15 000 万元。各项资金的周转天数：应收账款为 30 天，现金为 15 天，应付账款为 30 天。估算该拟建项目的静态投资额、流动资金额及铺底流动资金。

解： (1) 拟建项目投资额的估算。

采用生产能力指数法计算该拟建项目的静态投资额。

$$C_2 = C_1 \left(\frac{Q_2}{Q_1} \right)^n \cdot f = 3000 \times \left(\frac{500}{400} \right)^{0.7} \times 1.08 = 3787.76 (万元)$$

(2) 流动资金额的估算。

采用分项详细估算法计算流动资金额，即

$$流动资金 = 流动资产 - 流动负债$$

$$流动资产 = 现金 + 应收及预付账款 + 存货$$

$$现金 = \frac{年工资及福利费 + 年其他费用}{现金周转次数}$$

$$= \frac{24\,000 \times 1000 \div 10\,000 + 3500}{360 \div 15} = \frac{5900}{24} = 245.83 (万元)$$

$$应收账款 = \frac{年经营成本}{周转次数} = \frac{14\,000}{360 \div 30} = 1166.67 (万元)$$

$$存货 = 4700 \ 万元$$

$$流动资产 = 245.83 + 1166.67 + 4700 = 6112.50 (万元)$$

$$流动负债 = 应付账款 = \frac{年外购原材料 + 年外购燃料}{应付账款周转次数} = \frac{15\,000}{360 \div 30} = 1250 (万元)$$

$$流动资金 = 6112.5 - 1250 = 4862.50 (万元)$$

$$铺底流动资金 = 流动资金 \times 30\% = 1458.75 (万元)$$

4.2.5 建设项目总投资与分年投资计划

1. 建设项目总投资及其构成

按上述投资估算内容和估算方法所估算各类投资进行汇总，编制项目总投资估算汇总表，见表 4.7。

表 4.7 建设项目总投资估算汇总表

人民币单位：万元；外币单位：万美元

序 号	费用名称	投 资 额		估算说明
		合 计	其中：外汇	
1	建设投资			
1.1	建设投资静态部分			
1.1.1	设备及工器具购置费			
1.1.2	建筑工程费			

续表

序 号	费用名称	投 资 额		估算说明
		合 计	其中：外汇	
1.1.3	安装工程费			
1.1.4	工程建设其他费用			
1.1.5	基本预备费			
1.2	建设投资动态部分			
1.2.1	涨价预备费			
2	建设期利息			
3	流动资金			
	建设项目总投资(1+2+3)			

2．建设项目分年投资计划

估算出建设项目总投资后，应根据项目计划进度的安排，编制建设项目分年投资计划表，见表 4.8。该表中的分年建设投资可以作为安排融资计划、估算建设期利息的基础。

表 4.8　建设项目分年投资计划表

人民币单位：万元；外币单位：万美元

序 号	项 目	人 民 币			外 币		
		第 1 年	第 2 年	…	第 1 年	第 2 年	…
	分年计划/%						
1	建设投资						
2	建设期利息						
3	流动资金						
4	建设项目投入总资金(1+2+3)						

4.2.6　投资估算的审查

为了保证项目投资估算的准确性，以便确保其应有的作用，必须加强对项目投资估算的审查工作。项目投资估算的审查部门和单位在审查项目投资估算时，应注意到可信性、一致性和符合性，并据此进行审查。

1．审查投资估算编制依据的可信性

(1) 投资估算方法的科学性和适用性。因为投资估算方法很多，而每种投资估算方法都各有其适用条件和范围，并具有不同的精确度。如果使用的投资估算方法与项目的客观条件和情况不相适应，或者超出了该方法的适用范围，就不能保证投资估算的质量。

(2) 投资估算数据资料的时效性和准确性。估算项目投资所需的数据资料很多，如已运行同类型项目的投资，设备和材料价格，运杂费费率，有关的定额、指标、标准，以及有关规定等都与时间有密切关系，都可能随时间的推移而发生变化。因此，必须注意其时效性和准确性。

2. 审查投资估算的编制内容与规定、规划要求的一致性

(1) 项目投资估算有无漏项。审查项目投资估算包括的工程内容与规定要求是否一致，是否漏掉了某些辅助工程、室外工程等的建设费用。

(2) 项目投资估算是否符合规划要求。审查项目投资估算的项目产品生产装置的先进水平与自动化程度等，与规划要求的先进程度是否相符。

(3) 项目投资估算是否按环境等因素的差异进行调整。审查是否对拟建项目与已运行项目在工程成本、工艺水平、规模大小、环境因素等方面的差异作了适当的调整。

3. 审查投资估算费用项目的符合性

(1) 审查"三废"处理情况。"三废"处理所需投资是否进行了估算，其估算数额是否符合实际。

(2) 审查物价波动变化幅度是否合适。是否考虑了物价上涨和汇率变动对投资额的影响，以及物价波动变化幅度是否合适。

(3) 审查是否采用"三新"技术。是否考虑了采用新技术、新材料及新工艺，采用现行新标准和规范比已有运行项目的要求提高所需增加的投资额，所增加的额度是否合适。

4.3　建设项目财务评价

4.3.1　财务评价概述

1. 财务评价的概念

财务评价又称为财务分析，是根据国家现行财税制度和价格体系，分析、计算项目直接发生的财务效益和费用，编制财务报表，计算评价指标，考察项目盈利能力、清偿能力，以及外汇平衡等财务状况，据以判别项目的财务可行性。

财务评价是建设项目经济评价中的微观层次，它主要从微观投资主体的角度分析项目可以给投资主体带来的效益及投资风险。作为市场经济微观主体的企业进行投资时，一般都进行项目财务评价。

建设项目经济评价中的另一个层次是国民经济评价，它是一种宏观层次的评价，一般只对某些在国民经济中有重要作用和影响的大中型重点建设项目以及特殊行业和交通运输、水利等基础性、公益性建设项目展开国民经济评价。

2. 财务评价的作用

(1) 考察项目的财务盈利能力。

(2) 用于制订适宜的资金规划。

(3) 为协调企业利益与国家利益提供依据。

3. 财务评价的内容

(1) 盈利能力分析评价。通过静态或动态评价指标测算项目的财务盈利能力和盈利水平。

(2) 偿债能力分析评价。分析测算项目偿还贷款的能力。

(3) 外汇平衡分析评价。考察涉及外汇收支的项目在计算期内各年的外汇余缺程度。

(4) 不确定性分析评价。分析项目在计算期内不确定性因素可能对项目产生的影响和影响程度。

(5) 抗风险能力分析评价。在可变因素的概率分布已知的情况下，分析可变因素在各种可能状态下项目经济评价指标的取值，从而了解项目的风险状况。

4. 财务评价的程序

财务评价是在项目市场研究、生产条件及技术研究的基础上进行的，它主要通过有关基础数据，编制财务报表，计算分析相关经济评价指标，做出评价结论。其程序大致包括以下几个步骤。

(1) 收集、整理和计算有关基础财务数据资料。

根据项目市场研究和技术研究的结果、现行价格体系及财税制度进行财务预测，获得项目投资、销售收入、生产成本、利润、税金及项目计算期等一系列财务基础数据，并将所得的数据编制成辅助财务报表。

(2) 编制基本财务报表。

由上述财务预测数据及辅助报表，分别编制反映项目财务盈利能力、清偿能力及外汇平衡情况的基本财务报表。

(3) 财务评价指标的计算与评价。

根据基本财务报表计算各财务评价指标，并分别与对应的评价标准或基准值进行对比，对项目的各项财务状况做出评价，得出结论。

(4) 进行不确定性分析。

通过盈亏平衡分析、敏感性分析、概率分析等不确定性分析方法，分析项目可能面临的风险及项目在不确定情况下的抗风险能力，得出项目在不确定情况下的财务评价结论或建议。

(5) 做出项目财务评价的最终结论。

由上述确定性分析和不确定性分析的结果，对项目的财务可行性做出最终结论。

4.3.2 财务评价指标体系及其计算

1. 财务评价指标体系

建设项目经济效果可采用不同的指标来表达，任何一种评价指标都是某一角度、某个侧面反映项目的经济效果，总会带有一定的局限性，因此，需建立一整套指标体系来全面、真实、客观地反映项目的经济效果。

建设项目财务评价指标体系根据不同的标准，可做不同的分类。

根据计算项目财务评价指标时是否考虑资金的时间价值，可将常用的财务评价指标分为静态指标和动态指标两类。静态指标主要用于技术经济数据不完备和不精确的方案初选阶段，或对寿命期比较短的方案进行评价；动态指标则用于方案最后决策前的详细可行性研究阶段，或对寿命期较长的方案进行评价。

项目财务评价指标按评价内容不同，还可分为盈利能力分析指标和偿债能力分析指标两类。

建设项目财务评价指标体系是按照财务评价的内容建立起来的，同时也与编制的财务评价报表密切相关。建设项目财务评价内容、评价报表、评价指标之间的关系如表 4.9 所示。

表 4.9　财务评价指标体系

评价内容	基本报表		评价指标	
			静态指标	动态指标
盈利能力分析	融资前分析	项目投资现金流量表	项目投资静态投资回收期	项目投资财务内部收益率 项目投资财务净现值 项目投资动态投资回收期
	融资后分析	项目资本金现金流量表	资本金静态投资回收期	项目资本金财务内部收益率
		投资各方现金流量表		投资各方财务内部收益率
		利润与利润分配表	总投资收益率 项目资本金净利润率	
偿债能力分析		借款还本付息计划表	偿债备付率 利息备付率	
		资产负债表	资产负债率 流动比率 速动比率	
财务生存能力分析		财务计划现金流量表	累计盈余资金	
外汇平衡分析		财务外汇平衡表		
不确定性分析		盈亏平衡分析	盈亏平衡产量 盈亏平衡生产能力利用率	
		敏感性分析	灵敏度 不确定性因素的临界值	
风险分析		概率分析	NPV≥0 的累计概率 定性分析	

2. 财务评价指标计算

1) 财务盈利能力评价指标计算

财务盈利能力评价主要考察投资项目的盈利水平，指标主要有财务净现值、财务内部收益率、投资回收期、总投资收益率等。

(1) 财务净现值(FNPV)。财务净现值是把项目计算期内各年的财务净现金流量，按照一个给定的标准折现率(基准收益率)折算到建设期初(项目计算期第一年年初)的现值之和。财务净现值是考察项目在其计算期内盈利能力的主要动态评价指标。其表达式为

$$\text{FNPV} = \sum_{t=1}^{n} (\text{CI} - \text{CO})_t (1 + i_c)^{-t} \qquad (4.25)$$

式中：FNPV——财务净现值；

CI——现金流入；

CO——现金流出；

$(\text{CI-CO})_t$——第 t 年的净现金流量；

n——项目计算期；

i_c——标准折现率。

如果项目建成投产后，各年净现金流量相等，均为 A，投资现值为 K_P，则

$$\text{FNPV}=A(P/A,\,i_c,\,n)-K_P \tag{4.26}$$

如果项目建成投产后，各年净现金流量不相等，则财务净现值只能按照式(4.25)计算。财务净现值表示建设项目的盈利能力达到或超过了所要求的盈利水平。该指标在用于投资方案的经济评价时，表明项目的财务净现值不小于零，项目可行。

【例 4.6】某建设项目总投资 1000 万元，建设期 3 年，各年投资比例分别为 20%、50%、30%。从第四年开始项目有收益，各年净收益为 200 万元，项目寿命期为 10 年，第 10 年年末回收固定资产余值及流动资金 100 万元，基准折现率为 10%，试计算该项目的财务净现值。

解：
$$\text{FNPV}=-\frac{200}{(1+10\%)^1}-\frac{500}{(1+10\%)^2}-\frac{300}{(1+10\%)^3}+\frac{200}{(1+10\%)^4}+\frac{200}{(1+10\%)^5}+\cdots$$
$$+\frac{200}{(1+10\%)^{10}}+\frac{100}{(1+10\%)^{10}}$$
$$=-200\times0.909-500\times0.826-300\times0.751+200\times4.868\times0.751+100\times0.386$$
$$=-50.3264(万元)$$

(2) 财务内部收益率(FIRR)。财务内部收益率是指项目在整个计算期内各年财务净现金流量的现值之和等于零时的折现率，也就是使项目的财务净现值等于零时的折现率。其表达式为

$$\sum_{t=1}^{n}(\text{CI}-\text{CO})_t(1+\text{FIRR})^{-t}=0 \tag{4.27}$$

式中：FIRR——财务内部收益率；

其他符号意义同前。

财务内部收益率是反映项目实际收益率的一个动态指标，该指标越大越好。一般情况下，财务内部收益率不小于基准收益率时，项目可行。财务内部收益率的计算过程是解一元 n 次方程的过程，只有常规现金流量才能保证方程式有唯一解。

① 当建设项目期初一次投资 K，项目各年净现金流量相等，均为 R 时，财务内部收益率的计算过程如下。

a. 计算年金现值系数 $(P/A,\text{FIRR},n)=\dfrac{K}{R}$。

b. 查年金现值系数表，找到与上述年金现值系数相邻的两个系数 $(P/A,i_1,n)$ 和 $(P/A,i_2,n)$，以及对应的 i_1、i_2，满足 $(P/A,i_1,n)>K/R>(P/A,i_2,n)$。

c. 用插值法计算 FIRR。

② 若建设项目现金流量为一般常规现金流量，则财务内部收益率的计算过程为以下步骤。

a. 首先根据经验确定一个初始折现率 i_0。

b. 根据投资方案的现金流量计算财务净现值 $\text{FNPV}(i_0)$。

c. 若 $\text{FNPV}(i_0)=0$，则 $\text{FIRR}=i_0$。若 $\text{FNPV}(i_0)>0$，则继续增大 i_0；若 $\text{FNPV}(i_0)<0$，则继续减少 i_0。

d. 重复步骤 c，直到找到这样两个折现率 i_1 和 i_2，满足 $\text{FNPV}(i_1)>0$，$\text{FNPV}(i_2)<0$，其中 i_2-i_1 一般不超过 2%～5%。

e. 利用线性插值公式近似计算财务内部收益率 FIRR。其计算公式为

$$\frac{FIRR - i_1}{i_2 - i_1} = \frac{FNPV_1}{FNPV_1 - FNPV_2} \qquad (4.28)$$

由于式(4.28)中 FIRR 的计算误差与 i_2 和 i_1 的差值 $\Delta i = |i_2 - i_1|$ 的大小有关，Δi 越大，由图 4.2 中可知 FIRR 的误差也越大；但是 Δi 过小，不但计算量加大，还将引起计算误差的积累，使得 FIRR 的误差反而增大，为控制误差，Δi 一般取 2%～5%。

判别准则：设基准收益率为 i_c，若 FIRR$\geqslant i_c$，则 FNPV$\geqslant 0$，方案财务效果可行；若 FIRR$< i_c$，则 FNPV< 0，方案财务效果不可行。

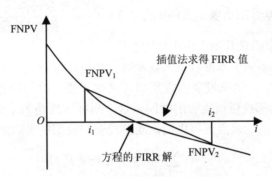

图 4.2　插值法求内部收益率示意图

【例 4.7】 某建设项目期初一次投资 170 万元，当年建成投产，项目寿命期 10 年，年净现金流量为 44 万元，期末无残值。计算该项目财务内部收益率。

解： ① 计算年金现值系数$(P/A, FIRR, 10) = \dfrac{170}{44} = 3.8636$

② 查年金现值系数表，在 n=10 的一行找到与 3.8636 最接近的两个数，结果为

$$(P/A, 20\%, 10) = 4.192, \quad (P/A, 25\%, 10) = 3.571$$

③ 利用式(4.28)计算财务内部收益率，即

$$\frac{FIRR - 20\%}{25\% - 20\%} = \frac{4.192}{4.192 - 3.571}$$

解得：FIRR=22.70%。

(3) 投资回收期。投资回收期按照是否考虑资金时间价值可以分为静态投资回收期和动态投资回收期。

① 静态投资回收期指以项目每年的净收益回收项目全部投资所需要的时间，是考察项目财务上投资回收能力的重要指标。这里所说的全部投资既包括建设投资，也包括流动资金投资。项目每年的净收益指税后利润加折旧。静态投资回收期的表达式为

$$\sum_{t=1}^{P_t} (CI - CO)_t = 0 \qquad (4.29)$$

式中：P_t——静态投资回收期；

其他符号含义同前。

静态投资回收期一般以"年"为单位，自项目建设开始年算起。当然也可以计算自项目建成投产算起的静态投资回收期，但对于这种情况，需要加以说明，以防止两种情况的混淆。

如果项目建成投产后，每年的净收益相等，则投资回收期可用下式计算，即

$$P_t = \frac{K}{NB} + T_K \tag{4.30}$$

式中：K——全部投资；

$\quad\quad$ NB——每年的净收益率；

$\quad\quad$ T_K——项目建设期。

如果项目建成投产后，各年的净收益率不相同，则静态投资回收期可根据累计净现金流量用插值法求得。其计算公式为

$$P_t = 累计净现金流量开始出现正值的年份\ T-1 + \frac{第T-1年累计净现金流量的绝对值}{第T年净现金流量} \tag{4.31}$$

式中：T——累计净现金流量开始出现正值的年份。

当静态投资回收期不大于基准投资回收期时，项目可行。

② 动态投资回收期。动态投资回收期指在考虑了资金时间价值的情况下，以项目每年的净收益回收项目全部投资所需要的时间。这个指标主要是为了克服静态投资回收期指标没有考虑资金时间价值的缺点而提出的。动态投资回收期的表达式为

$$\sum_{t=0}^{P_t'} (CI - CO)_t (1 + i_c)^{-t} = 0 \tag{4.32}$$

式中：P_t'——动态投资回收期；

其他符号含义同前。

采用式(4.32)计算 P_t' 一般比较烦琐，因此在实际应用中往往根据项目的现金流量表，用插值法按下面公式计算，即

$$P_t' = 累计净现金流量现值出现正值年份\ T-1 + \frac{上年累计现金流量现值绝对值}{当年净现金流量现值} \tag{4.33}$$

动态投资回收期是在考虑了项目合理收益的基础上收回投资的时间，只要在项目寿命期结束之前能够收回投资，就表示项目已经获得了合理的收益。因此，只要动态投资回收期不大于项目寿命期，项目就可行。

(4) 总投资收益率(ROI)。总投资收益率指项目达到设计能力后正常年份的年息税前利润或营运期内年平均息税前利润(EBIT)与项目总投资(TI)的比率。其表达式为

$$ROI = \frac{EBIT}{TI} \times 100\% \tag{4.34}$$

若总投资收益率高于同行业的收益率参考值，则表明用总投资收益率表示的盈利能力满足要求。

(5) 项目资本金净利润率(ROE)。项目资本金净利润率指项目达到设计能力后正常年份的年净利润或运营期内平均净利润(NP)与项目资本金(EC)的比率。其表达式为

$$ROE = \frac{NP}{EC} \times 100\% \tag{4.35}$$

若项目资本金净利润率高于同行业的净利润率参考值，则表明用项目资本金净利润率表示的盈利能力满足要求。

2) 清偿能力评价指标计算

投资项目的资金构成一般可分为债务资金和自有资金。自有资金可长期使用，而债务

资金必须按期偿还。项目的投资者自然要关心项目偿债能力；债务资金的所有者——债权人也非常关心借出资金能否按期收回本息。因此，偿债分析是财务分析中的一项重要内容。

(1) 借款偿还期分析。

为了表明项目的偿债能力，借款偿还期可按尽早还款的方法计算。

在计算中，贷款利息一般作以下假设。

① 长期借款：当年贷款按半年计息，当年还款按全年计息。假设在建设期借入资金，生产期逐期归还，则

$$建设期年利息=\left(年初借款累计+\frac{本年借款}{2}\right)\times年利率 \tag{4.36}$$

$$生产期年利息=年初借款累计\times年利率 \tag{4.37}$$

② 流动资金借款及其他短期借款按全年计息。

借款偿还期的计算公式与投资回收期公式相似，其公式为

$$借款偿还期=清偿债务年份数-1+\frac{清偿债务当年应付的本金}{当年可用于偿债的资金总额} \tag{4.38}$$

(2) 利息备付率(ICR)。

利息备付率指项目在借款偿还期内的息税前利润(EBIT)与计入总成本费用前的应付利息(PI)的比值，它从付息资金来源的充裕性角度反映项目偿付债务利息的保障程度。用于支付利息的息税前利润等于利润总额和当期应付利息之和，当期应付利息是指计入总成本费用的全部利息。利息备付率应按下式计算，即

$$ICR=\frac{EBIT}{PI} \tag{4.39}$$

利息备付率应分年计算。对于正常经营的企业，利息备付率应当大于 1，并结合债权人的要求确定。利息备付率高，表明利息偿付的保障程度高，偿债风险小。

(3) 偿债备付率(DSCR)。

偿债备付率指项目在借款偿还期内，各年可用于还本付息的资金(EBITDA-T_{AX})与当期应还本付息金额(PD)的比值，它表示可用于还本付息的资金偿还借款本息的保障程度，计算公式为

$$DSCR=\frac{EBITDA-T_{AX}}{PD} \tag{4.40}$$

式中：EBITDA——息税前利润加折旧和摊销；

　　　T_{AX}——企业所得税。

偿债备付率可以按年计算，也可以按整个借款期计算。偿债备付率表示可用于还本付息的资金偿还借款本息的保证倍率，正常情况下应当大于 1，并结合债权人的要求确定。

(4) 资产负债率。

资产负债率是反映项目各年所面临的财务风险程度及偿债能力的指标，计算公式为

$$资产负债率=\frac{负债合计}{资产合计}\times100\% \tag{4.41}$$

资产负债率反映项目总体偿债能力。这一比率越低，则偿债能力越强。但是资产负债率的高低还反映了项目利用负债资金的程度，因此该指标水平应适当。

(5) 流动比率。

流动比率是流动资产总额与流动负债总额之比，反映项目各年偿付流动负债能力的指标。该比率越高，单位流动负债将有更多的流动资产保证，短期偿还能力就越强。但是可能导致流动资产利用率低下，影响项目效益。因此，流动比率一般为 2∶1 较好。其计算公式为

$$\text{流动比率} = \frac{\text{流动资产总额}}{\text{流动负债总额}} \times 100\% \tag{4.42}$$

(6) 速动比率。

速动比率是速动资产总额与流动负债总额的比率，速动资产总额是流动资产总额减去存货后的差额。速动比率是反映项目各年快速偿付流动负债能力的指标，速动资产是流动资产中变现最快的部分，速动比率越高，则在很短的时间内偿还短期债务的能力越强。同样，速动比率过高也会影响资产利用效率，进而影响企业经济效益。因此，速动比率一般为 1 左右较好。速动比率计算公式为

$$\text{速动比率} = \frac{\text{流动资产总额} - \text{存货}}{\text{流动负债总额}} \times 100\% \tag{4.43}$$

在项目评价过程中，可行性研究人员应该综合考察以上的盈利能力和偿债能力分析指标，分析项目的财务运营能力能否满足预期的要求和规定的标准要求，从而评价项目的财务可行性。

3) 创汇、节汇能力指标及外汇平衡分析指标

涉及创汇、节汇的项目应进行外汇效果分析，计算财务外汇净现值、财务换汇成本及财务节汇成本等，进行外汇平衡分析。反映创汇、节汇能力的指标及外汇平衡分析的指标主要有以下几种。

(1) 财务外汇净现值。

财务外汇净现值(NPVF)指标可以通过外汇流量表直接求得，该指标衡量项目对国家创汇的净贡献(创汇)或净消耗(用汇)。NPVF 的计算公式为

$$\text{NPVF} = \sum_{t=0}^{n} [(\text{FI} - \text{FO})_t (1 + i)^{-t}] \tag{4.44}$$

式中：FI——外汇流入量；

　　　FO——外汇流出量；

　　　$(\text{FI} - \text{FO})_t$——第 t 年的净外汇流量；

　　　i——折现率，一般可取外汇贷款利率；

　　　n——计算期。

(2) 财务换汇成本及财务节汇成本。

财务换汇成本指换取 1 美元外汇所需要的人民币金额，以项目计算期内生产出口产品所投入的国内资源的现值与出口产品的外汇净现值之比表示，其计算公式为

$$\text{财务换汇成本} = \frac{\sum_{t=0}^{n} [\text{DR}_t (1 + i_c)^{-t}]}{\sum_{t=0}^{n} [(\text{FI} - \text{FO})_t (1 + i_c)^{-t}]} \tag{4.45}$$

式中：DR_t——第 t 年生产出口产品投入的国内资源(包括投资、原材料、工资及其他投入)；

$(FI-FO)_t$——项目第 t 年出口产品的外汇净收入;

i_c——行业基准收益率。

财务节汇成本指当项目产品内销属于替代进口时,也应计算财务节汇成本,即节约 1 美元外汇所需要的人民币金额。它等于项目计算期内生产替代进口产品所投入的国内资源值与生产替代进口产品的外汇净现值之比。

(3) 外汇平衡分析。

项目外汇平衡分析主要是考察涉及外汇收支的项目在计算期内各年的外汇余缺程度,需编制财务外汇平衡表。

4) 不确定性分析

(1) 盈亏平衡分析。

盈亏平衡分析的目的是寻找盈亏平衡点,据此判断项目风险大小及对风险的承受能力,为投资决策提供科学依据。盈亏平衡点就是盈利与亏损的分界点,在这一点"项目总收益=项目总成本"。项目总收益(V)及项目总成本(C)都是产量(Q)的函数,根据 V、C 与 Q 的关系不同,盈亏平衡分析分为线性盈亏平衡分析和非线性盈亏平衡分析。在线性盈亏平衡分析中,有

$$\begin{cases} V = P(1-k)Q \\ C = F + C_v q \end{cases} \tag{4.46}$$

式中: V——项目总收益;

$\quad\quad P$——产品销售单价;

$\quad\quad k$——销售税率;

$\quad\quad C$——项目总成本;

$\quad\quad F$——固定成本;

$\quad\quad C_V$——单位产品可变成本;

$\quad\quad Q$——产量或销售量。

令 $V=C$ 即可分别求出盈亏平衡产量、盈亏平衡价格、盈亏平衡单位产品可变成本、盈亏平衡生产能力利用率。它们的表达式分别如下。

盈亏平衡产量为

$$Q^* = \frac{F}{P(1-k)-C_v} \tag{4.47}$$

盈亏平衡价格为

$$P^* = \frac{F+C_v Q_C}{(1-k)Q_C} \tag{4.48}$$

盈亏平衡单位产品可变成本为

$$C_V^* = P(1-k) - \frac{F}{Q_C} \tag{4.49}$$

盈亏平衡生产能力利用率为

$$\alpha^* = \frac{Q^*}{Q_C} \times 100\% \tag{4.50}$$

式中: Q_C——设计生产能力。

盈亏平衡产量表示项目的保本产量，盈亏平衡产量越低，项目保本越容易，项目风险越低；盈亏平衡价格表示项目可接受的最低价格，该价格仅能回收成本，该价格水平越低，表示单位产品成本越低，项目的抗风险能力就越强；盈亏平衡单位产品可变成本表示单位产品可变成本的最高上限，实际单位产品可变成本低于该成本时，项目盈利。因此，C_V^* 越大，项目的抗风险能力越强。

(2) 敏感性分析。

敏感性分析是分析、预测项目主要影响因素发生变化时对项目经济评价指标，如财务净现值、内部收益率等的影响，从中找出敏感性因素，并确定其影响程度的一种方法。敏感性分析的核心是寻找敏感性因素，并将其按影响因素大小排序。敏感性分析根据同时分析敏感因素的多少分为单因素敏感性分析和多因素敏感性分析两类。

4.3.3　财务评价的方法

建设项目决策可分为投资决策和融资决策两个层次。投资决策重在考察项目净现金流的价值是否大于其投资成本，融资决策重在考察资金筹措方案能否满足要求。从严格意义上说，投资决策在先，融资决策在后。

财务评价可分为融资前评价和融资后评价，一般宜先进行融资前评价，融资前评价指在考虑融资方案前就开始进行的财务评价，即不考虑债务融资条件下进行的财务评价。在融资前评价满足要求的情况下，初步设定融资方案，再进行融资后评价。

1. 融资前财务评价

融资前财务评价只进行盈利能力评价，并以投资现金流量评价为主要手段。融资前项目投资现金流量评价，从项目投资总获利能力角度，考察项目方案设计的合理性，以动态评价(折现现金流量评价)为主，静态评价(非折现现金流量评价)为辅。根据需要，可从所得税前和(或)所得税后两个角度进行考察，选择计算所得税前和(或)所得税后指标。

计算所得税前指标的融资前评价(所得税前评价)是从息前税前角度进行的分析；计算所得税后指标的融资前评价(所得税后评价)是从息前税后角度进行的评价。

1) 正确识别选用现金流量

进行现金流量评价应正确识别和选用现金流量，包括现金流入和现金流出。在某一时点上流出项目的资金称为现金流出，记为 CO；流入项目的资金称为现金流入，记为 CI。现金流入与现金流出统称为现金流量，现金流入为正现金流量，现金流出为负现金流量。同一时点上的现金流入量与现金流出量的代数和(CI −CO)称为净现金流量，记为 NCE。

融资前财务评价的现金流量应与融资方案无关。从该原则出发，融资前项目投资现金流量评价的现金流量主要包括建设投资、营业收入、经营成本、流动资金、营业税金及附加和所得税。

为了体现与融资方案无关的要求，各项现金流量的估算中都需要剔除利息的影响。例如，采用不含利息的经营成本作为现金流出，而不是总成本费用；在流动资金、经营成本中的修理费和其他费用的估算过程中应注意避免利息的影响等。

所得税前和所得税后评价的现金流入完全相同，但现金流出略有不同，所得税前评价不将所得税作为现金流出，所得税后评价视所得税为现金流出。

2) 项目投资现金流量表的编制

建设项目的现金流量系统将计算期内各年的现金流入与现金流出按照各自发生的时点顺序排列，表达为具有确定时间概念的现金流量。现金流量表即是对建设项目现金流量系统的表格式反映，用以计算各项静态和动态评价指标，进行项目财务盈利能力分析。

融资前动态评价主要考察整个计算期内现金流入和现金流出，编制项目投资现金流量表如表 4.10 所示。表 4.10 中计算期的年序为 1,2,…,n，建设开始年作为计算期的第一年，年序为 1。当项目建设期以前所发生的费用占总费用的比例不大时，为简化计算，这部分费用可列入年序 1。若需单独列出，可在年序 1 前另加一栏"建设起点"，年序填 0，将建设期以前发生的现金流出填入该栏。

表 4.10　项目投资财务现金流量表

人民币单位：万元

序　号	项　　目	合　计	计算期					
			1	2	3	4	…	n
1	现金流入							
1.1	营业收入							
1.2	补贴收入							
1.3	回收固定资产余值							
1.4	回收流动资金							
2	现金流出							
2.1	建设投资							
2.2	流动资金							
2.3	经营成本							
2.4	营业税金及附加							
2.5	维持运营投资							
3	所得税前净现金流量(1-2)							
4	累计所得税前净现金流量							
5	调整所得税							
6	所得税后净现金流量(3-5)							
7	累计所得税后净现金流量							

计算指标：

项目投资财务内部收益率(所得税前)：_____%

项目投资财务内部收益率(所得税后)：_____%

项目投资财务净现值(所得税前)(i_c=%)：_____万元

项目投资财务净现值(所得税后)(i_c=%)：_____万元

项目投资回收期(所得税前)：_____年

项目投资回收期(所得税后)：_____年

(1) 现金流入(CI)的计算。

现金流入包括营业收入、回收固定资产余值和回收流动资金 3 项，还可能包括补贴收入。

① 营业收入。营业收入是项目建成投产后销售产品或提供服务取得的收入，为数量

和相应价格的乘积，即

$$营业收入=产品或服务数量×单位价格 \qquad (4.51)$$

对于生产多种产品和提供多项服务的项目，应分别估算各种产品及服务的营业收入。对那些不便于按详细的品种分类计算营业收入的项目，也可采取折算为标准产品的方法计算营业收入。

营业收入可在营业收入估算表中计算，营业收入估算表格一般随行业和项目而异，项目营业收入估算表中可同时列出各种应交营业税金及附加和增值税，如表 4.11 所示。

表 4.11　营业收入、营业税金及附加和增值税估算表

人民币单位：万元

序　号	项　　目	合　计	计　算　期					
			1	2	3	4	...	n
1	营业收入							
1.1	产品 A 营业收入							
	单价							
	数量							
	销项税额							
1.2	产品 B 营业收入							
	单价							
	数量							
	销项税额							
	……							
2	营业税金及附加							
2.1	营业税							
2.2	消费税							
2.3	城市维护建设税							
2.4	教育费附加							
3	增值税							
	销项税额							
	进项税额							

② 回收固定资产余值。固定资产余值在计算期最后一年回收，固定资产余值等于固定资产原值减去累计提取折旧，可在折旧费估算表中用固定资产期末净值合计求得。

③ 回收流动资金。流动资金为项目正常生产年份流动资金的占用额，流动资金在计算期最后一年全额回收。

(2) 现金流出(CO)的计算。

现金流出主要包括建设投资、流动资金、经营成本、营业税金及附加。

① 建设投资和流动资金的数额取自建设项目总投资使用计划与资金筹措表，如表 4.7 所示。

② 流动资金投资为各年流动资金增加额，如表 4.6 所示。

③ 经营成本取自总成本费用估算表，如表 4.12 所示。

表 4.12　总成本费用估算表(生产要素法)　　　　人民币单位：万元

序　号	项　　目	合　计	计　算　期					
			1	2	3	4	…	n
1	外购原材料							
2	外购燃料及动力费							
3	工资及福利费							
4	修理费							
5	其他费用							
6	经营成本(1+2+3+4+5)							
7	折旧费							
8	摊销费							
9	利息支出							
10	总成本费用合计(6+7+8+9)							
	其中：固定成本							
	可变成本							

经营成本是财务评价的现金流量分析中所使用的特定概念，作为项目现金流量表中运营期现金流出的主体部分，应给予充分的重视。经营成本与融资方案无关，因此在完成建设投资和营业收入估算以后，就可以估算经营成本，为项目融资前分析提供数据。

经营成本的构成可用下式表示，即

经营成本=外购原材料费+外购燃料及动力费+工资及福利费+修理费+其他费用　(4.52)

经营成本与总成本费用的关系为

经营成本=总成本费用-折旧费-摊销费-利息支出　　　　　　　　　　(4.53)

④ 营业税金及附加包括营业税、消费税、资源税、城市维护建设税和教育费附加，它们取自营业收入、营业税金及附加和增值税估算表，如表 4.11 所示。

需要注意的是，项目投资现金流量表中的"所得税"应根据息税前利润(EBIT)乘以所得税税率计算，称为"调整所得税"。原则上，息税前利润的计算应完全不受融资方案变动的影响，即不受利息多少的影响，包括建设期利息对折旧的影响(因为折旧的变化会对利润总额产生影响，进而影响息税前利润)，但如此将会出现两个折旧和两个息税前利润(用于计算融资前所得税的息税前利润和利润表中的息税前利润)。为简化起见，当建设期利息占总投资比例不是很大时，也可按利润表中的息税前利润计算调整所得税。

(3) 项目计算期各年的净现金流量为各年现金流入量减对应年份的现金流出量，各年累计净现金流量为本年及以前各年净现金流量之和。

(4) 按所得税前的净现金流量计算的相关指标，即所得税前指标，是投资盈利能力的完整体现，用于考察项目方案设计本身所决定的财务盈利能力，它不受融资方案和所得税政策变化的影响，仅仅体现项目方案本身的合理性。所得税前指标可以作为初步投资决策的主要指标，用于考察项目是否可行，是否值得去为之融资。所谓"初步"是相对而言，是指根据该指标投资者可以做出项目实施后能实现投资目标的判断，此后再通过融资方案的比选分析，有了较为满意的融资方案后，投资者才能决定最终出资。所得税前指标应该受到项目有关各方(项目发起人、项目业主、项目投资人、银行和政府管理部门)广泛的关注。所得税前指标还特别适用于建设方案设计中的方案比选。

2. 融资后财务评价

在融资前评价结果可以接受的前提下，可以开始考虑融资方案，进行融资后评价。融资后评价包括项目的盈利能力评价、偿债能力评价以及财务生存能力评价，进而判断项目方案在融资条件下的合理性。融资后评价用于比选融资方案，帮助投资者进行融资决策和最终决定出资的依据。可行性研究阶段必须进行融资后评价，但只是阶段性的。实践中，在可行性研究报告完成之后，还需要进一步深化融资后评价，才能完成最终融资决策。

1) 融资后盈利能力评价

融资后的盈利能力评价，包括动态评价(折现现金流量分析)和静态评价(非折现盈利能力分析)。

(1) 动态评价。

动态评价是通过编制财务现金流量表，根据资金时间价值原理，计算财务内部收益率、财务净现值等指标，分析项目的获利能力。融资后的动态评价可分为下列两个层次。

① 项目资本金现金流量分析：是从项目资本金出资者整体的角度，考察项目给资本金出资者带来的收益水平。它是在拟订的融资方案下进行的息税后分析，依据的报表是项目资本金现金流量表，如表 4.13 所示。

表 4.13　项目资本金现金流量表

人民币单位：万元

序　号	项　目	合　计	计　算　期					
			1	2	3	4	···	n
1	现金流入							
1.1	营业收入							
1.2	回收固定资产余值							
1.3	回收流动资金							
1.4	补贴收入							
2	现金流出							
2.1	项目资本金							
2.2	借款本金偿还							
2.3	借款利息支付							
2.4	经营成本							
2.5	营业税金及附加							
2.6	所得税							
2.7	维持运营投资							
3	净现金流量(1-2)							

计算指标：

资本金财务内部收益率/%

a. 现金流入各项的数据来源与项目投资现金流量表相同，如表4.9所示。

b. 现金流出项目包括项目资本金、借款本金偿还、借款利息支付、经营成本及营业税金及附加。

i. 项目资本金取自项目总投资计划与资金筹措表中资金筹措项下的自有资金分项。

ii. 借款本金偿还由两部分组成：一部分为借款还本付息计划表中本年还本额；另一部分为流动资金借款本金偿还，一般发生在计算期最后一年。借款利息支付数额来自总成本费用估算表中的利息支出项。

现金流出中其他各项与全部投资现金流量表中相同。

c. 项目计算期各年的净现金流量为各年现金流入量减对应年份的现金流出量。

项目资本金现金流量表将各年投入项目的项目资本金作为现金流出，各年交付的所得税和还本付息也作为现金流出。因此，其净现金流量就包容了企业在缴税和还本付息之后所剩余的收益(含投资者应分得的利润)，即企业的净收益，又是投资者的权益性收益。那么根据这种净现金流量计算得到的资本金内部收益率指标应该能反映从投资者整体角度考察盈利能力的要求，也就是从企业角度对盈利能力进行判断的要求。因为企业只是一个经营实体，而所有权是属于全部投资者的。

② 投资各方现金流量分析：对于某些项目，为了考察投资各方的具体收益，还应从投资各方实际收入和支出的角度确定其现金流入和现金流出，分别编制投资各方现金流量表，如表4.14所示，计算投资各方的内部收益率指标。

表4.14　投资各方财务现金流量表

人民币单位：万元

序　号	项　目	合　计	计　算　期					
			1	2	3	4	...	n
1	现金流入							
1.1	实分利润							
1.2	资产处置收益分配							
1.3	租赁费收入							
1.4	技术转让或使用收入							
1.5	其他现金流入							
2	现金流出							
2.1	实缴资本							
2.2	租赁资产支出							
2.3	其他现金流出							
3	净现金流量(1-2)							

计算指标：

投资各方财务内部收益率/%

投资各方现金流量表中，现金流入是指出资方因该项目的实施将实际获得的各种收入；现金流出是指出资方因该项目的实施将实际投入的各种支出。表4.14中各项应注意的问题包括以下几方面。

a. 实分利润指投资者由项目获取的利润。

b. 资产处置收益分配指对有明确的合营期限或合资期限的项目，在期满时对资产余值按股比或约定比例的分配。

c. 租赁费收入指出资方将自己的资产租赁给项目使用所获得的收入，此时应将资产价值作为现金流出，列为租赁资产支出科目。

d. 技术转让或使用收入指出资方将专利或专有技术转让或允许该项目使用所获得的收入。

(2) 静态评价。

除了进行现金流量分析外，还可以根据项目具体情况进行静态分析，即非折现盈利能力分析，选择计算一些静态指标。静态分析编制的报表是利润和利润分配表。利润与利润分配表中损益栏目反映项目计算期内各年的营业收入、总成本费用支出、利润总额情况；利润分配栏目反映所得税及税后利润的分配情况，见表 4.15。

表 4.15 利润和利润分配表

人民币单位：万元

序号	项目	合计	计算期					
			1	2	3	4	⋯	n
1	营业收入							
2	营业税金及附加							
3	总成本费用							
4	补贴收入							
5	利润总额(1-2-3+4)							
6	弥补以前年度亏损							
7	应纳税所得额(5-6)							
8	所得税							
9	净利润(5-8)							
10	期初未分配利润							
11	可供分配的利润(9+10)							
12	提取法定盈余公积金							
13	可供投资者分配的利润(11-12)							
14	应付优先股股利							
15	提取任意盈余公积金							
16	应付普通股股利(13-14-15)							
17	各投资方利润分配 其中：××方 　　　××方							
18	未分配利润(13-14-15-17)							
19	息税前利润(利润总额+利息支出)							
20	息税折旧摊销前利润 (息税前利润+折旧+摊销)							

注意:

a. 利润总额=营业收入-营业税金及附加-总成本费用+补贴收入

b. 所得税=应纳税所得额×所得税税率

   企业发生的年度亏损,可以用下一年度的税前利润等弥补,下一年度利润不足弥补的,可以在 5 年内延续弥补,5 年内不足弥补的,用税后利润等弥补。

c. 表 5.15 中盈余公积金项含公益金。法定盈余公积金按照净利润的 10%提取,盈余公积金已达注册资金 50%时可以不再提取。公益金主要用于企业的职工集体福利设施支出。

d. 当期实现的净利润,加上期初未分配利润(或减去期初未弥补亏损)为可供分配的利润。可供分配的利润减去提取的法定盈余公积金等后,为可供投资者分配的利润。

e. 可供投资者分配的利润,根据投资方或股东的意见在任意盈余公积金、应付利润和未分配利润之间进行分配。

可供投资者分配的利润,按下列顺序分配。

① 应付优先股股利,是指按照利润分配方案分配给优先股股东的现金股利。

② 提取任意盈余公积金,是指按规定提取的任意盈余公积金。

③ 应付普通股股利,是指企业按照利润分配方案分配给普通股股东的现金股利。

④ 经过上述分配后的剩余部分为未分配利润。

未分配利润主要指用于偿还固定资产投资借款及弥补以前年度亏损的可供分配利润。

2) 融资后偿债能力评价

(1) 偿债计划的编制。

对筹措了债务资金的项目,偿债能力考察项目能否按期偿还借款的能力。根据借款还本付息计划表、利润和利润分配表与总成本费用表的有关数据,通过计算利息备付率、偿债备付率指标,判断项目的偿债能力。如果能够得知或根据经验设定所要求的借款偿还期,可以直接计算利息备付率、偿债备付率指标;如果难以设定借款偿还期,也可以先大致估算出借款偿还期,再采用适宜的方法计算出每年需要还本和付息的金额,代入公式计算利息备付率、偿债备付率指标。需要估算借款偿还期时,可按下式估算,即

$$借款偿还期 = \frac{借款偿还后开始}{出现盈余的年份} - 开始借款年份 + \frac{当年借款}{当年可用于还款的资金额} \tag{4.54}$$

需要注意的是,该借款偿还期只是为估算利息备付率和偿债备付率指标所用,不应与利息备付率和偿债备付率指标并列。

(2) 资产负债表的编制。

企业资产负债表是国际上通用的财务报表,通常按企业范围编制,表中数据可由其他报表直接引入或经适当计算后列入,以反映企业某一特定日期的财务状况。编制过程中资产负债表的科目可以适当简化,反映的是各年年末的财务状况,如表 4.16 所示。

表 4.16 资产负债表

人民币单位:万元

序　号	项　目	合计	计　算　期					
			1	2	3	4	⋯	n
1.	资产							
1.1	流动资产总额							

序 号	项 目	合计	计 算 期					
			1	2	3	4	…	n
1.1.1	货币资金							
1.1.2	应收账款							
1.1.3	预付账款							
1.1.4	存货							
1.1.5	其他							
1.2	在建工程							
1.3	固定资产净值							
1.4	无形资产及其他资产净值							
2	负债及所有者权益(2.4+2.5)							
2.1	流动负债总额							
2.1.1	短期借款							
2.1.2	应付账款							
2.1.3	预收账款							
2.1.4	其他							
2.2	建设投资借款							
2.3	流动资金借款							
2.4	负债小计(2.1+2.2+2.3)							
2.5	所有者权益							
2.5.1	资本金							
2.5.2	资本公积金							
2.5.3	累计盈余公积金							
2.5.4	累计未分配利润							

计算指标:

    资产负债率/%

资产由流动资产、在建工程、固定资产净值、无形资产及其他资产净值 4 项组成。

流动资产为货币资金、应收账款、预付账款、存货、其他之和。应收账款、预付账款和存货三项数据来自流动资金估算表;货币资金数据则取自财务计划现金流量表的累计资金盈余与流动资金估算表中现金项之和。

在建工程指建设投资和建设期利息的年累计额。

固定资产净值和无形资产及其他资产净值分别从固定资产折旧费估算表和无形资产及其他资产摊销估算表取得。

负债包括流动负债、建设投资借款和流动资金借款。流动负债中的应付账款、预收账款数据可由流动资金估算表直接取得。后两项需要根据财务计划现金流量表中的对应项及相应的本金偿还项进行计算。

所有者权益包括资本金、资本公积金、累计盈余公积金及累计未分配利润。其中,累计未分配利润可直接来自利润表;累计盈余公积金也可由利润表中盈余公积金项计算各年份的累计值,但应根据是否用盈余公积金弥补亏损或转增资本金的情况进行相应调整;资本金为项目投资中累计自有资金(扣除资本溢价)，当存在由资本公积金或盈余公积金转增资本金的情况时应进行相应调整。资本公积金为累计资本溢价及赠款，转增资本金时进行相应调整。

资产负债表满足以下等式：

$$资产＝负债＋所有者权益$$

3) 财务生存能力评价

财务生存能力旨在分析考察项目(企业)在整个计算期内的资金充裕程度及财务的可持续性，判断项目在财务上的生存能力。财务生存能力评价应根据财务计划现金流量表进行。

财务计划现金流量表是国际上通用的财务报表，用于反映计算期内各年的投资活动、融资活动和经营活动所产生的现金流入、现金流出和净现金流量，分析项目是否有足够的净现金流量维持正常运营，是表示财务状况的重要财务报表。为此，财务生存能力分析也可称为资金平衡分析。财务计划现金流量表见表 4.17，其中绝大部分数据来自其他表格。

表 4.17　财务计划现金流量表

人民币单位：万元

序　号	项　目	合计	计　算　期					
			1	2	3	4	…	n
1	经营活动净现金流量(1.1-1.2)							
1.1	现金流入							
1.1.1	营业收入							
1.1.2	增值税销项税额							
1.1.3	补贴收入							
1.1.4	其他流入							
1.2	现金流出							
1.2.1	经营成本							
1.2.2	增值税进项税额							
1.2.3	营业税金及附加							
1.2.4	增值税							
1.2.5	所得税							
1.2.6	其他流出							
2	投资活动净现金流量(2.1-2.2)							
2.1	现金流入							
2.2	现金流出							
2.2.1	建设投资							
2.2.2	维持运营投资							
2.2.3	流动资金							
2.2.4	其他流出							
3	筹资活动净现金流量(3.1-3.2)							
3.1	现金流入							

续表

序　号	项　目	合计	计　算　期					
			1	2	3	4	…	n
3.1.1	项目资本金投入							
3.1.2	建设投资借款							
3.1.3	流动资金借款							
3.1.4	债券							
3.1.5	短期借款							
3.1.6	其他流入							
3.2	现金流出							
3.2.1	各种利息支出							
3.2.2	偿还债务本金							
3.2.3	应付利润(股利分配)							
3.2.4	其他流出							
4	净现金流量(1+2+3)							
5	累积盈余资金							

财务生存能力分析应结合偿债能力分析进行，项目的财务生存能力分析可通过以下相辅相成的两个方面进行。

(1) 分析是否有足够的净现金流量维持正常运营。

在项目(企业)运营期间，只有能够从各项经济活动中得到足够的净现金流量，项目才能持续生存。财务生存能力分析中应根据财务计划现金流量表，考察项目计算期内各年的投资活动、融资活动和经营活动所产生的各项现金流入和流出，计算净现金流量和累积盈余资金，分析项目是否有足够的净现金流量维持正常运营。

拥有足够的经营净现金流量是财务上可持续的基本条件，特别是在运营初期。一个项目具有较大的经营净现金流量，说明项目方案比较合理，实现自身资金平衡的可能性大，不会过分依赖短期融资来维持运营；反之，一个项目不能产生足够的经营净现金流量，说明项目方案缺乏合理性，实现自身资金平衡的可能性小，有可能要靠短期融资来维持运营，有些项目可能需要政府补助来维持运营。

通常运营期前期的还本付息负担较重，故应特别注重运营期前期的财务生存能力分析。如果安排的还款期过短，致使还本付息负担过重，导致为维持资金平衡必须筹措的短期借款过多，则可以设法调整还款期，甚至寻求更有利的融资方案，减轻各年还款负担。所以，财务生存能力分析应结合偿债能力分析进行。

(2) 各年累计盈余资金不出现负值是财务可持续的必要条件。

各年累计盈余资金不出现负值是财务可持续的必要条件。在整个运营期间，允许个别年份的净现金流量出现负值，但不能允许任一年份的累积盈余资金出现负值。一旦出现负值时应适时进行短期融资，该短期融资应体现在财务计划现金流量表中，同时短期融资的利息也应纳入成本费用和其后的计算。较大的或较频繁的短期融资，有可能导致以后的累积盈余资金无法实现正值，致使项目难以持续运营。

4.4　案例分析

【案例】

背景：

某公司拟建一年生产能力 40 万吨的生产性项目以生产 A 产品。与其同类型的某已建项目年生产能力 20 万吨，设备投资额为 400 万元，经测算设备投资的综合调价系数为 1.2。该已建项目中建筑工程、安装工程及工程建设其他费用占设备投资的百分比分别为 60%、30%、6%，相应的综合调价系数为 1.2、1.1、1.05，生产能力指数为 0.5。

拟建项目计划建设期 2 年，运营期 10 年，运营期第 1 年的生产能力达到设计生产能力的 80%，第 2 年达 100%。

建设期第 1 年建设投资 600 万元，第 2 年投资 800 万元，投资全部形成固定资产，固定资产使用寿命 12 年，残值为 100 万元，按直线折旧法计提折旧。流动资金分别在建设期第 2 年与运营期第 1 年投入 100 万元、250 万元。项目建设资金中的 1000 万元为公司自有资金，其余为银行贷款。

运营期第 1 年的营业收入为 600 万元，经营成本为 250 万元，总成本为 330 万元。第 2 年以后各年的营业收入均为 800 万元，经营成本均为 300 万元，总成本均为 410 万元。产品营业税税金及附加税率为 6%，企业所得税税率为 33%，行业基准收益率为 10%，基准投资回收期为 8 年。

问题：

1. 估算拟建项目的设备投资额。
2. 估算固定资产投资中的静态投资。
3. 编制该项目投资现金流量表。
4. 计算所得税前和所得税后项目的静态投资回收期与动态投资回收期。
5. 计算所得税前和所得税后项目的财务净现值。
6. 计算所得税前和所得税后项目的财务内部收益率。
7. 从财务评价角度分析拟建项目的可行性及盈利能力。

参考答案：

问题 1：

生产能力指数法是根据已建成的、性质类似的建设项目或生产装置的投资额和生产能力及拟建项目或生产装置的生产能力估算的投资额。该方法既可用于估算整个项目的静态投资，也可用于估算静态投资中的设备投资。本题用于估算设备投资。其基本算式为

$$C_2 = C_1 \left(\frac{Q_2}{Q_1} \right)^n \cdot f$$

式中：C_1——已建类似项目或生产装置的投资额；

　　　C_2——拟建项目或生产装置的投资额；

　　　Q_1——已建类似项目或生产装置的生产能力；

Q_2——拟建项目或生产装置的生产能力；

n——生产能力指数；

f——考虑已建项目与拟建项目因建设时期、建设地点不同引起的费用变化而设的综合调整系数。

根据背景资料知

$$C_1=400\ 万元；\quad Q_1=20\ 万吨；\quad Q_2=40\ 万吨；\quad n=0.5；\quad f=1.2$$

则拟建项目的设备投资估算值为

$$C_2=400\times\left(\frac{40}{20}\right)^{0.5}\times1.2=678.8225(万元)$$

问题2：

固定资产静态投资的估算方法有很多种，从本案例所给的背景条件分析，这里只能采用设备系数法进行估算。设备系数法的计算公式为

$$C=E(1+f_1P_1+f_2P_2+f_3P_3+\cdots)+I$$

式中：C——拟建项目的静态投资；

E——拟建项目根据当时当地价格计算的设备投资额；

$P_1,P_2,P_3,\cdots$——已建项目中建筑、安装及工程建设其他费用等占设备费的百分比；

$f_1,f_2,f_3,\cdots$——因时间因素引起的定额、价格、费用标准等变化的综合调整系数；

I——拟建项目的其他费用。

根据背景资料知

$$E=400\times\left(\frac{40}{20}\right)^{0.5}\times1.2=678.8225(万元)$$

$f_1=1.2；\ f_2=1.1；\ f_3=1.05；\ P_1=60\%；\ P_2=30\%；\ P_3=6\%；\ I=0$

所以，拟建项目静态投资的估算值为

$$678.8225\times(1.2\times60\%+1.1\times30\%+1.05\times6\%)=1434.3519\ (万元)$$

问题3：

填写项目投资财务现金流量表时，要注意以下几点。

(1) 营业收入发生在运营期的各年。

(2) 回收固定资产余值发生在运营期的最后一年。填写该值时需要注意，固定资产余值并不是残值，它是固定资产原值减去已提折旧的剩余值，即

$$固定资产余值=固定资产原值-已提折旧$$

本案例的折旧采用直线折旧法，因此

$$年折旧额=\frac{固定资产原值-残值}{折旧年限}=\frac{600+800-100}{12}=108.3333(万元)$$

则固定资产余值为

$$(600+800)-108.3333\times10=316.6667\approx317(万元)$$

(3) 回收流动资金发生在运营期的最后一年，流动资金应全额回收。

(4) 现金流入=营业收入+回收固定资产余值+回收流动资金。

(5) 固定资产投资发生在建设期的各年。

(6) 流动资金发生在投入年。

(7) 经营成本发生在运营期的各年。

(8) 营业税金及附加发生在运营期的各年，等于营业收入×6%。

(9) 现金流出=建设投资+流动资金+经营成本+营业税金及附加。

(10) 所得税前净现金流量=现金流入-现金流出。

(11) 折现系数=$(1+i_c)^{-t}$，t 为项目计算期年数。

(12) 调整所得税发生在运营期的盈利年。

$$调整所得税=息税前利润(EBIT)×所得税率$$

计算调整所得税的关键是要搞清楚纳税基数是息税前利润(EBIT)。

息税前利润(EBIT)=营业收入-营业税金及附加-总成本费用+利息支出

　　　　　　　　=营业收入-营业税金及附加-经营成本-折旧费-摊销费-维简费

　　总成本费用=经营成本+折旧费+摊销费+维简费+利息支出

$$年摊销费=\frac{无形资产}{摊销年限}$$

　　利息支出=长期借款利息支出+流动资金借款利息支出

调整所得税必须按年计算，且在企业具有息税前利润的前提下才交纳。

本案例根据所给的条件，调整所得税按下式计算，即

$$调整所得税=(营业收入-经营成本-折旧费-营业税金及附加)×所得税税率$$

所以，运营期第一年的调整所得税为

$$(600-250-108.33-600×6\%)×33\%=67.87≈68(万元)$$

运营期第2年至第10年每年的调整所得税为

$$(800-300-108.33-800×6\%)×33\%=113.41≈113(万元)$$

建设期两年因无收入，所以不交调整所得税。

(13) 所得税后净现金流量=所得税前净现金流量-调整所得税。

问题4：

在计算投资回收期时，主要是用项目投资现金流量表中的净现金流量，只不过计算静态投资回收期时不考虑资金的时间价值，而计算动态投资回收期时需要考虑资金的时间价值。

(1) 所得税前静态投资回收期。

计算所得税前静态投资回收期时，需要用"项目投资现金流量表"中的"所得税前净现金流量"及"累计所得税前净现金流量"。

从表 4.18 中找出"累计所得税前净现金流量"由负值变为正值的年份，如表 4.18 中的第 6 年为-80 万元，第 7 年则为 372 万元。显然，所得税前静态投资回收期在第 6 年与第 7 年之间，这时可用插入法求得具体的数值。所得税前静态投资回收期的计算公式为

所得税前静态投资回收期=(累计所得税前净现金流量开始出现正值年份-1)

　　　　　　　　　　　+(上年累计所得税前净现金流量的绝对值

　　　　　　　　　　　/当年所得税前净现金流量)

本案例的所得税前静态投资回收期为：(7-1)+(80/452)≈6.18(年)。

表4.18 项目投资财务现金流量表

人民币单位：万元

序号	项目	建设期		运营期									
		1	2	3	4	5	6	7	8	9	10	11	12
	生产负荷/%			80	100	100	100	100	100	100	100	100	100
1	现金流入			600	800	800	800	800	800	800	800	800	1467
1.1	营业收入			600	800	800	800	800	800	800	800	800	800
1.2	回收固定资产余值												317
1.3	回收流动资金												350
2	现金流出	600	900	536	348	348	348	348	348	348	348	348	348
2.1	建设投资	600	800										
2.2	流动资金		100	250									
2.3	经营成本			250	300	300	300	300	300	300	300	300	300
2.4	营业税金及附加			36	48	48	48	48	48	48	48	48	48
3	所得税前净现金流量	-600	-900	64	452	452	452	452	452	452	452	452	1119
4	累计所得税前净现金流量	-600	-1500	-1436	-984	-532	-80	372	824	1276	1728	2180	3299
5	折现系数(i_c=10%)	0.909	0.826	0.751	0.683	0.621	0.564	0.513	0.467	0.424	0.385	0.350	0.319
6	所得税前折现净现金流量	-545	-743	48	309	281	255	232	211	192	174	158	357
7	累计所得税前折现净现金流量	-545	-1288	-1240	-931	-650	-395	-163	48	240	414	572	929
8	调整所得税			68	113	113	113	113	113	113	113	113	113
9	所得税后净现金流量	-600	-900	-4	339	339	339	339	339	339	339	339	1006
10	累计所得税后净现金流量	-600	-1500	-1504	-1165	-826	-487	-148	191	530	869	1208	2214
11	所得税后折现净现金流量	-545	-743	-3	232	211	191	174	158	144	131	119	321
12	累计所得税后折现净现金流量	-545	-1288	-1291	-1059	-848	-657	-483	-325	-181	-50	69	390

(2) 所得税后静态投资回收期。

计算所得税后静态投资回收期时，需要用"项目投资现金流量表"中的"所得税后净现金流量"及"累计所得税后净现金流量"。

从表4.18中找出"累计所得税后净现金流量"由负值变为正值的年份，如表4.18中的第7年为-148(万元)，第8年则为191(万元)。显然，所得税后静态投资回收期在第7年与第8年之间，这时可用插入法求得具体的数值。所得税后静态投资回收期的计算公式为

所得税后静态投资回收期=(累计所得税后净现金流量开始出现正值年份-1)

+(上年累计所得税后净现金流量的绝对值

/当年累计所得税后净现金流量)

本案例的所得税后静态投资回收期为：(8-1)+(148/339)=7.44(年)。

(3) 所得税前动态投资回收期。

计算所得税前动态投资回收期时，需要用"项目投资现金流量表"中的"所得税前折现净现金流量"及"累计所得税前折现净现金流量"。

从表 4.18 中找出"累计所得税前折现净现金流量"由负值变为正值的年份，如表 4.18 中的第 7 年为-163 万元，第 8 年则为 48 万元。显然所得税前动态投资回期在第 7 年与第 8 年之间，模仿所得税前静态投资回收期的求法，用插入法求出具体的数值为(8-1)+(163/211)=7.77(年)。

(4) 所得税后动态投资回收期。

计算所得税后动态投资回收期时，需要用"项目投资现金流量表"中的"所得税后折现净现金流量"及"累计所得税后折现净现金流量"。

从表 4.18 中找出"累计所得税后折现净现金流量"由负值变为正值的年份，如表 4.18 中的第 10 年为-50 万元，第 11 年则为 69 万元。显然所得税后动态投资回期在第 10 年与第 11 年之间，模仿所得税前动态投资回收期的求法，用插入法求出具体的数值为(11-1)+(50/119)=10.42(年)。

问题 5：

财务净现值(FNPV)实际是将发生在"项目投资财务现金流量表"中各年的净现金流量按基准收益率折现到第零年的代数和，也就是表 4.18 中累计折现净现金流量对应于第 12 年的值，即

所得税前财务净现值(FNPV)=929 万元

所得税后财务净现值(FNPV)=390 万元

问题 6：

财务内部收益率(FIRR)是指按"现金流量表"中各年的净现金流量，求净现值为零时对应的折现率。财务内部收益率的求解通过三步实现。

(1) 所得税前项目的财务内部收益率。

① 列算式。

列算式实际上是求所得税前财务净现值(FNPV)的表达式，是根据"项目投资现金流量表"中所得税前净现金流量"行"的数值，设财务内部收益率(FIRR)=x 来列。本案例的算式为

$$FNPV = -\frac{600}{(1+x)^1} - \frac{900}{(1+x)^2} + \frac{64}{(1+x)^3} + 452 \times \frac{(1+x)^8 - 1}{x \times (1+x)^{11}} + \frac{1119}{(1+x)^{12}} = 0$$

② 试算。

试算时任设一个 x 值，代入上式中，观察求出的 FNPV 是大于零还是小于零。若大于零，表明所设的 x 值小了，可以再设一个大些的 x 值；若小于零则表明 x 值设大了。

现设 x=11%，代入上式中，得 $FNPV_{11\%} \approx 796.422$。

再设 x=20%，代入上式中，得 $FNPV_{20\%} \approx 41.242$。

再设 x=21%，代入上式中，得 FNPV$_{21\%}$ ≈ −10.327。

显然，要求的财务内部收益率(FIRR)为 20%～21%。

③ 插入。

通过 FNPV$_{20\%}$ ≈41.242 与 FNPV$_{21\%}$ ≈−10.327，在 20%与 21%之间用插入法求解财务内部收益率(FIRR)。

$$\text{FIRR} = 20\% + \frac{41.242}{41.242 + 10.327} \times (21\% - 20\%) = 20.80\%$$

(2) 所得税后项目的财务内部收益率。

① 列算式。

列算式实际上是求所得税后财务净现值(FNPV)的表达式，是根据"现金流量表"中所得税后净现金流量"行"的数值，设财务内部收益率(FIRR)=y 来列。本案例的算式为

$$\text{FNPV} = -\frac{600}{(1+y)^1} - \frac{900}{(1+y)^2} - \frac{4}{(1+y)^3} + 339 \times \frac{(1+y)^8 - 1}{y \times (1+y)^{11}} + \frac{1006}{(1+y)^{12}} = 0$$

② 试算。

试算时任设一个 y 值，代入上式中，观察求出的 FNPV 是大于零还是小于零。若大于零，表明所设的 y 值小了，可以再设一个大些的 y 值；若小于零则表明 y 值设大了。

现设 y=18%，代入上式中，得 FNPV$_{18\%}$ ≈−177.926。

再设 y=15%，代入上式中，得 FNPV$_{15\%}$ ≈−16.654。

再设 y=14%，代入上式中，得 FNPV$_{14\%}$ ≈48.711。

显然，要求的财务内部收益率(FIRR)为 14%～15%。

③ 插入。

通过 FNPV$_{14\%}$ ≈48.711 与 FNPV$_{15\%}$ ≈−16.654，在 14%～15%用插入法求解财务内部收益率(FIRR)，即

$$\text{FIRR} = 14\% + \frac{48.711}{48.711 + 16.654} \times (15\% - 14\%) = 14.75\%$$

问题 7:

所得税前项目投资财务净现值 FNPV=929 万元>0，所得税后项目投资财务净现值 FNPV=390 万元>0，所得税前项目投资动态投资回收期 P_t'=7.77 年，所得税后项目投资动态投资回收期 P_t'=10.42 年，均小于项目计算期 12 年，因此从动态角度分析，项目的盈利能力达到要求。所得税前项目投资静态投资回收期 P_t=6.18 年，小于行业基准投资回收期 8 年，所得税后项目投资静态投资回收期 P_t=7.44 年，小于行业基准投资回收期 8 年，说明项目投资回收时间达到要求。

习 题

一、单项选择题

1. 建设项目可行性研究报告的主要内容包括( )。

    A. 市场研究、技术研究和风险预测研究

B. 经济研究、技术研究和综合研究

  C. 市场研究、技术研究和效益研究

  D. 经济研究、技术研究和资源研究

2. 关于项目决策与工程造价的关系，下列说法中不正确的是(　　)。

  A. 项目决策的深度影响投资决策估算的精确度

  B. 工程造价合理性是项目决策正确性的前提

  C. 项目决策的深度影响工程造价的控制效果

  D. 项目决策的内容是决定工程造价的基础

3. 生产工艺方案的确定，应符合的标准是(　　)。

  A. 中等适用   B. 国内先进

  C. 国际先进   D. 先进适用、经济合理

4. 按照编制现金流量表的要求，不列入现金流入的项目是(　　)。

  A. 产品销售收入   B. 回收固定资产余值

  C. 利润总额   D. 回收流动资金

5. 项目合理的生产规模确定中，需考虑的首要因素是(　　)。

  A. 技术因素   B. 环境因素

  C. 市场因素   D. 人为因素

6. 现金流量表的现金流入中有一项是流动资金回收，该项现金流入发生在(　　)。

  A. 计算期每一年   B. 生产期每一年

  C. 计算期最后一年   D. 投产期第一年

7. 下列各项中，可以反映企业偿债能力的指标是(　　)。

  A. 投资利润率   B. 速动比率

  C. 净现值率   D. 内部收益率

8. 所谓项目的规模效益，就是伴随着生产规模扩大引起(　　)而带来的经济效益。

  A. 单位成本上升   B. 单位成本下降

  C. 投资总量的提高   D. 产量大幅度提高

9. 项目可行性研究阶段的投资估算，是(　　)的重要依据。

  A. 主管部门审批项目建议书   B. 建设贷款计划

  C. 项目投资决策   D. 项目资金筹措

10. 下列不属于固定资产投资静态部分的是(　　)。

  A. 建筑安装工程   B. 购买原材料的费用

  C. 涨价预备费   D. 基本预备费

二、多项选择题

1. 财务评价指标体系中，反映盈利能力的指标有(　　)。

  A. 流动比率   B. 速动比率   C. 财务净现值

  D. 投资回收期   E. 资产负债率

2. 流动资金就是周转资金，它的用途是(　　)。

  A. 购买原材料   B. 购买燃料   C. 支付工人工资

  D. 用作保险金   E. 作为涨价预备费

3. 下列项目中，包含在项目资本现金流量表中而不包含在项目投资财务现金流量表中的有(　　)。

    A. 营业税金及附加　　　　B. 建设投资　　　　　　C. 借款本金偿还

    D. 借款利息支出　　　　　E. 经营成本

4. 固定资产投资贷款还本付息的资金来源有(　　)。

    A. 利润　　　　　　　　　　　　　　B. 固定资产折旧费

    C. 无形资产及递延资产摊销费　　　　D. 国外借款

    E. 流动资金的贷款利息

5. 建设项目盈利能力分析的基本报表包括(　　)。

    A. 资产负债表　　　　　B. 财务外汇平衡表　　　C. 利润与利润分配表

    D. 项目资本金现金流量表　E. 项目投资现金流量表

6. 建设项目现金流出的项目包括(　　)。

    A. 建设投资　　　　　　B. 流动资金　　　　　　C. 经营成本

    D. 营业收入　　　　　　E. 保险费

7. 建设项目现金流入的项目包括(　　)。

    A. 营业收入　　　　　　B. 回收固定资产余值　　C. 经营成本

    D. 回收流动资金　　　　E. 营业税金及附加

8. 关于现金流入中的资金回收部分，下列说法中正确的是(　　)。

    A. 固定资产余值回收和流动资金回收均在计算期最后一年

    B. 固定资产余值回收额是正常生产年份固定资产的占用额

    C. 固定资产余值回收额为固定资产折旧费估算表中最后一年固定资产期末净值

    D. 流动资金回收额为项目正常生产年份流动资金的占用额

    E. 流动资金回收为流动资产投资估算表中最后一年的期末净值

9. 项目财务动态评价指标包括(　　)。

    A. 资产负债率　　　　　B. 财务净现值　　　　　C. 流动比率

    D. 动态投资回收期　　　E. 财务内部收益率

10. 建设项目财务评价中，融资后评价包括(　　)。

    A. 盈利能力评价　　　　B. 可持续性评价　　　　C. 风险评价

    D. 生存能力评价　　　　E. 偿债能力评价

三、案例分析题

【案例一】

背景:

某企业准备投资建设一个保温材料加工厂，该项目的主要数据如下。

(1) 项目的投资规划。

该项目的建设期为 5 年，计划建设进度为：第 1 年完成项目全部投资的 25%，第 2 年完成项目全部投资的 15%，第 3 年至第 5 年，每年完成项目投资的 20%。第 6 年投产，当年项目的生产能力达到设计生产能力的 60%，第 7 年生产能力达到项目设计生产能力的 80%，第 8 年生产能力达到项目的设计生产能力。项目的运营期总计为 20 年。

（2）建设投资估算。

本投资项目工程费用投资估算额为 8 亿元。其中包括外汇 5000 万美元，外汇牌价为 1 美元兑换 8.2 元人民币。本项目的其他资产与无形资产合计为 2000 万元，预备费(包括不可预见费)为 8000 万元。

（3）建设资金来源。

该企业投资本项目的资金为 3 亿元，其余为银行贷款。贷款额为 6 亿元，其中外汇贷款为 4500 万美元。贷款的外汇部分从中国银行取得，年利率为 8%(实际利率)，贷款的人民币部分从中国建设银行取得，年利率为 11.7%(名义利率，按季结算)。

（4）生产经营经费估计。

建设项目达到设计生产能力以后，全厂定员为 1500 人，工资与福利费按照每人每年 8000 元估算。每年的其他费用为 1200 万元。生产存货占流动资金部分的估算为 9000 万元。年外购原材料、燃料及动力费估算为 21 000 万元。年经营成本为 25 000 万元。各项流动资金的最低周转天数分别为：应收账款 30 天，现金 40 天，应付账款 50 天。

问题：

1. 估算出建设期的贷款利息。
2. 分项估算出流动资金，并给出总的流动资金估算额。
3. 估算整个建设项目的总投资。

【案例二】

背景：

某拟建项目固定资产投资总额为 3600 万元，其中：预计形成固定资产 3060 万元(含建设期贷款利息为 60 万元)，无形资产为 540 万元。固定资产使用年限为 10 年，残值率为 4%，固定资产余值在项目运营期末收回。该项目的建设期为 2 年，运营期为 6 年。

（1）项目的资金投入、收益、成本等基础数据，见表 4.19。

（2）固定资产贷款合同规定的还款方式为：投产前 4 年等额本金偿还。贷款利率为 6%(按年计息)；流动资金贷款利率为 4%(按年计息)。

（3）无形资产在运营期 6 年中，均匀摊入成本。

（4）流动资金为 800 万元，在项目的运营期末全部收回。

（5）设计生产能力为年产量 120 万件，产品售价为 45 元/件，营业税金及附加的税率为 6%，所得税税率为 33%，行业基准收益率为 8%。

（6）行业平均总投资收益率为 20%，平均净利润率为 25%。

表 4.19　某建设项目资金投入、收益及成本表

单位：万元

序号	项目	年次				
		1	2	3	4	5
1	建设资金：	1200	340			
	自有资金部分		2000			
	贷款部分(不含贷款利息)					

续表

序　号	项　目	年　次				
		1	2	3	4	5
2	流动资金: 自有资金部分 贷款部分			300 100	400	
3	年销售量/万件			60	90	120
4	年经营成本			1682	2360	3230

问题:

1. 按等额本金偿还方案编制项目借款还本付息表、总成本费用估算表和利润与利润分配表。

2. 计算项目总投资收益率、资本金利润率,并评价本项目的可行性。

3. 编制项目资本金现金流量表,计算项目的静态、动态投资回收期和财务净现值。

第5章　建设项目设计阶段工程造价管理

通过对本章内容的学习，要求读者了解建设工程设计阶段工程造价管理的内容，能够独立编制和审核设计概算和施工图预算。具体任务和要求是熟悉建设工程设计与工程造价之间的关系；掌握设计阶段工程造价控制的措施、程序和方法；了解限额设计的过程和方法；熟悉建设工程设计方案评价的内容与方法；了解进行建设工程设计优化的途径；掌握运用价值工程优化设计方案的方法；掌握设计概算、施工图预算的编制与审查方法。

5.1　建设项目设计阶段工程造价管理概述

工程设计是指在工程项目开始建设施工之前，根据已批准的设计任务书，为具体实现拟建项目的技术、经济要求，拟定建筑、安装及设备制造等所需的规划、图纸、数据等技术文件的工作。设计是工程项目由计划变为现实具有决定意义的工作阶段。设计文件是工程施工的依据。拟建工程在建设过程中能否保证质量、进度和节约投资，在很大程度上取决于设计质量的优劣。工程建成后，能否获得满意的经济效果，除了工程决策外，设计工作也起着决定性的作用。

5.1.1　设计阶段影响工程造价的因素

1. 工业建筑设计影响工程造价的因素

在工业建筑设计中，影响工程造价的主要因素有厂区总平面图设计、工业建筑的平面和立面设计、建筑结构方案设计、工艺技术方案选择、设备选型和设计等。

1) 厂区总平面图设计

厂区总平面图设计是指总图运输设计和总平面布置。其主要内容有：厂址方案、占地面积和土地利用情况；总图运输、主要建筑物和构筑物及公用设施的布置；外部运输、水、电、气及其他外部协作条件等。

总平面图设计是否合理对于整个设计方案的经济合理性有重大影响。正确合理的总平面设计可以大大减少建筑工程量，节约建设用地，降低工程造价和项目运行后的使用成本，加快建设进度，并可以为企业创造良好的生产组织、经营条件和生产环境，还可以为工业区创造完美的建筑艺术整体。总平面图设计与工程造价的关系体现在以下几个方面。

(1) 占地面积。占地面积的大小一方面影响征地费用的高低，另一方面也会影响管线布置成本及项目建成运营的运输成本。因此，在总平面设计中应尽可能节约用地。

(2) 功能分区。工业建筑由许多功能组成，这些功能之间相互联系、相互制约。合理的功能分区既可以使建筑物的各项功能充分发挥，又可以使总平面布置紧凑、安全，避免大挖大填，减少土石方量和节约用地，降低工程造价；同时，合理的功能分区还可以使生产工艺流程顺畅，运输简便，降低项目建成后的运营成本。

(3) 运输方式的选择。不同的运输方式其运输效率及成本不同：有轨运输运量大，运输安全，但需要一次性投入大量资金；无轨运输无须一次性大规模投资，但是运量小，运输安全性较差。从降低工程造价的角度来看，应尽可能选择无轨运输，可以减少占地、节约投资，但是运输方式的选择不能仅仅考虑工程造价，还应考虑项目运营的需要，如果运输量较大，则有轨运输往往比无轨运输成本低。

2) 工业建筑的平面和立面设计

新建工业厂房的平面和立面设计方案是否合理和经济，不仅与降低建筑工程造价和使用费有关，也直接影响节约用地和建筑工业化水平的提高。要根据生产工艺流程合理布置建筑平面，控制厂房高度，充分利用建筑空间，选择合适的厂内起重运输方式，尽可能把生产设备露天或半露天布置。

(1) 工业厂房层数的选择。选择工业厂房层数应考虑生产性质和生产工艺的要求。对于需要跨度大和层数高、拥有重型生产设备和起重设备、生产时有较大振动及散发大量热和气的重型工业，采用单层厂房是经济合理的；而对于工艺过程紧凑、采用垂直工艺流程和利用重力运输方式、设备和产品重量不大，并要求恒温条件的各种轻型车间，可采用多层厂房。多层厂房的突出优点是占地面积小，减少基础工程量，缩短交通线路、工程管线和围墙等的长度，降低屋盖和基础单方造价，缩小传热面积，节约热能，经济效果显著。工业建筑层数与单方造价的关系如图 5.1 所示。

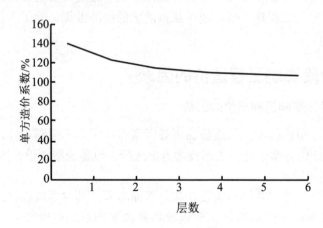

图 5.1 层数与单方造价的关系

确定多层厂房的经济层数主要有两个因素：一是厂房展开面积的大小，展开面积越大，经济层数越可提高；二是厂房的宽度和长度，宽度和长度越大，则经济层数越可增加，而单方造价则相应降低。例如，当厂房宽度为 30m、长度为 120m 时，经济层数为 3~4 层；而厂房宽度为 37.5m，长度为 150m 时，则经济层数为 4~5 层。后者比前者单方造价降低 4%～6%。

(2) 工业厂房层高的选择。在建筑面积不变的情况下，建筑层高的增加会引起各项费用的增加。例如，墙与隔墙及有关粉刷、装饰费用提高；供暖空间体积增大；起重运输费的增加；卫生设备的上下水管道长度增加；楼梯间造价和电梯设备费用的增加等，从而增加单方造价。

据分析，单层厂房层高每增加 1m，单方造价增加 1.8%～3.6%，年度采暖费约增加 3%；多层厂房的层高每增加 0.6m，单方造价提高 8.3%左右。由此可见，随着层高的增加，单方造价也在不断增加(见图 5.2)。多层厂房造价增加幅度比单层厂房大的主要原因，是多层厂房的承重部分占总造价的比例较大，而单层厂房的墙柱部分占总造价的比例较小。

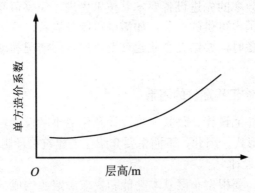

图 5.2　层高与单方造价的关系

(3) 合理确定柱网。柱网指确定柱子的行距(跨度)和间距(每行柱子中两根柱子间的距离)。工业厂房柱网布置得是否合理，对工程造价和厂房面积的利用效率都有较大的影响。

柱网的选择与厂房中有无吊车、吊车的类型及吨位、屋顶的承重结构以及厂房的高度等因素有关。对于单跨厂房，当柱间距不变时，跨度越大则单位面积的造价越小，因为除屋架外，其他结构件分摊在单位面积上的平均造价随跨度的增大而减少；对于多跨厂房，当跨度不变时，中跨数量越多越经济，这是因为柱子和基础分摊在单位面积上的造价减少了。

(4) 尽量减少厂房的体积和面积。对于工业建筑，在不影响生产能力的条件下，厂房、设备布置力求紧凑合理；要采用先进工艺和高效能的设备，节省厂房面积；要采用大跨度、大柱距的大厂房平面设计形式，提高平面利用系数；尽可能把大型设备设置于露天，以节省厂房的建筑面积。

3) 建筑材料与结构的选择

建筑材料与结构的选择是否经济合理，对建筑工程造价有直接影响。这是因为材料费一般占直接费用的 70%左右，同时直接费用的降低也会导致间接费用的降低。采用各种先进的结构形式和轻质高强度的建筑材料，能减轻建筑物的自重，简化和减轻基础工程，减少建筑材料和构配件的费用及运输费，并能提高劳动生产率和缩短建设工期，经济效果十分明显。因此，工业建筑结构正在向轻型、大跨、空间、薄壁的方向发展。

4) 工艺技术方案的选择

工艺技术方案主要包括建设规模、标准和产品方案；工艺流程和主要设备的选型；主要原材料、燃料供应；"三废"治理及环保措施。此外，还包括生产组织及生产过程中的

劳动定员情况等。设计阶段应按照可行性研究阶段已经确定的建设项目的工艺流程进行工艺技术方案的设计，确定从原料到产品整个生产过程的具体工艺流程和生产技术。在具体项目进行工艺设计方案的选择时，应以提高投资的经济效益为前提，认真进行分析、比较、综合考虑各方面因素进行确定。

5) 设备的选型和设计

工艺设计确定生产工艺流程后，就要根据工厂生产规模和工艺流程的要求，选择设备的型号和数量，对一些标准和非标准设备进行设计。设备和工艺的选择是相互依存、紧密相连的。设备选择的重点因设计形式的不同而不同，应该选择能满足生产工艺和达到生产能力需要的最适用的设备和机械。设备选型和设计应满足下列要求：应该注意标准化、通用化和系列化；采用高效率的先进设备要本着技术先进、稳妥可靠、经济合理的原则；设备的选择必须首先考虑国内可供的产品，如需进口国外设备，应力求避免成套进口和重复进口；在选择和设计设备时，要结合企业建设地点的实际情况和动力、运输、资源等具体条件。

2. 民用建筑设计影响工程造价的因素

民用建筑设计包括住宅设计、公共建筑设计及住宅小区设计。住宅建筑是民用建筑中最大量、最主要的建筑形式，因此，下面主要介绍住宅建筑设计影响工程造价的因素。

1) 小区建设规划的设计

在进行小区规划时，要根据小区基本功能和要求确定各构成部分的合理层次与关系，据此安排住宅建筑、公共建筑、管网、道路及绿地的布局，确定合理人口与建筑密度、房屋间距和建筑层数，布置公共设施项目、规模及其服务半径，以及水、电、热、燃气的供应等，并划分包括土地开发在内的上述各部分的投资比例。

小区用地面积指标，反映小区内居住房屋和非居住房屋、绿化园地、道路和工程管网等占地面积及比例，是考察建设用地利用率和经济性的重要指标，它直接影响小区内道路管线长度和公用设备的多少，而这些费用约占小区建设投资的1/5。因而，用地面积指标在很大程度上影响小区建设的总造价。

小区的居住建筑面积密度、居住建筑密度、居住面积密度和居住人口密度也直接影响小区的总造价。在保证小区居住功能的前提下，密度越高，越有利于降低小区的总造价。

2) 住宅建筑的平面布置

在同样建筑面积下，由于住宅建筑平面形状不同，其建筑周长系数 K(即每平方米建筑面积所占的外墙长度)也不相同。圆形、正方形、矩形、T 形、L 形等，其建筑周长系数依次增长，即外墙面积、墙身基础、墙身内外表面装修面积依次增大。但由于圆形建筑施工复杂，施工费用较矩形建筑增加 20%～30%，故其墙体工程量的减少不能使建筑工程造价降低。因此，一般来讲，正方形和矩形的住宅既有利于施工，又能降低工程造价，而在矩形住宅建筑中，又以长宽比为 2∶1 最佳。

当房屋长度增加到一定程度时，就需要设置带有二层隔墙的变温伸缩缝；当长度超过90m 时，就必须有贯通式过道。这些都要增加房屋的造价，所以一般小单元住宅以 4 个单元、大单元住宅以 3 个单元，房屋长度为 60～80m 较为经济。在满足住宅的基本功能、保证居住质量的前提下，加大住宅的进深(宽度)对降低造价也有明显的效果。

3) 住宅单元的组成、户型和住户面积

住宅结构面积与建筑面积之比为结构面积系数，这个系数越小，设计方案越经济。因为结构面积减少，有效面积就相应增加，因此它是评价新型结构经济性的重要指标。该指标除与房屋结构有关外，还与房屋外形及其长度和宽度有关，同时也与房间平均面积的大小和户型组成有关。房屋平均面积越大，内墙、隔墙在建筑面积中所占比例就越低。

4) 住宅的层高和净高

据有关资料分析，住宅层高每降低 10cm，可降低造价 1.2%～1.5%。层高降低还可提高住宅区的建筑密度，节约征地费、拆迁费及市政设施费。一般来说，住宅层高不宜超过 2.8m，可控制在 2.5～2.8m。目前我国还有不少地区住宅层高还沿用 2.9～3.2m 的标准，认为层高低了就降低了住宅标准，其实住宅标准的高低取决于面积和设备水平。

5) 住宅的层数

民用住宅按层数划分，可分为低层住宅(1～3 层)、多层住宅(4～6 层)、中高层住宅(7～9 层)和高层住宅(10 层及以上)。

在民用建筑中，多层住宅具有降低工程造价和使用费、节约用地的优点。房间内部和外部的设施、供水管道、排水管道、煤气管道、电力照明和交通道路等费用，在一定范围内都随着住宅层数的增加而降低。表 5.1 对砖混结构低、多层住宅的层数与造价关系进行了分析。

表 5.1　砖混结构低、多层住宅层数与造价的关系

住宅层数	一	二	三	四	五	六
单方造价系数/%	138.05	116.95	108.38	103.51	101.68	100.00
边际造价系数/%		−21.10	−8.57	−4.87	−1.83	−1.68

由表 5.1 可知，随着住宅层数的增加，单方造价系数在逐渐降低，即层数越多越经济。但是边际造价系数也在逐渐减少，说明随着层数的增加，单方造价系数下降幅度减缓，住宅超过 7 层，就要增加电梯费用，需要较多的交通面积(过道、走廊要加宽)和补充设备(供水设备和供电设备等)，特别是高层住宅，要经受较强的风荷载，需要提高结构强度，改变结构形式，使工程造价大幅度上升。因而，一般来讲，在中小城市以建筑多层住宅为经济合理，在大城市可沿主要街道建设一部分中高层和高层住宅，以合理利用空间、美化市容。

6) 住宅建筑结构类型的选择

对同一建筑物来说，不同的结构类型其造价是不同的。一般来说，砖混结构比框架结构的造价低，因为框架结构的钢筋混凝土现浇构件的比例较大，其钢材、水泥的材料消耗量大，因而建筑成本也高。由于各种建筑体系的结构形式各有利弊，在选用结构类型时应结合实际、因地制宜、就地取材，采用适合本地区本部门的经济合理的结构形式。

5.1.2　设计阶段工程造价管理的重要意义

在拟建项目经过投资决策阶段后，设计阶段就成为项目工程造价控制的关键环节，它对建设项目的建设工期、工程造价、工程质量及建成后能否发挥较好的经济效益，起着决定性的作用。

(1) 在设计阶段控制工程造价效果最显著。拟建项目一经决策确定后，设计就成了工程建设和控制工程造价的关键。初步设计基本上决定了工程建设的规模、产品方案、结构形式和建筑标准及使用功能，形成了设计概算，确定了投资的最高限额。施工图设计完成后，编制出了施工图预算，准确地计算出工程造价。因此，工程造价控制贯穿于项目建设的全过程，但设计阶段的工程造价控制是整个工程造价控制的龙头。

图 5.3 反映的是各阶段影响工程项目投资的一般规律。

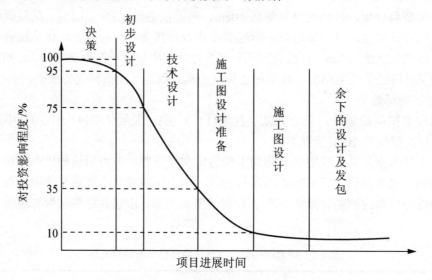

图 5.3　建设过程各阶段对投资的影响

一般来说，初步设计阶段对投资的影响约为 20%，技术设计阶段对投资的影响约为 40%，施工图设计准备阶段对投资的影响约为 25%。很显然，控制工程造价的关键是在设计阶段。在设计一开始就应将控制投资的思想植根于设计人员的头脑中，保证选择恰当的设计标准和合理的功能水平。

(2) 在设计阶段控制工程造价便于技术与经济相结合。由于体制和传统习惯的原因，我国的工程设计工作往往是由建筑师等专业技术人员来完成的。他们在设计过程中往往更关注工程的使用功能，力求采用比较先进的技术方法实现项目的所需功能，而对经济因素考虑较少。如果在设计阶段吸收造价工程师参与全过程设计，使设计从一开始就建立在健全的经济基础之上，在做出重要决定时就能充分认识其经济后果。另外，投资限额一旦确定以后，设计只能在确定的限额内进行，有利于建筑师发挥个人创造力，选择一种最经济的方式实现技术目标，从而确保设计方案能较好地体现技术与经济的结合。

(3) 在设计阶段进行工程造价的计价与控制可以使造价构成更合理，提高资金利用效率。设计阶段工程造价的计价形式是编制设计概预算，通过设计概预算可以了解工程造价的构成，了解工程各组成部分的投资比例，分析资金分配的合理性，并可以利用价值工程理论分析项目各个组成部分功能与成本的匹配程度，调整项目功能与成本使其更趋于合理，提高资金利用效率。

(4) 在设计阶段控制工程造价会使控制工作更为主动。长期以来，人们把控制理解为目标值与实际值的比较，以及当实际值偏离目标值时分析产生差异的原因，确定下一步的对策。这对于批量性生产的制造业而言，是一种有效的管理方法；但是对于建筑业而言，由于建筑产品具有单件性的特点，这种管理方法只能发现差异，不能消除差异，也不能预防差异的发生，而且差异一旦发生，损失往往很大，因此是一种被动的控制方法。如果在设计阶段控制工程造价，可以先按一定的标准，开列拟建建筑物每一部分或分项的计划支出费用的报表，即造价计划，然后当详细设计制订出来以后，对工程的每一部分或分项的估算造价，对照造价计划中所列的指标进行审核，预先发现差异，主动采取一些控制方法消除差异，使设计更经济。

5.1.3　设计阶段工程造价管理的内容和程序

随着设计工作的开展，各个阶段工程造价管理的内容又有所不同，各个阶段工程造价管理工作的主要内容和程序如下。

1. 方案设计阶段投资估算

方案设计是在项目投资决策立项之后，将可行性研究阶段提出的问题和建议，经过项目咨询机构和业主单位共同研究，形成具体、明确的项目建设实施方案的策划性设计文件，其深度应当满足编制初步设计文件的需要。方案设计的造价管理工作仍称为投资估算。该阶段投资估算额度的偏差率显然应低于可行性研究阶段投资估算额度的偏差率。

2. 初步设计阶段的设计概算

初步设计(也称为基础设计)的内容依工程项目的类型不同而有所变化，一般来说，应包括项目的总体设计、布局设计、主要工艺流程、设备的选型和安装设计、土建工程量及费用的估算等。初步设计文件应当满足编制施工招标文件、主要设备材料订货和编制施工图设计文件的需要，是施工图设计的基础。

初步设计阶段的造价管理工作称为设计概算。设计概算的任务是对项目建设的土建、安装工程量进行估算，对工程项目建设费用进行概算。以整个建设项目为单位形成的概算文件称为建设项目总概算；以单项工程为单位形成的概算文件称为单项工程综合概算。设计概算一经批准，即作为控制拟建项目工程造价的最高限额。

3. 技术设计阶段的修正概算

技术设计(也称为扩大初步设计)是初步设计的具体化，也是各种技术问题的定案阶段。技术设计的详细程度应能够满足设计方案中重大技术问题的要求，应保证能够根据它进行施工图设计和提出设备订货明细表。技术设计时如果对初步设计中所确定的方案有所更改，应对更改部分编制修正概算。对于不很复杂的工程，技术设计阶段可以省略，即初步设计完成后直接进入施工图设计阶段。

4. 施工图设计阶段的施工图预算

施工图设计(也称为详细设计)的主要内容是根据批准的初步设计(或技术设计)，绘制出正确、完整和尽可能详细的建筑、安装图纸，包括建设项目部分工程的详图、零部件结构明细表、验收标准、方法等。此设计文件应当满足设备材料采购、非标准设备制作和施工的需要，并注明建筑工程合理使用年限。

施工图预算(也称为设计预算)是在施工图设计完成之后，根据已批准的施工图纸和既定的施工方案，结合现行的预算定额、地区单位估价表、费用计取标准、各种资源单价等计算并汇总的造价文件(通常以单位工程或单项工程为单位汇总施工图预算)。

设计阶段的造价控制是一个有机联系的整体，各设计阶段的造价(估算、概算、预算)相互制约、相互补充，前者控制后者，后者补充前者，共同组成工程造价的控制系统。

5.1.4 设计阶段工程造价控制的措施和方法

设计阶段控制工程造价的方法有对设计方案进行优选或优化设计、推广限额设计和标准化设计，加强对设计概算、施工图预算的编制管理和审查。

1. 方案的造价估算、设计概算和施工图预算的编制与审查

设计阶段加强对设计方案估算、初步设计概算、施工图预算编制的管理和审查是至关重要的。实际工作中经常发现有的方案估算不够完整，有的限额设计的目标值缺乏合理性，有的概算不够精确，有的施工图预算或者标底不够准确，影响设计过程中各个阶段造价控制目标的制定，最终达不到以造价目标控制设计工作的目的。

方案估算要建立在分析测算的基础上，能比较全面、真实地反映各个方案所需的造价。在方案的投资估算过程中，要多考虑一些影响造价的因素，如施工的工艺和方法的不同、施工现场的不同情况等，因为它们都会使按照经验估算的造价发生变化，只有这样才能使估算更加完善。对于设计单位来说，当务之急是要对各类设计资料进行分析测算，以掌握大量的第一手资料数据，为方案的造价估算积累有效的数据。

设计概算不准，与施工图预算差距很大的现象经常发生，其原因主要包括初步设计图纸深度不够，概算编制人员缺乏责任心，概算与设计和施工脱节，概算编制中错误太多等。要提高概算的质量，首先，必须加强设计人员与概算编制人员的联系与沟通；其次，要提高概算编制人员的素质，加强责任心，多深入实际，丰富现场工作经验；最后，加强对初步设计概算的审查。概算审查可以避免重大错误的发生，避免不必要的经济损失，设计单位要建立健全三审(自审、审核、审定)制度，大的设计单位还应建立概算抽查制度。概算审查不仅仅局限于设计单位，建设单位和概算审批部门也应加强对初步设计概算的审查，严格概算的审批，也可以有效控制工程造价。

施工图预算是签订施工承包合同、确定承包合同价、进行工程结算的重要依据，其质量的高低直接影响施工阶段的造价控制。提高施工图预算的质量可以从加强对编制单位和人员的资质审查，以及加强对他们的管理等方面入手。

2. 设计方案的优化和比选

为了提高工程建设投资效果，从选择建设场地和工程总平面布置开始，直到最后结构构件的设计，都应进行多方案比选，从中选取技术先进、经济合理的最佳设计方案，或者对现有的设计方案进行优化，使其能够更加经济合理。在设计过程中，可以利用价值工程的思路和方法对设计方案进行比较，对不合理的设计提出改进意见，从而达到控制造价、节约投资的目的。

3. 限额设计和标准设计的推广

限额设计是设计阶段控制工程造价的重要手段，它能有效地克服和控制"三超" (概算超估算、预算超概算、结算超预算)现象，使设计单位加强技术与经济的对立统一管理，能克服设计概预算本身的失控对工程造价带来的负面影响。另外，推广成熟的、行之有效的标准设计不但能够提高设计质量，而且能够提高效率，节约成本，同时因为标准设计大量使用标准构配件，压缩现场工作量，最终有利于工程造价的控制。

4. 推行设计索赔及设计监理等制度，加强设计变更管理

设计索赔及设计监理等制度的推行，能够真正提高人们对设计工作的重视程度，从而使设计阶段的造价控制得以有效开展，同时也可以促进设计单位建立完善的管理制度，提高设计人员的质量意识和造价意识。设计索赔制度的推行和加大索赔力度是切实保障设计质量和控制造价的必要手段。另外，设计图纸变更得越早，造成的经济损失越小；反之则损失越大。工程设计人员应建立设计施工轮训或继续教育制度，尽可能避免设计与施工相脱节的现象发生，由此可减少设计变更的发生。对不可避免的变更，应尽量控制在设计阶段，且要用先算账、后变更，层层审批的方法，以使投资得到有效控制。

5.2 设计方案评价和优化

5.2.1 设计方案评价的原则

设计方案评价就是对设计方案进行技术与经济的分析、计算、比较和评价，从而选出环境上自然协调、功能上适用、结构上坚固耐用、技术上先进、造型上美观和经济上合理的最优设计方案，为决策提供科学的依据。设计方案评价应遵循以下原则。

1. 设计方案必须处理好经济合理性与技术先进性之间的关系

经济合理性要求工程造价尽可能低，但如果一味地追求经济效果，可能会导致项目的功能水平偏低，无法满足使用者的要求；技术先进性追求技术的尽善尽美，项目功能水平先进，但可能会导致工程造价偏高。因此，技术先进性与经济合理性是一对矛盾体，设计者应妥善处理好二者的关系。一般情况下，要在满足使用者要求的前提下，尽可能降低工程造价；但是，如果资金有限制，也可以在资金限制的范围内，尽可能提高项目功能水平。

2. 设计方案必须兼顾建设与使用，考虑项目全寿命费用

工程在建设过程中，控制造价是一个非常重要的目标，但是造价水平的变化，又会影响项目将来的使用成本。如果单纯降低造价，建造质量得不到保障，就会导致使用过程中的维修费用很高，甚至有可能发生重大事故，给社会财产和人民安全带来严重损害。一般情况下，项目技术水平与工程造价及使用成本之间的关系如图 5.4 所示。在设计过程中应兼顾建设过程和使用过程，力求项目全寿命费用最低，即做到成本低、维护少、使用费用省。

3. 设计必须兼顾近期与远期的要求

一项工程建成后，往往要在很长的时间内发挥作用，如果按照目前的要求设计工程，在不远的将来可能会出现由于项目功能水平无法满足需要而重新建造的情况，但是，如果

按照未来的需要设计工程，又会出现由于功能水平高而使近期资源闲置浪费的现象，所以，设计者要兼顾近期和远期的要求，选择项目合理的功能水平，同时，也要根据远景发展需要，适当留有发展余地。

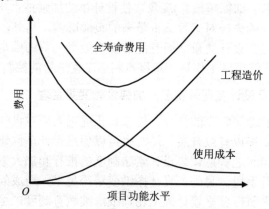

图 5.4　工程造价、使用成本和项目技术水平之间的关系

4. 设计方案应尽可能地节省资源

在当今全球能源紧缺的状况下，设计方案应尽可能地节省用地和能源，与国内同类建筑项目及国外常规项目相比，收益率较高。

5.2.2　设计方案评价的内容

不同类型的建筑，使用目的及功能要求不同，评价的重点也不相同。

1. 工业建筑设计评价

工业建筑设计由总平面设计、工艺设计及建筑设计三部分组成，它们之间是相互关联和制约的。因此，分别对各部分设计方案进行技术经济分析与评价，是保证总设计方案经济合理的前提。各部分设计方案侧重点不同，因此评价内容也略有差异。

1) 总平面设计评价

工业项目总平面设计的目的是在保证生产、满足工艺要求的前提下，根据自然条件、运输要求及城市规划等具体条件，确定建筑物、构筑物、交通路线、地上地下技术管线及绿化美化设施的相互配置，创造符合该企业生产特性的统一建筑整体。在布置总平面时，应该充分考虑竖向布置、管道、交通路线、人流、物流等是否经济合理。

工业项目总平面设计要求：注意节约用地，不占或少占农田；必须满足生产工艺过程的要求；合理组织厂内、外运输，选择方便经济的运输设施和合理的运输线路；必须符合城市规划的要求；总平面布置应适应建设地点的气候、地形、工程水文地质等自然条件。

工业项目总平面设计的评价指标有以下几方面。

(1) 建筑系数(建筑密度)。建筑系数指厂区内(一般指厂区围墙内)建筑物、构筑物、露天仓库及堆场、操作场地等的占地面积与整个厂区建设用地面积之比。它是反映总平面图设计用地是否经济合理的指标，建筑系数大，表明布置紧凑，用地节约，又可缩短管线距离，降低工程造价。

(2) 土地利用系数。土地利用系数指厂区内建筑物、构筑物、露天仓库及堆场、操作场地、铁路、道路、广场、排水设施及地下管线等所占面积与整个厂区建设用地面积之比。它综合反映出总平面布置的经济合理性和土地利用效率。

(3) 工程量指标。工程量指标包括场地平整土石方量、铁路道路及广场铺砌面积、排水工程、围墙长度及绿化面积等。

(4) 企业将来经营条件指标。企业将来经营条件指标指铁路、公路等每吨货物运输费用、经营费用等。

2) 工艺设计评价

工艺设计是工程设计的核心，是根据工业企业生产特点、生产性质和功能确定的。工艺设计标准的高低，不仅直接影响工程建设投资的大小和建设速度，而且还决定着未来企业的产品质量、数量和运营费用。

(1) 工艺设计的要求。工艺设计要以市场研究为基础，要考虑技术发展的最新动态，选择先进适用的技术方案。

(2) 设备选型与设计。设备选型与设计应能满足生产工艺要求，能达到相应的生产能力。具体的设备选型应该注意标准化、通用化和系列化；采用高效率的先进设备要符合技术先进、稳妥可靠、经济合理的原则；设备的选择应立足国内，对于国内不能生产的关键设备，进口时要注意与工艺流程相适应，并与有关设备配套，不要重复引进；设备选型与设计要考虑建设地点的实际情况和动力、运输、资源等具体条件。

(3) 工艺设计方案的评价。不同的工艺技术方案会产生不同的投资效果，工艺技术方案的评价就是互斥投资项目的比选，因此评价指标有净现值、净年值、差额内部收益率等。

3) 建筑设计评价

(1) 建筑设计的要求。在建筑平面布置和立面形式选择上，应该满足生产工艺要求。根据生产必须采用各种切合实际的先进技术，从建筑形式、材料和结构的选择、结构布置和环境保护等方面采取措施以满足生产工艺对建筑设计的要求。

(2) 建筑设计评价指标。

① 单位面积造价。建筑物平面形状、层数、层高、柱网布置、建筑结构及建筑材料等因素都会影响单位面积造价。因此，单位面积造价是一个综合性很强的指标。

② 建筑物周长与建筑面积比。该指标主要用于评价建筑物平面形状是否合理。该值越低，平面形状越合理。

③ 厂房展开面积。该指标主要用于确定多层厂房的经济层数，展开面积越大，经济层数越可提高。

④ 厂房有效面积与建筑面积比。该指标主要用于评价柱网布置是否合理。合理的柱网布置可以提高厂房有效使用面积。

⑤ 工程全寿命成本。工程全寿命成本包括工程造价及工程建成后的使用成本，这是一个评价建筑物功能水平是否合理的综合性指标。一般来讲，功能水平低，工程造价低，但使用成本高；功能水平高，工程造价高，但使用成本低。工程全寿命成本最低时，功能水平最合理。

2. 民用建筑设计评价

民用建筑一般包括公共建筑和住宅建筑两大类。民用建筑设计要坚持"适用、安全、经济、美观"的原则。

1) 民用建筑设计的要求

(1) 平面布置合理，长度和宽度比例适当。

(2) 合理确定户型和住户面积。

(3) 合理确定层数与层高。

(4) 合理选择结构方案。

2) 民用建筑设计的评价指标

(1) 居住小区设计评价。

小区规划设计是否合理，直接关系居民的生活环境，同时也关系建设用地、工程造价及总体建筑艺术效果。小区规划设计的核心问题是提高土地利用率。

① 在小区规划设计中，节约用地的主要措施有以下几个方面。

a. 压缩建筑的间距。住宅建筑的间距主要有日照间距、防火间距和使用间距，取最大间距作为设计依据。

b. 提高住宅层数或高低层搭配。提高住宅层数和采用多层、高层搭配都是节约用地、增加建筑面积的有效措施。据国外计算资料，建筑层数由 5 层增加到 9 层，可使小区总居住面积密度提高 35%。但是高层住宅造价较高，居住不方便，因此，确定住宅的合理层数对节约用地有很大的影响。

c. 适当增加房屋长度。房屋长度的增加可以取消山墙的间隔距离，提高建筑密度。但是房屋过长也不经济，一般是 4～5 个单元(60～80m)最佳。

d. 提高公共建筑的层数。公共建筑分散建设占地多，如能将有关的公共设施集中建在一栋楼内，不仅方便群众，而且还节约用地。

e. 合理布置道路。

② 居住小区设计方案评价指标有以下几个，即

$$建筑毛密度 = \frac{居住和公共建筑基底面积}{居住小区占地总面积} \times 100\% \tag{5.1}$$

$$居住建筑净密度 = \frac{居住建筑基底面积}{居住建筑占地面积} \times 100\% \tag{5.2}$$

$$居住面积密度 = \frac{居住面积}{居住建筑占地面积}(m^2/ha) \tag{5.3}$$

$$居住建筑面积密度 = \frac{居住建筑面积}{居住建筑占地面积}(m^2/ha) \tag{5.4}$$

$$人口毛密度 = \frac{居住人数}{居住小区占地总面积}(人/ha) \tag{5.5}$$

$$人口净密度 = \frac{居住人数}{居住建筑占地面积}(人/ha) \tag{5.6}$$

$$绿化比率 = \frac{居住小区绿化面积}{居住小区占地总面积} \tag{5.7}$$

居住建筑净密度是衡量用地经济性和保证居住区必要卫生条件的主要技术经济指标，其数值的大小与建筑层数、房屋间距、层高、房屋排列方式等因素有关。适当提高建筑密度，可以节省用地，但应保证日照、通风、防火、交通安全等基本需要。

居住面积密度是反映建筑布置、平面设计与用地之间关系的重要指标。影响居住面积密度的主要因素是房屋的层数，增加层数其数值就增大，有利于节约土地和管线费用。

(2) 居住建筑设计评价。

① 平面系数，即

$$平面系数 K = \frac{使用面积}{建筑面积} \tag{5.8}$$

$$平面系数 K_1 = \frac{居住面积}{有效面积} \tag{5.9}$$

$$平面系数 K_2 = \frac{辅助面积}{有效面积} \tag{5.10}$$

$$平面系数 K_3 = \frac{结构面积}{建筑面积} \tag{5.11}$$

式中：使用面积——建筑平面中为生活起居所使用的净面积之和；

　　　建筑面积——建筑平面中建筑物外墙外围所围成空间的水平面积；

　　　居住面积——住宅建筑各层平面中直接供住户生活使用的居室净面积之和；

　　　有效面积——建筑平面中可供使用的面积；

　　　辅助面积——建筑平面中不直接供住户生活的室内空间净面积，包括过道、厨房、卫生间、起居室、储藏室等；

　　　结构面积——建筑平面中结构所占的面积。

$$居住面积 = 有效面积 - 辅助面积$$

$$建筑面积 = 有效面积 + 结构面积$$

对于民用建筑，应尽量减少结构面积比例，增加有效面积。

② 建筑周长指标：这个指标是墙长与建筑面积之比。居住建筑进深加大，则单元周长缩小，可节约用地，减少墙体积，降低造价。

$$单元周长指标 = \frac{单元周长}{单元建筑面积}(m/m^2) \tag{5.12}$$

$$建筑周长指标 = \frac{建筑周长}{建筑占地面积}(m/m^2) \tag{5.13}$$

③ 建筑体积指标：该指标是建筑体积与建筑面积之比，是衡量层高的指标。

$$建筑体积指标 = \frac{建筑体积}{建筑面积}(m^3/m^2) \tag{5.14}$$

④ 平均每户建筑面积：该指标是建筑面积与总户数之比，是衡量住宅标准高低的指标。

$$平均每户建筑面积 = \frac{建筑面积}{总户数}(m^2/户) \tag{5.15}$$

⑤ 户型比：指不同居室数的户数占总户数的比例，是评价户型结构是否合理的指标。

5.2.3　设计方案评价的方法

设计方案评价的方法需要采用技术与经济比较的方法，按照工程项目经济效果，针对不同的设计方案，分析其技术经济指标，从中选出经济效果最优的方案。设计方案技术经济分析与比较的方法主要有以下两种。

1. 单指标评价方法

单指标可以是效益性指标，也可以是费用性指标。效益性指标主要是对于其收益或者功能有差异的多方案的比较选择。对于专业工程设计方案和建筑结构方案的比选来说，更常见的是尽管设计方案不同，但方案的收益或功能没有太大的差异，这种情况下可采用单一的费用指标，即采用最小费用法选择方案。

采用费用法比较设计方案也有两种方法：一种方法是只考察方案初期的一次费用，即造价或投资；另一种方法是考察设计方案全寿命期的费用。设计方案全寿命期费用包括工程初期的造价(投资)、工程交付使用后的经常性开支费用(包括经常费用、日常维护修理费用、使用过程中的大修费用和局部更新费用等)以及工程使用期满后的报废拆除费用等。考虑全寿命周期费用是比较全面合理的分析方法，这种方法考虑了资金的时间价值。但对于一些设计方案，如果建成后的工程在日常使用费上没有明显的差异或者以后的日常使用费难以估计时，可直接用造价(投资)来比较优劣。

2. 多指标评价法

多指标评价法是通过对反映建筑产品功能和耗费特点的若干技术经济指标的计算、分析、比较，评价设计方案的经济效果。它又可分为多指标对比法和多指标综合评分法。

1) 多指标对比法

多指标对比法是目前采用比较多的一种方法。其基本特点是使用一组适用的指标体系，将对比方案的指标值列出，然后一一进行对比分析，根据指标值的高低分析判断方案优劣。

利用这种方法首先需要将指标体系中的各个指标，按其在评价中的重要性，分为主要指标和辅助指标。主要指标是能够比较充分地反映工程的技术经济特点的指标，是确定工程项目经济效果的主要依据。辅助指标在技术经济分析中处于次要地位，是主要指标的补充，当主要指标不足以说明方案的技术经济效果优劣时，辅助指标就成为进一步进行技术经济分析的依据。

这种方法的优点：指标全面、分析确切，可通过各种技术经济指标定性或定量地直接反映方案技术经济性能的主要方面。其缺点：容易出现不同指标的评价结果相悖的情况，这样就使分析工作复杂化，有时也会因方案的可比性而产生客观标准不统一的现象。因此在进行综合分析时，要特别注意检查对比方案在使用功能和工程质量方面的差异，并分析这些差异对各指标的影响，避免导致错误的结论。

通过综合分析，最后应给出以下结论。

(1) 分析对象的主要技术经济特点及适用条件。

(2) 现阶段实际达到的经济效果水平。

(3) 找出提高经济效果的潜力和途径以及采取相应的主要技术措施。

(4) 预期经济效果。

2) 多指标综合评分法

多指标综合评分法首先对需要进行分析评价的设计方案设定若干个评价指标，并按其重要程度确定各指标的权重，然后确定评分标准，并就各设计方案对各指标的满足程度打分，最后计算各方案的加权得分，以加权得分高者为最优设计方案。其计算公式为

$$S=\sum_{i=1}^{n}\omega_i \cdot S_i \qquad\qquad (5.16)$$

式中：S——设计方案总得分；

　　　S_i——某方案在评价指标i上的得分；

　　　ω_i——评价指标i的权重；

　　　n——评价指标数。

这种方法非常类似于价值工程中的加权评分法，区别在于：价值工程的加权评分法中不将成本作为一个评价指标，而将其单独拿出来计算成本系数；多指标综合评分法则不将成本单独剔除，如果需要，成本也是一个评价指标。

【例 5.1】某建筑工程有 4 个设计方案，选定评价的指标为实用性、平面布置、经济性、美观性 4 项。各指标的权重及各方案的得分(10 分制)见表 5.2，试选择最优设计方案。

表 5.2　建筑方案各指标权重及评价得分

评价指标	权重	方案 A		方案 B		方案 C		方案 D	
		得分	加权得分	得分	加权得分	得分	加权得分	得分	加权得分
实用性	0.4	9	3.6	8	3.2	7	2.8	6	2.4
平面布置	0.2	8	1.6	7	1.4	8	1.6	9	1.8
经济性	0.3	9	2.7	7	2.1	9	2.7	8	2.4
美观性	0.1	7	0.7	9	0.9	8	0.8	9	0.9
合计			8.6		7.6		7.9		7.5

计算结果见表 5.2。

由表 5.2 可知，方案 A 的加权得分最高，因此方案 A 最优。

这种方法的优点在于避免了多指标间可能发生相互矛盾的现象，评价结果是唯一的，但是在确定权重及评分过程中存在主观臆断成分。同时，由于分值是相对的，因而不能直接判断各方案的各项功能的实际水平。

5.2.4　工程设计方案的优化途径

优化设计方案是设计阶段的重要步骤，是控制工程造价的有效方法。设计方案优化的目的在于论证拟采用的设计方案技术上是否先进可行，功能上是否满足需要，经济上是否合理，使用上是否安全可靠。优化设计方案的途径主要有以下几个方面。

1. 通过设计招投标和方案竞选优化设计方案

建设单位就拟建工程的设计任务通过报刊、信息网络或其他媒介发布公告，吸引设计单位参加设计投标或设计方案竞选，以获得众多的设计方案，然后组织评标专家小组，采用科学的方法，按照适用、安全、经济、美观的原则，以及技术先进、功能全面、结构合理、安全适用、满足建筑节能及环境等要求，综合评定各设计方案优劣，从中选择最优的设计方案。

设计方案竞选有利于多种设计方案的选择和竞争，从中选择最佳方案，也有利于控制项目投资。因为中选的设计方案所做出的投资估算一般控制在竞选文件规定的投资范围内，能集思广益，吸取多种设计方案的优点。又因为设计方案竞选与设计招标是有区别的，所以它可以吸取未中选方案的优点，并以中选方案作为设计方案的基础，把其他方案的优点加以吸收综合，取长补短，使设计更完美。

2. 运用价值工程优化设计方案

1) 价值工程的概念

价值工程是一门科学的技术经济分析方法，是现代科学管理的组成部分，是研究用最少的成本支出，实现必要的功能，从而达到提高产品价值的一门科学。价值工程中的"价值"是功能与成本的综合反映，其表达式为

$$价值 = \frac{功能(效用)}{成本(费用)}$$

或

$$V = \frac{F}{C} \tag{5.17}$$

一般来说，提高产品的价值有以下5种途径。

(1) 提高功能，降低成本。这是最理想的途径。

(2) 保持功能不变，降低成本。

(3) 保持成本不变，提高功能水平。

(4) 成本稍有增加，但功能水平大幅度提高。

(5) 功能水平稍有下降，但成本大幅度下降。

必须指出，价值分析并不是单纯追求降低成本，也不是片面追求提高功能，而是力求处理好功能与成本的对立统一关系，提高它们之间的比值，研究产品功能和成本的最佳配置。

2) 价值工程工作程序

价值工程工作可以分为4个阶段，包括准备阶段、分析阶段、创新阶段、实施阶段。其工作内容大致可以分为8项，即价值工程对象选择、收集资料、功能分析、功能评价、提出改进方案、方案的评价与选择、试验证明、决定实施方案。

价值工程主要回答和解决下列问题。

(1) 价值工程的对象是什么？

(2) 其作用是什么？

(3) 其成本是多少？

(4) 其价值是多少？

(5) 有无其他方案实现同样的功能？

(6) 新方案成本是多少？

(7) 新方案能满足要求吗？

围绕这 7 个问题，价值工程的一般工作程序如表 5.3 所示。

表 5.3　价值工程的一般工作程序

阶　段	步　骤	说　明
准备阶段	(1)对象选择	应明确目标、限制条件及分析范围
	(2)组成价值工程领导小组	一般由项目负责人、专业技术人员、熟悉价值工程的人员组成
	(3)制订工作计划	包括具体执行人、执行日期、工作目标等
分析阶段	(4)收集整理信息资料	此项工作应贯穿于价值工程的全过程
	(5)功能系统分析	明确功能特性要求，并绘制功能系统图
	(6)功能评价	确定功能目标成本，确定功能改进区域
创新阶段	(7)方案创新	提出各种不同的实现功能的方案
	(8)方案评价	从技术、经济和社会等方面综合评价各方案达到预定目标的可行性
	(9)提案编写	将选出的方案及有关资料编写成册
实施阶段	(10)审批	由主管部门组织进行
	(11)实施与检查	制订实施计划、组织实施，并跟踪检查
	(12)成果鉴定	对实施后取得的技术经济效果进行鉴定

3) 在设计阶段实施价值工程的意义

工程设计决定建筑产品的目标成本，目标成本是否合理，直接影响产品的效益。在施工图确定以前，确定目标成本可以指导施工成本控制，降低建筑工程的实际成本，提高经济效益。建筑工程在设计阶段实施价值工程的意义有以下几个方面。

(1) 可以使建筑产品的功能更合理。工程设计实质上就是对建筑产品的功能进行设计，而价值工程的核心就是功能分析。通过实施价值工程，可以使设计人员更准确地了解用户所需，以及建筑产品各项功能之间的比例，同时还可以考虑设计专家、建筑材料和设备制造专家、施工单位及其他专家的建议，从而使设计更加合理。

(2) 可以有效地控制工程造价。价值工程需要对研究对象的功能与成本之间的关系进行系统分析。设计人员参与价值工程，就可以避免在设计过程中只重视功能而忽视成本的倾向，在明确功能的前提下，发挥设计人员的创造精神，提出各种实现功能的方案，从中选取最合理的方案。这样既保证了用户所需功能的实现，又有效地控制了工程造价。

(3) 可以节约社会资源。价值工程着眼于寿命周期成本，即研究对象在其寿命期内所发生的全部费用。对于建设工程而言，寿命周期成本包括工程造价和工程使用成本。价值工程的目的是研究对象的最低寿命周期成本，可靠地实现使用者所需功能。实施价值工程既可以避免一味地降低工程造价而导致研究对象功能水平偏低的现象，也可以避免一味地提高使用成本而导致功能水平偏高的现象，使工程造价、使用成本及建筑产品功能合理匹配，节约社会资源消耗。

4) 价值工程方法在项目设计方案评价优选中的应用示例

【例 5.2】现以某设计院在建筑设计中用价值工程方法进行住宅设计方案优选为例，说明价值工程在设计方案评价优选中的应用。

一般来说，同一个工程项目，不同的设计方案会产生功能和成本上的差别，这时可以用价值工程的方法选择优秀设计方案。设计阶段实施价值工程的步骤一般为以下几方面。

(1) 功能分析。

建筑功能是指建筑产品满足社会需要的各种性能的总和。在设计阶段首先要进行功能分析，不同的建筑产品有不同的使用功能，它们通过一系列建筑因素体现出来，反映建筑物的使用要求。例如，住宅工程一般有下列 10 个方面的功能。

① 平面布置。

② 采光通风。

③ 层高与层数。

④ 牢固耐久性。

⑤ "三防"(防火、防震、防空)设施。

⑥ 建筑造型。

⑦ 内外装饰(美观、实用、舒适)。

⑧ 环境设计(日照、绿化、景观)。

⑨ 技术参数(使用面积系数、每户平均用地指标)。

⑩ 便于设计和施工。

(2) 功能评价。

功能评价主要是比较各项功能的重要程度，计算各项功能的评价系数，作为该功能的重要度权数。例如，上述住宅功能采用用户、设计人员、施工人员按各自的权重共同评分的方法计算，如果确定用户意见的权重占 55%、设计人员的意见权重占 30%、施工人员的意见权重占 15%，具体分值计算见表 5.4。

表 5.4 住宅工程功能权重系数计算表

功 能		用户评分		设计人员评分		施工人员评分		功能权重系数 $K=(F_{a_i} \times 55\% + F_{b_i} \times 30\% + F_{c_i} \times 15\%)/100$
		得分 F_{a_i}	$F_{a_i} \times 55\%$	得分 F_{b_i}	$F_{b_i} \times 30\%$	得分 F_{c_i}	$F_{c_i} \times 15\%$	
适用	平面布置 F_1	40	22	30	9	35	5.25	0.3625
	采光通风 F_2	16	8.8	14	4.2	15	2.25	0.1525
	层高层数 F_3	2	1.1	4	1.2	3	0.45	0.0275
	技术参数 F_4	6	3.3	3	0.9	2	0.30	0.0450
安全	牢固耐用 F_5	22	12.1	15	4.5	20	3.00	0.1960
	三防设施 F_6	4	2.2	5	1.5	3	0.45	0.0415
美观	建筑造型 F_7	2	1.1	10	3.0	2	0.30	0.0440
	内外装饰 F_8	3	1.65	8	2.4	1	0.15	0.0420
	环境设计 F_9	4	2.2	6	1.8	6	0.90	0.0490
其他	便于施工 F_{10}	1	0.55	5	1.5	13	1.95	0.0400
小 计		100	55	100	30	100	15	1.0

(3) 计算成本系数。

成本系数计算公式为

$$成本系数 = \frac{某方案每平方米造价}{所有评选方案每平方米造价之和} \qquad (5.18)$$

例如，某住宅设计提供了十几个方案，通过初步筛选，拟选用以下 4 个方案进行综合评价，见表 5.5。

表 5.5　住宅工程成本系数计算表

方案名称	主要特征	单方造价 /(元/m²)	成本系数
A	7 层砖混结构，层高为 3m，240mm 厚的砖墙，钢筋混凝土灌注桩，外装饰较好，内装饰一般，卫生设施较好	534.00	0.2618
B	6 层砖混结构，层高为 2.9m，240mm 厚的砖墙，混凝土带形基础，外装饰一般，内装饰较好，卫生设施一般	505.50	0.2478
C	7 层砖混结构，层高为 2.8m，240mm 厚的砖墙，混凝土带形基础，外装饰较好，内装饰较好，卫生设施较好	553.50	0.2713
D	5 层砖混结构，层高为 2.8m，240mm 厚的砖墙，混凝土带形基础，外装饰一般，内装饰较好，卫生设施一般	447.00	0.2191
小　　计		2040.00	1.00

(4) 计算功能评价系数。

$$功能评价系数 = \frac{某方案功能满足程度总分}{所有参加评选方案功能满足程度总分之和} \qquad (5.19)$$

上例中 A、B、C、D 这 4 个方案的功能评价系数如表 5.6 所示。

表 5.6　住宅工程功能满足程度及功能评价系数计算表

评价因素		方案名称	A	B	C	D
功能因素 F	权重系数 K					
F_1	0.3625	方案满足程度分值 E	10	10	8	9
F_2	0.1525		10	9	10	10
F_3	0.0275		8	9	10	8
F_4	0.0450		9	9	8	8
F_5	0.1960		10	8	9	9
F_6	0.0415		10	10	9	10
F_7	0.0440		9	8	10	8
F_8	0.0420		9	9	8	8
F_9	0.0490		9	9	9	9
F_{10}	0.0400		8	10	8	9
方案满足功能程度总分		$M_j = \sum K \times N_j$	9.685	9.204	8.819	9.071
功能评价系数		$M_j / \sum M_j$	0.2633	0.2503	0.2398	0.2466

注：① N_j 表示 j 方案对应某功能的得分值。

　　② M_j 表示 j 方案满足功能程度总分。

表 5.6 中数据根据下面思路计算，如 A 方案满足功能程度总分，即

M_A=0.3625×10+0.1525×10+0.0275×8+0.045×9+0.196×10+0.0415×10+0.044×9

  +0.042×9+0.049×9+0.04×8

  =9.685

其余依此类推，计算结果见表 5.6。

$$A\ 方案功能评价系数=\frac{M_A}{\sum M_j}=\frac{9.685}{9.685+9.204+8.819+9.071}\approx0.2633$$

其余依此类推，计算结果见表 5.6。

(5) 最优设计方案评选。

运用功能评价系数和成本系数计算价值系数，价值系数最大的方案为最优设计方案，如表 5.7 所示。

$$价值系数=\frac{功能评价系数}{成本系数}\tag{5.20}$$

表 5.7　住宅工程价值系数计算表

方案名称	功能评价系数	成本系数	价值系数	最优方案
A	0.2633	0.2618	1.006	—
B	0.2503	0.2478	1.010	—
C	0.2398	0.2713	0.884	—
D	0.2466	0.2191	1.126	此方案最优

3. 推广标准化设计，优化设计方案

设计标准是国家经济建设的重要技术规范，是进行工程建设勘查、设计、施工及验收的重要依据。各类建设的设计部门制定与执行相应的不同层次的设计标准规范，对于提高工程设计阶段的投资控制水平是十分必要的。

标准化设计又称定型设计、通用设计，是工程建设标准化的组成部分。各类工程建设的构件、配件、零部件、通用的建筑物、构筑物、公用设施等，只要有条件的，都应该实施标准化设计。

因为标准化设计来源于工程建设实际经验和科技成果，是将大量成熟的、行之有效的实际经验和科技成果，按照统一简化、协调选优的原则，提炼上升为设计规范和设计标准，所以设计质量都比一般工程设计质量要高。另外，由于标准化设计采用的都是标准构配件，建筑构配件和工具式模板的制作过程可以从工地转移到专门的工厂中批量生产，使施工现场变成"装配车间"和机械化浇筑场所，把现场的工程量压缩到最低程度。

广泛采用标准化设计，可以提高劳动生产率，加快工程建设进度。在设计过程中，采用标准构件，可以节省设计力量，加快设计图纸的提供速度，大大缩短设计时间。一般可以加快设计速度 1～2 倍，从而使施工准备工作和定制预制构件等生产准备工作提前，缩短整个建设周期。另外，由于生产工艺定型、生产均衡、统一配料、劳动效率提高，因而使标准配件的生产成本大幅度降低。

广泛采用标准化设计，可以节约建筑材料，降低工程造价。由于标准构配件的生产是

在场内大批量生产，便于预制厂统一安排，合理配置资源，发挥规模经济的作用，节约建筑材料。

标准化设计是经过多次反复实践，加以检验和补充完善的，所以能较好地贯彻国家技术经济政策，密切结合自然条件和技术发展水平，合理利用能源资源，充分考虑施工生产、使用维修的要求，既经济又优质。

5.3　设计概算的编制与审查

5.3.1　设计概算的概念与作用

1．设计概算的概念

设计概算是初步设计文件的重要组成部分，它是在投资估算的控制下由设计单位根据初步设计或扩大初步设计的图纸及说明，利用国家或地区颁发的概算指标、概算定额或综合指标预算定额、设备材料预算价格等资料，按照设计要求，概略地计算建筑物或构筑物造价的文件。其特点是编制工作相对简略，无须施工图预算的准确程度。采用二阶段设计的建设项目，初步设计阶段必须编制设计概算；采用三阶段设计的建设项目，扩大初步设计阶段必须编制修正概算。

2．设计概算的作用

(1) 设计概算是编制建设项目投资计划、确定和控制建设项目投资的依据。国家规定，编制年度固定资产投资计划，确定计划投资总额及其构成数额，要以批准的初步设计概算为依据，没有批准的初步设计及其概算的建设工程不能列入年度固定资产投资计划。

经批准的建设项目设计总概算的投资额，是该工程建设投资的最高限额。在工程建设过程中，年度固定资产投资计划安排，银行拨款或贷款、施工图设计及其预算、竣工决算等，未经按规定的程序批准，都不能突破这一限额，以确保国家固定资产投资计划的严格执行和有效控制。

(2) 设计概算是控制施工图设计和施工图预算的依据。设计单位必须按照批准的初步设计及其总概算进行施工图设计，施工图预算不得突破设计概算。如确需突破总概算时，应按规定程序报经审批。

(3) 设计概算是衡量设计方案经济合理性和选择最佳设计方案的依据。根据设计概算可以用来对不同的设计方案进行技术与经济合理性的比较，以便选择最佳的设计方案。

(4) 设计概算是签订建设工程合同和贷款合同的依据。在国家颁布的合同法中明确规定，建设工程合同价款是以设计概、预算价为依据，且总承包合同不得超过设计总概算的投资额。银行贷款或各单项工程的拨款累计总额不能超过设计概算，如果项目投资计划所列投资额与贷款突破设计概算时，必须查明原因，之后由建设单位报请上级主管部门调整或追加设计概算总投资，凡未批准之前，银行对其超支部分拒不拨付。

(5) 设计概算是考核建设项目投资效果的依据。通过设计概算与竣工决算对比，可以分析和考核投资效果的好坏，同时还可以验证设计概算的准确性，有利于加强设计概算管理和建设项目的造价管理工作。

5.3.2 设计概算的内容

设计概算可分为单位工程概算、单项工程综合概算和建设项目总概算三级。各级概算间的相互关系如图5.5所示。

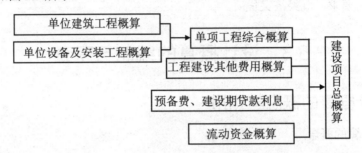

图 5.5 设计概算的三级概算关系框图

1. 单位工程概算

单位工程概算是确定各单位工程建设费用的文件，是编制单项工程综合概算的依据，是单项工程综合概算的组成部分。单位工程概算按其工程性质可分为建筑工程概算和设备及安装工程概算两大类。建筑工程概算包括土建工程概算，给排水、采暖工程概算，通风、空调工程概算，电气、照明工程概算，弱电工程概算，特殊构筑物工程概算等；设备及安装工程概算包括机械设备及安装工程概算，电气设备及安装工程概算，热力设备及安装工程概算，工器具及生产家具购置费概算等。

2. 单项工程综合概算

单项工程综合概算是确定一个单项工程所需建设费用的文件，它是由单项工程中的各单位工程概算汇总编制而成的，是建设项目总概算的组成部分。单项工程综合概算的组成内容如图5.6所示。

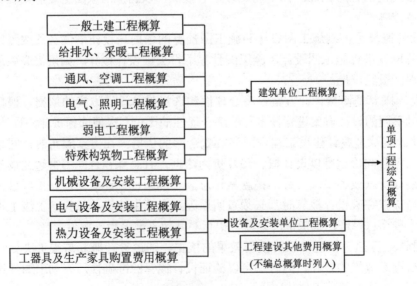

图 5.6 单项工程综合概算的组成

3. 建设项目总概算

建设项目总概算是确定整个建设项目从筹建到竣工验收所需全部费用的文件，它是由各单项工程综合概算、工程建设其他费用概算、预备费和建设期贷款利息概算汇总编制而成的，如图 5.7 所示。

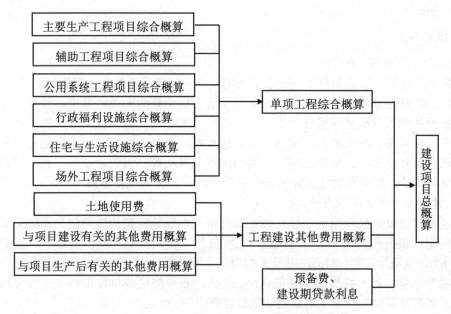

图 5.7　建设项目总概算的组成

5.3.3　设计概算的编制

1. 编制原则

(1) 严格执行国家的建设方针和经济政策的原则。设计概算是一项重要的技术经济工作，要严格按照党和国家的方针、政策办事，坚决执行勤俭节约的方针，严格执行规定的设计标准。

(2) 完整、准确地反映设计内容的原则。编制设计概算时，要认真了解设计意图，根据设计文件、图纸准确计算工程量，避免重算和漏算。设计修改后，要及时修正概算。

(3) 坚持结合拟建工程的实际、反映工程所在地当时价格水平的原则。为提高设计概算的准确性，要实事求是地对工程所在地的建设条件以及可能影响造价的各种因素进行认真的调查研究。在此基础上正确使用定额、指标、费率和价格等各项编制依据，按照现行工程造价的构成，根据有关部门发布的价格信息及价格调整指数，考虑建设期的价格变化因素，使概算尽可能地反映设计内容、施工条件和实际价格。

2. 编制依据

(1) 国家发布的有关法律、法规、规章、规程等。

(2) 批准的可行性研究报告及投资估算、设计图纸等有关资料。

(3) 有关部门颁布的现行概算定额、概算指标、费用定额等和建设项目设计概算编制

办法。

(4) 有关部门发布的人工、设备材料价格、造价指数等。

(5) 建设地区的自然、技术、经济条件等资料。

(6) 有关合同、协议等。

(7) 其他有关资料。

3. 编制方法

1) 单位工程概算的编制

单位工程概算是确定单位工程建设费用的文件,是单项工程综合概算的组成部分。

单位工程概算分建筑工程概算和设备及安装工程概算两大类。其中,设备及安装工程概算包括设备购置费概算和设备安装工程费概算两大部分。建筑及安装单位工程概算投资由人工费、材料费、施工机具使用费、企业管理费、利润、增值税组成。建筑工程概算的编制方法有概算定额法、概算指标法、类似工程预算法等;设备及安装工程概算的编制方法有预算单价法、扩大单价法、设备价值百分比法和综合吨位指标法等。

(1) 建筑工程概算编制方法。

《建设项目设计概算编审规程》规定,建筑工程概算应按构成单位工程的主要分部分项工程编制,根据初步设计(或扩初设计)工程量按工程所在省、市、自治区颁发的概算定额(指标)或行业概算定额(指标),以及工程费用定额计算。对于通用结构建筑可采用"造价指标"编制概算;对于特殊或重要的建(构)筑物,必须按构成单位工程的主要分部分项工程编制,必要时需要结合施工组织设计进行计算。

① 概算定额法。概算定额法又叫扩大单价法或扩大结构定额法,是利用概算定额编制单位建筑工程概算的方法。根据设计图纸资料和概算定额的项目划分计算出工程量,然后套用概算定额单价(基价),计算汇总后,再计取有关费用,便可得出单位工程概算造价。利用概算定额编制概算的具体步骤如下。

第一步,熟悉图纸,了解设计意图、施工条件和施工方法。

第二步,根据概算定额的分部分项工程顺序,列出单位工程中分部工程(或扩大分项工程或扩大结构构件)的项目名称,并计算其工程量。

第三步,确定各分部分项工程项目的概算定额单价。

第四步,根据分部工程的工程量和相应的概算定额单价计算人工、材料、机械费用。

第五步,计算企业管理费、利润和增值税。

第六步,计算单位建筑工程概算造价。

第七步,计算概算编制说明。

概算定额法适用于初步设计达到一定深度,建筑结构尺寸比较明确,能按照初步设计的平面、立面、剖面图纸计算出楼地面、墙身、门窗和屋面等扩大分项工程(或扩大结构构件)工程量的项目。这种方法编制出的概算精度较高;但是编制工作量大,需要大量的人力和物力。

【例 5.3】某市拟建一座建筑面积为 $7560m^2$ 的教学楼,按给出的工程量和扩大单价(见表 5.8)编制出该教学楼土建工程设计概算造价和每平方米造价。企业管理费费率为人工、材料、机械费用之和的 15%,利润率为人工、材料、机械费用与企业管理费之和的 8%,增值税税率为 9%(计算结果:每平方米造价保留一位小数,其余取整)。

表 5.8　某教学楼土建工程量和扩大单价

分部工程名称	单　位	工程量	扩大单价/元
基础工程	10m³	160	2500
混凝土及钢筋混凝土	10m³	150	6800
砌筑工程	100m²	280	3300
地面工程	100m²	40	1100
楼面工程	100m²	90	1800
卷材屋面	100m²	40	4500
门窗工程	100m²	35	5600
石材饰面	10m²	150	3600
脚手架	100m²	180	600
措施	100m²	120	2200

解：根据已知条件和表 5.8 中的数据，求得该教学楼土建工程概算造价(见表 5.9)。

表 5.9　某教学楼土建工程概算造价计算表

序　号	分部工程或费用名称	单　位	工程量	单价/元	合价/元
1	基础工程	10m³	160	2500	400 000
2	混凝土及钢筋混凝土	10m³	150	6800	1 020 000
3	砌筑工程	100m²	280	3300	924 000
4	地面工程	100m²	40	1100	44 000
5	楼面工程	100m²	90	1800	162 000
6	卷材屋面	100m²	40	4500	180 000
7	门窗工程	100m²	35	5600	196 000
8	石材饰面	10m²	150	3600	540 000
9	脚手架	100m²	180	600	108 000
10	措施	100m²	120	2200	264 000
A	人、材、机费用小计		以上 10 项之和		3 838 000
B	管理费		$A \times 15\%$		575 700
C	利润		$(A+B) \times 8\%$		353 096
D	增值税		$(A+B+C) \times 9\%$		429 012
概算造价			$A+B+C+D$		5 195 808
每平方米造价/(元/m²)			$(A+B+C+D)/7560$		687.3

②　概算指标法。概算指标法是利用概算指标编制单位建筑工程概算的方法，是用拟建的厂房、住宅的建筑面积(或体积)乘以技术条件相同或基本相同工程的概算指标，得出人工费、材料费、施工机具使用费合计，然后按规定计算出企业管理费、利润和税金等，

编制出单位建筑工程概算的方法。

概算指标法的适用范围是设计深度不够，不能准确地计算出工程量，但工程设计技术比较成熟而又有类似工程概算指标可以利用。概算指标法主要适用初步设计概算编制阶段的建筑物工程土建、给排水、暖通、照明等，以及较为简单或单一的构筑物工程，计算出的费用精确度不高，往往只起到控制作用。这是由于拟建工程(设计对象)往往与类似工程的概算指标的技术条件不尽相同，而且概算指标编制年份的设备、材料、人工等价格与拟建工程当时当地的价格也不会一样。如果想要提高精确度，需对指标进行调整。其调整方法有以下两种。

由于拟建工程往往与类似工程的概算指标的技术条件不尽相同，而且概算指标编制年份的设备、材料、人工等价格与拟建工程当时当地的价格也不会一样，因此，必须对其进行调整。其调整方法有以下两种。

a. 设计对象的结构特征与概算指标有局部差异时的调整。

$$结构变化修正概算指标(元/m^2)=J+Q_1P_1-Q_2P_2 \tag{5.21}$$

式中：J——原概算指标；

$\quad Q_1$——概算指标中换入结构的工程量；

$\quad Q_2$——概算指标中换出结构的工程量；

$\quad P_1$——概算指标中换入结构的单价；

$\quad P_2$——概算指标中换出结构的单价。

或

结构变化修正概算指标的人工、材料、机械数量=原概算指标的人工、材料、机械数量+换入结构构件工程量×相应定额人工、材料、机械消耗量-换出结构构件工程量×相应定额人工、材料、机械消耗量 (5.22)

以上两种方法，前者是直接修正结构构件指标单价，后者是修正结构构件指标人工、材料、机械数量。

b. 设备、人工、材料、机械台班费用的调整。

$$设备、人工、材料、机械修正概算费用=原概算指标设备、人工、材料、机械费$$
$$+\sum(换入设备、人工、材料、机械数量×拟建地区相应单价)$$
$$-\sum(换出设备、人工、材料、机械数量×原概算指标的设$$
$$备、人工、材料、机械单价) \tag{5.23}$$

【例 5.4】假设新建职工宿舍一座，其建筑面积为 3500m²，按当地概算指标手册查出同类土建工程单位造价为 880 元/ m²(其中人工、材料、机械费为 650 元/ m²)，采暖工程费用为 95 元/m²，给排水工程费用为 72 元/m²，照明工程费用为 180 元/m²。但新建职工宿舍设计资料与概算指标相比较，其结构构件有部分变更。设计资料表明，外墙为 1.5 砖外墙，而概算指标中外墙为 1 砖墙。根据概算指标手册编制期采用的当地土建工程预算价格，外墙带形毛石基础的预算单价为 425.43 元/m³，1 砖外墙的预算单价为 642.50 元/m³，1.5 砖外墙的预算单价为 662.74 元/m³；概算指标中每 100m² 中含外墙带形毛石基础为 3m³，1 砖外墙为 14.93m³。新建工程设计资料表明，每 100m² 中含外墙带形毛石基础为 4m³，1.5 砖外墙为 22.7m³。根据当地造价主管部门颁布的新建项目土建、采暖、给排水、照明等专业工程造价综合调整系数分别为 1.25、1.28、1.23、1.30。

试计算：每平方米土建工程修正概算指标；该新建职工宿舍设计概算金额。

解：

土建工程结构变更人、材、机费用修正指标计算，如表 5.10 所示。

表 5.10 结构变化引起的单价调整

序 号	结构名称	单 位	数量/m³	单价/(元/m³)	单位面积价格/(元/ m²)
	土建工程单位面积造价				650
1	换出部分				
1.1	外墙带形毛石基础	m³	0.03	425.43	12.76
1.2	1 砖外墙	m³	0.1493	642.5	95.93
	换出合计	元			108.69
2	换入部分				
2.1	外墙带形毛石基础	m³	0.04	425.43	17.02
2.2	1.5 砖外墙	m³	0.227	662.74	150.44
	换入合计	元			167.46

土建工程单位面积人、材、机费用修正指标：$650.00-108.69+167.46=708.77(元/m^2)$

每平方米土建工程修正概算指标：$708.77 \times \dfrac{880}{650} \times 1.25 = 1199.46\,(元/m^2)$

该新建职工宿舍设计概算金额为

$(1199.46+95×1.28+72×1.23+180×1.30) ×3500=5\ 752\ 670(元)$

③ 类似工程预算法。类似工程预算法是利用技术条件相类似工程的预算或结算资料，编制拟建单位工程概算的方法。类似工程预算法适用于拟建工程设计与已完工程或在建工程的设计相类似而又没有可用的概算指标时采用，但必须对建筑结构差异和价差进行调整。建筑结构差异的调整方法与概算指标法的调整方法相同，类似工程造价的价差调整有以下两种方法。

a. 类似工程造价资料有具体的人工、材料、机械台班的用量时，可按类似工程预算造价资料中的主要材料用量、工日数量、机械台班用量乘以拟建工程所在地的主要材料预算价格、人工单价、机械台班单价，计算出人、材、机费用合计，再计取相关费税，即可得出所需的造价指标。

b. 类似工程预算成本包括人工费、材料费、施工机具使用费和其他费(指管理等成本支出)时，可按下面公式调整，即

$$D=AK \tag{5.24}$$
$$K=a\%K_1+b\%K_2+c\%K_3+d\%K_4 \tag{5.25}$$

式中：D ——拟建工程单方概算成本；

A ——类似工程单方预算成本；

K ——综合调整系数；

$a\%$、$b\%$、$c\%$、$d\%$——类似工程预算的人工费、材料费、施工机具使用费、其他费占预算成本的比例，如 $a\%=\dfrac{类似工程人工费}{类似工程预算成本}\times 100\%$，$b\%$、$c\%$、$d\%$类同。

K_1,K_2,K_3,K_4——拟建工程地区概算造价与类似工程地区预算造价在人工费、材料费、施工机具使用费和其他费之间的差异系数，如 $K_1=\dfrac{拟建工程概算的人工费(或工资标准)}{类似工程预算人工费(或地区工资标准)}$，$K_2$、$K_3$、$K_4$、$K_5$类同。

【例 5.5】新建一幢教学大楼，建筑面积为 6 000m²，根据下列类似工程施工图预算的有关数据，试用类似工程预算编制概算。已知数据如下。

① 类似工程的建筑面积为 4 600m²，预算成本为 7 856 200 元。

② 类似工程各种费用占预算成本的权重是：人工费 20%、材料费 57%、施工机具使用费 12%、其他费 11%。

③ 拟建工程地区概算造价与类似工程地区预算造价之间的差异系数为 K_1=1.03、K_2=1.04、K_3=0.98、K_4=1.05。

④ 利润和税金率为 18%。

根据上述条件，采用类似工程预算法计算拟建工程概算造价。

解：

① 综合调整系数为：K=20%×1.03+57%×1.04+12%×0.98+11%×1.05=1.032

② 类似工程单方预算成本为：7 856 200/4600=1707.87(元/m²)

③ 拟建教学楼工程单方概算成本为：1707.87×1.032=1762.52(元/m²)

④ 拟建教学楼工程单方概算造价为：1762.52×(1+18%)=2079.77(元/m²)

⑤ 拟建教学楼工程的概算造价为：2079.77×6000=12478620(元)

(2) 设备购置费概算编制方法。

设备购置费是根据初步设计的设备清单计算出设备原价，并汇总求出设备总原价，然后按有关规定的设备运杂费率乘以设备总原价，两项相加即为设备购置费概算，其公式为

$$设备购置费概算=\sum(设备清单中的设备数量\times设备原价)\times(1+运杂费率) \qquad (5.26)$$

或

$$设备购置费概算=\sum(设备清单中的设备数量\times设备预算价格) \qquad (5.27)$$

国产标准设备原价可根据设备型号、规格、性能、材质、数量及附带的配件，向制造厂家询价或向设备、材料信息部门查询或按主管部门规定的现行价格逐项计算。非主要标准设备和工器具、生产家具的原价可按主要标准设备原价的百分比计算，百分比指标按主管部门或地区有关规定执行。

(3) 设备安装工程费概算编制方法。

设备安装工程费概算的编制方法是根据初步设计深度和要求明确的程度来确定的，其主要编制方法有以下几种。

① 预算单价法。当初步设计较深、有详细的设备清单时，可直接按安装工程预算定额单价编制安装工程概算，概算编制程序基本同安装工程施工图预算。该法具有计算比较具体、精确性较高的优点。

② 扩大单价法。当初步设计深度不够，设备清单不完备，只有主体设备或仅有成套设备重量时，可采用主体设备、成套设备的综合扩大安装单价来编制概算。

上述两种方法的具体操作与建筑工程概算相类似。

③ 设备价值百分比法，又叫安装设备百分比法。当初步设计深度不够，只有设备出厂价而无详细规格、重量时，安装费可按占设备费的百分比计算。其百分比值(即安装费率)由主管部门制定或由设计单位根据已完类似工程确定。该法常用于价格波动不大的定型产品和通用设备产品。其公式为

$$设备安装费=设备原价 \times 安装费率(\%) \tag{5.28}$$

④ 综合吨位指标法。当初步设计提供的设备清单有规格和设备重量时，可采用综合吨位指标编制概算，其综合吨位指标由主管部门或由设计院根据已完类似工程资料确定。该法常用于设备价格波动较大的非标准设备和引进设备的安装工程概算。其公式为

$$设备安装费=设备重量 \times 每吨设备安装费指标(元/t) \tag{5.29}$$

2) 单项工程综合概算的编制方法

单项工程综合概算是确定单项工程建设费用的综合性文件，它是由该单项工程各专业的单位工程概算汇总而成的，是建设项目总概算的组成部分。

单项工程综合概算文件一般包括编制说明(不编制总概算时列入)和综合概算表(含其所附的单位工程概算表和建筑材料表)两大部分。当建设项目只有一个单项工程时，此时综合概算文件(实为总概算)除包括上述两大部分外，还应包括工程建设其他费用、建设期贷款利息和预备费的概算。

(1) 编制说明。应列在综合概算表的前面，其内容为以下几方面。

① 编制依据。包括国家和有关部门的规定、设计文件、现行概算定额或概算指标、设备材料的预算价格和费用指标等。

② 编制方法。说明设计概算是采用概算定额法，还是采用概算指标法。

③ 主要设备、材料(钢材、木材、水泥)的数量。

④ 其他需要说明的有关问题。

(2) 综合概算表。根据单项工程所辖范围内的各单位工程概算等基础资料，按照国家或部委所规定统一表格进行编制。工业建设项目综合概算表由建筑工程和设备及安装工程两大部分组成；民用工程项目综合概算表就是建筑工程一项。

(3) 综合概算的费用组成。一般应包括建筑工程费、安装工程费、设备购置及工器具和生产家具购置费所组成。当不编制总概算时，还应包括工程建设其他费、建设期贷款利息和预备费等费用项目。

【例 5.6】单项工程综合概算实例。

某地区铝厂电解车间工程项目综合概算是按工程所在地现行概算定额和价格编制的，如表 5.11 所示，单位工程概算表和建筑材料表从略。

表 5.11 某地区铝厂单项工程概算表

序号	工程或费用名称	概算价值/元					技术经济指标	
		建筑工程费	安装工程费	设备及工器具购置费	工程建设其他费	合　计	数量/m²	单位价值/(元/m²)
①	②	③	④	⑤	⑥	⑦	⑧	⑨
1	建筑工程	4 857 914				4 857 914	3600	1349.4
1.1	一般土建	3 187 475				3 187475		
1.2	电解槽基础	203 800				203 800		
1.3	氧化铝	120 000				120 000		
1.4	工业炉窑	1 268 700				1 286 700		
1.5	工艺管道	25 646				25 646		
1.6	照明	34 293				34 293		
2	设备及安装工程		3 843 972	3 188 173		7 032 145	3600	1953.4
2.1	机械设备及安装		2 005 995	3 153 609		5 159 604		
2.2	电解系列母线安装		1 778 550			1 778 550		
2.3	电力设备及安装		57 337	30 574		87 911		
2.4	自控系统设备及安装		2090	3990		6080		
3	工器具和生产家具购置			47 304		47 304	3600	13.1
4	合计	4 857 914	3 843 972	3 235 477		11 937 363		3315.9
5	占综合概算造价比例/%	40.7	32.2	27.1		100		

3) 建设项目总概算的编制方法

建设项目总概算是设计文件的重要组成部分,是确定整个建设项目从筹建到竣工交付使用所预计花费的全部费用的文件。它是由各单项工程综合概算、工程建设其他费、建设期贷款利息、预备费和经营性项目的铺底流动资金概算所组成,按照主管部门规定的统一表格进行编制而成的。

设计总概算文件一般应包括封面及目录、编制说明、总概算表、工程建设其他费概算表、单项工程综合概算表、单位工程概算表、工程量计算表、分年度投资汇总表、分年度资金流量汇总表、主要材料汇总表与工日数量表等。现将有关主要情况说明如下。

(1) 封面、签署页及目录。

(2) 编制说明。编制说明应包括下列内容。

① 工程概况。简述建设项目性质、特点、生产规模、建设周期、建设地点等主要情况。引进项目要说明引进内容以及与国内配套工程等主要情况。

② 资金来源及投资方式。

③ 编制依据及编制原则。

④ 编制方法。说明设计概算是采用概算定额法,还是采用概算指标法等。

⑤ 投资分析。主要分析各项投资的比例、各专业投资的比例等经济指标。

⑥ 其他需要说明的问题。

(3) 总概算表。编制如表 5.12 所示。

表 5.12　总概算(综合概算)表

建设项目(单项工程):

序号	概算表编号	工程和费用名称	概算价值						技术经济指标			占投资总额/%
			建筑工程费	安装工程费	设备购置费	工器具及生产家具购置费	其他费用	合计	单位	数量	单位价值/元	
		第一部分工程费用 一、主要生产项目										
		二、辅助生产项目										
		三、公用设施工程项目										
		四、生活、福利、文化教育及服务项目										
		第二部分其他工程和费用项目										
		第一、二部分工程费合计										
		预备费										
		建设期利息										
		铺底流动资金										
		总概算价值										

(4) 工程建设其他费用概算表。工程建设其他费用概算按国家、地区或部委所规定的项目和标准确定,并按统一格式编制。

(5) 单项工程综合概算表和建筑安装单位工程概算表。

(6) 工程量计算表和工、料数量汇总表。

(7) 分年度投资汇总表和分年度资金流量汇总表,示例详见表 5.13 和表 5.14。

表 5.13　分年度投资汇总表

序号	主项号	工程项目或费用名称	总投资/万元		分年度投资/万元										备注
			总计	其中外币	第一年		第二年		第三年		第四年		……		
					总计	其中外币	总计	其中外币	总计	其中外币	总计	其中外币	总计	其中外币	

编制:　　　　　　　　　　核对:　　　　　　　　　　审核:

表 5.14　分年度资金流量汇总表

序号	主项号	工程项目或费用名称	资金总供应量/万元		分年度资金供应量/万元										备注
			总计	其中外币	第一年		第二年		第三年		第四年		……		
					总计	其中外币	总计	其中外币	总计	其中外币	总计	其中外币	总计	其中外币	

编制：　　　　　　　　核对：　　　　　　　　审核：

5.3.4　设计概算的审查

1. 审查设计概算的意义

(1) 有利于合理分配投资资金、加强投资计划管理，有助于合理确定和有效控制工程造价。设计概算编制偏高或偏低，不仅影响工程造价的控制，也会影响投资计划的真实性，影响投资资金的合理分配。

(2) 有利于促进概算编制单位严格执行国家有关概算的编制规定和费用标准，从而提高概算的编制质量。

(3) 有利于促进设计的技术先进性与经济合理性。概算中的技术经济指标，是概算的综合反映，与同类工程对比，便可看出它的先进与合理程度。

(4) 有利于核定建设项目的投资规模，可以使建设项目总投资力求做到准确、完整，防止任意扩大投资规模或出现漏项，从而减少投资缺口，缩小概算与预算之间的差距，避免故意压低概算投资，搞"钓鱼"项目，最后导致实际造价大幅度地突破概算。

(5) 经审查的概算，有利于为建设项目投资的落实提供可靠的依据。备足投资，不留缺口，有助于提高建设项目的投资效益。

2. 设计概算的审查内容

1) 审查设计概算的编制依据

(1) 依据的合法性。采用的各种编制依据必须经过国家和授权机关的批准，符合国家的编制规定，未经批准的不能采用；不能强调情况特殊，擅自提高概算定额、指标或费用标准。

(2) 依据的时效性。各种依据，如定额、指标、价格、取费标准等，都应根据国家有关部门的现行规定执行，注意有无调整和新的规定，如有则应按新的调整办法和规定执行。

(3) 依据的适用范围。各种编制依据都有规定的适用范围，如各主管部门规定的各种专业定额及其取费标准，只适用于该部门的专业工程；各地区规定的各种定额及其取费标准，只适用于该地区范围内，特别是地区的材料预算价格区域性更强。例如，某市有该市

区的材料预算价格，又编制了郊区内一个矿区的材料预算价格，在编制该矿区某工程概算时，应采用该矿区的材料预算价格。

2) 审查设计概算的编制深度及范围

(1) 审查编制说明。检查概算的编制方法、深度和编制依据等重大原则问题，若编制说明有差错，具体概算必有差错。

(2) 审查概算的编制深度。一般大中型项目的设计概算，应有完整的编制说明和"三级概算"(即总概算表、单项工程综合概算表、单位工程概算表)，并按有关规定的深度进行编制。审查其编制深度是否到位，有无随意简化的情况。

(3) 审查概算的编制范围。审查概算编制范围及具体内容是否与主管部门批准的建设项目范围及具体工程内容一致；审查分期建设项目的建筑范围及具体工程内容有无重复交叉，是否重复计算或漏算；审查其他费用应列的项目是否符合规定，静态投资、动态投资和经营性项目铺底流动资金是否分别列出等。

3) 审查设计概算的内容

(1) 审查概算的编制是否符合党的方针、政策，是否根据工程所在地的自然条件编制。

(2) 审查建设规模(投资规模、生产能力等)、建设标准(用地指标、建筑标准等)、配套工程、设计定员等是否符合原批准的可行性研究报告或立项批文的标准。对总概算投资超过批准投资估算 10%以上的，应查明原因，重新上报审批。

(3) 审查编制方法、计价依据和程序是否符合现行规定，包括定额或指标的适用范围和调整方法是否正确。进行定额或指标的补充时，要求补充定额的项目划分、内容组成、编制原则等要与现行的定额精神相一致等。

(4) 审查工程量是否正确。工程量的计算是否根据初步设计图纸、概算定额、工程量计算规则和施工组织设计的要求进行，有无多算、重算和漏算，尤其对工程量大、造价高的项目要重点审查。

(5) 审查材料用量和价格。审查主要材料(钢材、木材、水泥、砖)的用量数据是否正确，材料预算价格是否符合工程所在地的价格水平，材料价差调整是否符合现行规定及其计算是否正确等。

(6) 审查设备规格、数量和配置是否符合设计要求，是否与设备清单相一致，设备预算价格是否真实，设备原价和运杂费的计算是否正确，非标准设备原价的计价方法是否符合规定，进口设备的各项费用的组成及计算程序、方法是否符合国家主管部门的规定。

(7) 审查建筑安装工程的各项费用的计取是否符合国家或地方有关部门的现行规定，计算程序和取费标准是否正确。

(8) 审查综合概算、总概算的编制内容、方法是否符合现行规定和设计文件的要求，有无设计文件外项目，有无将非生产性项目以生产性项目列入。

(9) 审查总概算文件的组成内容，是否完整地包括了建设项目从筹建到竣工投产为止的全部费用。

(10) 审查工程建设其他各项费用。这部分费用内容多、弹性大，约占项目总投资 25%以上，要按国家和地区规定逐项审查，不属于总概算范围的费用项目不能列入概算，具体费率或计取标准是否按国家、行业有关部门规定计算，有无随意列项，有无多列、交叉计列和漏项等。

(11) 审查项目的"三废"治理。拟建项目必须同时安排"三废"(废水、废气、废渣)的治理方案和投资，对于未作安排、漏项或多算、重算的项目，要按国家有关规定核实投资，以满足"三废"排放达到国家标准。

(12) 审查技术经济指标。技术经济指标计算方法和程序是否正确，综合指标和单项指标与同类型工程指标相比，是偏高还是偏低，其原因是什么，并予以纠正。

(13) 审查投资经济效果。设计概算是初步设计经济效果的反映，要按照生产规模、工艺流程、产品品种和质量，从企业的投资效益和投产后的运营效益全面分析，是否达到了先进可靠、经济合理的要求。

3. 审查设计概算的方法

采用适当方法审查设计概算，是确保审查质量、提高审查效率的关键。常用方法有以下几种。

1) 对比分析法

对比分析法主要是指通过建设规模、标准与立项批文对比；工程数量与设计图纸对比；综合范围、内容与编制方法、规定对比；各项取费与规定标准对比；材料、人工单价与统一信息对比；引进设备、技术投资与报价要求对比；技术经济指标与同类工程对比等，以发现设计概算存在的主要问题和偏差。

2) 查询核实法

查询核实法是指对一些关键设备和设施、重要装置、引进工程图纸不全、难以核算的较大投资进行多方查询核对，逐项落实的方法。主要设备的市场价向设备供应部门或招标公司查询核实；重要生产装置、设施向同类企业(工程)查询了解；引进设备价格及有关费税向进出口公司调查落实；复杂的建筑安装工程向同类工程的建设、承包、施工单位征求意见；深度不够或不清楚的问题直接同原概算编制人员、设计者询问清楚。

3) 联合会审法

联合会审法是指联合会审前，可先采取多种形式分头审查，包括设计单位自审，主管、建设、承包单位初审，工程造价咨询公司评审，邀请同行专家预审，审批部门复审等，经层层审查把关后，由有关单位和专家进行联合会审。在会审大会上，由设计单位介绍概算编制情况及有关问题，各有关单位、专家汇报初审、预审意见，然后进行认真分析、讨论，结合对各专业技术方案的审查意见所产生的投资增减，逐一核实原概算出现的问题。经过充分协商，认真听取设计单位意见后，实事求是地处理和调整。

通过以上复审后，对审查中发现的问题和偏差，按照单项、单位工程的顺序，先按设备费、安装费、建筑费和工程建设其他费用分类整理，然后按照静态投资、动态投资和铺底流动资金三大类，汇总核增或核减的项目及其投资额，最后将具体审核数据，按照"原编概算""审核结果""增减投资""增减幅度"4栏列表，并按照原总概算表汇总顺序将增减项目逐一列出，相应调整所属项目投资合计，再依次汇总审核后的总投资及增减投资额。对于差错较多、问题较大或不能满足要求的，责成编制人员按会审意见修改返工后，重新报批；对于无重大原则问题、深度基本满足要求、投资增减不多的，当场核定概算投资额，并提交审批部门复核后，正式下达审批概算。

5.4　施工图预算的编制与审查

5.4.1　施工图预算的概念与作用

1. 施工图预算的概念

施工图预算是以施工图设计文件为依据,按照规定的程序、方法和依据,在工程施工前对工程项目的工程费用进行的预测与计算。施工图预算的成果文件称为施工图预算书,也简称施工图预算。

2. 施工图预算的作用

(1) 对于工程造价管理部门来说,施工图预算是监督、检查执行定额标准,合理确定工程造价,测算造价指数的依据。

(2) 施工图预算是施工单位在施工前组织材料、机具、设备及劳动力供应的重要参考,是施工企业编制进度计划、统计完成工作量、进行经济核算的参考依据,是甲、乙双方办理工程结算和拨付工程款的参考依据,也是施工单位拟定降低成本措施和按照工程量清单计算结果编制施工预算的依据。

(3) 建设工程施工图预算是招投标的重要基础,既是工程量清单的编制依据,也是招标控制价编制的依据。《中华人民共和国招标投标法》自实施以来,市场竞争日趋激烈,施工企业一般根据自身特点确定报价,传统的施工图预算在投标报价中的作用将逐渐弱化,但是,施工图预算的原理、依据、方法和编制程序,仍是投标报价的重要参考资料。

5.4.2　施工图预算的内容

施工图预算有单位工程施工图预算、单项工程施工图预算和建设项目总预算。

单位工程施工图预算,简称单位工程预算,是根据施工图设计文件、现行预算定额、费用定额以及人工、材料、设备、机械台班等预算价格资料,以单位工程为对象编制的建筑安装工程费用施工图预算;然后汇总各单位工程施工图预算,成为单项工程施工图预算(简称单项工程预算);再汇总各个单项工程施工图预算和工程建设其他费用估算,形成最终的建设项目总预算。

单位工程预算包括建筑工程预算和设备安装工程预算。建筑工程预算按其工程性质分为一般土建工程预算、装饰装修工程预算、给排水工程预算、采暖通风工程预算、煤气工程预算、电气照明工程预算、弱电工程预算、特殊构筑物(如炉窑、烟囱、水塔等)工程预算和工业管道工程预算等。设备安装工程预算可分为机械设备安装工程预算、电气设备安装工程预算和热力设备安装工程预算等。

5.4.3　施工图预算的编制

1. 编制依据

(1) 国家、行业和地方政府主管部门颁布的有关工程建设和造价管理的法律、法规和

规章。

(2) 经过批准和会审的施工图设计文件，包括设计说明书、设计图纸及采用的标准图、图纸会审纪要、设计变更通知单及经建设主管部门批准的设计概算文件。

(3) 工程地质、水文、地貌、交通、环境及标高测量等勘查、勘测资料。

(4) 《建设工程工程量清单计价规范》(GB 50500—2013)和专业工程工程量计算规范或预算定额(单位估价表)，地区材料市场与预算价格等相关信息以及颁布的人、材、机预算价格，工程造价信息，取费标准，政策性调价文件等。

(5) 当采用新结构、新材料、新工艺、新设备而定额缺项时，按规定编制的补充预算定额。

(6) 合理的施工组织设计和施工方案等文件。

(7) 招标文件、工程合同或协议书，它明确了施工单位承包的工程范围，应承担的义务和享有的权利。

(8) 项目有关的设备、材料供应合同、价格及相关说明书。

(9) 项目的技术复杂程度，以及新技术、专利使用情况等。

(10) 项目所在地区有关的气候、水文、地质地貌等的自然条件。

(11) 项目所在地区有关的经济、人文等社会条件。

(12) 预算工作手册、常用的各种数据、计算公式、材料换算表、常用标准图集及各种必备的工具书。

2. 施工图预算的编制方法

1) 施工图预算的编制方法综述

施工图预算是按照单位工程→单项工程→建设项目逐级编制和汇总的，所以，施工图预算编制的关键在于单位工程施工图预算。

施工图预算的编制可以采用工料单价法和综合单价法。工料单价法是指分部分项工程的单价为人、材、机单价，以分部分项工程量乘以对应分部分项工程单价汇总后另加企业管理费、利润、税金生成单位工程施工图预算造价。按照分部分项工程单价产生的方法不同，工料单价法又可以分为预算单价法和实物量法。而综合单价法是适应市场经济条件的工程量清单计价模式下的施工图预算编制方法。

2) 实物量法

用实物量法编制单位工程施工图预算，就是根据施工图计算的各分部分项工程量分别乘以地区定额中人工、材料、施工机械台班的定额消耗量，分类汇总得出该单位工程所需的全部人工、材料、施工机械台班消耗数量，然后再乘以当时当地人工工日单价、各种材料单价、施工机械台班单价，求出相应的人工费、材料费、施工机具使用费。企业管理费、利润及税金等费用计取方法与预算单价法相同。

$$人工费=综合工日消耗量×综合工日单价 \tag{5.30}$$

$$材料费=\sum(各种材料消耗量×相应材料单价) \tag{5.31}$$

$$施工机具使用费=\sum(各种机械消耗量×相应机具台班单价) \tag{5.32}$$

实物量法的优点是能比较及时地将反映各种人工、材料、机械的当时当地市场单价计入预算价格，不需调价，反映当时当地的工程价格水平。

实物量法编制施工图预算的基本步骤如下。

(1) 编制前的准备工作。全面收集各种人工、材料、机械台班的当时当地的市场价格，应包括不同品种、规格的材料预算单价，不同工种、等级的人工工日单价，不同种类、型号的施工机械台班单价等。要求获得的各种价格应全面、真实、可靠。

(2) 熟悉图纸等设计文件和预算定额。

(3) 了解施工组织设计和施工现场情况。

(4) 划分工程项目和计算工程量。

(5) 套用定额消耗量，计算人工、材料、机械台班消耗量。根据地区定额中人工、材料、施工机械台班的定额消耗量，乘以各分项工程的工程量，分别计算出各分项工程所需的各类人工工日数量、各类材料消耗数量和各类施工机械台班数量。

(6) 计算并汇总单位工程的人工费、材料费和施工机具使用费。在计算出各分部分项工程的各类人工工日数量、材料消耗数量和施工机械台班数量后，再按类别相加汇总求出该单位工程所需的各种人工、材料、施工机械台班的消耗数量，然后分别乘以当时当地相应人工、材料、施工机械台班的实际市场单价，即可求出单位工程的人工费、材料费、施工机具使用费。

(7) 计算其他费用，汇总工程造价。根据规定程序计算企业管理费、利润和增值税等其他费用。将人工费、材料费、施工机具使用费、企业管理费、利润和增值税等汇总即为单位工程预算造价。

5.4.4　施工图预算的审查

1. 审查施工图预算的意义

施工图预算编完之后，加强施工图预算的审查，具有以下意义。

(1) 有利于控制工程造价，克服和防止预算超概算。

(2) 有利于加强固定资产投资管理，节约建设资金。

(3) 有利于施工承包合同价的合理确定和控制。因为施工图预算对于招标工程来说，它是编制招标控制价的依据；对于不宜招标工程来说，它是合同价款结算的基础。

(4) 有利于积累和分析各项技术经济指标，不断提高设计水平。通过审查工程预算，核实了预算价值，为积累和分析技术经济指标，提供了准确数据，进而通过有关指标的比较，找出设计中的薄弱环节，以便及时改进，不断提高设计水平。

2. 审查施工图预算的内容

审查施工图预算的重点，应放在以下几个方面。

(1) 审查工程量。

(2) 审查设备、材料的预算价格。

(3) 审查预算单价的套用。

(4) 审查有关费用项目及其计取。

3. 审查施工图预算的方法

审查施工图预算的方法较多，主要有全面审查法、标准预算审查法、分组计算审查

法、对比审查法、筛选审查法、重点抽查法、利用手册审查法和分解对比审查法。

1) 全面审查法

全面审查法又叫逐项审查法，就是按预算定额顺序或施工的先后顺序，逐一地全部进行审查的方法。其具体计算方法和审查过程与编制施工图预算基本相同。此方法的优点是全面、细致，经审查的工程预算差错比较少，质量比较高；缺点是工作量大。对于一些工程量比较小、工艺比较简单的工程，编制工程预算的技术力量又比较薄弱，可采用全面审查法。

2) 标准预算审查法

标准预算审查法是对于利用标准图纸或通用图纸施工的工程，先集中力量编制标准预算，以此为标准审查预算的方法。按标准图纸设计或通用图纸施工的工程一般上部结构和做法相同，可集中力量细审一份预算或编制一份预算，作为这种标准图纸的标准预算，或用这种标准图纸的工程量为标准，对照审查，而对局部不同的部分作单独审查即可。这种方法的优点是时间短、效果好、易定案；缺点是只适应按标准图纸设计的工程，适用范围小。

3) 分组计算审查法

分组计算审查法是一种加快审查工程量速度的方法，把预算中的项目划分为若干组，并把相邻且有一定内在联系的项目编为一组，审查或计算同一组中某个分项工程量，利用工程量间具有相同或相似计算基础的关系，判断同组中其他几个分项工程量计算的准确程度的方法。

4) 对比审查法

对比审查法是用已建成工程的预算或虽未建成但已审查修正的工程预算对比审查拟建类似工程预算的一种方法。

5) 筛选审查法

筛选审查法是统筹法的一种，也是一种对比方法。建筑工程虽然有建筑面积和高度的不同，但是它们的各个分部分项工程的工程量、造价、用工量在每个单位面积上的数值变化不大，把这些数据加以汇集、优选，归纳为工程量、造价(价值)、用工 3 个单方基本值表，并注明其适用的建筑标准。这些基本值犹如"筛子孔"，用来筛选各分部分项工程，筛下去的就不审查了，没有筛下去的就意味着此分部分项的单位建筑面积数值不在基本值范围内，应对该分部分项工程详细审查。当所审查的预算的建筑面积标准与"基本值"所适用的标准不同时，就要对其进行调整。

6) 重点抽查法

重点抽查法是抓住工程预算中的重点进行审查的方法。审查的重点一般是工程量大或造价较高、工程结构复杂的工程，补充单位估价表，计取各项费用(计费基础、取费标准等)。

7) 利用手册审查法

利用手册审查法是把工程中常用的构件、配件事先整理成预算手册，按手册对照审查的方法。例如，工程常用的预制构配件，如洗池、大便台、检查井、化粪池、碗柜等，几乎每个工程都有，把这些按标准图集计算出工程量，套上单价，编制成预算手册使用，可大大简化预结算的编审工作。

8) 分解对比审查法

一个单位工程，按直接费与间接费进行分解，然后把直接费按工种和分部工程进行分解，分别与审定的标准预算进行对比分析的方法，叫分解对比审查法。

4. 审查施工图预算的步骤

1) 做好审查前的准备工作

(1) 熟悉施工图纸。施工图是编审预算分项数量的重要依据，必须全面了解，核对所有图纸，清点无误后依次识读。

(2) 了解预算包括的范围。根据预算编制说明，了解预算包括的工程内容，如配套设施、室外管线、道路以及会审图纸后的设计变更等。

(3) 弄清预算采用的单位估价表。任何单位估价表或预算定额都有一定的适用范围，应根据工程性质，搜集并熟悉相应的单价、定额资料。

2) 选择合适的审查方法，按相应内容审查

由于工程规模、繁简程度不同，施工方法和施工企业情况不一样，所编工程预算的质量也不同。因此，需选择适当的审查方法进行审查。

3) 调整预算

综合整理审查资料，并与编制单位交换意见，定案后编制调整预算。审查后，需要进行增加或核减的，经与编制单位协商，统一意见后，进行相应的修正。

5.5　案　例　分　析

【案例一】

背景：

某开发公司造价工程师针对设计院提出的某商住楼的 A、B、C 这 3 个设计方案进行了技术经济分析和专家调查，得到表 5.15 所示的数据。

表 5.15　某商住楼各方案功能数据

方案功能	各方案功能得分			方案功能重要系数
	A	B	C	
F_1	9	9	8	0.25
F_2	8	10	10	0.35
F_3	10	7	9	0.25
F_4	9	10	9	0.1
F_5	8	8	6	0.05
单方造价/(元/m²)	1325	1118	1226	

问题：

1. 在表 5.16 中计算各方案成本系数、功能系数和价值系数，计算结果保留小数点后 4

位(其中功能系数要求列出计算式),并确定最优方案。

2. 简述价值工程的工作步骤和阶段划分。

表 5.16　价值系数计算表

方案名称	单方造价/(元/m²)	成本系数	功能系数	价值系数	最优方案
A					
B					
C					
合计					

分析要点:

本案例的考核重点在以下两个方面:第一是价值工程的工作程序;第二是利用价值工程方法进行方案评价。

1) 价值工程的工作程序

价值工程的工作程序是根据价值工程的理论体系和方法特点系统展开的。按照国标《价值工程基本术语和一般工作程序》(GB 8223—1987)的规定,价值工程的工作程序分为4 个阶段,各阶段名称及工作步骤如表 5.17 所示。

表 5.17　价值工程的一般工作程序

阶　段	步　骤	说　明
准备阶段	(1) 对象选择	应明确目标、限制条件和分析范围
	(2) 组成价值工程领导小组	一般由项目负责人、专业技术人员、熟悉价值工程的人员组成
	(3) 制订工作计划	包括具体执行人、执行日期、工作目标等
分析阶段	(4) 收集整理信息资料	此项工作应贯穿于价值工程的全过程
	(5) 功能系统分析	明确功能特性要求,并绘制功能系统图
	(6) 功能评价	确定功能目标成本,确定功能改进区域
创新阶段	(7) 方案创新	提出各种不同的实现功能的方案
	(8) 方案评价	从技术、经济和社会等方面综合评价各种方案达到预定目标的可行性
	(9) 提案编写	将选出的方案及有关资料编写成册
实施阶段	(10) 审批	由主管部门组织进行
	(11) 实施与检查	制订实施计划、组织实施,并跟踪检查
	(12) 成果鉴定	对实施后取得的技术经济效果进行成果鉴定

2) 利用价值工程进行方案评价

对方案进行评价的方法很多,其中在利用价值工程的原理对方案进行综合评价的方法中,常用的是加权评分法。

加权评分法是一种用权数大小来表示评价值的主次程序,用满足程度评分表示方案某项指标水平的高低,以方案的综合评分作为择优依据的方法。它的主要特点是同时考虑功能与成本两方面的因素,以价值系数大者为最优。加权评分法的基本步骤如下。

(1) 计算方案的成本系数。其计算公式为

$$某方案成本系数 = \frac{该方案成本}{\sum 各方案成本}$$

(2) 确定功能重要性系数。其计算公式为

$$某项功能重要性系数 = \frac{\sum(该功能各评价指标得分 \times 评价指标权重)}{评价指标得分之和}$$

(3) 计算方案功能评价系数。其计算公式为

$$某方案功能评价系数 = \frac{方案评定总分}{\sum 各方案评定总分}$$

其中：

$$方案评定总分 = \sum(各功能重要性系数 \times 方案对各功能的满足程度得分)$$

(4) 计算方案价值系数。其计算公式为

$$某方案价值系数 = \frac{该方案功能评价系数}{该方案成本系数}$$

本例中以价值系数最高的方案为最佳方案。

参考答案：

问题 1：

(1) 计算功能系数，先计算各方案功能得分。

A 方案：$F_A = 9 \times 0.25 + 8 \times 0.35 + 10 \times 0.25 + 9 \times 0.10 + 8 \times 0.05 = 8.85$(分)

同理可计算出：$F_B = 8.90$ 分

$\qquad\qquad\quad F_C = 8.95$ 分

再计算各方案各项功能得分之和。

$$F = \sum F_i = F_A + F_B + F_C = 8.85 + 8.9 + 8.95 = 26.7(分)$$

最后计算各方案功能系数。

A 方案：$\phi_A = F_A \div \sum F_i = 8.85 \div 26.7 \approx 0.3315$

B 方案：$\phi_B = F_B \div \sum F_i = 8.90 \div 26.7 \approx 0.3333$

C 方案：$\phi_C = F_C \div \sum F_i = 8.95 \div 26.7 \approx 0.3352$

(2) 将上述计算结果填入表 5.18 中。

表 5.18　功能系数表

方案名称	方案单方造价/(元/m²)	成本系数	功能系数	价值系数	最优方案
A	1325	0.3611	0.3315	0.918	
B	1118	0.3047	0.333	1.0939	最优
C	1226	0.3342	0.3352	1.003	
合计	3669	1	1		

表 5.18 中的成本系数计算举例如下。

A 方案成本系数为

$$C_A = 1325 \div 3669 \approx 0.3611$$

表 5.18 中的价值系数计算举例如下。

A 方案价值系数为

$$V_A = 0.3315 \div 0.3611 \approx 0.918$$

问题 2：

价值工程的工作步骤和阶段划分见表 5.17。

【案例二】

背景：

某开发商拟开发一幢商住楼，有以下 3 种可行的设计方案。

方案 A：结构方案为大柱网框架轻墙体系，采用预应力大跨度叠合楼板，墙体材料采用多孔砖及移动式可拆装式分室隔墙，窗户采用单框双玻璃钢塑窗，面积利用系数为 93%，单方造价为 1437.47 元/m²。

方案 B：结构方案同 A，墙体采用内浇外砌，窗户采用单框双玻璃空腹钢窗，面积利用系数为 87%，单方造价为 1108 元/m²。

方案 C：结构方案采用砖混结构体系，采用多孔预应力板，墙体材料采用标准黏土砖。窗户采用玻璃空腹钢窗，面积利用系数为 70.69%，单方造价为 1081.81 元/m²。

方案功能得分及重要系数见表 5.19。

表 5.19　方案功能得分及重要系数

方案功能	方案功能得分			方案功能重要系数
	A	B	C	
结构体系 F_1	10	10	8	0.25
模板类型 F_2	10	10	9	0.05
墙体材料 F_3	8	9	7	0.25
面积系数 F_4	9	8	7	0.35
窗户类型 F_5	9	7	8	0.10

问题：

1. 应用价值工程方法选择最优设计方案。

2. 为控制工程造价和进一步降低费用，拟针对所选的最优设计方案的土建工程部分，以工程材料费为对象开展价值工程分析。将土建工程划分为 4 个功能项目，各功能项目评分值及其目前成本如表 5.20 所示。按限额设计要求目标成本额应控制为 12 170 万元。

表 5.20　基础资料表

序　号	功能项目	功能评分	目前成本/万元
1	桩基围护工程	11	1520
2	地下室工程	10	1482
3	主体结构工程	35	4705
4	装饰工程	38	5105
	合计	94	12 812

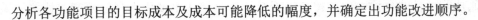

分析各功能项目的目标成本及成本可能降低的幅度，并确定出功能改进顺序。

参考答案：

问题 1：

(1) 成本系数计算见表 5.21。

表 5.21　成本系数计算表

方案名称	单方造价/(元/m²)	成本系数
A	1437.47	0.3963
B	1108	0.3055
C	1081.81	0.2982
合计	3627.28	1

(2) 功能因素评分与功能系数计算见表 5.22。

表 5.22　功能因素评分与功能系数计算表

功能因素	重要系数	方案功能得分加权值 $\phi_i S_{ij}$		
		A	B	C
F_1	0.25	0.25×10=2.5	0.25×10=2.5	0.25×8=2.0
F_2	0.05	0.05×10=0.5	0.05×10=0.5	0.05×9=0.45
F_3	0.25	0.25×8=2.0	0.25×9=2.25	0.25×7=1.75
F_4	0.35	0.35×9=3.15	0.35×8=2.8	0.35×7=2.45
F_5	0.1	0.1×9=0.9	0.1×7=0.7	0.1×8=0.8
各方案加权平均总分 $\sum \phi_i S_{ij}$		9.05	8.75	7.45
功能系数 $\sum \phi_i S_{ij} / \sum_i \sum_j \phi_i S_{ij}$		9.05÷(9.05+8.75+7.45)	0.347	0.295

(3) 计算各方案价值系数，如表 5.23 所示。

表 5.23　各方案价值系数计算表

方案名称	功能系数	成本系数	价值系数	选　优
A	0.358	0.3963	0.903	最优
B	0.347	0.3055	1.136	—
C	0.295	0.2982	0.989	—

(4) 根据对 A、B、C 方案进行价值工程分析，B 方案价值系数最高，为最优方案。

问题 2：

A 功能项目的评分为 11，功能系数 $F=11 \div 94 \approx 0.1170$；目前成本为 1520 万元，成本系数 $C=1520 \div 12\ 812 \approx 0.1186$；价值系数 $V=F \div C=0.117 \div 0.1186 \approx 0.9865<1$，成本比例偏高，需作重点分析，寻找降低成本途径。根据功能系数 0.1170，目标成本只能确定为 $12\ 170 \times 0.1170=1423.89$(万元)，需成本降低幅度 $1520-1423.89 \approx 96.11$(万元)。

其他功能项目的分析同理，按功能系数计算目标成本及成本降低幅度，计算结果见表 5.24。

表 5.24 成本降低幅度表

序号	功能项目	功能评分	功能系数	目前成本/万元	成本系数	价值系数	目标成本/万元	成本降低幅度/万元
1	A.桩基围护工程	11	0.117	1520	0.1186	0.9865	1423.89	96.11
2	B.地下室工程	10	0.1064	1482	0.1157	0.9196	1294.89	187.11
3	C.主体结构工程	35	0.3723	4705	0.3672	1.0139	4530.89	174.11
4	D.装饰工程	38	0.4043	5105	0.3985	1.0146	4920.33	184.67
	合计	94	1	12 812	1		12 170	642

根据表 5.24 所列的计算结果，功能项目的优先改进顺序为 B、D、C、A。

习　题

一、单项选择题

1. 某地坪原设计用煤渣浇捣，造价为 40 万元以上，后通过功能和成本关系的分析用某工程废料代替煤渣，这样不仅提高了原有的坚实功能，又节省投资 10 万元。根据价值工程原理，这体现了提高价值的(　　)的途径。

　　A. 功能提高，成本不变　　　　　　　　B. 功能不变，成本降低

　　C. 功能和成本都提高，但功能提高幅度更大　　D. 功能提高，成本降低

2. 下列关于民用建筑设计与工程造价的关系，正确的是(　　)。

　　A. 住宅的层高和净高增加，会使工程造价随之增加

　　B. 圆形住宅既有利于施工，又能降低造价

　　C. 小区的住宅密度指标越高越好

　　D. 住宅层数越多，造价越低

3. 某工程共有 3 个方案。方案一的功能评价系数为 0.61，成本评价系数为 0.55；方案二的功能评价系数为 0.63，成本评价系数为 0.6；方案三的功能评价系数为 0.69，成本评价系数为 0.50，则根据价值工程原理确定的最优方案为(　　)。

　　A. 方案一　　　　　B. 方案二　　　　　C. 方案三　　　　D. 无法确定

4. 某建设项目有 4 个方案，其评价指标如表 5.25 所示，根据价值工程原理，最好的方案是(　　)。

表 5.25 方案评价指标

方案	甲	乙	丙	丁
功能评价总分	12	9	14	13
成本系数	0.22	0.18	0.35	0.25

　　A. 甲　　　　　　　　B. 乙　　　　　　　　C. 丙　　　　　　　　D. 丁

5. 当初步设计达到一定深度，建筑结构比较明确时，编制建筑工程概算可以采用( )。

　　A. 单位工程指标法　　　　　　　　B. 概算指标法

　　C. 概算定额法　　　　　　　　　　D. 类似工程概算法

6. 拟建砖混结构住宅工程，其外墙采用贴釉面砖，每平方米建筑面积消耗量为 0.9m^2，釉面砖全费用单价为 50 元/m^2。类似工程概算指标为 58 050 元/100m^2，外墙采用水泥砂浆抹面，每平方米建筑面积消耗量为 0.92m^2，水泥砂浆抹面全费用单价为 9.5 元/m^2，则该砖混结构工程修正概算指标为( )元/m^2。

　　A. 571.22　　　　　　B. 616.76　　　　　　C. 625.00　　　　　　D. 633.28

7. 下列民用住宅建筑设计影响工程造价的因素，分析正确的是( )。

　　A. 民用住宅的层高一般不宜超过 2.6m

　　B. 在矩形民用住宅建筑中，以长∶宽=2∶1 为佳

　　C. 民用建筑中中层住宅具有降低造价和使用费用以及节约用地的优点

　　D. 四居室的设计比三居室的设计降低 1.5%的工程造价

8. 对单位工程概算理解正确的是( )。

　　A. 单位工程概算是单项工程综合概算的组成部分

　　B. 单项工程综合概算是编制单位工程概算的依据

　　C. 若干单项工程概算汇总后成为单位工程概算

　　D. 单位工程概算按工程性质分为基础建设概算和更新改造项目概算

9. 审查施工图预算的方法很多，其中全面、细致、质量高的审查方法是( )。

　　A. 分组计算审查法　　　　　　　　B. 对比法

　　C. 全面审查法　　　　　　　　　　D. 筛选法

10. 在住宅小区规划设计中，节约用地的主要措施有( )。

　　A. 增加建筑的间距　　　　　　　　B. 提高住宅层数或高低层搭配

　　C. 缩短房屋长度　　　　　　　　　D. 压缩公共建筑的层数

二、多项选择题

1. "三阶段设计"是指( )。

　　A. 总体设计　　　　　　B. 初步设计　　　　　　C. 技术设计

　　D. 修正设计　　　　　　E. 施工图设计

2. 总平面设计中影响工程造价的因素包括( )。

　　A. 占地面积　　　　　　B. 功能分区　　　　　　C. 环保措施

　　D. 主要燃料、材料供应　　E. 运输方式选择

3. 工业设计是由( )组成的。

　　A. 建筑设计　　　　　　B. 水电设计　　　　　　C. 总平面设计

　　D. 工艺设计　　　　　　E. 户型设计

4. 工业项目建筑设计评价指标主要有( )。

　　A. 单位面积造价　　　　　　　　　B. 建筑物周长与建筑面积比

　　C. 厂房展开面积　　　　　　　　　D. 工程建造成本

　　E. 厂房有效面积与建筑面积比

5. 建筑单位工程概算常用的编制方法包括(　　)。
　　A. 预算单价法　　　　　　　B. 概算定额法　　　　　C. 造价指标法
　　D. 概算指标法　　　　　　　E. 类似工程预算法

6. 建筑单位工程概预算的审查内容包括(　　)。
　　A. 工艺流程　　　　　　　　　　　　B. 工程量
　　C. 经济效果　　　　　　　　　　　　D. 采用的定额或指标
　　E. 材料预算价格

7. 民用建筑项目小区规划设计评价指标主要包括(　　)。
　　A. 建筑系数　　　　　　　　B. 建筑毛密度　　　　　C. 绿化比率
　　D. 人口毛密度　　　　　　　E. 居住建筑面积密度

8. 民用建筑项目建筑设计评价指标主要包括(　　)。
　　A. 建筑周长指标　　　　　　B. 建筑体积指标　　　　C. 户型比
　　D. 土地利用系数　　　　　　E. 面积定额指标

9. 工业项目总平面设计评价指标主要有(　　)。
　　A. 建筑系数　　　　　　　　B. 功能指标　　　　　　C. 工程量指标
　　D. 土地利用系数　　　　　　E. 建筑物周长与建筑面积比

10. 在选择建筑物的平面形状时，需要考虑的因素主要包括(　　)。
　　A. 建筑物周长与建筑面积之比　　　B. 流通空间
　　C. 自然采光　　　　　　　　　　　　D. 建筑物层高
　　E. 建筑物美观和使用要求

三、案例分析题

背景：

某新建汽车厂选择厂址，根据对 3 个申报城市 A、B、C 的地理位置、自然条件、交通运输、经济环境等方面的考察，综合专家评审意见，提出厂址选择的评价指标有以下 5 个方面：辅助工业配套能力；当地劳动力资源；地方经济发展水平；交通运输条件；自然条件。经过专家评审以上指标，得分情况及各项指标的重要性程度如表 5.26 所示。

表 5.26　评选方案评分表

X	Y	方案功能得分		
		A	B	C
配套能力 F_1	0.3	85	70	90
劳动力资源 F_2	0.2	85	70	95
经济发展水平 F_3	0.2	80	90	85
交通运输条件 F_4	0.2	90	90	85
自然条件 F_5	0.1	90	85	80
Z				

问题：

1. 说明表 5.26 中 X、Y、Z 代表的栏目名称。
2. 作出厂址选择决策。

第6章　建设工程招投标阶段工程造价管理

通过对本章内容的学习，要求读者了解建设工程招投标阶段工程造价管理的内容和方法，初步掌握招标控制价、投标报价和合同价的确定方法。具体任务和要求是了解工程招投标对工程造价的影响；掌握工程招投标阶段工程造价管理的内容、程序和方法；掌握施工招标的程序与招标控制价的编制方法；掌握施工投标方法与报价技巧；熟悉工程合同价的确定与施工合同的签订；了解设备与材料采购招投标与合同价的确定方法。

6.1　建设工程招投标阶段工程造价管理概述

6.1.1　建设工程招投标的概念及其理论基础

1. 建设工程招投标的概念

1) 建设工程招标的概念

建设工程招标是指招标人(或招标单位)在发包建设项目之前，依据法定程序，以公开招标或邀请招标的方式，鼓励潜在的投标人依据招标文件参与竞争，通过评定以便从中择优选定中标人的一种经济活动。

2) 建设工程投标的概念

建设工程投标是工程招标的对称概念，是指具有合法资格和能力的投标人，根据招标条件，在指定期限内填写标书，提出报价，并等候开标，决定能否中标的经济活动。

2. 建设工程招投标的性质

建设工程招标是要约邀请，而投标是要约，中标通知书是承诺。《中华人民共和国合同法》明确规定，招标公告是要约邀请，也就是说，招标实际上是邀请投标人对招标人提出要约(即报价)，属于要约邀请。投标则是一种要约，它符合要约的所有条件，如具有缔结合同的主观目的；一旦中标，投标人将受投标书的约束；投标书的内容具有足以使合同成立的主要条件等。招标人向中标的投标人发出的中标通知书，则是招标人同意接受中标的投标人的投标条件，即同意接受该投标人的要约的意思表示，应属于承诺。

6.1.2　建设工程招投标的范围与方式

1. 建设工程招投标的范围

1)　《中华人民共和国招标投标法》的规定

《中华人民共和国招标投标法》规定,在中华人民共和国境内进行下列工程建设项目,包括项目的勘查、设计、施工、监理以及与工程建设有关的重要设备、材料等的采购,必须进行招标。

(1) 大型基础设施、公用事业等关系社会公共利益、公共安全的项目。

(2) 全部或者部分使用国家资金投资或者国家融资的项目。

(3) 使用国际组织或者外国政府贷款、援助资金的项目。

2)　必须招标工程项目的具体规定

国家发展和改革委员会 2018 年 3 月发布的《必须招标的工程项目规定》与《必须招标的基础设施和公用事业项目范围规定》明确必须招标项目的具体范围和规模标准如下。

(1) 全部或者部分使用国有资金投资或者国家融资的项目,包括以下内容。

① 使用预算资金 200 万元人民币以上,并且该资金占投资额 10%以上的项目。

② 使用国有企业事业单位资金,并且该资金占控股或者主导地位的项目。

(2) 使用国际组织或者外国政府贷款、援助资金的项目,包括以下内容。

① 使用世界银行、亚洲开发银行等国际组织贷款、援助资金的项目。

② 使用外国政府及其机构贷款、援助资金的项目。

(3) 不属于上述第(1)条、第(2)条规定情形的大型基础设施、公用事业等关系社会公共利益、公众安全的项目,必须招标的具体范围包括以下内容。

① 煤炭、石油、天然气、电力、新能源等能源基础设施项目。

② 铁路、公路、管道、水运以及公共航空和 A1 级通用机场等交通运输基础设施项目。

③ 电信枢纽、通信信息网络等通信基础设施项目。

④ 防洪、灌溉、排涝、引(供)水等水利基础设施项目。

⑤ 城市轨道交通等城建项目。

(4) 上述第(1)~(3)条规定范围内的各类工程建设项目,包括项目的勘查、设计、施工、监理以及与工程建设有关的重要设备、材料等的采购,达到下列标准之一的,必须进行招标。

① 施工单项合同估算价在 400 万元人民币以上。

② 重要设备、材料等货物的采购,单项合同估算价在 200 万元人民币以上。

③ 勘查、设计、监理等服务的采购,单项合同估算价在 100 万元人民币以上。

同一项目中可以合并进行的勘查、设计、施工、监理以及与工程建设有关的重要设备、材料等的采购,合同估算价合计达到前款规定标准的必须招标。

2. 建设工程招标的方式

建设工程招标的方式有公开招标和邀请招标两种。

1)　公开招标

公开招标又称为无限竞争招标,指招标单位通过报刊、广播、电视等方式发布招标广告，有意向的承包商均可参加资格审查，合格的承包商可购买招标文件，参加投标。

公开招标的优点：投标的承包商多、范围广、竞争激烈，业主有较大的选择余地，有利于降低工程造价，提高工程质量和缩短工期。其缺点：由于投标的承包商多，招标工作量大，组织工作复杂，需投入较多的人力、物力，招标过程所需时间较长。

依法必须进行施工招标的工程，全部使用国有资金投资或者国有资金投资占控股或者主导地位的，应当公开招标。

2) 邀请招标

邀请招标又称为有限竞争性招标。这种方式是不发布广告，业主根据自己的经验和所掌握的信息资料，向有承担该项工程施工能力的 3 个以上承包商发出投标邀请书，只有收到邀请书的单位才有资格参加投标。

邀请招标的优点：目标集中，招标的组织工作较容易，工作量比较小。其缺点：由于参加的投标单位较少，竞争性较差，使招标单位对投标单位的选择余地较少，如果招标单位在选择邀请单位前所掌握的信息资料不足，则会失去发现最适合承担该项目承包商的机会。

我国《招标投标法实施条例》规定，国有资金占控股或者主导地位的依法必须进行招标的项目，应当公开招标；但有下列情形之一的，可以邀请招标。

(1) 技术复杂、有特殊要求或者受自然环境限制，只有少量潜在投标人可供选择。

(2) 采用公开招标方式的费用占项目合同金额的比例过大。

6.1.3　建设工程招投标对工程造价的影响

建设工程招投标制是我国建筑市场走向规范化、完善化的举措之一。推行建设工程招投标制，对降低工程造价，进而使工程造价得到合理的控制具有非常重要的影响。

(1) 基本形成了由市场定价的价格机制，使工程价格更加趋于合理。

推行招投标制最明显的表现是若干投标人之间出现激烈竞争，这种市场竞争最直接、最集中的表现就是在价格上的竞争。通过竞争确定出工程价格，使其趋于合理或下降，这将有利于节约投资、提高投资效益。

(2) 能够不断降低社会平均劳动消耗水平，使工程价格得到有效控制。

在建筑市场中，不同投标者的个别劳动消耗水平是有差异的。通过推行招投标制，会使那些个别劳动消耗水平最低或接近最低的投标者获胜，这样便实现了生产力资源较优配置，也对不同投标者实行了优胜劣汰。面对激烈竞争的压力，为了自身的生存与发展，每个投标者都必须切实在降低自己个别劳动消耗水平上下功夫，这样将逐步而全面地降低社会平均劳动消耗水平，使工程价格更为合理。

(3) 便于供求双方更好地相互选择，使工程价格更加符合价值基础，进而更好地控制工程造价。

供求双方各自出发点不同，存在利益矛盾，因而单纯采用"一对一"的选择方式，成功的可能性较小。采用招投标方式就为供求双方在较大的范围内进行相互选择创造了条件，为需求者(如建设单位、业主)与供给者(如勘查设计单位、施工企业)在最佳点上结合提供了可能。需求者对供给者选择的基本出发点是"择优选择"，即选择那些报价较低、工期较短、具有良好业绩和管理水平的供给者，这样即为合理控制工程造价奠定了基础。

(4) 有利于规范价格行为,使公开、公平、公正的原则得以贯彻。

我国招投标活动有特定的机构进行管理,有严格的程序必须遵循,有高素质的专家支持系统、工程技术人员的群体评估与决策,能够避免盲目过度的竞争和营私舞弊现象的发生,对建筑领域中的腐败现象也是强有力的遏制,使价格形成过程变得透明而规范。

(5) 能够减少交易费用,节省人力、物力、财力,进而使工程造价有所降低。

我国目前从招标、投标、开标、评标直至定标,均有较完善的法律、法规规定,已进入制度化操作。在招投标中,若干投标人在同一时间、地点报价竞争,在专家支持系统的评估下,以群体决策方式确定中标者,必然减少交易过程的费用,这本身就意味着招标人收益的增加,对工程造价必然会产生积极的影响。

6.1.4 建设工程招投标阶段工程造价管理的内容

(1) 发包人选择合理的招标方式。

《中华人民共和国招标投标法》规定的招标方式有公开招标和邀请招标两种。招标人在满足必须招标项目规模标准的基础上,充分考虑提高工作效率、降低招投标活动成本、激发投资主体活力等因素,选择合理的招标方式。

(2) 发包人选择合理的承包模式。

常见的承包模式包括总分包模式、平行承包模式、联合承包模式和合作承包模式,不同的承包模式适用于不同类型的工程项目,对工程造价的控制也体现出不同的作用。

① 总分包模式的总包合同价可以较早确定,业主可以承担较少的风险,对总承包商而言,责任重,风险大,获得高额利润的潜力也比较大。

② 平行承包模式的总合同价不易短期确定,从而影响工程造价控制的实施。工程招标任务量大,需控制多项合同价格,从而增加了工程造价控制的难度。但对于大型复杂工程,如果分别招标,可参与竞争的投标人增多,业主就能够获得具有竞争性的商业报价。

③ 联合承包模式对业主而言,合同结构简单,有利于工程造价的控制,对联合体而言,可以集中各成员单位在资金、技术和管理等方面的优势,增强了抗风险能力。

④ 合作承包模式与联合承包模式相比,业主的风险较大,合作各方之间的信任度不够。

(3) 发包人编制招标文件,确定合理的工程计量方法和投标报价方法,确定招标控制价。

建设项目的发包数量、合同类型和招标方式一经批准确定以后,即应编制为招标服务的有关文件。工程计量方法和报价方法的不同,会产生不同的合同价格,因而在招标前,应选择有利于降低工程造价和便于合同管理的工程计量方法和报价方法。编制招标控制价是建设项目招标的另一项重要工作,而且是较复杂和细致的工作。招标控制价的编制应当实事求是,综合考虑和体现发包人和承包人的利益。没有合理的招标控制价可能会导致工程招标的失误,达不到降低建设投资、缩短建设工期、保证工程质量、择优选用工程承包队伍的目的。

(4) 承包人编制投标文件,合理确定投标报价。

拟投标招标工程的承包商在通过资格审查后,根据获取的招标文件,编制投标文件并对其做出实质性响应。承包商在核实工程量的基础上依据企业定额进行工程报价,然后在广泛了解潜在竞争者及工程情况和企业情况的基础上，运用投标技巧和正确的策略来确定最后报价。

(5) 发包人选择合理的评标方式进行评标，在正式确定中标单位之前，对潜在中标单位进行询标。

评标过程中使用的方法很多，不同的计价方式对应不同的评标方法，正确的评标方法选择有助于科学选择承包人。在正式确定中标单位之前，一般都对得分最高的一两家潜在中标单位的标函进行质询，意在对投标函中有意或无意的不明和笔误之处作进一步明确或纠正，尤其是当投标人对施工图计量的遗漏、对定额套用的错项、对工料机市场价格不熟悉而引起的失误，以及对其他规避与招标文件有关要求的投机取巧行为进行剖析，以确保发包人和潜在中标人等各方的利益都不受损害。

(6) 发包人通过评标定标，选择中标单位，签订承包合同。

评标委员会依据评标规则，对投标人评分并排名，向业主推荐中标人，并以中标人的报价作为承包价。合同的形式应在招标文件中确定，并在投标函中做出响应。目前建筑工程合同格式一般采用 3 种：参考 FIDIC 合同格式订立的合同；按照国家工商部门和住房和城乡建设部推荐的《建设工程合同(示范文本)(GF—2017—0201)》格式订立的合同；由建设单位和施工单位协商订立的合同。不同的合同格式适用于不同类型的工程，正确选用合适的合同类型是保证合同顺利执行的基础。

6.2　施工招标与招标控制价的编制

6.2.1　施工招标应具有的条件

1. 施工招标单位应具备的条件

(1) 是法人或依法成立的其他组织。

(2) 有与招标工程相适应的经济、技术、管理人员。

(3) 有组织编制招标文件的能力。

(4) 有审查投标单位资质的能力。

(5) 有组织开标、评标、定标的能力。

不具备上述(1)～(5)项条件的建设单位，必须委托具有相应资质的招标代理机构招标，建设单位与招标代理机构签订委托代理招标的协议，并报招标管理机构备案。

2. 施工招标应具备的条件

建设项目进行施工招标时，一般应具备以下条件。

(1) 概算已经被批准，建设项目已正式列入国家、部门或地方的年度固定资产投资计划。

(2) 按照国家规定需要履行项目审批手续的，已经履行审批手续。

(3) 建设用地的征用工作已经完成。

(4) 工程资金或者资金来源已经落实。

(5) 有满足施工招标需要的设计文件及其他技术资料。

(6) 已经建设项目所在地规划部门批准，施工现场的"三通一平"已经完成或一并列

入施工招标范围。

(7) 法律、法规、规章规定的其他条件。

6.2.2　施工招标文件的内容

施工招标文件的内容主要包括三类：一是告知投标人相关时间规定、资格条件、投标要求、投标注意事项、如何评标等信息的投标须知类内容，如投标人须知、评标办法、投标文件格式等；二是合同条款和格式；三是投标所需要的技术文件，如图纸、工程量清单、技术标准和要求等。

根据《标准施工招标文件》，施工招标文件的主要内容包括以下几个部分。

1. 招标公告(或投标邀请书)

当未进行资格预审时，招标文件中应包括招标公告。当采用邀请招标，或者采用进行资格预审的公开招标时，招标文件中应包括投标邀请书。投标邀请书可代替资格预审通过通知书，以明确投标人已具备了在某具体项目具体标段的投标资格，其他内容包括招标文件的获取、投标文件的递交等。

2. 投标人须知

投标人须知主要包括对于项目概况的介绍和招标过程的各种具体要求，在正文中的未尽事宜可以通过"投标人须知前附表"作进一步明确，由招标人根据招标项目具体特点和实际需要编制和填写，但务必与招标文件的其他章节相衔接，并不得与投标人须知正文的内容相抵触；否则抵触内容无效。投标人须知包括以下10个方面的内容。

(1) 总则。主要包括项目概况(项目名称、建设地点以及招标人和招标代理机构的情况等)、资金来源和落实情况、招标范围、计划工期和质量要求的描述，对投标人资格要求的规定，对费用承担、保密、语言文字、计量单位等内容的约定，对踏勘现场、投标预备会的要求，对分包的规定，对投标文件偏离招标文件的范围和幅度的规定等。

(2) 招标文件。主要包括招标文件的构成以及澄清和修改的规定。

(3) 投标文件。主要包括投标文件的组成，投标报价编制的要求，投标有效期和投标保证金的规定，需要提交的资格预审资料，是否允许提交备选投标方案，以及投标文件编制所应遵循的标准格式要求等。

招标文件应当规定一个适当的投标有效期，以保证招标人有足够的时间完成评标和与中标人签订合同。投标有效期从投标人提交投标文件截止之日起计算。在投标有效期内，投标人不得要求撤销或修改其投标文件。出现特殊情况需要延长投标有效期的，招标人以书面形式通知所有投标人延长投标有效期。投标人同意延长的，应相应延长其投标保证金的有效期，但不得要求或被允许修改或撤销其投标文件；投标人拒绝延长的，其投标失效，但投标人有权收回其投标保证金。

招标人要求递交投标保证金的，应在招标文件中明确。投标保证金不得超过招标项目估算价的2%，且最高不得超过80万元人民币。投标保证金有效期应当与投标有效期一致。依法必须进行招标的项目的境内投标单位，以现金或者支票形式提交的投标保证金应当从其基本账户转出。招标人不得挪用投标保证金。投标人不按要求提交投标保证金的，其投标文件作废标处理。

(4) 投标。主要规定投标文件的密封与标识、递交、修改及撤回的各项要求。

在此部分中应当确定投标人编制投标文件所需要的合理时间。依法必须进行招标的项目，自招标文件开始发出之日起至投标人提交投标文件截止之日止，最短不得少于 20日。投标人在招标文件要求提交投标文件的截止时间前，可以补充、修改、替代或者撤回已提交的投标文件，并书面通知招标人。补充、修改的内容为投标文件的组成部分。

(5) 开标。规定开标的时间、地点和程序。

(6) 评标。说明评标委员会的组建方法、评标原则和采取的评标办法。

(7) 合同授予。说明拟采用的定标方式，中标通知书的发出时间，要求承包人提交的履约担保和合同的签订时限。

(8) 重新招标和不再招标。规定重新招标和不再招标的条件。

(9) 纪律和监督。主要包括对招标过程各参与方的纪律要求。

(10) 需要补充的其他内容。

3. 评标办法

评标办法可选择经评审的最低投标价法和综合评估法。评标办法需要对评价指标、所占分值(权重)、评价标准、评价方法等进行明确的规定。评标委员会必须按照招标文件中的"评标办法"规定的方法、评审因素、标准和程序对投标文件进行评审。招标文件中没有规定的方法、评审因素和标准，不作为评标依据。

4. 合同条款及格式

这个部分包括本工程拟采用的通用合同条款、专用合同条款以及各种合同附件的格式。施工合同明确了承发包双方在履约过程中的权利和义务，对承包商的投入和面临的风险有显著的影响，是投标人投标报价时必须有的依据。因此招标文件应该包括中标人需要和招标人签订的本工程拟采用的完整施工合同，包括通用合同条款、专用合同条款以及各种合同附件的格式。

5. 工程量清单

采用工程量清单招标的，招标文件应当提供工程量清单。工程量清单是表现拟建工程分部分项工程、措施项目和其他项目名称和相应数量的明细清单，以满足工程项目具体量化和计量支付的需要；是招标人编制招标控制价和投标人编制投标报价的重要依据。如按照规定应编制招标控制价的项目，其招标控制价也应在招标时一并公布。

6. 图纸

图纸是指应由招标人提供的用于计算招标控制价和投标人计算投标报价所必需的各种详细程度的图纸。

7. 技术标准与要求

招标文件规定的各项技术标准应符合国家强制性规定。招标文件中规定的各项技术标准均不得要求或标明某一特定的专利、商标、名称、设计、原产地或生产供应者，不得含有倾向或者排斥潜在投标人的其他内容。如果必须引用某一生产供应商的技术标准才能准

确或清楚地说明拟招标项目的技术标准时，则应当在参照后面加上"或相当于"的字样。

8. 投标文件格式

提供各种投标文件编制所应依据的参考格式。

9. 规定的其他材料

如需要其他材料，应在"投标人须知前附表"中予以规定。

6.2.3 施工招标程序

施工招标分为公开招标与邀请招标，不同的招标方式，具有不同的工作内容，其程序也不尽相同。

1. 公开招标的程序

1) 建设项目报建

根据《工程建设项目报建管理办法》的规定，凡在我国境内投资兴建的工程建设项目，都必须实行报建制度，接受当地建设行政主管部门的监督管理。

建设项目报建，是建设单位招标活动的前提，报建范围包括各类房屋建筑(包括新建、改建、扩建、翻修等)、土木工程(包括道路、桥梁、基础打桩等)、设备安装、管道线路铺设和装修等建设工程。报建的内容主要包括工程名称、建设地点、投资规模、工程规模、发包方式、计划开/竣工日期和工程筹建情况。

在建设项目的立项批准文件或投资计划下达后，建设单位根据《工程建设项目报建管理办法》规定的要求进行报建，并由建设行政主管部门审批。

2) 审查建设单位资质

审查建设单位资质是指政府招标管理机构审查建设单位是否具备施工招标条件。不具备有关条件的建设单位，须委托具有相应资质的招标代理机构代理招标，建设单位与招标代理机构签订委托代理招标的协议，并报招标管理机构备案。

3) 招标申请

招标申请是指招标单位填写"建设工程招标申请表"，并经上级主管部门批准后，连同"工程建设项目报建审查登记表"一起报招标管理机构审批。

申请表的主要内容包括工程名称、建设地点、招标建设规模、结构类型、招标范围、招标方式、要求施工企业等级、施工前期准备情况(土地征用、拆迁情况、勘查设计情况、施工现场条件等)、招标机构组织情况。

4) 资格预审文件与招标文件的编制、送审

资格预审文件是指在公开招标时，招标人要求对投标的施工单位进行资格预审，只有通过资格预审的施工单位才可以参加投标。资格预审文件和招标文件都必须经过招标管理机构审查，审查同意后方可刊登资格预审通告、招标通告。

5) 刊登资格预审通告、招标通告

公开招标可通过报刊、广播、电视等或在信息网上发布"资格预审通告"或"招标通告"。

6) 资格预审

资格预审指招标人按资格预审文件的要求，对申请资格预审的潜在投标人送交填报的资格预审文件和资料进行评比分析，确定出合格的投标人的名单，并报招标管理机构核准。

资格预审的内容包括基本资格审查和专业资格审查两部分。基本资格审查指对申请人的合法地位和信誉等进行的审查；专业资格审查是对已经具备基本资格的申请人履行拟定招标采购项目能力的审查。

7) 发放招标文件

发放招标文件是指招标人将招标文件、图纸和有关技术资料发放给通过资格预审获得投标资格的投标单位。投标单位收到招标文件、图纸和有关资料后，应认真核对，核对无误后，应以书面形式予以确认。

8) 勘查现场

招标单位组织通过资格预审的投标单位勘查现场，目的在于了解工程场地和周围环境情况，以获取投标单位认为有必要的信息。

9) 投标预备会

投标预备会由招标单位组织，建设单位、设计单位、施工单位参加，目的在于澄清招标文件中的疑问，解答投标单位对招标文件和勘查现场中所提出的疑问和问题。

10) 招标控制价的编制与送审

根据《中华人民共和国招标投标法》的规定，国有资金投资的工程进行招标，招标人可以设标底，也可不设；当招标人不设标底时，根据《建设工程工程量清单计价规范》(GB 50500—2013)的规定，为有利于客观、合理地评审投标报价和避免哄抬标价，造成国有资产流失，国有资金投资的工程建设项目应实行工程量清单招标，并应编制招标控制价，作为招标人能够接受的最高交易价格。

投标人的投标报价高于招标控制价的，其投标应予以拒绝。这是因为国有资金投资的工程，招标人编制并公布的招标控制价相当于招标人的采购预算，同时要求其不能超过批准的概算，因此，招标控制价是招标人在工程招标时能接受投标人报价的最高限价。

11) 投标文件的接收

投标单位根据招标文件的要求，编制投标文件后进行密封和标识，在投标截止时间前按规定的地点递交至招标单位，招标单位接收投标文件并将其秘密封存。

12) 开标

在投标截止日期后，按规定时间、地点，在投标单位法定代表人或授权代理人在场的情况下举行开标会议，按规定的议程进行开标。

13) 评标

招标人依法组建评标委员会，在招标管理机构监督下，依据评标原则、评标方法，对投标单位报价、工期、质量、施工方案或施工组织设计、以往业绩、社会信誉、优惠条件等方面进行综合评价，公正、合理、择优选择中标单位。

14) 定标

中标单位选定后，由招标管理机构核准，获准后招标单位向中标单位发出"中标通知书"。

15) 合同签订

投标人与中标人自中标通知书发出之日起 30 天内，按招标文件和中标人的投标文件的有关内容订立书面合同。

公开招标的完整程序如图 6.1 所示。

2. 邀请招标的程序

邀请招标程序与公开招标大同小异，其不同点主要是没有资格预审的环节，但增加了发出投标邀请书的环节。

这里所说的投标邀请书，是指招标单位直接向具有承担本工程能力的施工单位发出的投标邀请书，邀请这些单位前来投标。按照《中华人民共和国招标投标法》的规定，被邀请投标的单位不得少于三家。

邀请招标的完整程序如图 6.2 所示。

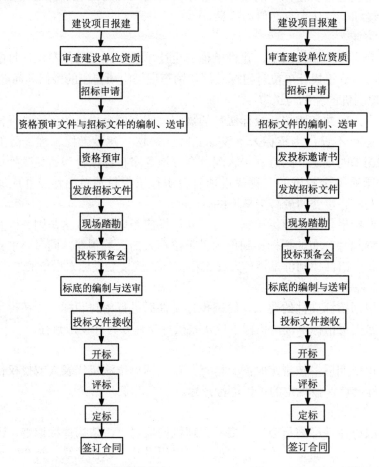

图 6.1　公开招标程序框图　　　图 6.2　邀请招标程序框图

6.2.4　招标控制价的编制内容

招标控制价应当编制完善的编制说明，编制说明应包括工程规模、涵盖的范围、采用的预算定额和依据、基础单价来源、税费取定标准等内容，以方便对招标控制价进行理解和审查。

招标控制价的编制内容包括分部分项工程费、措施项目费、其他项目费、规费和增值税，各个部分有不同的计价要求。

1. 分部分项工程费的编制要求

(1) 分部分项工程费应根据拟定的招标文件中的分部分项工程量清单及有关要求，按《建设工程工程量清单计价规范》GB 50500—2013 有关规定确定综合单价计价。

(2) 工程量依据招标文件中提供的分部分项工程量清单确定。

(3) 招标文件提供了暂估单价的材料，应按暂估单价计入综合单价。

(4) 为使招标控制价与投标报价所包含的内容一致，综合单价中应包括招标文件中要求投标人所承担的风险内容及其范围(幅度)产生的风险费用，文件没有明确的，应提请招标人明确。

2. 措施项目费的编制要求

(1) 措施项目费中的安全文明施工费应当按照国家或省级、行业建设主管部门的规定标准计价，该部分不得作为竞争性费用。

(2) 不同工程项目、不同施工单位会有不同的施工组织方法，所发生的措施费也会有所不同。因此，对于竞争性措施项目费的确定，招标人应依据工程特点，结合施工条件和施工方案，考虑其经济性、实用性、先进性、合理性和高效性。

(3) 措施项目应按招标文件中提供的措施项目清单确定，措施项目分为以"量"计算和以"项"计算两种。对于可精确计量的措施项目，以"量"计算，按其工程量用与分部分项工程量清单单价相同的方式确定综合单价；对于不可精确计量的措施项目，则以"项"为单位，采用费率法按有关规定综合取定，采用费率法时需确定某项费用的计费基数及其费率，结果应是包括除规费、增值税以外的全部费用。计算公式为

$$以"项"计算的措施项目清单费=措施项目计费基数×费率 \tag{6.1}$$

3. 其他项目费的编制要求

(1) 暂列金额。暂列金额可根据工程的复杂程度、设计深度、工程环境条件(包括地质、水文、气候条件等)进行估算。

(2) 暂估价。暂估价中的材料和工程设备单价应按照工程造价管理机构发布的工程造价信息中的材料和工程设备单价计算，如果发布的部分材料和工程设备单价为一个范围，宜遵循就高原则编制招标控制价；工程造价信息未发布的材料和工程设备单价，其单价参考市场价格估算；暂估价中的专业工程暂估价应分不同专业，按有关计价规定估算。

(3) 计日工。计日工包括人工、材料和施工机械。在编制招标控制价时，对计日工中的人工单价和施工机械台班单价应按省级、行业建设主管部门或其授权的工程造价管理机构公布的单价计算。如果人工单价、费率标准等有浮动范围可供选择时，应在合理范围内选择偏低的人工单价和费率值，以缩小招标控制价与合理成本价的差距。材料应按工程造价管理机构发布的工程造价信息中的材料单价计算，如果发布的部分材料单价为一个范围，宜遵循就高原则编制招标控制价；工程造价信息未发布单价的材料，其价格应在确保信息来源可靠的前提下，按市场调查、分析确定的单价计算，并计取一定的企业管理费和

利润。未采用工程造价管理机构发布的工程造价信息时，需在招标文件或答疑补充文件中对招标控制价采用的与造价信息不一致的市场价格予以说明。

(4) 总承包服务费。编制招标控制价时，总承包服务费应按照省级或行业建设主管部门的规定计算，或者根据行业经验标准计算。针对一般情况，可参考的常用标准如下。

① 招标人仅要求对分包的专业工程进行总承包管理和协调时，按分包的专业工程估算造价的1.5%计算。

② 招标人要求对分包的专业工程进行总承包管理和协调，并同时要求提供配合服务时，根据招标文件中列出的配合服务内容和提出的要求，按分包的专业工程估算造价的3%~5%计算。

③ 招标人自行供应材料、工程设备的，按招标人供应材料、工程设备价值的1%计算。

4. 规费和增值税的编制要求

规费和增值税应按国家或省级、行业建设主管部门的规定计算，不得作为竞争性费用。增值税计算式为

增值税=(分部分项工程量清单费+措施项目清单费+其他项目清单费+规费)×增值税税率

$$(6.2)$$

6.2.5 招标控制价的确定

1. 招标控制价计价程序

建设工程的招标控制价反映的是单位工程费用，各单位工程费用是由分部分项工程费、措施项目费、其他项目费、规费和增值税组成。单位工程招标控制价计价程序见表6.1。

表6.1 单位工程招标控制价计价程序表

工程名称　　　　　　　　　　　标段：　　　　　　　　　　　　　　第　页共　页

序　号	汇总内容	计算方法	金额(元)
1	分部分项工程	按计价规定计算	
1.1			
1.2			
2	措施项目	按计价规定计算	
2.1	其中：安全文明施工费	按规定标准估算	
3	其他项目		
3.1	其中：暂列金额	按计价规定估算	
3.2	其中：专业工程暂估价	按计价规定估算	
3.3	其中：计日工	按计价规定估算	
3.4	其中：总承包服务费	按计价规定估算	
4	规费	按规定标准计算	
5	增值税	(1+2+3+4)×增值税税率	
招标控制价 合计=1+2+3+4+5			

注：本表适用于单位工程招标控制价计算或投标报价计算，如无单位工程划分，单项工程也使用本表。

2. 综合单价的确定

招标控制价的分部分项工程费应由各单位工程的招标工程量清单乘以其相应综合单价汇总而成。综合单价的确定，应按照招标文件中的分部分项工程量清单的项目名称、工程量、项目特征描述，依据工程所在地区颁发的计价定额和人工、材料、机械台班价格信息等进行编制，并应编制工程量清单综合单价分析表。编制招标控制价在确定其综合单价时，应根据招标文件中关于风险的约定考虑一定范围内的风险因素，以百分率的形式预留一定的风险费用。招标文件中应说明双方各自承担风险所包括的范围及超出该范围的价格调整方法。对于招标文件中未做要求或要求不清晰的可按以下原则确定。

(1) 对于技术难度较大、施工工艺复杂和管理复杂的项目，可考虑一定的风险费用，或适当调高风险预期和费用，并纳入综合单价中。

(2) 对于工程设备、材料价格因市场价格波动造成的市场风险，应依据招标文件的规定，工程所在地或行业工程造价管理机构的有关规定，以及市场价格趋势，收集工程所在地近一段时间以来的价格信息，对比分析找出其波动规律，适当考虑一定波动风险率值后的风险费用，纳入综合单价中。

(3) 增值税、规费等法律、法规、规章和政策变化的风险和人工单价等风险费用不应纳入综合单价。

6.3　施工投标与报价

6.3.1　投标人应具备的基本条件

(1) 投标人是响应招标、参加投标竞争的法人或者其他组织，具备与投标项目相适应的技术力量、机械设备、人员、资金等方面的能力，具有承担该招标项目能力。

(2) 具有招标条件要求的资质等级，并为独立的法人单位。

(3) 承担过类似项目的相关工作，并有良好的工作业绩与履约记录。

(4) 企业财产状况良好，没有处于财产被接管、破产或其他关、停、并、转状态。

(5) 在最近 3 年没有骗取合同及其他经济方面的严重违法行为。

(6) 近几年有较好的安全记录，投标当年没有发生重大质量和特大安全事故。

6.3.2　施工投标程序

施工投标的程序如图 6.3 所示。

投标与招标是工程承、发包活动的两个方面的工作，投标程序与招标程序是相对应的，只是投标程序中的内容是从投标者角度考虑的，投标程序中的主要内容如下。

1. 参加资格预审

资格预审是投标工作的第一关。投标人应按资格预审文件要求和内容认真填写各种表格，在规定有效期限内递送到规定的地点，并接受审查。

2. 熟悉招标文件

招标文件是投标人投标报价的主要依据，研究招标文件重点放在投标者须知、专用条

款、设计图纸、工程范围及工程量清单上。

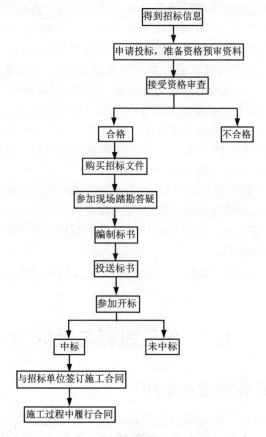

图 6.3　施工投标程序框图

(1) 首先要通读招标文件。其目的是"吃"透招标文件，搞清楚报价范围和承包者的责任，弄清各项技术要求，了解工程中使用哪些特殊的材料和设备，梳理出招标文件中含混不清的问题，并及时提请招标人予以澄清。

(2) 在通读招标文件的基础上，一定要明确合同条件采用的是什么合同文本，是总价合同还是单价合同。其次要深入了解工期及工期奖惩；维修期限和维修期间的担保；各种保函的要求；税收与保险付款的条件；是否有预付款，何时回扣；中期付款方法；调价的方法；质保金的比例及扣回的方法与时间；延期付款利息的支付；合同争议的解决方式等。

(3) 关于材料、设备和施工技术要求，投标人要了解工程项目采用的技术标准和施工验收规范、特殊的施工要求及材料的技术要求等。

(4) 关于工程范围，应当明确工程量表的编制方法和体系，工程量清单中是否列入工程的全部工作内容，对与承包工程有关联的项目有何报价要求。

3. 校核工程量及投标报价

投标人应对业主在招标文件中提供的工程量清单进行认真核对。如果是总价合同，按图纸校核工程量和细目是否有漏项就更为重要；如果是单价合同，工程量清单有漏项或数量计算错误，投标人不要在招标文件上修改，仍按招标文件要求填报自己的报价，一般情况下在投标策略和技巧中考虑。

4．编制施工规划

投标人编制施工规划很重要，一方面招标人根据投标人拟订的工程进度计划和施工方案，考察投标人是否采取了充分而又合理的措施，保证按期、按质量要求完成工程施工任务；另一方面，工程进度计划安排是否合理，施工方案选择是否妥当，对工程成本有着直接的影响。

施工规划的深度要比中标后所编制的施工组织设计粗略。施工规划的内容一般包括施工部署，主要施工方案和施工方法，施工进度计划，施工机械、材料、设备和劳务计划，以及临时生产、生活设施的安排。

5．编制投标文件

投标文件应完全按照招标文件的各项要求编制，一般不能带任何附加条件，否则将会按废标处理。编制投标文件要注意以下几点。

(1) 如招标文件要求每一空格都要填写，就不得空着不填；否则即被视为放弃意见。

(2) 重要数据不填，可能被作为废标处理。

(3) 填报的文件应反复校对，保证分项和汇总计算均无错误；如填写中有错误而不得不修改时，应在修改处签字；最好用打字方式填写或用墨笔正楷书写。

(4) 投标文件应当整洁，纸张统一，字迹端正清晰，装帧美观大方，给招标人和评审人员留下好的印象。

(5) 应当按规定对标书进行分类和封记。在规定的投标截止日期以前报送投标文件。

6．投标文件的递交

投标人应当在招标文件规定的提交投标文件的截止时间前，将投标文件密封送达投标地点。

6.3.3　施工投标报价编制

1．投标报价编制的原则与依据

投标报价是投标人投标时响应招标文件要求所报出的，对已标价工程量清单汇总后标明的总价。投标报价是投标人希望达成工程承包交易的期望价格，它不能高于招标人设定的招标控制价，也不能低于工程成本价。为使投标报价更加合理并具有竞争性，投标报价的编制应遵循一定的原则与依据。

1) 投标报价的编制原则

报价是投标的关键性工作，报价是否合理不仅直接关系到投标的成败，还关系到中标后企业的盈亏。投标报价编制原则如下。

(1) 投标报价是实现市场调节价的一项内容，应由投标人自主确定，但必须执行工程量清单计价规范和各专业工程量清单计算规范的强制性规定。投标价应由投标人或受其委托的工程造价咨询人编制。

(2) 投标人的投标报价不得低于工程成本。根据《中华人民共和国招标投标法》第四十一条，中标人的投标应能满足招标文件的实质性需求，并且经评审的投标价格最低，但是投标价格低于成本的除外。根据《评标委员会和评标方法暂行规定》(七部委第 12 号令)第二十一条，在评审过程中，投标人报价明显低于其他投标报价或标底时，应当要求该投标人作出书面说明并提供相关证明材料；不能合理说明或提供相关证明材料的，由评标委员会认定该投标人以低于成本报价竞标，应当否决该投标人的投标。

(3) 投标人应对影响工程施工的现场条件进行全面考察，依据招标人介绍情况作出的判断和决策，由投标人自行负责。投标人在踏勘现场中如有疑问，应在招标人答疑前以书面形式向招标人提出，以便得到招标人的解答。

(4) 招标文件中设定的发、承包双方责任划分，是投标报价费用计算必须考虑的因素。投标人根据其所承担的责任考虑要分摊的风险范围和相应费用，而选择不同的报价；根据工程发、承包模式考虑投标报价的费用内容和计算深度。

(5) 以施工方案、技术措施等作为投标报价计算的基本条件；以反映企业自身技术水平和管理能力的企业定额作为计算人工、材料和机械台班消耗量的基本依据；充分利用现场考察、调研成果、市场价格信息和行情资料，编制基础报价。

(6) 投标人在投标报价中填写的工程量清单的项目编码、项目名称、项目特征、计量单位、工程数量必须与招标人招标文件中提供的一致。报价计算方法要科学严谨、简明适用。

2) 投标报价的编制依据

根据《建设工程工程量清单计价规范》(GB 50500—2013)的规定，投标报价应根据下列文件编制。

(1) 《建设工程工程量清单计价规范》(GB 50500—2013)与专业工程量计算规范。

(2) 国家或省级、行业建设主管部门颁发的计价办法。

(3) 企业定额，国家或省级、行业建设主管部门颁发的计价定额。

(4) 招标文件、工程量清单及其补充通知、答疑纪要。

(5) 建设工程设计文件及相关资料。

(6) 施工现场情况、工程特点及拟订的投标施工组织设计或施工方案。

(7) 与建设项目相关的标准、规范等技术资料。

(8) 市场价格信息或工程造价管理机构发布的工程造价信息。

(9) 其他的相关资料。

2. 投标报价的编制方法和内容

投标报价的编制过程，应首先根据招标人提供的工程量清单编制分部分项工程和措施项目清单计价表，其他项目清单与计价汇总表，规费、增值税项目计价表，计算完毕之后，汇总得到单位工程投标报价汇总表，再逐层汇总，分别得出单项工程投标报价汇总表、建设工程项目投标总价汇总表和投标总价。在编制过程中，投标人应按招标人提供的工程量清单填报价格，填写的项目编码、项目名称、项目特征、计量单位、工程数量必须与招标人提供的一致。

1) 分部分项工程和单价措施项目清单与计价表的编制

投标人投标报价中的分部分项工程费和以单价计算的措施项目费应按招标文件中分部

分项工程和单价措施项目清单与计价表的特征描述确定综合单价计算。因此，确定综合单价是分部分项工程和单价措施项目清单与计价表编制过程中最主要的内容。综合单价包括完成一个规定工程量清单项目所需的人工费、材料和工程设备费、施工机具使用费、企业管理费、利润，以及一定范围内的风险费用的分摊。

$$综合单价=人工费+材料和工程设备费+施工机具使用费+管理费+利润 \qquad (6.3)$$

(1) 确定综合单价时的注意事项。

① 以项目特征描述为依据。项目特征是确定综合单价的重要依据之一，投标人投标报价时应依据招标文件中清单项目的特征描述确定综合单价。在招标投标过程中，当出现招标工程量清单特征描述与设计图纸不符时，投标人应以招标工程量清单的项目特征描述为准，确定投标报价的综合单价。在工程实施阶段施工图纸或设计变更与招标工程量清单项目特征描述不一致时，发、承包双方应按实际施工的项目特征，依据合同约定重新确定综合单价。

② 材料、工程设备暂估价的处理。招标文件的其他项目清单中提供了暂估单价的材料和工程设备，应按其暂估的单价计入清单项目的综合单价。

③ 考虑合理的风险。招标文件中要求投标人承担的风险费用，投标人应考虑计入综合单价。在施工过程中，当出现的风险内容及其范围(幅度)在招标文件规定的范围(幅度)内时，综合单价不得变动，合同价款不作调整。发、承包双方对工程施工阶段的风险宜采用以下分摊原则。

a. 对于主要由市场价格波动导致的价格风险，如工程造价中的建筑材料、燃料等价格风险，发、承包双方应当在招标文件中或在合同中对此类风险的范围和幅度予以明确约定，进行合理分摊。

b. 对于法律、法规、规章或有关政策出台导致工程税金、规费、人工费发生变化，并由省级、行业建设行政主管部门或其授权的工程造价管理机构根据上述变化发布的政策性调整，以及由政府定价或政府指导价管理的原材料等价格进行的调整，承包人不应承担此类风险，应按照有关调整规定执行。

c. 对于承包人根据自身技术水平、管理、经营状况能够自主控制的风险，如承包人的管理费、利润的风险，承包人应结合市场情况，根据企业自身的实际情况合理确定、自主报价，该部分风险由承包人全部承担。

(2) 综合单价确定的步骤和方法。

当分部分项工程内容比较简单，由单一计价子项计价，且《建设工程工程量清单计价规范》(GB 50500—2013)与所使用计价定额中的工程量计算规则相同时，综合单价的确定只需用相应计价定额子目中的人、材、机费作基数计算管理费、利润，再考虑相应的风险费用即可。当工程量清单给出的分部分项工程与所用计价定额的单位不同或工程量计算规则不同，则需要按计价定额的计算规则重新计算工程量，并按照下列步骤来确定综合单价。

① 确定计算基础。计算基础主要包括消耗量指标和生产要素单价。应根据本企业的企业消耗量定额，并结合拟订的施工方案确定完成清单项目需要消耗的各种人工、材料、机械台班的数量。若没有企业定额或企业定额缺项时，可参照与本企业实际水平相近的国家、地区、行业定额，并通过调整来确定清单项目的人、材、机单位用量。各种人工、材

料、机械台班的单价，则应根据询价的结果和市场行情综合确定。

② 分析每一清单项目的工程内容。在招标工程量清单中，招标人已对项目特征进行了准确、详细的描述，投标人根据这一描述，再结合施工现场情况和拟订的施工方案确定完成各清单项目实际应发生的工程内容。必要时可参照《建设工程工程量清单计价规范》(GB 50500—2013)中提供的工程内容，有些特殊的工程也可能出现规范列表之外的工程内容。

③ 计算工程内容的工程数量与清单单位的含量。每一项工程内容都应根据所选定额的工程量计算规则计算其工程数量，当定额的工程量计算规则与清单的工程量计算规则相一致时，可直接以工程量清单中的工程量作为工程内容的工程数量。

当采用清单单位含量计算人工费、材料费、施工机具使用费时，还需要计算每一计量单位的清单项目所分摊的工程内容的工程数量，即清单单位含量。

$$清单单位含量 = \frac{某工程内容的定额工程量}{清单工程量} \tag{6.4}$$

④ 分部分项工程人工、材料、机械费用的计算。以完成每一计量单位的清单项目所需的人工、材料、机械用量为基础计算，即

$$\begin{array}{c}每一计量单位清单项目 \\ 某种资源的使用量\end{array} = \begin{array}{c}该种资源的 \\ 定额单位用量\end{array} \times \begin{array}{c}相应定额条目的 \\ 清单单位含量\end{array} \tag{6.5}$$

再根据预先确定的各种生产要素的单位价格可计算出每一计量单位清单项目的分部分项工程的人工费、材料费与机械使用费。

$$人工费 = \frac{完成单位清单项目}{所需人工的工日数量} \times 人工工日单价 \tag{6.6}$$

$$材料费 = \sum \frac{完成单位清单项目所需}{各种材料、半成品的数量} \times 各种材料、半成品单价 \tag{6.7}$$

$$\begin{array}{c}施工机具 \\ 使用费\end{array} = \sum \frac{完成单位清单项目所需}{各种施工机具的台班数量} \times 各种机械的台班单价 \tag{6.8}$$

当招标人提供的其他项目清单中列示了材料暂估价时，应根据招标人提供的价格计算材料费，并在分部分项工程量清单与计价表中表现出来。

⑤ 计算综合单价。企业管理费和利润的计算可按照人工费、材料费、机械费之和按照一定的费率取费计算。

$$企业管理费 = (人工费 + 材料费 + 施工机具使用费) \times 企业管理费费率 \tag{6.9}$$

$$利润 = (人工费 + 材料费 + 施工机具使用费 + 企业管理费) \times 利润率 \tag{6.10}$$

(3) 编制分部分项工程与单价措施项目清单与计价表。

将上述五项费用汇总并考虑合理的风险费用后，即可得到清单综合单价。根据计算出的综合单价，可编制分部分项工程和单价措施项目清单与计价表，见表6.2。

(4) 编制工程量清单综合单价分析表。

为表明综合单价的合理性，投标人应对其进行单价分析，以作为评标时的判断依据。综合单价分析表的编制应反映上述综合单价的编制过程，并按照规定的格式进行分析，见表6.3。

表6.2 分部分项工程和单价措施项目清单与计价表(投标报价)

工程名称：某工程　　　　　　　标段：　　　　　　　第 页 共 页

序号	项目编码	项目名称	项目特征	计量单位	工程量	金额/元		
						综合单价	合价	其中：暂估价
		……						
		0105 混凝土及钢筋混凝土工程						
6	010503001001	基础梁	C30 预拌混凝土，梁底标高-1.55m	m³	208	356.14	74 077	
7	010515001001	现浇构件钢筋	螺纹钢 Q235，φ14	t	200	4787.16	957 432	800 000
		……						
		分部小计					2 432 419	800 000
		……						
		0117 措施项目						
16	011701001001	综合脚手架	砖混、檐高 22m	m²	10 940	19.80	216 612	
		……						
		分部小计					738 257	
		合计					6 318 410	800 000

注：为计取规费等的使用，可在表中增设，如"定额人工费"等费用。

表6.3 工程量清单综合单价分析表

工程名称：某工程　　　　　　　标段：　　　　　　　第 页 共 页

项目编码	010515001001		项目名称	现浇构件钢筋	计量单位	t	工程量	200

清单综合单价组成明细

定额编号	定额名称	定额单位	数量	单 价				合 价			
				人工费	材料费	机械费	管理费和利润	人工费	材料费	机械费	管理费和利润
AD0899	现浇构件钢筋制安	t	1.07	294.75	4327.70	62.42	102.29	294.75	4327.70	62.42	102.29
人工单价			小 计					294.75	4327.70	62.42	102.29
80 元/工日			未计价材料费								
清单项目综合单价								4787.16			

续表

材料费明细	主要材料名称、规格、型号	单位	数量	单价/元	合价/元	暂估单价/元	暂估合价/元
	螺纹钢 Q235，ϕ14	t	1.07			4000.00	4280.00
	焊条	kg	8.64	4.00	34.56		
	其他材料费		—		13.14	—	
	材料费小计		—		47.70	—	4280.00

注：①如不使用省级或行业建设主管部门发布的计价依据，可不填定额编号、名称等。

②招标文件提供了暂估单价的材料，按暂估的单价填入表内"暂估单价"栏及"暂估合价"栏。

2) 总价措施项目清单与计价表的编制

对于不能精确计量的措施项目，应编制总价措施项目清单与计价表。投标人对措施项目中的总价项目投标报价应遵循以下原则。

(1) 措施项目的内容应依据招标人提供的措施项目清单和投标人投标时拟订的施工组织设计或施工方案确定。

(2) 措施项目费由投标人自主确定，但其中安全文明施工费必须按照国家或省级、行业建设主管部门的规定计价，不得作为竞争性费用。招标人不得要求投标人对该项费用进行优惠，投标人也不得将该项费用参与市场竞争。

投标报价时总价措施项目清单与计价表的编制见表 6.4。

表 6.4 总价措施项目清单与计价表(投标报价)

工程名称：某工程　　　　　　　标段：　　　　　　　　　　　第 页 共 页

序号	项目编码	项目名称	计算基础	费率/%	金额/元	调整费率/%	调整后金额/元	备注
		安全文明施工费	定额人工费	25	209 650			
		夜间施工增加费	定额人工费	1.5	12 479			
		二次搬运费	定额人工费	1	8386			
		冬雨期施工增加费	定额人工费	0.6	5032			
5	011707007001	已完工程及设备保护费			6000			
		……						
合计					241 547			

编制人(造价人员)：　　　　　　　　　　复核人(造价工程师)：

注：① "计算基础"中安全文明施工费可为"定额基价""定额人工费"或"定额人工费+定额机械费"，其他项目可为"定额人工费"或"定额人工费+定额施工机具使用费"。

② 按施工方案计算的措施费，若无"计算基础"和"费率"的数值，也可只填"金额"数值，但应在备注栏说明施工方案出处或计算方法。

3) 其他项目清单与计价表的编制

其他项目费由暂列金额、暂估价、计日工与总承包服务费组成，见表 6.5。

表 6.5　其他项目清单与计价汇总表(投标报价)

工程名称：某工程　　　　　　　　　标段：　　　　　　　　　第　页　共　页

序　号	项目名称	金额/元	结算金额/元	备　注
1	暂列金额	350 000		明细详见暂列金额明细表
2	暂估价	200 000		
2.1	材料(工程设备)暂估价/结算价	—		明细详见材料(工程设备)暂估单价表
2.2	专业工程暂估价/结算价	200 000		明细详见专业工程暂估价表
3	计日工	26 528		明细详见计日工表
4	总承包服务费	20 760		明细详见总承包服务费计价表
5				
合计				

注：材料(工程设备)暂估单价计入清单项目综合单价，此处不汇总。

投标人对其他项目费投标报价时应遵循以下原则。

(1) 暂列金额应按照招标人提供的其他项目清单中列出的金额填写，不得变动，见表 6.6。

表 6.6　暂列金额明细表(投标报价)

工程名称：某工程　　　　　　　　　标段：　　　　　　　　　第　页　共　页

序　号	项目名称	计量单位	暂定金额/元	备　注
1	自行车棚工程	项	100 000	正在设计图纸
2	工程量偏差与设计变更	项	100 000	
3	政策性调整和材料价格波动	项	100 000	
4	其他	项	50 000	
5	……			
合计			350 000	

注：此表由招标人填写，如不能详列，也可只列暂定金额总额，投标人应将上述暂列金额计入投标总价中。

(2) 暂估价不得变动和更改。招标文件暂估单价表中列出的材料、工程设备必须按招标人提供的暂估单价计入清单项目的综合单价，见表 6.7；专业工程暂估价必须按照招标人提供的其他项目清单中列出的金额填写，见表 6.8。

表6.7 材料(工程设备)暂估单价及调整表(投标报价)

工程名称：某工程　　　　　　标段：　　　　　　　　　第　页　共　页

序号	材料(工程设备)名称、规格、型号	计量单位	数量		暂估/元		确认/元		差额±/元		备注
			暂估	确认	单价	合价	单价	合价	单价	合价	
1	钢筋(规格见施工图)	t	200		4000	800 000					用于现浇钢筋混凝土项目
2	低压开关柜(CGD190380/220V)	台	1		45000	45 000					用于低压开关柜安装项目
合计						845 000					

注：此表由招标人填写"暂估单价"，并在备注栏说明暂估价的材料、工程设备拟用在哪些清单项目上，投标人应将上述材料、工程设备暂估单价计入工程量清单综合单价报价中。

表6.8 专业工程暂估单价及调整表

工程名称：某工程　　　　　　标段：　　　　　　　　　第　页　共　页

序号	项目名称	工程内容	暂估金额/元	结算金额/元	差额±/元	备注
1	消防工程	合同图纸中标明的以及消防工程规范和技术说明中规定的各系统中的设备、管道、阀门、线缆等的供应、安装和调试工作	200 000			
	:					
		合计	200 000			

注：此表"暂估金额"由招标人填写，投标人应将"暂估金额"计入投标总价中。结算时按合同约定结算金额填写。

(3)计日工应按照其他项目清单列出的项目和估算的数量，自主确定各项综合单价并计算费用，计日工表见表6.9。

表6.9 计日工表(投标报价)

工程名称：某工程　　　　　　标段：　　　　　　　　　第　页　共　页

编号	项目名称	单位	暂定数量	实际数量	综合单价/元	合价/元	
						暂定	实际
一	人工						
1	普工	工日	100		80	8000	
2	技工	工日	60		110	6600	
人工小计						14 600	

续表

编 号	项目名称	单 位	暂定数量	实际数量	综合单价/元	合价/元 暂定	合价/元 实际
二	材料						
1	钢筋(规格见施工图)	t	1		4 000	4000	
2	水泥 42.5	t	2		600	1200	
3	中砂	m³	10		80	800	
4	砾门(5mm~40mm)	m³	5		42	210	
5	页岩砖(240mm×115mm×53mm)	千匹	1		300	300	
	材料小计					6510	
三	施工机具						
1	自升式塔吊起重机	台班	5		550	2750	
2	灰浆搅拌机(400L)	台班	2		20	40	
	施工机具小计					2790	
四、企业管理费和利润	按人工费18%计					2628	
	总计					26 528	

注：此表项目名称、暂定数量由招标人填写，单价由投标人自主报价，按暂定数量计算合价计入投标总价中。结算时，按发、承包双方确认的实际数量计算合价。

(4)总承包服务费应根据招标人在招标文件中列出的分包专业工程内容和供应材料、设备情况，按照招标人提出的协调、配合与服务要求和施工现场管理需要自主确定，总承包服务费计价表见表6.10。

表6.10 总承包服务费计价表(投标报价)

工程名称：某工程 　　　　　　标段：　　　　　　　　　第 页 共 页

序 号	项目名称	项目价值/元	服务内容	计算基础	费率/%	金额/元
1	发包人发包专业工程	200 000	(1)按专业工程承包人的要求提供施工工作面并对施工现场进行统一管理，对竣工资料进行统一整理汇总。(2)为专业工程承包人提供垂直运输机械和焊接电源接入点，并承担垂直运输费和电费	项目价值	7	14 000
2	发包人提供材料	845 000	对发包人供应的材料进行验收及保管和使用发放	项目价值	0.8	6760
	合计	—			—	20 760

注：此表项目名称、服务内容由招标人填写，"费率"及"金额"由投标人自主报价，计入投标总价。

4) 规费、增值税项目清单与计价表的编制

规费和增值税应按国家或省级、行业建设主管部门的规定计算，不得作为竞争性费用。这是由于规费和增值税的计取标准是依据有关法律、法规和政策规定制定的，具有强制性。规费、增值税项目清单与计价表的编制见表6.11。

表 6.11　规费、增值税项目清单与计价表(投标报价)

工程名称：某工程　　　　　　　　　　　　标段：　　　　　　　　　第　页　共　页

序　号	项目名称	计算基础	计算基数	费率/%	金额/元
1	规费	定额人工费			239 001
1.1	社会保险费	定额人工费	(1)+…+(5)		188 685
(1)	养老保险费	定额人工费		14	117 404
(2)	失业保险费	定额人工费		2	16 772
(3)	医疗保险费	定额人工费		6	50 316
(4)	工伤保险费	定额人工费		0.25	2 096.5
(5)	生育保险费	定额人工费		0.25	2 096.5
1.2	住房公积金	定额人工费		6	50 316
2	增值税	分部分项工程费+措施项目费+其他项目费+规费-按规定不计税的工程设备金额		10	789 296
合计					1 028 297

编制人(造价人员)：　　　　　　　　　　　　复核人(造价工程师)：

5) 投标报价的汇总

投标人的投标总价应当与组成工程量清单的分部分项工程费、措施项目费、其他项目费和规费、增值税的合计金额相一致，即投标人在进行工程量清单招标的投标报价时，不能进行投标总价优惠(或降价、让利)，投标人对投标报价的任何优惠(或降价、让利)均应反映在相应清单项目的综合单价中。

施工企业某单位工程投标报价汇总表见表6.12。

表 6.12　投标报价汇总表

工程名称：某工程　　　　　　　　　　　　标段：　　　　　　　　　第　页　共　页

序　号	汇总内容	金额/元	其中：暂估价/元
1	分部分项工程	6 318 410	845 000
…			
0105	混凝土及钢筋混凝土工程	2 432 419	800 000
…			
2	措施项目	738 257	

序　　号	汇总内容	金额/元	其中：暂估价/元
2.1	其中：安全文明施工费	209 650	
3	其他项目	597 288	
3.1	其中：暂列金额	350 000	
3.2	其中：专业工程暂估价	200 000	
3.3	其中：计日工	26 528	
3.4	其中：总承包服务费	20 760	
4	规费	239 001	
5	增值税	789 296	
投标报价合计=1+2+3+4+5		8 682 252	845 000

注：本表适用于单位工程招标控制价或投标报价的汇总，如无单位工程划分，单项工程也使用本表汇总。

3. 投标报价的主要影响因素

在投标报价阶段，影响因素众多，主要有两方面：一方面是建筑业内部因素；另一方面是建筑业外部因素，即整个建筑市场的大形势。

1) 影响投标报价的建筑业内部因素

(1) 技术装备实力。其主要包括：拥有的施工机械设备的先进程度及种类；拥有一定数量的丰富施工经验的各方面高素质的专业技术工程管理人员，如国家注册的会计师、造价工程师、建造师、监理工程师等。先进的设备、高素质的管理人员是完成各种高技术含量的项目工程和确保质量优异的前提。

(2) 经济实力。其主要包括：是否拥有充裕的流动资金，是否拥有一定的办公场所，是否拥有必要的仓储场所，是否具有承担各种风险的财力。经济实力的大小直接决定承揽工程规模的能力。

(3) 管理实力。管理实力决定承包商承揽项目的复杂程度，决定承包商能否按合同约定高效、准时地完成各项指标，决定承包商能否创造良好的经济效益和社会效益，决定承包商能否在众多竞争对手中拥有一席之地。

(4) 社会信誉。承包商的信誉是企业竞争能力的一项重要指标，是一种无形资产。它主要表现在企业的履约情况、获奖情况、资信情况、经营理念等方面。准确评价自身信誉是投标决策的重要方面。

2) 影响投标报价的建筑业外部因素

(1) 参与人员。招标人是否拥有合法地位，是否有支付能力、履约信誉等，招标人支付能力弱、履约信誉差直接影响承包商的资金回收、支付能力、自身利益等，因此参与人员是投标决策时应充分重视的因素之一；竞争对手的情况，竞争对手的数量、实力、特点等重要信息，决定本次投标竞争的激烈程度，竞争越激烈，中标概率越低，投标风险就越大，对投标人的经济利益影响也就越大。

(2) 社会环境。社会环境包括法制环境、地理环境和市场环境等。

(3) 项目本身特点。建设项目的难易程度决定承包商投入的人力、物力、财力的大

小，决定承包商承担风险的大小，决定承包商获利的大小。

4. 投标报价决策、策略和技巧

1) 投标报价决策

投标报价决策是指投标决策人召集算标人、高级顾问人员共同研究，就上述标价计算结果和标价的静态、动态风险分析进行讨论，做出调整、计算标价的最后决定。

一般来说，报价决策并不仅限于具体计算，还要对各种影响报价的因素进行恰当的分析，除了对算标时提出的各种方案、基价、费用摊入系数等予以审定和进行必要的修正外，更重要的是要综合考虑期望的利润和承担风险的能力。低报价是中标的重要因素，但不是唯一因素。

2) 投标报价策略

投标报价策略是指投标人在投标竞争中的系统工作部署及其参与投标竞争的方式和手段。

投标人的决策活动贯穿于投标全过程，是工程竞标的关键。投标的实质是竞争，竞争的焦点是技术、质量、价格、管理、经验和信誉等综合实力。因此，必须随时掌握竞争对手的情况和招标业主的意图，及时制定正确的策略，争取主动。

投标策略主要有投标目标策略、技术方案策略、投标方式策略、经济效益策略等。其中，经济效益策略直接指导投标报价，经济效益策略包括常规价格策略、保本微利策略、高价策略。根据招标的不同特点采用不同的策略，既要考虑自身的优势和劣势，也要分析招标项目的特点，主要考虑项目风险、技术难度、支付条件、竞争对手等情况。

(1) 如遇到以下情况，报价可高些：施工条件差、风险大的工程；专业要求高的技术密集型工程，而本公司在这些方面又有专长，声望也较高；总价低的小工程，以及可投可不投的工程；特殊的工程，如港口码头、地下开挖工程等；工期要求急的工程；投标对手少的工程；支付条件不理想的工程等。

(2) 如遇到以下情况，报价可以低些：施工条件好的工程，工作简单、工程量大而一般公司都可以完成的工程；本公司目前急于打入某一市场、某一地区，或在该地区面临工程结束，机械设备等无工地转移时；本公司在附近有工程，而本项目又可以用该工程的设备、劳务，或有条件在短期内突击完成的工程；投标对手多，竞争激烈的工程；支付条件好的工程等。

3) 投标报价技巧

投标报价技巧是指在投标报价中采用一定的手法或技巧使业主可以接受，而中标后可能获得更多的利润，常采用的报价技巧有以下几种。

(1) 不平衡报价法。不平衡报价法是指一个工程项目总报价基本确定后，通过调整内部各个项目的报价，以期既不提高总报价、不影响中标，又能在结算时得到更理想的经济效益。

一般可以考虑在以下几方面采用不平衡报价。

① 能够早日结算收款的项目(如前期措施费、土石方工程、基础工程等)可适当提高其综合单价。

② 预计今后工程量会增加的项目，单价适当提高；预计工程量可能减少的项目单价降低。

③ 设计图纸不明确，估计修改后工程量要增加的，可以提高单价；而工程内容说明不清楚的，则可适当降低单价，待澄清后可再要求提价。

④ 暂定项目，又叫任意项目或选择项目，对这类项目要具体分析。

(2) 多方案报价法。对于一些招标文件，如果发现工程范围不很明确，条款不清楚或很不公正，或技术规范要求过于苛刻时，则在充分估计投标风险的基础上，按多方案报价法处理。即按原招标文件报一个价，然后再提出，如某某条款作某些变动，报价可降低多少，由此可报出一个较低的价，这样可以降低总价，吸引招标人。

(3) 增加建议方案法。增加建议方案法是指有时招标文件中规定，可以提一个建议方案，即可以修改原设计方案，提出投标者的方案。投标者这时应抓住机会，组织一批有经验的设计和施工工程师，对原招标文件的设计和施工方案仔细研究，提出更为合理的方案以吸引招标人，促成自己的方案中标。建议方案一定要比较成熟，有很好的可操作性，但不要写得太具体，要保留方案的技术关键，防止招标人将此方案交给其他承包商。

(4) 分包商报价的采用。总承包商在投标前找 2～3 家分包商分别报价，而后选择其中一家信誉较好、实力较强和报价合理的分包商签订协议，同意该分包商作为本分包工程的唯一合作者，并将分包商的姓名列到投标文件中，但要求该分包商相应地提交投标保函。如果该分包商认为这家总承包商确实有可能中标，他也许愿意接受这一条件，这就是分包商报价的采用。这种把分包商的利益同投标人捆在一起的做法，不但可以防止分包商事后反悔和涨价，还可能迫使分包时报出较合理的价格，以便共同争取中标。

(5) 突然降价法。突然降价法是指投标报价中各竞争对手往往通过多种渠道和手段来获得对手的情况，因而在报价时可以采取迷惑对手的方法，即先按一般情况报价或表现出自己对该工程兴趣不大，到快投标截止日时再突然降价，为最后中标打下基础。采用这种方法时，一定要在准备投标报价的过程中考虑好降价的幅度，在临近投标截止日期前，根据情报信息与分析判断，再做最后决策。如果中标，因为开标只降总价，在签订合同后可采用不平衡报价的思想调整工程量表内的各项单价或价格，以取得更高效益。

(6) 计日工单价的报价。如果是单纯报计日工单价，而且不计入总价中，则可以报高些，以便在招标人额外用工或使用施工机械时可多盈利；但如果计日工单价要计入总报价时，则需具体分析是否报高价，以免抬高总报价。总之，要分析招标人在开工后可能使用的计日工数量，再来确定报价方案。

(7) 可供选择的项目的报价。有些工程项目的分项工程，招标人可能要求按某一方案报价，而后再提供几种可供选择方案的比较报价。例如，某住房工程的地面砖，工程量表中要求按 60cm×60cm×2cm 的规格报价。另外，还要求投标人用更小规格地面砖(规格为 50cm×50cm×2cm)和更大规格地面砖(规格为 80cm×80cm×3cm)作为可供选择的项目报价。投标时除对几种地面砖调查询价外，还应对当地习惯用砖情况进行调查。对于将来有可能使用的地面砖铺砌应适当提高其报价；对于当地难以供货的某些规格的地面砖，可将价格有意抬高得更多些，以阻挠业主选用。但是，所谓"供选择项目"并非由承包商任意选择，而是业主才有权选择。因此，虽然提高了可供选择项目的报价，并不意味着肯定取得较好的利润，只是提供了一种可能性。一旦业主今后选用，承包商即可得到额外加价的利益。

(8) 暂定金额的报价。暂定金额有 3 种：第一种是招标人规定了暂定金额的分项内容和暂定总价款，并规定所有投标人都必须在总报价中加入这笔固定金额，但由于分项工程量不很准确，允许将来按投标人所报单价和实际完成的工程量付款；第二种是业主列出了暂定金额的项目和数量，但并没有限制这些工程量的估价总价款，要求投标人既列出单价，也应按暂定项目的数量计算总价，当将来结算付款时可按实际完成的工程量和所报单价支付；第三种是只有暂定金额的一笔固定总金额，将来这笔金额作什么用由招标人确定。第一种情况由于暂定总价款是固定的，对各投标人的总报价水平、竞争力没有任何影响，因此，投标时应当对暂定金额的单价适当提高。这样做既不会因今后工程量变更而吃亏，也不会削弱投标报价的竞争力。第二种情况，投标人必须慎重考虑：如果单价定得高了，将会增大总报价，而影响投标报价的竞争力；如果单价定得低了，将来这类工程量增大，也会影响收益。一般来说，这类工程量可以采用正常价格，如果承包商估计今后实际工程量肯定会增大，则可适当提高单价，使将来可增加额外收益。第三种情况对投标竞争没有实际意义，按招标文件要求将规定的暂定金额列入总报价即可。

(9) 无利润算标。无利润算标是指缺乏竞争优势的承包商，在不得已的情况下，只好在报价时不考虑利润，以期中标。这种办法一般是处于以下条件时采用。

① 有可能在中标后，将部分工程分包给索价较低的一些分包商。

② 对于分期建设的项目，先以低价获得首期工程，而后创造机会赢得第二期工程中的竞争优势，并在以后的实施中赚得利润。

③ 较长时期内，投标人没有在建的工程项目，如果再不中标就难以维持生存。因此，虽然本工程无利可图，但主要能有一定的管理费维持公司的日常运转，设法渡过难关，以求将来的发展。

6.4　工程合同价的确定与施工合同的签订

6.4.1　工程合同价的确定

工程合同价款是发包人和承包人在协议中约定，发包人用以支付承包人按照合同约定完成承包范围内全部工程并承担质量保修责任的价款，是工程合同中双方当事人最关心的核心条款，是由发包人、承包人依据中标通知书中的中标价格在协议书内的约定。合同价款在协议书内约定后，任何一方不能擅自更改。

《建筑工程施工发包与承包计价管理办法》规定，工程合同价可以采用 3 种方式，即固定合同价、可调合同价和成本加酬金合同价。

1. 固定合同价

固定合同价是指在约定的风险范围内价款不再调整的合同。双方必须在专用条款内约定合同价款包含的风险范围、风险费用的计算方法和承包风险范围以外对合同价款影响的调整方法。固定合同价可分为固定合同总价和固定合同单价两种方式。

1) 固定合同总价

固定合同总价的计算是以设计图纸、工程量及规范等为依据，承、发包双方就承包工程协商一个固定的总价，即承包方按投标时发包方接受的合同价格实施工程，并一笔包死，无特定情况不作变化。

　　采用这种合同，合同总价只有在设计和工程范围发生变更的情况下才能随之作相应的变更。因此，采用固定总价合同，承包方要承担合同履行过程中的主要风险，要承担实物工程量、工程单价等变化而可能造成损失的风险。在合同执行的过程中，承、发包双方均不能以工程量、设备和材料价格、工资等变动为理由，提出对合同总价调整的要求。所以，作为合同总价计算依据的设计图纸、说明、规定及规范需对工程做出详尽的描述，承包方在投标时要对一切费用上升的因素做出估计并将其包含在投标报价之中。承包方因为可能要为许多不可预见的因素付出代价，所以往往会加大不可预见费用，致使这种合同的投标价格较高。

　　固定总价合同一般适用于以下几种情况。

　　(1) 设计图纸完整齐全，项目、范围及工程量计算依据确切，合同履行过程中不会出现较大的设计变更，承包方依据的报价工程量与实际完成的工程量不会有较大的差异。

　　(2) 规模较小，技术不太复杂的中小型工程，承包方一般在报价时可以合理地预见到实施过程中可能遇到的各种风险。

　　(3) 合同工期较短，一般为一年之内的工程。

　　2) 固定合同单价

　　固定合同单价分为估算工程量单价与纯合同单价两种。

　　(1) 估算工程量单价。估算工程量单价是以工程量清单和工程单价表为基础和依据来计算合同价格的，也可称为计量估价合同。估算工程量单价合同通常是由发包方提出工程量清单，列出分部分项工程量，由承包方以此为基础填报相应单价，累计计算后得出合同价格。但最后的工程结算价应按照实际完成的工程量来计算，即按合同中的分部分项工程单价和实际工程量，计算得出工程结算和支付的工程总价格。

　　采用这种合同时，要求实际完成的工程量与原估计的工程量不能有实质性的变更。因为承包方给出的单价是以相应的工程量为基础的，如果工程量大幅度增减可能影响工程成本。不过在实践中往往很难确定工程量究竟有多大范围的变更才算实质性变更，这是采用这种合同计价方式需要考虑的一个问题。有些固定单价合同规定，如果实际工程量与报价表中的工程量相差超过 ±10% 时，允许承包方调整合同价。此外，也有些固定单价合同在材料价格变动较大时允许承包方调整单价。

　　采用估算工程量单价合同时，工程量是统一计算出来的，承包方只要经过复核后填上适当的单价，承担风险较小；发包方也只需审核单价是否合理即可，对双方都较为方便。由于具有这些特点，估算工程量单价合同是比较常见的一种合同计价方式。估算工程量单价合同大多用于工期长、技术复杂、实施过程中可能会发生不可预见因素较多的建设工程。在施工图不完整或当准备招标的工程项目内容、技术经济指标一时尚不能明确时，往往要采用这种合同计价方式。这样在不能精确地计算出工程量的条件下，可以避免使发包或承包的任何一方承担过大的风险。

　　(2) 纯合同单价。采用这种计价方式的合同时，发包方只向承包方给出发包工程的有关分部分项工程以及工程范围，不对工程量作任何规定，即在招标文件中仅给出工程内各个分部分项工程一览表、工程范围和必要的说明，而不必提供实物工程量。承包方在投标时只需要对这类给定范围的分部分项工程做出报价即可，合同实施的过程中按实际完成的工程量进行结算。

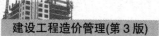
这种合同计价方式主要适用于没有施工图，或工程量不明却急需开工的紧迫工程，如设计单位来不及提供正式的施工图纸，或虽有施工图但由于某些原因不能比较准确地计算工程量时。当然，对于纯单价合同来说，发包方必须对工程范围的划分做出明确的规定，以使承包方能够合理地确定工程单价。

2. 可调合同价

可调合同价是指合同总价或者单价，在合同实施期内根据合同约定的办法调整，即在合同的实施过程中可以按照约定，随资源价格等因素的变化而调整的价格。

1) 可调合同总价

可调合同总价一般也是以设计图纸及规定、规范为基础，在报价及签约时，按招标文件的要求和当时的物价来计算合同总价。但合同总价是一个相对固定的价格，在合同执行过程中，由于通货膨胀而使所用的工料成本增加，可对合同总价进行相应的调整。可调总价合同的合同总价不变，只是在合同条款中增加调价条款，如果出现通货膨胀这一不可预见的费用因素，合同总价就可按约定的调价条款作相应调整。

可调总价合同列出的有关调价的特定条款，往往是在合同专用条款中列明，调价必须按照这些特定的调价条款进行。这种合同与固定总价合同的不同之处在于，它对合同实施中出现的风险做了分摊，发包方承担了通货膨胀的风险，而承包方承担合同实施中实物工程量、成本和工期因素等其他风险。

可调合同总价适用于工程内容和技术经济指标规定很明确的项目，由于合同中列有调价条款，所以工期在一年以上的工程项目较适于采用这种合同计价方式。

2) 可调合同单价

合同单价的可调，一般是指在工程招标文件中规定，合同中签订的单价，根据合同约定的条款，如在工程实施过程中物价发生变化等，可作调整。有的工程在招标或签约时，因某些不确定因素而在合同中暂定某些分部分项工程的单价，在工程结算时，再根据实际情况和合同约定对合同单价进行调整，确定实际结算单价。

3. 成本加酬金合同价

成本加酬金合同价是将工程项目的实际投资划分成直接成本费和承包方完成工作后应得酬金两部分。工程实施过程中发生的直接成本费由发包方实报实销，再按合同约定的方式另外支付给承包方相应报酬。

这种合同计价方式主要适用于工程内容及技术经济指标尚未全面确定，投标报价的依据尚不充分的情况下，发包方因工期要求紧迫，必须发包的工程；或者发包方与承包方之间有着高度的信任，承包方在某些方面具有独特的技术、特长或经验。由于在签订合同时，发包方提供不出可供承包方准确报价所必需的资料，报价缺乏依据，因此，在合同内只能商定酬金的计算方法。成本加酬金合同广泛适用于工作范围很难确定的工程和在设计完成之前就开始施工的工程。

以这种计价方式签订的工程承包合同，有两个明显缺点：一是发包方对工程总价不能实施有效的控制；二是承包方对降低成本也不太感兴趣。因此，采用这种合同计价方式，其条款必须非常严格。

按照酬金的计算方式不同，成本加酬金合同又分为以下几种形式。

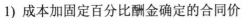

1) 成本加固定百分比酬金确定的合同价

采用这种合同计价方式，承包方的实际成本实报实销，同时按照实际成本的固定百分比付给承包方一笔酬金。工程的合同总价表达式为

$$C = C_d + C_d \cdot P \tag{6.11}$$

式中：C——合同价；

　　　C_d——实际发生的成本；

　　　P——双方事先商定的酬金固定百分比。

这种合同计价方式，工程总价及付给承包方的酬金随工程成本而水涨船高，这不利于鼓励承包方降低成本，正是由于这种弊端所在，使得这种合同计价方式很少被采用。

2) 成本加固定金额酬金确定的合同价

这种合同计价方式与成本加固定百分比酬金合同相似，其不同之处仅在于在成本上所增加的费用是一笔固定金额的酬金。酬金一般是按估算工程成本的一定百分比确定的，数额是固定不变的。其计算表达式为

$$C = C_d + F \tag{6.12}$$

式中：F——双方约定的酬金具体数额。

这种计价方式的合同虽然不能鼓励承包商关心和降低成本，但从尽快获得全部酬金、减少管理投入出发，会有利于缩短工期。

采用上述两种合同计价方式时，为了避免承包方企图获得更多的酬金而对工程成本不加控制，往往在承包合同中规定一些补充条款，以鼓励承包方节约工程费用的开支，降低成本。

3) 成本加奖罚确定的合同价

采用成本加奖罚合同，是在签订合同时双方事先约定该工程的预期成本(或称目标成本)和固定酬金，以及实际发生的成本与预期成本比较后的奖罚计算办法。在合同实施后，根据工程实际成本的发生情况，确定奖罚的额度：当实际成本低于预期成本时，承包方除可获得实际成本补偿和酬金外，还可根据成本降低额得到一笔奖金；当实际成本大于预期成本时，承包方仅可得到实际成本补偿和酬金，并视实际成本高出预期成本的情况，被处以一笔罚金。成本加奖罚合同的计算表达式为

$$C = C_d + F \qquad (C_d = C_o) \tag{6.13}$$

$$C = C_d + F + \Delta F \qquad (C_d < C_o) \tag{6.14}$$

$$C = C_d + F - \Delta F \qquad (C_d > C_o) \tag{6.15}$$

式中：C_o——签订合同时双方约定的预期成本；

　　　ΔF——奖罚金额(可以是百分数，也可以是绝对数，奖与罚可以是不同计算标准)。

这种合同计价方式可以促使承包方关心和降低成本，缩短工期，而且目标成本可以随着设计的进展而加以调整，所以承、发包双方都不会承担太大的风险，故这种合同计价方式应用较多。

4) 最高限额成本加固定最大酬金

在这种计价方式的合同中，首先要确定最高限额成本、报价成本和最低成本，当实际成本没有超过最低成本时，承包方花费的成本费用及应得酬金等都可得到发包方的支付，并与发包方分享节约金额；如果实际工程成本在最低成本和报价成本之间，承包方只有成

本和酬金可以得到支付；如果实际工程成本在报价成本与最高限额成本之间，则承包方只有全部成本可以得到支付；实际工程成本超过最高限额成本，则超过部分，发包方不予支付。

这种合同计价方式有利于控制工程投资，并能鼓励承包方最大限度地降低工程成本。

6.4.2　施工合同的签订

1. 施工合同格式的选择

合同是双方对招标成果的认可，是招标之后、开工之前双方签订的工程施工、付款和结算的凭证。合同的形式应在招标文件中确定，投标人应在投标文件中做出响应。目前的建筑工程施工合同格式一般采用以下几种方式。

1) 参考 FIDIC 合同格式订立的合同

FIDIC(Fédération Internationale Des Ingénieurs Conseils)合同是国际通用的规范合同文本，它一般用于大型的国家投资项目和世界银行贷款项目。采用这种合同格式，可以有效避免工程竣工结算时的经济纠纷，但因其使用条件较严格，因而在一般中小型项目中较少采用。

2) 《建设工程施工合同(示范文本)》(GF—2017—0201)

按照国家工商管理部门与住房和城乡建设部推荐的《建设工程施工合同(示范文本)》(GF—2017—0201)格式订立的合同是比较规范的，也是公开招标的中小型工程项目采用最多的一种合同格式。该合同格式由 4 部分组成，即协议书、通用条款、专用条款和附件。协议书明确了双方最主要的权利和义务，经当事人签字盖章，具有最高的法律效力；通用条款具有通用性，基本适用于各类建筑施工和设备安装；专用条款是对通用条款必要的修改与补充，其与通用条款相对应，多为空格形式，需双方协商完成，更好地针对工程的实际情况，体现了双方的统一意志；附件是对双方的某项义务以确定格式予以明确，便于实际工作中的执行与管理。整个示范文本合同是招标文件的延续，故一些项目在招标文件中就拟定了补充条款内容以表明招标人的意向；投标人若对此有异议时，可在招标答疑(澄清)会上提出，并在投标函中提出施工单位能接受的补充条款；双方对补充条款再有异议时可在询标时得到最终统一。

3) 自由格式合同

自由格式合同是由建设单位和施工单位协商订立的合同，它一般适用于通过邀请招标或议标发包而定的工程项目，这种合同是一种非正规的合同形式，往往会由于一方(主要是建设单位)对建筑工程复杂性、特殊性等方面考虑不周，从而使其在工程实施阶段陷于被动。

2. 施工合同签订过程中的注意事项

1) 关于合同文件部分

招投标过程中形成的补遗、修改、书面答疑、各种协议等均应作为合同文件的组成部分。特别应注意作为付款和结算依据的工程量和价格清单，应根据评标阶段做出的修正稿重新整理、审定，并且应标明按完成的工程量测算付款和按总价付款的内容。

2) 关于合同条款的约定

在编制合同条款时，应注重有关风险和责任的约定，将项目管理的理念融入合同条款中，尽量将风险量化，责任明确，公正地维护双方的利益。其中应主要重视以下几类条款。

(1) 程序性条款。程序性条款目的在于规范工程价款结算依据的形成，预防不必要的纠纷。程序性条款贯穿于合同行为的始终，包括信息往来程序、计量程序、工程变更程序、索赔处理程序、价款支付程序、争议处理程序等，编写时注意明确具体步骤，约定时间期限。

(2) 有关工程计量的条款。注重计算方法的约定，应严格确定计量内容(一般按净值计量)，加强隐蔽工程计量的约定。计量方法一般按工程部位和工程特性确定，以便核定工程量和计算工程价款。

(3) 有关工程计价的条款。应特别注意价格调整条款，如对未标明价格或无单独标价的工程，是采用重新报价方法，还是采用定额及取费方法，或者协商解决，在合同中应约定。对于工程量变化的价格调整，应约定费用调整公式；对工程延期的价格调整、材料价格上涨等因素造成的价格调整，是采用补偿方式还是变更合同价，应在合同中约定。

(4) 有关双方职责的条款。为进一步划清双方责任，量化风险，应对双方的职责进行恰当的描述。对那些未来很可能发生并影响工作、增加合同价款及延误工期的事件和情况加以明确，防止索赔、争议的发生。

(5) 工程变更的条款。适当规定工程变更和增减总量的限额及时间期限。如在 FIDIC合同条款中规定，单位工程的增减量超过原工程量15%应相应调整该项的综合单价。

(6) 索赔条款。明确索赔程序、索赔的支付、争端解决方式等。

6.4.3　不同计价模式对合同价和合同签订的影响

采用不同的计价模式会直接影响合同价的形成方式，从而最终影响合同的签订和实施。目前国内使用的定额计价方法在以上方面存在诸多弊端，相比之下，工程量清单的计价方法能确定更为合理的合同价，并且便于合同的实施，主要体现在以下几方面。

(1) 工程量清单计价的合同价的形成方式使工程造价更接近工程实际价值。因为确定合同价的两个重要因素——投标报价和招标控制价都以实物法编制，采用的消耗量、价格、费率都是市场波动值，因此使合同价能更好地反映工程的性质和特点，更接近市场价值。

(2) 易于对工程造价进行动态控制。在定额计价模式下，无论合同采用固定价还是可调价格，无论工程量变化多大，无论施工工期多长，双方只要约定采用国家定额、国家造价管理部门调整的材料指导价和颁布的价格调整系数，便适用于合同内、外项目的结算。在新的计价模式下，工程量由招标人提供，报价人的竞争性报价是基于工程量清单上所列的量值，招标人为避免由于对图纸理解不同而引起的问题，一般不要求报价人对工程量提出意见或做出判断。但是工程量变化会改变施工组织、改变施工现场情况，从而引起施工成本、利润率、管理费率的变化，因此带来项目单价的变化。新的计价模式能实现真正意义上的工程造价动态控制。

(3) 在合同条款的约定上，清单计价模式的合同下，双方的风险和责任意识加强。在定额计价模式下，由于计价方法单一，承、发包双方对有关风险和责任意识不强；工程量清单计价模式下，招、投标双方对合同价的确定共同承担责任。招标人提供工程量，承担

工程量变更或计算错误的责任，投标单位只对自己所报的成本、单价负责。工程量结算时，根据实际完成的工程量，按约定的办法调整，双方对工程情况的理解以不同的方式体现在合同价中，招标方以工程量清单体现，投标方体现在报价中。另外，一般工程项目造价已通过清单报价明确下来，在日后的施工过程中，施工企业为获取最大利益，会利用工程变更和索赔手段追求额外的利润。因此，双方对合同管理的意识会大大加强，合同条款的约定会更加周密。

工程量清单计价模式赋予造价控制工作新的内容和新的侧重点。工程量清单成为报价的统一基础使获得竞争性投标报价得到有力保证，经评审的最低投标价中标方式使评选的中标价更为合理，合同条款更注重风险的合理分摊，更注重对造价的动态控制，更注重对价格调整及工程变更、索赔等方面的约定。

6.5 案 例 分 析

【案例一】

背景：

某住宅工程，招标控制价为 4500 万元，招标规定工期为 360 天。各评标指标的相对权重为：工程报价为 40%、工期为 10%、质量为 35%、企业信誉为 15%。各承包商投标报价情况见表 6.13。

表 6.13　投标报价情况一览表

投标单位	工程报价/万元	投标工期/天	上年度优良工程建筑面积/m²	上年度承建工程建筑面积/m²	上年度获荣誉称号	上年度获工程质量奖
A	4450	315	24 000	50 600	市级	市级
B	4000	295	46 000	60 800	省部级	市级
C	4280	265	18 000	43 200	市级	县级
D	4110	285	21 500	71 200	无	县级

本工程采用综合评分法评标，量化指标计算方法按表 6.14 计算。

表 6.14　综合评分法量化指标计算方法

评标指标	计算方法
相对报价 x_p	$x_p=[(招标控制价-投标报价)/招标控制价]\times100+90$ （注：当 $0\leqslant[(招标控制价-投标报价)/招标控制价]\times100\leqslant10$ 时为有效标）
工期得分 x_t	$x_t=[(招标工期-投标工期)/招标工期]\times100+75$ （注：当 $0\leqslant[(招标工期-投标工期)/招标工期]\times100\leqslant25$ 时为有效标）
工程优良率 x_q	$x_q=上年度优良工程建筑面积/上年度承建工程建筑面积\times100\%$

续表

评标指标	计算方法		
	项　目	等　级	分　值
企业信誉 $(x_n=x_1+x_2)$	上年度获荣誉称号(x_1)	省部级	50
		市级	40
		县级	30
	上年度获工程质量奖(x_2)	省部级	50
		市级	40
		县级	30

问题:

1. 根据综合评分法的规则,初选合格的投标单位。
2. 对合格的投标单位进行综合评价,确定其中中标单位。

分析要点:

根据综合评分法的规则,投标报价及投标工期与招标控制价及招标工期比较,应在给定范围内;否则作为无效标,据此判断初选入围的投标单位。根据投标报价情况一览表和综合评分法量化指标计算方法计算各指标值;再根据量化指标计算出的各项指标值和各项指标的相对权重进行综合评分计算,并确定总分和名次。

参考答案:

问题 1: B 投标单位的[(招标控制价-投标报价)/招标控制价]×100 =[(4500-4000)/4500]×100 =11.11>10,故 B 投标单位的投标报价为无效标,因此初选合格的投标单位只有 A、C、D 三家投标单位。

问题 2: 根据投标报价一览表和综合评分法量化指标计算方法计算出的各项指标值见表 6.15。

根据投标报价各项指标计算值和指标权重,确定投标单位综合评分结果及名次,见表 6.15。

表 6.15　投标报价各指标值计算表

指标 单位	相对报价得分	工期得分	工程优良率得分	企业信誉得分		
				荣誉称号 x_1	工程质量 奖 x_2	$x_n=x_1+x_2$
A	(4500-4450)/4500 ×100+90 ≈ 91.11	(360-315)/360× 100+75=87.50	24 000/50 600×10% ≈ 47.43%	40	40	80
C	(4500-4280)/4500 ×100+90 ≈ 94.89	(360-265)/360× 100+75 ≈ 101.39	18 000/43 200×10% ≈ 41.67%	40	30	70
D	(4500-4110)/4500 ×100+90 ≈ 98.67	(360-285)/360× 100+75 ≈ 95.83	21 500/71 200×10% ≈ 30.20%	0	30	30

根据表 6.16 得出结论,中标单位为 A 单位。

表 6.16　投标单位综合评分结果及名次表

指标 单位	工程报价得分	工期得分	工程优良率 得分	企业信誉 得分	总　分	名　次
A	91.11×40% ≈36.44	87.50×10% =8.75	47.43×35% ≈16.60	80×15%=12	73.79	1
C	94.89×40% ≈37.96	101.39×10% ≈10.14	41.67×35% ≈14.58	70×15%=10.5	73.18	2
D	98.67×40% ≈39.47	95.83×10% ≈9.58	30.20×35% =10.57	30×15%=4.5	64.12	3

【案例二】

背景:

某招标工程采用固定单价合同形式,承包商复核的工程量清单结果如表 6.17 所示,承包商拟将 B 分项工程单价降低 10%。

表 6.17　承包商复核的工程量清单结果

分部分项工程	工程量/100 m³		综合单价/(元/100m³)
	业主提供清单量	承包商复核后预计量	
A	40	45	3000
B	30	28	2000

问题:

1. 确定采用不平衡报价法后 A、B 分项工程单价及预期效益。

2. 若因某种原因 A 分项工程未能按预期工程量施工,问:A 分项工程量减少至多少时不平衡报价法会减少该工程的正常利润?

参考答案:

问题 1:

因分部分项工程 A、B 预计工程量变化趋势为一增一减,且该工程采用固定单价合同形式,可用不平衡报价法报价。

计算正常报价的工程总造价为:40×3000+30×2000=180 000(元)

将 B 分项工程单价降低 10%,即 B 分项工程单价为:2000×90%=1800(元/100m³)

设分项工程 A 的综合单价为 x,根据总造价不变原则,有

$$40x + 30 \times 1800 = 40 \times 3000 + 30 \times 2000$$

求解得:x=3150 元/100m³

则分项工程 A、B 可分别以综合单价 3150 元/100m³ 及 1800 元/100m³ 报价。

计算预期效益:45×3150+28×1800-(40×3000+30×2000)=12 150(元)

12 150 元为不平衡报价法的预期效益。

问题 2：

若因某种原因未能按预期的工程量施工时，也有可能造成损失。

假设竣工后 A 分项工程的工程量为 y，则下式成立时将造成亏损：

$$3150y + 28 \times 1800 < 40 \times 3000 + 30 \times 2000$$

求解得：$y < 4114.4 \text{ m}^3$。

即 A 分项工程量减少到 4114.4m^3 以下时，不平衡报价法会减少该工程的正常利润。因此，应在对工程量清单的误差或预期工程量变化有把握时，才能使用此不平衡报价。

【案例三】

背景：

某建设单位(甲方)拟建造一栋职工住宅，采用招标方式由某施工单位(乙方)承建。甲、乙双方签订的施工合同摘要如下。

1. 协议书中的部分条款

(1) 工程概况。

工程名称：职工住宅楼。

工程地点：市区。

工程规模：建筑面积 7850m^2，共 15 层，其中地下 1 层，地上 14 层。

结构类型：剪力墙结构。

(2) 工程承包范围。

承包范围：某市规划设计院设计的施工图所包括的全部土建、照明配电(含通信、闭路埋管)、给排水(计算至出墙 1.5m)工程施工。

(3) 合同工期。

开工日期：2020 年 2 月 1 日。

竣工日期：2020 年 9 月 30 日。

合同工期总日历天数：240 天(扣除 5 月 1—3 日)。

(4) 质量标准。

工程质量标准：达到甲方规定的质量标准。

(5) 合同价款。

合同总价为：陆佰叁拾玖万元人民币。

(6) 乙方承诺的质量保修。

在该项目设计规定的使用年限(50 年)内，乙方承担全部保修责任。

(7) 甲方承诺的合同价款支付期限与方式。

本工程没有预付款，工程款按月进度支付，施工单位应在每月 25 日前，向建设单位及监理单位报送当月工作量报表，经建设单位代表和监理工程师就质量和工程量进行确认，报建设单位认可后支付，每次支付完成量的 80%。累计支付到工程合同价款的 75%时停止拨付，工程基本竣工后一个月内再付 5%，办理完审计一个月内再付 15%，其余 5%待保修期满后 10 日内一次付清。为确保工程如期竣工，乙方不得因甲方资金的暂时不到位而停工和拖延工期。

(8) 合同生效。

合同订立时间：2020 年 1 月 15 日。

合同订立地点：××市××区××街××号。

本合同双方约定：经双方主管部门批准及公证后生效。

2. 专用条款

(1) 甲方责任。

① 办理土地征用、房屋拆迁等工作，使施工现场具备施工条件。

② 向乙方提供工程地质和地下管网线路资料。

③ 负责编制工程总进度计划，对各专业分包的进度进行全面安排、统一协调。

④ 采取积极措施做好施工现场地下管线和邻近建筑物、构筑物的保护工作。

(2) 乙方责任。

① 负责办理投资许可证、建设规划许可证、委托质量监督、施工许可证等手续。

② 按工程需要提供和维修一切与工程有关的照明、围栏、看守、警卫、消防、安全等设施。

③ 组织承包方、设计单位、监理单位和质量监督部门进行图纸交底与会审，并整理图纸会审和交底纪要。

④ 在施工中尽量采取措施减少噪声及震动，不干扰居民。

(3) 合同价款与支付。

本合同价款采用固定价格合同方式确定。

合同价款包括的风险范围如下。

① 工程变更事件发生导致工程造价增减不超过合同总价的 10%。

② 政策性规定以外的材料价格涨落等因素造成工程成本变化。

风险费用的计算方法：风险费用已包括在合同总价中。

风险范围以外合同价款调整方法：按实际竣工建筑面积 950 元/m² 调整合同价款。

3. 补充协议条款

钢筋、商品混凝土的计价方式按当地造价信息价格下浮 5%计算。

问题：

1. 上述合同属于哪种计价方式合同类型？

2. 该合同签订的条款有哪些不妥之处？应如何修改？

3. 对合同中未规定的承包商义务，合同实施过程中又必须进行的工程内容，承包商应如何处理？

参考答案：

问题 1：

从甲、乙双方签订的合同条款来看，该工程施工合同应属于固定价格合同。

问题 2：

该合同条款存在的不妥之处及其修改如下。

(1) 合同工期总日历天数不应扣除节假日，应该将该节假日时间加到总日历天数中。

(2) 不应以甲方规定的质量标准作为该工程的质量标准，而应以《建筑工程施工质量验收统一标准》(GB 50300—2013)中规定的质量标准作为该工程的质量标准。

(3) 质量保修条款不妥，应按《建设工程质量管理条例》的有关规定进行修改。

(4) 工程价款支付条款中的"基本竣工时间"不明确，应修订为具体明确的时间；"乙方不得因甲方资金的暂时不到位而停工和拖延工期"条款显失公平，应说明甲方资金不到位在什么期限内乙方不得停工和拖延工期，且应规定逾期支付的利息如何计算。

(5) 从该案例背景来看，合同双方是合法的独立法人单位，不应约定经双方主管部门批准后该合同生效。

(6) 专用条款中关于甲、乙双方责任的划分不妥。甲方责任中的第 3 条"负责编制工程总进度计划，对各专业分包的进度进行全面统一安排，统一协调"和第 4 条，"采取积极措施做好施工现场地下管线和邻近建筑物、构筑物的保护工作"应写入乙方责任条款中。乙方责任中的第 1 条"负责办理投资许可证"、建设规划许可证、委托质量监督、施工许可证等手续"和第 3 条"组织承包方、设计单位、监理单位和质量监督部门进行图纸交底与会审，并整理图纸会审和交底纪要"应写入甲方责任条款中。

(7) 专用条款中有关风险范围以外合同价款调整方法(按实际竣工建筑面积 950 元/m² 调整合同价款)与合同的风险范围、风险费用的计算方法相矛盾，该条款应针对可能出现的除合同价款包括的风险范围以外的内容约定合同价款调整方法。

问题 3：

首先应及时与甲方协商，确认该部分工程内容是否由乙方完成。如果需要由乙方完成，则应与甲方商签补充合同条款，就该部分工程内容明确双方各自的权利和义务，并对工程计划做出相应的调整；如果由其他承包商完成，乙方也要与甲方就该部分工程内容的协作配合条件及相应的费用等问题达成一致意见，以保证工程的顺利进行。

习　题

一、单项选择题

1. 下列排序符合《中华人民共和国招标投标法》和《工程建设项目施工招标办法》规定的招标程序的是(　　)。

①发布招标公告；②资质审查；③接受投标书；④开标，评标

　A. ①②③④　　　　B. ②①③④　　　　C. ①③④②　　　　D. ①③②④

2. 下列关于招标代理的叙述中，错误的是(　　)。

　A. 招标人有权自行选择招标代理机构，委托其办理招标事宜

　B. 招标人具有编制招标文件和组织评标能力的，可以自行办理招标事宜

　C. 任何单位和个人不得以任何方式为招标人指定招标代理机构

　D. 建设行政主管部门可以为招标人指定招标代理机构

3. 根据《中华人民共和国招标投标法》，两个以上法人或者其他组织组成一个联合体，以一个投标人的身份共同投标是(　　)。

　A. 联合投标　　　B. 共同投标　　　C. 合作投标　　　D. 协作投标

4. 当出现招标文件中的某项规定与工程交底会后招标单位发给每位投标人的会议记录不一致时，应以(　　)为准。

A. 招标文件中的规定   B. 现场考察时招标单位的口头解释

C. 招标单位在会议上的口头解答   D. 发给每个投标人的交底会会议记录

5. 在关于投标的禁止性规定中，投标者之间进行内部竞价，内定中标人，然后再参与投标属于(　　)。

A. 投标人之间串通投标   B. 投标人与招标人之间串通投标

C. 投标人以行贿的手段谋取中标   D. 投标人以非法手段骗取中标

6. 根据《中华人民共和国招标投标法》的有关规定，下列不符合开标程序的是(　　)。

A. 开标应当在招标文件确定的提交投标文件截止时间的同一时间公开进行

B. 开标地点应当为招标文件中预先确定的地点

C. 开标由招标人主持，邀请所有投标人参加

D. 开标由建设行政主管部门主持，邀请所有投标人参加

7. 根据《中华人民共和国招标投标法》的有关规定，评标委员会由招标人的代表和有关技术、经济等方面的专家组成，成员人数为(　　)以上单数，其中技术、经济等方面的专家不得少于成员总数的2/3。

A. 3 人   B. 5 人   C. 7 人   D. 9 人

8. 根据《中华人民共和国招标投标法》的有关规定，(　　)应当采取必要的措施，保证评标在严格保密的情况下进行。

A. 招标人   B. 评标委员会

C. 工程所在地建设行政主管部门   D. 工程所在地县级以上人民政府

9. 可调价合同使建设单位承担的风险是(　　)。

A. 气候条件恶劣   B. 地质条件恶劣

C. 通货膨胀   D. 政策调整

10. 在采用成本加酬金合同价时，下列形式中最好采用(　　)以达到有效地控制工程造价，鼓励承包方最大限度地降低工程成本。

A. 成本加固定金额酬金   B. 成本加固定百分比酬金

C. 成本加最低酬金   D. 最高限额成本加固定最大酬金

二、多项选择题

1. 招标活动的基本原则有(　　)。

A. 公开原则   B. 公平原则   C. 平等互利原则

D. 公正原则   E. 诚实信用原则

2. 工程施工招标的招标控制价可由(　　)编制。

A. 招标单位   B. 招标管理部门   C. 定额管理部门

D. 委托具有编制标底资格和能力的中介机构   E. 施工单位

3. 根据《中华人民共和国招标投标法》的有关规定，下列说法不符合开标程序的有(　　)。

A. 开标应当在招标文件确定的提交投标文件截止时间的同一时间公开进行

B. 开标由招标人主持，邀请中标人参加

C. 在招标文件规定的开标时间前收到的所有投标文件，开标时都应当当众予以拆封、宣读

D. 开标由建设行政主管部门主持，邀请中标人参加

E. 开标过程应当记录，并存档备查

4. 下列关于评标委员会的叙述，符合《中华人民共和国招标投标法》有关规定的有（　　）。

    A. 评标由招标人依法组建的评委会负责

    B. 评标委员会由招标人的代表和有关技术、经济等方面的专家组成，成员人数为5人以上的单数

    C. 评标委员会由招标人的代表和有关技术、经济等方面的专家组成，其中技术、经济等方面的专家不得少于总数的1/2

    D. 与投标人有利害关系的人不得进入相关项目的评标委员会

    E. 评标委员会成员的名单在中标结果确定前应当保密

5. 下列关于评标的规定，符合《中华人民共和国招标投标法》有关规定的有（　　）。

    A. 招标人应当采取必要的措施，保证评标在严格保密的情况下进行

    B. 评标委员会完成评标后，应当向招标人提出书面评标报告，并决定合格的中标候选人

    C. 招标人可以授权评标委员会直接确定中标人

    D. 评标委员会经评审，认为所有投标都不符合招标文件要求的，可以否决所有投标

    E. 任何单位和个人不得非法干预、影响评标的过程和结果

6. 根据《建筑工程施工发包与承包计价管理办法》规定，工程合同价可以采用的 3 种方式是（　　）。

    A. 固定价　　　　　　　B. 综合价　　　　　　　C. 成本加酬金价

    D. 市场价　　　　　　　E. 可调价

7. 构成对投标单位有约束力的招标文件，其组成内容包括（　　）。

    A. 招标广告　　　　　　B. 合同条件　　　　　　C. 技术规范

    D. 工程量清单　　　　　E. 图纸和技术资料

8. 建设行政主管部门发现（　　）情况时，可视为招标人违反招标投标法的规定。

    A. 招标单位采取措施使评标在严格保密的情况下进行

    B. 在资格审查条件中设置不允许外地区承包商参与投标的规定

    C. 在评标方法中设置对外系统投标人压低分数的规定

    D. 强制投标人必须结成联营体投标

    E. 没有委托代理机构招标

9. 采用估计工程量单价合同时，最后工程的总价不能按（　　）计算。

    A. 业主提出的暂估工程量清单及承包商所填报的单价

    B. 业主提出的暂估工程量清单及其实际发生的单价

    C. 实际完成的工程量及承包商所填报的单价

    D. 实际完成的工程量及其实际发生的单价

    E. 业主提出的暂估工程量清单及业主提出的单价

10. 没有施工图、工程量不明，却急需开工的紧迫工程不应采用（　　）合同。

    A. 估计工程量单价　　　B. 纯单价　　　　　　　C. 固定总价

    D. 可调值总价　　　　　E. 成本加固定百分比酬金

三、案例分析题

【案例一】

背景:

某学校拟新建一实验楼,该学校按照国家有关规定履行了项目审批手续,并自筹资金 1000 万元,向银行借款 3000 万元,拟采用公开招标方式进行施工招标。因该工程较复杂,考虑到施工风险,决定采用固定价格合同。在施工招标过程中发生了以下事件。

事件 1: 为了让投标人了解工程场地和周围环境情况,招标人在投标预备会结束时,组织投标人进行现场勘查。

事件 2: 投标预备会由招标管理机构派人主持召开。

事件 3: 某投标单位发现招标文件中提供的工程量项目有误,在开标会上向招标人提出。

事件 4: 某投标单位在向招标单位提交投标文件时,未及时提交投标保证金。

事件 5: 招标文件中规定,所有投标人的投标保证金在评标结束后均不予退还。

问题:

1. 该招标工程采用固定价格合同是否妥当? 说明理由。

2. 投标预备会一般可安排在什么时间举行?

3. 事件 1 中的做法是否正确? 如不正确,请改正。

4. 事件 2 中,投标预备会的主持者是否妥当? 说明理由。

5. 事件 3 中发生的情况是否应在开标会上提出? 如不应该,请改正。

6. 事件 4 的发生,招标单位可否将该投标书拒绝?

7. 事件 5 中有关退还投标保证金的说法是否正确? 如不正确,请改正。

8. 在什么情况下,招标人可将投标人的投标保证金没收?

【案例二】

背景:

某承包商对某办公楼建筑工程进行投标(安装工程由业主另行通知招标)。为了既不影响中标,又能在中标后取得较好的效益,决定采用不平衡报价法对原估价做出适当的调整,具体数字见表 6.18。

表 6.18 采用不平衡报价法对原估价做出适当调整

单位: 万元

	桩基围护工程	主体结构工程	装饰工程	总 价
调整前(投标估价)	2680	8100	7600	18 380
调整后(正式报价)	2600	8900	6880	18 380

现假设桩基围护工程、主体结构工程、装饰工程的工期分别为 5 个月、12 个月、8 个月,贷款年利率为 12%,并假设各分部工程每月完成的工作量相同且能按月份及时收到工程款(不考虑工程款结算所需要的时间)。

问题:

1. 该承包商所运用的不平衡报价法是否恰当? 为什么?

2. 采用不平衡报价法后,该承包商所得工程款的现值比原估价增加多少(以开工日期为折算点)?

第 7 章　建设项目施工阶段工程造价管理

通过对本章内容的学习，要求掌握建设项目施工阶段工程造价管理的内容、程序及具体措施，了解施工阶段影响工程造价的主要因素。具体教学要求是，掌握施工计量的方法和程序，掌握工程变更、现场签证、工程索赔及工程价款调整对工程造价的影响程度及其控制措施。

7.1　建设项目施工阶段工程造价管理概述

7.1.1　建设项目施工阶段工程造价管理的工作内容

1. 建设项目施工阶段工程造价的确定

建设项目施工阶段工程造价的确定，就是在工程施工阶段按照承包人实际完成的工程量，以合同价为基础，同时考虑因物价上涨因素所引起的造价的提高，考虑到设计中难以预计而在施工阶段实际发生的工程和费用，合理确定工程的实际造价。

2. 建设项目施工阶段工程造价的控制

建设项目施工阶段工程造价的控制是建设项目全过程造价控制不可缺少的重要一环，在这一阶段应努力做好以下工作：严格按照规定和合同约定拨付工程进度款，严格控制工程变更，及时处理施工索赔工作，加强价格信息管理，了解市场价格变动等。

工程造价管理是建设项目管理的重要组成部分，建设项目施工阶段工程造价的确定与控制是工程造价管理的核心内容，通过决策阶段、设计阶段和招投标阶段对工程造价的管理工作，使工程建设规划在达到预先功能要求的前提下，其投资预算额也达到最优的程度，这个最优程度的预算额能否变成现实，要看工程建设施工阶段造价的管理工作是否做好。做好该项管理工作，就能有效地利用投入建设工程的人力、物力、财力，以尽量少的劳动和物质消耗，取得较高的经济效益和社会效益。

7.1.2　施工阶段工程造价管理的工作程序

建设工程施工阶段承包商按照设计文件、合同的要求，通过施工生产活动完成建设工程项目产品的实物形态，建设工程项目投资的绝大部分支出都发生在这个阶段。由于建设工程项目施工是一个动态系统过程，涉及环节多、施工条件复杂，设计图纸、环境条件、工程

变更、工程索赔、施工的工期与质量、人材机价格的变动、风险事件的发生等很多因素的变化都会直接影响工程的实际价格，这一阶段的工程造价管理最为复杂，因此应遵循一定的工作程序来管理施工阶段的工程造价，图 7.1 所示为施工阶段工程造价控制的工作程序。

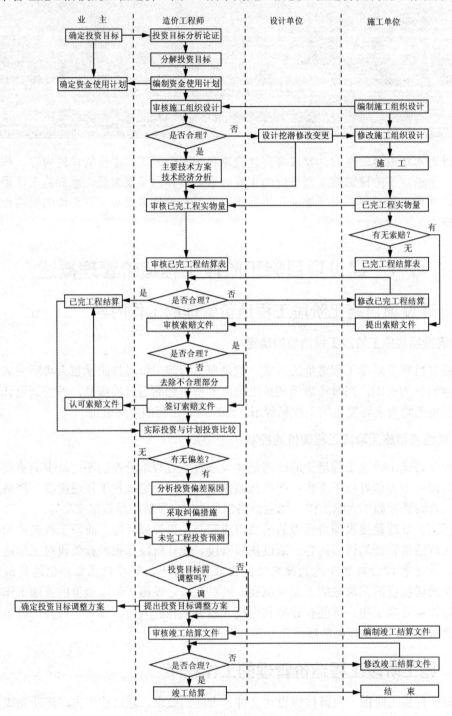

图 7.1　施工阶段工程造价控制的工作程序

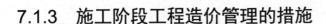

7.1.3　施工阶段工程造价管理的措施

施工阶段是实现建设工程价值的主要阶段，也是资金投入量最大的阶段。因此，在实践中，往往把施工阶段作为工程造价管理的重要阶段。施工阶段工程造价管理的主要措施是从组织、经济、技术和合同等多个方面通过工程付款控制、工程变更费用控制、预防并处理好费用索赔、挖掘节约工程造价潜力等使实际发生的费用不超过计划投资。

1. 组织措施

(1) 在项目管理班子中落实从工程造价控制角度进行施工跟踪的人员分工、任务分工和职能分工。

(2) 编制本阶段工程造价控制的工作计划和详细的工作流程图。

2. 经济措施

(1) 编制资金使用计划，确定、分解工程造价控制目标。

(2) 对工程项目造价控制目标进行风险分析，并制定防范性对策。

(3) 进行工程计量。

(4) 复核工程付款账单，签发付款证书。

(5) 在施工过程中进行工程造价跟踪控制，定期进行造价实际支出值与计划目标值的比较。一旦发现偏差，立即分析产生偏差的原因，及时采取纠偏措施。

(6) 协商确定工程变更的价款。

(7) 审核竣工结算。

(8) 对工程施工过程中的造价支出做好分析与预测，经常或定期向业主提交项目造价控制及其存在问题的报告。

3. 技术措施

(1) 对设计变更进行技术经济比较，严格控制设计变更。

(2) 继续寻找通过设计挖潜节约造价的可能性。

(3) 审核承包人编制的施工组织设计，对主要施工方案进行技术经济分析。

4. 合同措施

(1) 做好工程施工记录，保存各种文件图纸，特别是有实际施工变更情况的图纸，注意积累凭据，为正确处理可能发生的索赔提供依据。

(2) 参与处理索赔事宜。

(3) 参与合同修改、补充工作，着重考虑它对造价控制的影响。

7.2 工 程 计 量

7.2.1 工程计量的重要性

1. 计量是控制工程造价的关键环节

工程计量是指根据设计文件及承包合同中关于工程量计算的规定，项目管理机构对承包商申报的已完成工程的工程量进行的核验。合同条件中明确规定工程量表中所列的工程量是该工程的估算工程量，不能作为承包商应予完成的实际和确切的工程量。因为工程量表中的工程量是在编制招标文件时，在图纸和规范的基础上估算的工程量，不能作为结算工程价款的依据，而必须通过项目管理机构对已完成的工程进行计量。经过项目管理机构计量所确定的数量是向承包商支付任何款项的凭证。

2. 计量是约束承包商履行合同义务的手段

计量不仅是控制项目投资费用支出的关键环节，同时也是约束承包商履行合同义务、强化承包商合同意识的手段。FIDIC合同条件规定，业主对承包商的付款，是以工程师批准的付款证书为凭据的，工程师对计量支付有充分的批准权和否决权。对于不合格的工作和工程，工程师可以拒绝计量。同时，工程师通过按时计量，可以及时掌握承包商工作的进展情况和工程进度。当工程师发现工程进度严重偏离计划目标时，可要求承包商及时分析原因，采取措施，加快进度。因此，在施工过程中，项目管理机构可以通过计量支付手段控制工程按合同进行。

7.2.2 工程计量的程序

按照《建设工程施工合同(示范文本)》(GF—2017—0201)的规定，监理人一般只对工程量清单中的全部项目、合同文件中规定的项目及工程变更的项目按照合同约定的工程量计算规则、图纸及变更指示等按月进行计量。

(1)承包人应于每月25日向监理人报送上月20日至当月19日已完成的工程量报告，并附具进度付款申请单、已完成工程量报表和有关资料。

(2)监理人应在收到承包人提交的工程量报告后7天内完成对承包人提交的工程量报表的审核并报送发包人，以确定当月实际完成的工程量。监理人对工程量有异议的，有权要求承包人进行共同复核或抽样复测。承包人应协助监理人进行复核或抽样复测，并按监理人要求提供补充计量资料。承包人未按监理人要求参加复核或抽样复测的，监理人复核或修正的工程量视为承包人实际完成的工程量。

(3)监理人未在收到承包人提交的工程量报表后的7天内完成审核的，承包人报送的工程量报告中的工程量视为承包人实际完成的工程量，据此计算工程价款。

总价合同采用支付分解表计量支付的，可以按照以上程序进行计量，但合同价款按照支付分解表进行支付。

7.2.3　工程计量的依据

计量依据一般包括质量合格证书、工程量清单计价规范、技术规范中的"计量支付"条款和设计图纸。也就是说，计量时必须以这些资料为依据。

1. 质量合格证书

工程计量必须与质量管理紧密配合，对于承包商已完成的工程，经过专业工程师检验，工程质量达到合同规定的标准后，由专业工程师签署报验申请表(质量合格证书)才予以计量，并不是全部进行计量。所以，质量管理是计量管理的基础，计量义是质量管理的保障，通过计量支付，强化承包商的质量意识。

2. 工程量清单计价规范和技术规范

工程量清单计价规范和技术规范是确定计量方法的依据，因为工程量清单计价规范和技术规范的"计量支付"条款规定了清单中每项工程的计量方法，同时还划定了按规定的计量方法确定的单价所包括的工作内容和范围。

例如，某高速公路技术规范计量支付条款规定，所有道路工程、隧道工程和桥梁工程中的路面工程按各种结构类型及各层不同厚度分别汇总，并且以图纸所示或工程师指示为依据，根据工程师验收的实际完成数量，以每平方米为单位分别计量。计量方法是，根据路面中心线的长度乘以图纸所表明的平均宽度，再加上单独测量的岔道、加宽路面、喇叭口和道路交叉处的面积，以平方米为单位计量。除工程师书面批准外，凡超过图纸所规定的任何宽度、长度、面积或体积均不予计量。

3. 设计图纸

单价合同以实际完成的工程量进行结算，凡是被工程师计量的工程数量，并不一定是承包商实际施工的数量。计量的几何尺寸要以设计图纸为依据，工程师对承包商超出设计图纸要求增加的工程量和自身原因造成返工的工程量不予计量。例如，在某高速公路施工管理中，灌注桩的计量支付条款中规定按照设计图纸以 m 为单位计量，其单价包括所有材料及施工的各项费用，根据这个规定，如果承包商做了 35m 的灌注桩，而桩的设计长度为30m，则只计量 30m，业主按 30m 付款，承包商多做了 5m 灌注桩所消耗的钢筋及混凝土材料，业主不予补偿。

【例 7.1】　某深基础土方开挖工程，合同中约定按设计图纸中基础的底面积乘以挖深按体积进行计量，施工中施工单位为了施工的安全、边坡的稳定，扩大开挖范围，导致土方量增加 $800m^3$，又因遇到地下障碍物，导致土方量增加 $200m^3$，工程师应如何计量？

解：扩大开挖范围导致土方量增加的 $800m^3$ 工程师不应给予计量。因为这是施工单位自身施工措施不当导致的，不在合同范围之内；因地下障碍物导致土方量增加的 $200m^3$ 应该计量，因为按合同规定这是业主应承担的风险。

【例 7.2】　某工程基础底板的设计厚度为 1m，承包商根据以往的施工经验，认为设计有问题，未报监理工程师，即按 1.2m 施工，多完成的工程量在计量时监理工程师(　　)。

　　A. 不予计量　　　　　　　　　　B. 计量一半
　　C. 予以计量　　　　　　　　　　D. 由业主与施工单位协商处理

分析： 因施工方不得对工程设计进行变更，若未经工程师同意擅自更改，发生的费用和由此导致发包人的直接损失，由承包人承担，故答案为 A。

7.3 工程变更及其造价管理

7.3.1 工程变更概述

1. 工程变更的概念

工程变更是指施工过程中出现了与签订合同时的预计条件不一致的情况，而需要改变原定施工承包范围内的某些工作内容。

2. 工程变更产生的原因

在工程项目实施过程中，由于建设周期长，涉及的经济关系和法律关系复杂，受自然条件和客观因素的影响大，导致项目的实际情况与项目招投标时的情况相比会发生一些变化。例如，发包人计划的改变对项目有了新要求、因设计错误而对图纸的修改、施工变化发生了不可预见的事故、政府对建设项目有了新要求等，都会引起工程变更。

7.3.2 工程变更的范围和内容

在履行合同中发生以下情形之一的，经发包人同意，监理人可按合同约定的变更程序向承包人发出变更指示。

(1) 增加或减少合同中任何工作，或追加额外的工作。

(2) 取消合同中任何一项工作，但被取消的工作不能转由发包人或其他人实施。此项规定是为了维护合同公平，防止某些发包人在签约后擅自取消合同中的工作，转由发包人自己或由其他承包人实施而使本合同承包人蒙受损失。如发包人将取消的工作转由自己或其他人实施，构成违约，按照《中华人民共和国合同法》的规定，发包人应赔偿承包人损失。

(3) 改变合同中任何一项工作的质量或其他特性。

(4) 改变合同工程的基线、标高、位置或尺寸。

(4) 改变合同中任何一项工作的施工时间或改变已批准的施工工艺或顺序。

在履行合同过程中，经发包人同意，监理人可按约定的变更程序向承包人作出变更指示，承包人应遵照执行。没有监理人的变更指示，承包人不得擅自变更。

7.3.3 工程变更的程序

在合同履行过程中，监理人发出变更指示包括下列 3 种情形。

1. 监理人认为可能要发生变更的情形

在合同履行过程中，可能发生上述变更情形的，监理人可向承包人发出变更意向书，说明变更的具体内容和发包人对变更的时间要求，并附必要的图纸和相关资料。变更意向书应要求承包人提交包括拟实施变更工作的计划、措施和竣工时间等内容的实施方案。发

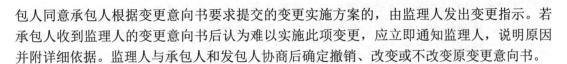

包人同意承包人根据变更意向书要求提交的变更实施方案的，由监理人发出变更指示。若承包人收到监理人的变更意向书后认为难以实施此项变更，应立即通知监理人，说明原因并附详细依据。监理人与承包人和发包人协商后确定撤销、改变或不改变原变更意向书。

2. 监理人认为发生了变更的情形

在合同履行过程中，发生合同约定的变更情形的，监理人应向承包人发出变更指示。变更指示应说明变更的目的、范围、变更内容以及变更的工程量及其进度和技术要求，并附有关图纸和文件。承包人收到变更指示后，应按变更指示进行变更工作。

3. 承包人认为可能要发生变更的情形

承包人收到监理人按合同约定发出的图纸和文件，经检查认为其中存在变更情形的，可向监理人提出书面变更建议。变更建议应阐明要求变更的依据，并附必要的图纸和说明。监理人收到承包人书面建议后，应与发包人共同研究，确认存在变更的，应在收到承包人书面建议后的 14 天内作出变更指示。经研究后不同意作出变更的，应由监理人书面答复承包人。

无论何种情况确认的变更，变更指示只能由监理人发出。变更指示应说明变更的目的、范围、变更内容以及变更的工程量及其进度和技术要求，并附有关图纸和文件。承包人收到变更指示后，应按变更指示进行变更工作。

7.3.4　工程变更估价

1. 变更估价的程序

承包人应在收到变更指示或变更意向书后的 14 天内，向监理人提交变更报价书，报价内容应根据变更估价原则，详细列明变更工作的价格组成及其依据，并附必要的施工方法说明和有关图纸。变更工作影响工期的，承包人应提出调整工期的具体细节。监理人认为有必要时，可要求承包人提交要求提前或延长工期的施工进度计划及相应施工措施等详细资料。监理人收到承包人变更报价书后的 14 天内，根据变更估价原则，商定或确定变更价格。

2. 变更后合同价款的确定

因变更引起的合同价款的调整确定按照下列原则处理。

(1) 已标价工程量清单中有适用于变更工作子目的，采用该子目的单价。此种情况适用于变更工作采用的材料、施工工艺和方法与工程量清单中已有子目相同，同时也不因变更工作增加关键线路工程的施工时间。

(2) 已标价工程量清单中无适用于变更工作子目但有类似子目的，可在合理范围内参照类似子目的单价，由发、承包双方商定或确定变更工作的单价。此种情况适用于变更工作采用的材料、施工工艺和方法与工程量清单中已有子目基本相似，同时也不因变更工作增加关键线路上工程的施工时间。

(3) 已标价工程量清单中无适用或类似子目的单价，可按照成本加利润的原则，由发、承包双方商定或确定变更工作的单价。

(4) 因分部分项工程量清单漏项或非承包人原因的工程变更，引起措施项目发生变化，造成施工组织设计或施工方案变更，原措施费中已有的措施项目，按原措施费的组价方法调整；原措施费中没有的措施项目，由承包人根据措施项目变更情况，提出适当的措施费变更，经发包人确认后调整。

变更的确认、指示和估价的过程如图7.2所示。

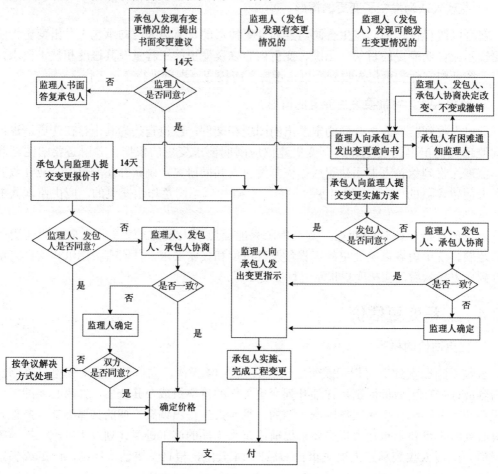

图7.2　变更指示及调价的程序

【例7.3】 某工程项目原计划有土方量 13 000 m³，合同约定土方单价为 17 元/m³，在工程实施中，业主提出增加一项新的土方工程，土方量为5000 m³，施工方提出的土方单价为20 元/m³，增加工程价款：5000×20 =100 000(元)。施工方的工程价款计算是否被监理工程师支持？

解： 不被支持。因合同中已有土方单价，应按合同单价执行。

正确的工程价款为：5000×17=85 000(元)。

【例7.4】 某项工作发包方提出的估计工程量为 1500m³，合同中规定工程单价为 16元/m³，实际工程量超过10%时调整单价，单价为15 元/m³，结束时实际完成工程量 1800m³，则该项工作工程款为多少元？

解： $1500 \times (1 + 10\%) = 1650(m^3)$

$1650 \times 16 + (1800 - 1650) \times 15 = 28\ 650(元)$

7.4　工程索赔及其造价管理

7.4.1　索赔的概念与分类

1. 索赔的概念

索赔是在工程承包合同履行中，当事人一方因对方不履行或不完全履行合同所规定的义务或出现了应当由对方承担的风险而遭受损失时，向另一方提出赔偿要求的行为。在实际工作中，索赔是"双向"的，既包括承包商向发包人提出的索赔，也包括发包人向承包商提出的索赔。但在工程实践中，发包人索赔数量较小，而且处理方便，可以通过冲账、扣拨工程款、扣保修金等方式来实现对承包人的索赔；而承包商对发包人的索赔则比较困难。通常情况下，索赔是指在合同实施过程中，承包人(施工单位)对非自身原因造成的损失而要求发包人给予补偿的一种权利要求。常将发包人对承包商提出的索赔称为反索赔。

2. 索赔的范围

索赔的范围可以概括为以下三个方面。

(1) 一方违约使另一方蒙受损失，受损失方向对方提出赔偿损失的要求。

(2) 发生应由发包人承担责任的特殊风险或遇到不利自然条件等情况，使承包人蒙受较大损失而向发包人提出补偿损失要求。

(3) 承包人本应当获得的正当利益，由于没能及时得到监理人的确认和发包人应给予的支付，而以正式函件向发包人索赔。

3. 索赔与变更的关系

有的变更会带来索赔，但并不是所有的变更都必然会带来索赔，两者之间既有联系又有区别。

(1) 联系。由于索赔与变更的处理都是由于施工单位完成了工程量表中没有规定的额外工作，或者是在施工过程中发生了意外事件，由发包人(建设单位)或者监理工程师按照合同规定给予承包商一定的费用补偿或者工期延长。

(2) 区别。变更是发包人(建设单位)或者监理工程师提出变更要求(指令)后，主动与承包商协商确定一个补偿额给承包商；而索赔则是承包商根据法律和合同的规定，对其认为有权得到的权益主动向发包人(建设单位)提出的费用、工期补偿要求。

4. 索赔产生的原因

1) 当事人违约

当事人违约是指当事人没有按照合同约定履行自己的义务。当事人违约包括发包人违约和承包人违约。

(1) 发包人违约。根据我国《建设工程施工合同(示范文本)》(GF—2017—0201)规定，发包人应按专用条款约定的内容完成以下工作。

① 在合同约定的期限内办理土地征用、房屋拆迁、平整施工场地等工作，使施工场地具备施工条件。

② 将施工所需水、电、通信线路从施工场地外部接至专用条款约定地点，并保证施工期间的需要。

③ 开通施工场地与城乡道路的通道以及施工场地内的主要交通干道，满足施工运输的需要，并保证施工期间的畅通。

④ 向承包商提供施工场地的工程地质和地下管网线路资料，对提供数据的真实准确性负责。

⑤ 办理施工所需各种证件、批件和临时用地、停水、停电、占道等申请批准手续。

⑥ 将水准点与坐标控制点以书面形式交给承包人。

⑦ 组织有关单位和承包商进行图纸会审和设计交底。

⑧ 协调处理施工现场周围地下管线和邻近建筑物、构筑物、古树名木的保护，承担有关费用。

⑨ 合同约定的其他工作。

发包人可以将部分工作委托承包人办理，双方在专用条款中约定，其费用由发包人承担。发包人未按合同约定完成各项义务，未按合同约定的时间和数额支付工程款导致施工无法进行，或发包人无正当理由不支付竣工结算价款等，发包人承担违约责任，赔偿因其违约给承包人造成的经济损失，顺延延误的工期。双方在合同专用条款内约定赔偿损失的计算方法或发包人支付违约金的数额或计算方法。

(2) 承包人违约。根据我国《建设工程施工合同(示范文本)》(GF—2017—0201)的规定，承包人应按专用条款约定的内容完成以下工作。

① 根据发包人委托，在其设计资质等级和业务允许范围内，完成施工图设计或与工程配套的设计，经工程师确认后使用，发包人承担由此发生的费用。

② 向工程师提供年、季、月度工程进度计划及相应进度统计报表。

③ 根据工程需要，提供和维修非夜间施工使用照明、围栏设施，并负责安全保卫。

④ 按专用条款约定的数量和要求，向发包人提供施工场地办公和生活的房屋及设施，发包人承担由此发生的费用。

⑤ 遵守政府有关主管部门对施工场地交通、施工噪声以及环境保护和安全生产等的管理规定，按规定办理手续，并以书面形式通知发包人，发包人承担由此发生的费用，因承包人责任造成的罚款除外。

⑥ 已竣工工程未交付发包人之前，承包人按专用条款约定负责已完工程的保护工作，保护期间发生损坏，承包人自费予以修复，发包人要求承包人采取特殊措施保护的工程部位和相应的追加合同价款，双方在专用条款内约定。

⑦ 按专用条款约定，做好施工场地地下管线和邻近建筑物、构筑物、古树名木的保护工作。

⑧ 保证施工场地清洁，符合环境卫生管理的有关规定，交工前清理现场达到专用条款约定的要求，承担因自身原因违反有关规定造成的损失和罚款。

⑨ 双方在专用条款中约定其他工作。

承包人未能履行各项义务、未能按合同约定的期限和规定的质量完成施工，或者由于不当的行为给发包人造成损失，承包人应承担违约责任，赔偿因其违约给发包人造成的损失，双方在合同专用条款内约定赔偿损失的计算方法或承包人支付违约金的数额或计算方法。

2) 工程师不当行为

(1) 工程师发出的指令有误。

(2) 工程师未按合同规定及时向承包商提供指令、批准、图纸或未履行其他义务。

(3) 工程师对承包商的施工组织进行不合理的干预，对施工造成影响。

从施工合同的角度，工程师的不当行为给承包商造成的损失由业主承担。

3) 不可抗力事件

不可抗力事件是指当事人在订立合同时不能预见、对其发生和后果不能避免也不能克服的事件。不可抗力又可以分为自然事件和社会事件。自然事件主要是工程施工过程中不可避免地发生并不能克服的自然灾害，包括地震、海啸、瘟疫、水灾等；社会事件则包括国家政策、法律、法令的变更，以及战争、罢工等。不利的物质条件通常是指承包人在施工现场遇到的不可预见的自然物质条件、非自然的物质障碍和污染物，包括地下和水文条件。

4) 合同缺陷

合同缺陷是指合同文件规定不严谨或有矛盾，合同中有遗漏或错误。

合同文件应能相互解释，互为说明。当合同文件内容不一致时，除专用条款另有约定外，合同文件的优先解释顺序如下。

(1) 合同协议书。

(2) 中标通知书。

(3) 投标函及投标函附录。

(4) 合同专用条款。

(5) 合同通用条款。

(6) 标准、规范及有关技术文件。

(7) 图纸。

(8) 工程量清单。

(9) 工程报价单或预算书。

当合同文件内容含混不清时，在不影响工程正常进行的情况下，由承、发包双方协商解决，双方也可以提请工程师作出解释。双方协商不成或不同意工程师解释时，按争议约定处理。

由于合同文件缺陷导致承包商费用增加和工期延长，发包人给予补偿。

5) 合同变更

合同变更的表现形式包括设计变更、追加或取消某些工作、施工方法变更、合同规定的其他变更等。

6) 其他第三方原因

在施工合同履行中，需要有多方面的协助和协调，与工程有关的第三方的问题会给工程带来不利影响。

5. 索赔的分类

1) 按索赔涉及当事人分类

(1) 承包商与业主之间的索赔。

(2) 承包商与分包商之间的索赔。

(3) 承包商与供货商之间的索赔。

2) 按索赔依据分类

(1) 合同规定的索赔。索赔涉及的内容在合同中能找到依据，承包人可以据此提出索赔要求，并取得经济补偿，如工程变更暂停施工造成的索赔。

(2) 非合同规定的索赔。索赔内容和权利虽然难以在合同中直接找到，但可以根据合同中某些条款的含义推论出承包人有索赔权。

3) 按索赔目的分类

(1) 工期索赔。由于非承包人责任的原因而导致施工进度延误，要求批准顺延合同工期的索赔。工期索赔形式上是对权利的要求，以避免在原定合同竣工日不能完工时，被发包人追究拖期违约责任。一旦获得批准合同工期顺延后，承包人不仅免除了承担拖期违约赔偿费的严重风险，而且可能提前工期得到奖励，最终仍反映在经济收益上。

(2) 费用索赔。由于发包人的原因或发包人应承担的风险，导致承包人增加开支而给予的费用补偿。

7.4.2　索赔的处理原则

1. 以合同为依据

不论索赔事件出于何种原因，在索赔处理中，都必须在合同中找到相应的依据。工程师必须对合同条件、协议条款等有详细的了解，以合同为依据来评价处理合同双方的利益纠纷。

合同文件包括合同协议书、图纸、合同条件、工程量清单、双方有关工程的洽商、变更、来往函件等。

2. 及时合理地处理索赔

索赔事件发生后，索赔的提出及处理应当及时。索赔处理得不及时，对双方都会产生不利影响，如承包人的索赔长期得不到合理解决，可能会影响承包商的资金周转，从而影响施工进度。处理索赔还必须坚持合理性，既维护业主利益，又要照顾承包方实际情况。如由于业主的原因造成工程停工，承包方提出索赔时，机械停工损失按机械台班计算，人工窝工按人工单价计算，这些索赔显然是不合理的。机械停工由于不发生运行费用，应按折旧费补偿，对于人工窝工，承包方可以考虑将工人调到别的工作岗位，实际补偿的应是工人由于更换工作地点及工种造成的工作效率的降低而发生的费用。

3. 加强主动控制、减少工程索赔

在工程实施过程中，对可能引起的索赔进行预测，尽量采取一些预防措施，避免索赔发生。

7.4.3　《建设工程工程量清单计价规范》中规定的索赔程序

1. 索赔的提出

承包人向发包人的索赔应在索赔事件发生后，持证明索赔事件发生的有效证据和依据

正当的索赔理由，按合同约定的时间向发包人递交索赔通知。发包人应按合同约定的时间对承包人提出的索赔进行答复和确认。当发、承包双方在合同中对此通知未作具体约定时，可按以下规定办理。

(1) 承包人应在确认引起索赔的事件发生后 28 天内向发包人发出索赔通知；否则，承包人无权获得追加付款，竣工时间不得延长。承包人应在现场或发包人认可的其他地点，保持证明索赔可能需要的记录。发包人收到承包人的索赔通知后，未承认发包人责任前，可检查记录保持情况，并可指示承包人保持进一步的同期记录。

(2) 在承包人确认引起索赔的事件后 42 天内，承包人应向发包人递交一份详细的索赔报告，包括索赔的依据、要求追加付款的全部资料。

(3) 如果引起索赔的事件具有连续影响，承包人应按月递交进一步的中间索赔报告，说明累计索赔的金额。承包人应在索赔事件产生的影响结束后 28 天内，递交一份最终索赔报告。

2. 承包人索赔的处理程序

发包人在收到索赔报告后 28 天内，应作出回应，表示批准或不批准并附具体意见。还可以要求承包人提供进一步的资料，但仍要在上述期限内对索赔作出回应。发包人在收到最终索赔报告后的 28 天内，未向承包人作出答复，视为该项索赔报告已经认可。

3. 承包人提出索赔的期限

承包人接受了竣工付款证书后，应被认为已无权再提出在合同工程接受证书颁发前所发生的任何索赔。承包人提交的最终结清申请单中，只限于提出工程接受证书颁发后发生的索赔。提出索赔的期限自接受最终结清证书时终止。

7.4.4　索赔的依据与文件

1. 索赔依据

(1) 招标文件、施工合同文件及附件、经认可的施工组织设计、工程图纸、技术规范等。

(2) 双方的往来信件及各种会议纪要。

(3) 施工进度计划和具体的施工进度安排。

(4) 施工现场的有关文件，如施工记录、施工备忘录、施工日记等。

(5) 工程检查验收报告和各种技术鉴定报告。

(6) 建筑材料的采购、订货、运输、进场时间等方面的凭据。

(7) 工程中电、水、道路开通和封闭的记录与证明。

(8) 国家有关法律、法令、政策文件，政府公布的物价指数、工资指数等。

2. 索赔文件

(1) 索赔通知(索赔信)。索赔信是一封承包商致业主的简短的信函。它主要说明索赔事件、索赔理由等。

(2) 索赔报告。索赔报告是索赔材料的正文，包括报告的标题、事实与理由、损失计

算与要求赔偿金额及工期。

(3) 附件。包括详细计算书、索赔报告中列举事件的证明文件和证据。

7.4.5 常见的施工索赔

1. 不利的自然条件与人为障碍引起的索赔

(1) 不利的自然条件是指施工中遭遇到的实际自然条件比招标文件中所描述的更为困难，增加了施工的难度，使承包商必须花费更多的时间和费用，在这种情况下，承包商可以提出索赔，要求延长工期和补偿费用。

例如，业主在招标文件中会提供有关该工程勘查所取得的水文及地表以下的资料，但有时这类资料会严重失实，导致承包商损失。但在实践中，这类索赔会引起争议。由于在签署的合同条件中，往往写明承包商在提交投标书之前，已对现场和周围环境及与之有关的可用资料进行了考察和检查，包括地表以下条件及水文和气候条件。承包商自己应对上述资料负责。

因此，在合同条件中还有一条，即在工程施工过程中，承包商如果遇到了现场气候条件以外的外界障碍条件，在其看来这些障碍和条件是一个有经验的承包商无法预料到的，则承包商有提出补偿费用和延长工期的权利。

以上并存的合同文件，往往引起承包商和业主及工程师的争议。

【例 7.5】某承包商投标获得一项铺设管道的工程，5 月末签订工程施工合同。工程开工后，当挖掘深度达到 7m 时，遇到了严重的地下渗水，不得不安装抽水系统，并连续抽水 75 天，承包商认为这是地质资料不实造成的，为此要求对不可预见的额外成本进行赔偿，问是否合理？

解：工程师认为，地质资料是确实的，钻探是在 5 月中旬，意味着是在旱季季末，而承包商是在雨期中期施工。因此，承包商应预先考虑到会有一较高的水位，这种风险不是不可预见的，因而拒绝索赔。

(2) 人为障碍引起的索赔。在施工过程中，如果承包商遇到了地下构筑物或文物，只要图纸未说明的，而且与工程师共同确定的处理方案导致了工程费用的增加，承包商可提出索赔，延长工期和补偿相应费用。

【例 7.6】某工程项目在基础开挖过程中，发现古墓，承包商及时报告了监理工程师，由于进行考古挖掘，导致承包商停工。挖土工人为 30 人，工日单价为 60 元，挖掘机台班单价为 1000 元。承包商提出以下索赔。

① 由于挖掘到古墓，承包商停工 15 天，要求业主顺延工期 15 天。

② 由于停工，使在现场的一台挖掘机闲置，要求业主赔偿费用为

$$1000 \text{ 元/台班} \times 15 \text{ 台班} = 1.5(\text{万元})$$

③ 由于停工，造成人员窝工损失为

$$60 \text{ 元/工日} \times 15 \text{ 日} \times 30 \text{ 工} = 2.7(\text{万元})$$

问：如何处理承包商的各项索赔？

解：认可工期顺延 15 天；同意补偿人工窝工费与机械闲置费，但承包商的费用索赔值计算不合理。

机械闲置台班单价按租赁台班费或机械折旧费计算，不应按台班费 1000 元/台班计算，具体单价在合同中约定。

部分人工窝工损失，不应按工日单价计算，具体窝工人工单价按合同约定计算。

2. 工程延误造成的索赔

工程延误造成的索赔是指发包人未按合同要求提供施工条件，如未及时提供设计图纸、施工现场、道路及合同中约定的业主供应的材料不到位等原因造成工程拖延的索赔，如果承包商能提出证据说明其延误造成的损失，则有权获得延长工期和补偿费用的赔偿。

工程延误若属于承包商的原因，不能得到费用补偿，工期不能顺延。

工程延误若由于不可抗力原因，工期可延长，但费用得不到补偿。

3. 工程变更造成的索赔

由于发包人或监理工程师指令，增加或减少工程量、增加附加工程、修改设计、变更工程顺序等，造成工期延长或费用增加，则应延长工期和补偿费用。

4. 不可抗力造成的索赔

建设工程施工中不可抗力包括战争、动乱、空中飞行物坠落或其他非发包人责任造成的爆炸、火灾以及专用条款约定程度的风、雪、洪水、地震等自然灾害。因不可抗力事件导致延误的工期顺延，费用由双方按以下原则承担。

(1) 工程本身的损害、因工程损害导致第三方人员伤亡和财产损失以及运至施工场地用于施工的材料和待安装设备的损害，由发包人承担。

(2) 发包人、承包人人员伤亡由其所在单位负责，并承担相应费用。

(3) 承包人机械设备损坏及停工损失，由承包人承担。

(4) 停工期间，承包人应工程师要求留在施工场地的必要管理人员及保卫人员的费用由发包人承担。

(5) 工程所需清理、修复费用，由发包人承担。

【例 7.7】某工程项目，业主与承包人按《建设工程施工合同(示范文本)》(GF—2017—0201)签订了工程施工合同，甲、乙双方分别办理了人身及财产保险。工程施工过程中发生了几十年未遇的强台风，造成了工期及经济损失，承包商向工程师提出以下索赔要求。

① 由于台风，造成承包方多人受伤，承包方支出医疗及休养补偿费用 1.32 万元，要求业主给予赔偿。

② 由于施工现场施工机械损坏，用去修理费 0.89 万元，要求业主给予赔偿。

③ 由于现场停工，造成的设备租赁费用及人工窝工 2.041 万元，要求业主给予赔偿。

④ 由于台风，造成部分已建且已验收的分部分项工程损失，用去修复处理费用 4.75 万元，要求业主给予赔偿。

⑤ 由于清理灾后现场工作，需要费用 1.3 万元，要求业主给予赔偿。

⑥ 造成现场停工 5 天，要求业主顺延工期 5 天。

问：如何处理以上各项承包商提出的索赔要求？

解：① 承包方人员受伤费用不予认可，由承包商承担。

② 机械损坏的修理费用索赔不予认可。

③ 停工期间的设备租赁费及人员窝工费不予认可。

④ 已建工程损坏的修复费用应由业主给予赔偿。

⑤ 灾后清理现场的工作费用应由业主承担。

⑥ 停工 5 天，工期相应顺延。

5. 业主不正当终止合同引起的索赔

业主不正当终止工程，承包商有权要求补偿损失，其数额是承包商在被终止工程上的人工、材料、机械设备的全部支出以及各项管理费用、贷款利息等，并有权要求赔偿其盈利损失。

6. 工程加速引起的索赔

由于非承包商的原因，工程项目施工进度受到干扰，导致项目不能按时竣工，业主的经济利益受到影响时，有时业主和工程师会发布加速施工的指令，要求承包商投入更多的资源加班加点来完成工程项目。这会导致承包商成本增加，引起索赔。

7. 业主拖延工程款支付引起的索赔

发包人超过约定的支付时间不支付工程款，双方又未能达成延期付款协议，导致施工无法进行，承包人可停止施工，并有权获得工期的补偿和额外费用补偿。

8. 其他索赔

政策、法规变化，货币汇率变化，物价上涨等原因引起的索赔，属于业主风险，承包商有权要求补偿。

综合以上几种情况，常见的几种施工索赔处理如表 7.1 所示。

表 7.1 索赔原因与处理

索赔原因	责任者	处理原则	索赔结果
工程变更	业主、工程师	工期顺延、补偿费用	工期+费用
业主拖延工程款	业主	工期顺延、补偿费用	工期+费用
施工中遇到文物、构筑物	业主	工期顺延、补偿费用	工期+费用
工期延误	业主	工期顺延、补偿费用	工期+费用
异常恶劣气候、天灾等不可抗力	客观原因	工期顺延、费用不补	工期
业主不正当终止合同	业主	补偿损失	费用

7.4.6 索赔的计算

1. 工期索赔的计算

无论上述何种原因引起的索赔事件，都必须是非承包商的原因引起的并确实给承包商造成了工期的延误。工期索赔计算方法包括网络分析法和比例计算法。

1) 网络分析法

网络分析法是利用进度计划的网络图，分析计算索赔事件对工期影响的一种方法。这种方法是一种科学、合理的分析方法，适用于许多索赔事件的计算。

运用网络计划计算工期索赔时，要特别注意索赔事件成立所造成的工期延误是否发生在关键线路上。若发生在施工进度的关键线路上，由于关键工序的持续时间决定了整个施工工期，发生在其上的工期延误会造成整个工期的延误，应给予承包商相应的工期补偿。若工期延误不在关键线路上，其延误不一定会造成总工期的延误，根据网络计划原理，如果延误时间在总时差内，则网络进度计划的关键线路并未改变，总工期没有变化，即并没有给承包商造成工期延误，此时索赔就不成立；如果延误时间超过总时差，则该线路由于延误超过时差限制而成为关键线路，网络进度计划的关键线路发生改变，总工期也发生变化，会给承包商造成工期延误，此时索赔成立。

【例 7.8】 已知网络计划如图 7.3 所示。

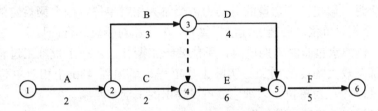

图 7.3　某工程网络计划图

计算网络计划图，总工期 16 天，关键工作为 A、B、E、F。

若由于业主原因造成工作 B 延误 2 天，由于 B 为关键工作，对总工期将造成延误 2 天，故向业主索赔 2 天。

若由于业主原因造成工作 C 延误 1 天，承包商工期是否可以向业主提出 1 天的工期补偿？

工作 C 总时差为 1 天，有 1 天的机动时间，业主原因造成的 1 天延误对总工期不会有影响。实际上，将 1 天的延误代入原网络图，即工作 C 变为 3 天，计算结果工期仍为 16 天。

若由于业主原因造成工作 C 延误 3 天，由于工作 C 本身有 1 天的机动时间，对总工期造成延误为 3-1=2(天)，故向业主索赔 2 天。或将工作 C 延误的 3 天代入网络图中，即工作 C 为 2+3=5(天)，计算后可以发现网络图关键线路发生了变化，工作 C 由非关键工作变成了关键工作，总工期为 18 天，索赔 18-16=2(天)。

一般地，根据网络进度计划计算工期延误时，若工程完成后一次性解决工期延长这样的问题，通常的做法是，在原进度计划的工作持续时间的基础上，加上由于非承包商原因造成的工作延误的时间，代入网络图，计算得出延误后的总工期，减去原计划的工期，进而得到可批准的索赔工期。

2) 比例计算法

在实际工程中，干扰时间常常影响某些单项工程、单位工程或分部分项工程工期，要分析它们对总工期的影响，可以采用简单的比例计算法。

对于已知部分工程的延期时间，有

$$工期索赔额度 = \frac{受干扰部分工程的合同价}{原合同总价} \times 该受干扰部分工期拖延时间 \quad (7.1)$$

对于已知额外增加工程量的价格，有

$$工期索赔额度 = \frac{额外增加的工程量的价格}{原合同总价} \times 原合同总工期 \tag{7.2}$$

【例 7.9】某项工程，基础为整体底板，混凝土量为 $840m^3$，计划浇筑底板混凝土 24h 连续施工需 4 天，在土方开挖时发现地基与地质资料不符，业主与设计单位洽商后修改设计，确定局部基础深度加深，混凝土工程量增加 $70m^3$，问补偿工期为多少？

解：原计划浇筑底板时间 $= \frac{24}{8} \times 4 = 12$(天)

由于基础工程量增加而增加的工期 $= \frac{70}{840} \times 12 = 1$(天)，即补偿工期 1 天。

【例 7.10】某工程原合同规定分两阶段进行施工，土建工程工期为 21 个月，安装工程工期为 12 个月。假定以一定量的劳动力需要量为相对单位，则合同规定的土建工程量可折算为 310 个相对单位，安装工程量折算为 70 个相对单位。合同规定，在工程量增减 10%的范围内，作为承包商的工期风险，不能要求工期补偿。在工程施工过程中，土建和安装的工程量都有较大幅度的增加。实际土建工程量增加到 430 个相对单位，实际安装工程量增加到 117 个相对单位。求承包商可以提出的工期索赔额。

解：承包商提出的工期索赔如下。

不索赔的土建工程量的上限为：310×1.1=341(个相对单位)

不索赔的安装工程量的上限为：70×1.1=77(个相对单位)

由于工程量增加而造成的工期延长：

土建工程工期延长=21×[(430/341)−1]=5.5(个月)

安装工程工期延长=12×[(117/77)−1]=6.2(个月)

总工期索赔为：5.5+6.2=11.7(个月)。

2. 索赔费用的计算

1) 索赔费用的组成

索赔费用的主要组成部分与建设工程施工承包合同价的组成部分相似。从原则上说，凡是承包商有索赔权的工程成本的增加，都可列入索赔的费用。可索赔的费用包括以下几项。

(1) 人工费。完成合同以外的额外工作所花费的人工费，非承包商责任的工效降低所增加的人工费，非承包商责任工程延误导致的人员窝工费。

(2) 机械使用费。完成额外的工作增加的机械使用费，非承包商责任的工效降低所增加的机械费，非承包商原因导致机械停工的窝工费。

(3) 材料费。索赔事件材料实际用量增加费用，非承包商责任的工期延误导致的材料价格上涨而增加的费用等。

(4) 管理费。承包商完成额外工程、索赔事项工作以及工期延长期间的管理费，包括管理人员工资、办公费。

(5) 利润。由于工程范围的变更和施工条件变化引起的索赔，承包商可以列入利润。对于工程延误引起的索赔，由于工期延误并未影响、削减某些项目的实施，从而导致利润减少，所以一般很难将利润索赔加入索赔费用中。

(6) 利息。包括拖期付款利息、由于工程变更和工程延误增加投资的利息、索赔款利息、错误扣款利息等。

(7) 分包费用。分包费用是指分包商的索赔款额。分包商的索赔列入总承包商的索赔总额中。

2) 索赔费用的计算

索赔费用可用分项法、总费用法和修正总费用法计算。

(1) 分项法。分项法是按每个索赔事件所引起损失的费用项目分别分析计算索赔值的一种方法，是工程索赔计算中最常用的一种方法。

【例 7.11】某建设项目业主与施工单位签订了可调价格合同。主导施工机械一台，为施工单位自有设备。合同中约定：台班单价 800 元/台班，折旧费为 100 元/台班；人工日工资单价为 40 元/工日，窝工费 10 元/工日。合同履行后第 30 天，因场外停电全场停工 2 天，造成人员窝工 20 个工日；合同履行后的第 50 天业主指令增加一项新工作，完成该工作需要 5 天时间，机械 5 台班，人工 20 个工日，材料费 5000 元。求施工单位可获得的直接工程费的补偿额。

解： 因场外停电导致的直接工程费索赔额为

$$人工费=20×10 =200(元)$$
$$机械费=2×100=200(元)$$

因业主指令增加新工作导致的直接工程费索赔额为

$$人工费=20×40=800(元)$$
$$材料费=5000 元$$
$$机械费=5×800=4000(元)$$

$$可获得的直接工程费的补偿额= (200+200)+(800+5000+4000) =10\,200(元)$$

【例 7.12】某建设项目，业主与施工单位签订了施工合同，其中规定，在施工中，如因业主原因造成窝工，则人工窝工费和机械停工费按工日费和台班费的 60%结算支付。在计划执行中，出现了下列情况(同一工作由不同原因引起的停工时间，都不在同一时间)。

① 因业主不能及时供应材料使工作 A 延误 3 天，工作 B 延误 2 天，工作 C 延误 3 天。

② 因机械发生故障检修使工作 A 延误 2 天，工作 B 延误 2 天。

③ 因业主要求设计变更使工作 D 延误 3 天。

④ 因公网停电使工作 D 延误 1 天，工作 E 延误 1 天。

已知吊车台班单价为 240 元/台班，小型机械的台班单价为 55 元/台班，混凝土搅拌机的台班单价为 70 元/台班，人工工日单价为 28 元/工日。计算费用索赔量。

分析： 业主不能及时供应材料是业主违约，承包商可以得到工期和费用补偿；机械故障是承包商自身的原因造成的，不予补偿；业主要求设计变更可以补偿相应工期和费用；公网停电是业主应承担的风险，可以补偿承包商工期和费用。本案例只要求计算费用补偿。

解： 经济损失索赔如下。

工作 A 赔偿损失 3 天，工作 B 赔偿 2 天，工作 C 赔偿 3 天，工作 D 赔偿 4 天(3+1=4 天)，工作 E 赔偿 1 天损失。

由于工作 A 使用吊车： 　　　　3×240×0.6=432(元)

由于工作 B 使用小型机械： 　　2×55×0.6=66(元)

由于工作 C 使用混凝土搅拌机： 3×70×0.6=126(元)

由于工作 D 使用混凝土搅拌机： 4×70×0.6=168(元)

工作 A 人工索赔： 　　　　　　3×30×28×0.6=1512(元)

工作 B 人工索赔： 　　　　　　2×15×28×0.6=504(元)

工作 C 人工索赔： 　　　　　　3×35×28×0.6=1764(元)

工作 D 人工索赔： 　　　　　　4×35×28×0.6=2352(元)

工作 E 人工索赔： 　　　　　　1×20×28×0.6=336(元)

合计经济补偿 7260 元。

(2) 总费用法。当发生多次索赔事件以后，重新计算该工程的实际总费用，再从这个实际总费用中减去投标报价时估算的总费用，即

$$索赔金额=实际总费用-投标报价总费用 \tag{7.3}$$

由于施工过程中会受到许多因素影响，既有业主原因，也有来自施工方自身的原因，采用这个方法可能在实际费用中包括承包方的原因而增加的费用，所以，这种方法只有在难以按分项法计算索赔费用时才使用。

(3) 修正总费用法。修正总费用法是对总费用法的改进，在总费用计算原则基础上，去除一些不合理的因素，使其更合理。

$$索赔金额=调整后实际总金额-投标报价估算总费用 \tag{7.4}$$

【例 7.13】某施工单位与某建设单位签订施工合同，合同工期为 38 天。合同中约定，工期每提前(或拖后)1 天奖(罚)5000 元，乙方得到工程师同意的施工网络计划如图 7.4 所示。

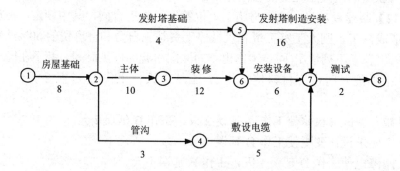

图 7.4　某工程施工网络计划图

实际施工中发生了以下事件。

(1) 在房屋基槽开挖后，发现局部有软弱下卧层，按甲方代表指示，乙方配合地质复查，配合用工 10 工日。地质复查后，根据经甲方代表批准的地基处理方案增加工程费用 4 万元，因地基复查和处理使房屋基础施工延长 3 天，人工窝工 15 工日。

(2) 在发射塔基础施工时，因发射塔坐落位置的设计尺寸不当，甲方代表要求修改设计，拆除已施工的基础，重新定位施工。由此造成工程费用增加 1.5 万元，发射塔基础施工延长 2 天。

(3) 在房屋主体施工中，因施工机械故障，造成工人窝工 8 工日，房屋主体施工延长 2 天。

(4) 在敷设电缆时，因乙方购买的电缆质量不合格，甲方代表令乙方重新购买合格电缆，由此造成敷设电缆施工延长 4 天，材料损失费 1.2 万元。

(5) 鉴于该工程工期较紧，乙方在房屋装修过程中采取了加快施工技术措施，使房屋装修施工缩短 3 天，该项技术措施费为 0.9 万元。

其余各项工作的持续时间和费用与原计划相符。假设工程所在地人工费标准为 30 元/工日，应由甲方给予补偿的窝工人工补偿标准为 18 元/工日，间接费、利润等均不予补偿。

问：

(1) 在上述事件中，乙方可以就哪些事件向甲方提出工期补偿和费用补偿？

(2) 该工程实际工期为多少？

(3) 在该工程中，乙方可得到的合理费用补偿为多少？

解：

(1) 各事件处理(见图 7.5)。

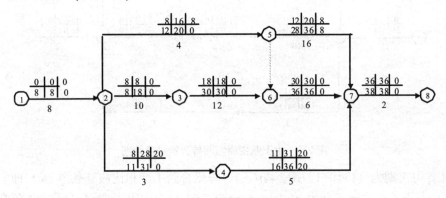

图 7.5　事件处理

事件 1：可以提出工期索赔和费用索赔。因为地质条件的变化属于有经验的承包商无法合理预见的，该工作位于关键线路上。

事件 2：可提出费用补偿要求，不能提出工期补偿。因为设计变更属于甲方应承担的责任，甲方应给予经济补偿，但该工序为非关键工序且延误时间 2 天未超过总时差 8 天，故没有工期补偿。

事件 3：不能提出工期和费用补偿。施工机械故障属于施工方自身应承担的责任。

事件 4：不能提出费用和工期补偿。乙方购买的电缆质量问题是乙方自己的责任。

事件 5：不能提出费用和工期的补偿。因为双方在合同中约定采用奖励方法解决乙方加速施工的费用补偿，故赶工措施费由乙方自行承担。

按原网络进度计划计算得工期：8+10+12+6+2=38(天)。

(2) 实际施工进度(见图 7.6)。

按实际情况计算得工期：11+12+9+6+2=40(天)。由于业主原因而导致的进度计划如图 7.7 所示。

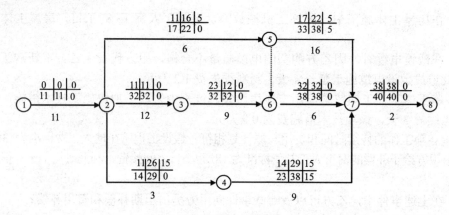

图 7.6　实际施工进度

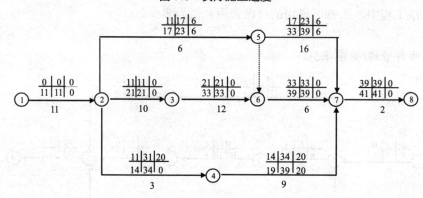

图 7.7　由于业主原因而导致的进度计划

经计算得工期为 11+10+12+6+2=41(天)，与原合同工期相比应延长 3 天。即实际合同工期应为 41 天，而实际工期为 40 天，与合同工期 41 天相比提前了 1 天，按照合同给予奖励。

(3) 费用补偿。

事件 1。

增加人工费：　　10×30=300(元)

窝工费：　　　　15×18=270(元)

增加工程费用：　40 000(元)

事件 2。

增加工程费：　　15 000(元)

提前工期奖励：　1×5000=5000(元)

合计补偿：　　　300+270+40 000+15 000+5000=60 570(元)

【例 7.14】某工程项目施工采用了包工包料的固定价格合同。工程招标文件参考资料中提供用砂地点距工地 4km。但是开工后，检查该砂质量不符合要求，承包商只得从另一距工地 20km 的供砂地点采砂。而在一个关键工作面上又发生了几种原因造成临时停工：4月 20—4 月 26 日承包商的施工设备出现了从未出现过的故障；应于 4 月 24 日交给承包商的后续图纸直到 5 月 10 日才交给承包商；5 月 7 日—5 月 12 日施工现场下了该季节罕见的特大暴雨，造成了 5 月 11—5 月 14 日该地区的供电全面中断。

问：

(1) 由于供砂距离增大，必然引起费用增加，承包商经过认真计算后，在业主指令下达的第 3 天，向业主的造价工程师提交了将原用砂单价每吨提高 5 元的索赔要求。造价工程师能批准该索赔要求吗？为什么？

(2) 由于几种情况暂时停工，承包商在 5 月 15 日向业主的造价工程师提交延长工期 25 天，成本损失费 2 万元/天(此费率已经造价师核准)和利润损失费 2000 元/天的索赔要求，共计索赔款 55 万元。造价工程师应批准的索赔款额为多少万元？

解：

(1) 砂场地点变化提出的索赔不能批准，因为承包商应对自己就招标文件的解释负责并考虑风险，承包商应对自己报价的正确性与完备性负责，材料供应情况变化是一个有经验的承包商能合理预见的。

(2) 可以批准的费用索赔为 32 万元，原因：① 4 月 20—4 月 26 日，属于承包商承担的风险，不考虑费用索赔要求；② 4 月 27 日至 5 月 10 日，是由于业主迟交图纸引起的，为业主承担的风险，可以要求索赔，但不考虑承包商的利润要求，索赔费用=14×2=28(万元)；③ 5 月 11 和 12 日，特大暴雨属于双方共同风险，不应考虑索赔；5 月 13 和 14 日，停电属于有经验的承包商无法预见的自然条件变化，为业主承担风险，但不考虑承包商利润，费用索赔额=2×2 =4(万元)。

7.4.7　业主反索赔

业主反索赔是指业主向承包商所提出的索赔，由于承包商不履行或不完全履行约定的义务，或是由于承包商的行为使业主受到损失时，业主为了维护自己的利益，向承包商提出的索赔。常见的业主反索赔有以下几种情况。

1. 工期延误反索赔

在工程项目的施工过程中，因承包商的原因不能按照协议书约定竣工日期或工程师同意顺延的工期竣工，承包商应承担违约责任，赔偿因其违约给发包方造成的损失，双方在专用条款内约定承包方赔偿损失的计算方法或承包商应当支付违约金的数额和计算方法。由承包商支付延期竣工违约金。业主在确定违约金的费率时，一般要考虑以下因素。

(1) 业主盈利损失。

(2) 由于工期延长而引起的贷款利息增加。

(3) 因工程拖期带来的附加监理费。

(4) 由于本工程拖期竣工不能使用，租用其他建筑物时的租赁费。

违约金的计算方法，在每个合同文件中均有具体规定，一般按每延误 1 天赔偿一定的款额计算，累计赔偿额一般不超过合同总额的 10%。

2. 施工缺陷反索赔

承包商施工质量不符合施工技术规程的要求，或在保修期未满以前未完成应该负责修补的工程时，业主有权向承包商追究责任。如果承包商未在规定的时限内完成修补工作，业主有权雇用他人来完成，发生的费用由承包商负担。

3．承包商不履行的保险费用索赔

如果承包商未能按合同条款指定项目投保，并保证保险有效，业主可以投保并保证保险有效，业主所支付的必要保险费可在应付给承包商的款项中扣回。

4．对超额利润的索赔

在实行单价合同的情况下，如果实际工程量比估计工程量增加很多(限额合同约定)，使承包商预期收入增加，而工程量的增加并不增加固定成本，双方协议，发包方收回部分超额利润。

5．业主合理终止合同或承包商不正当地放弃工程的索赔

如果业主合理地终止承包商的承包，或者承包商不合理地放弃工程，业主有权从承包商手中收回由新的承包商完成工程所需的工程款与原合同未付部分的差额。

7.5　工程价款结算

工程价款结算，根据财政部、住房和城乡建设部《建设工程价款结算暂行办法》(财建〔2004〕369 号)的规定，指对建设工程的发、承包合同价款进行约定和依据合同约定进行工程预付款、工程进度款、工程竣工价款结算的活动。

7.5.1　工程价款结算的依据、方式和内容

1．工程价款结算的依据

工程价款结算应按合同约定办理，合同未作约定或约定不明的，发、承包双方应依照下列规定与文件协商处理。

(1) 国家有关法律、法规和规章制度。

(2) 国务院建设行政主管部门及省、自治区、直辖市或有关部门发布的工程造价计价标准、计价办法等有关规定。

(3) 建设项目的合同、补充协议、变更签证和现场签证，以及经发、承包人认可的其他有效文件。

(4) 其他可依据的材料。

2．工程价款结算的方式

根据《建设工程价款结算暂行办法》规定，可采用以下方式。

(1) 按月结算与支付。即实行按月支付进度款，竣工后清算的办法。合同工期在两个年度以上的工程，在年终进行工程盘点，办理年度结算。

(2) 分段结算与支付。即当年开工、当年不能竣工的工程按照工程进度，划分不同阶段支付工程进度款。具体划分在合同中明确。

3．工程价款结算的主要内容

根据《建设项目工程结算编审规程》中的有关规定，工程价款结算主要包括以下

几种方式。

(1) 竣工结算。建设项目完工并经验收合格后,对所完成的建设项目进行的全面的工程结算。

(2) 分阶段结算。在签订的施工承发包合同中,按工程特征划分为不同阶段实施和结算。该阶段合同工作内容已完成,经发包人或有关机构中间验收合格后,由承包人在原合同分阶段价格的基础上编制调整价格并提交发包人审核签认。它是表达该工程不同阶段造价和工程价款结算依据的工程中间结算文件。

(3) 专业分包结算。在签订的施工承、发包合同或由发包人直接签订的分包工程合同中,按工程专业特征分类实施分包和结算。分包合同工作内容已完成,经总包人、发包人或有关机构对专业内容验收合格后,按合同约定,由分包人在原合同价格基础上编制调整价格并提交总包人、发包人审核签认。它是表达该专业分包工程造价和工程价款结算依据的工程分包结算文件。

(4) 合同中止结算。工程实施过程中合同中止,对施工承发包合同中已完成且经验收合格的工程内容,经发包人、总包人或有关机构点交后,由承包人按原合同价格或合同约定的定价条款,参照有关计价规定编制合同中止价格,提交发包人或总包人审核签认。它是表达该工程合同中止后已完成工程内容的造价和工作价款结算依据的工程经济文件。

7.5.2　工程预付款(预付备料款)结算

施工企业承包工程,一般实行包工包料,这就需要有一定数量的备料周转金。在工程承包合同条款中,一般规定在开工前发包方拨付给承包单位一定限额的工程预付备料款。

根据《建设工程价款结算暂行办法》(财建〔2004〕369 号)规定,在具备施工条件的前提下,发包人应在双方签订合同后的 1 个月内或不迟于约定的开工日期前的 7 天内预付工程款,发包人不按约定预付,承包人应在预付时间到期后 10 天内向发包人发出要求预付的通知,发包人收到通知后仍不按要求预付,承包人可在发出通知 14 天后停止施工,发包人应从约定应付之日起向承包人支付应付款的利息(利率按同期银行贷款利率计算),并承担违约责任。

包工包料工程的预付款按合同约定拨付,原则上预付比例不低于合同金额的 10%,不高于合同金额的 30%,对重大工程项目,按年度工程计划逐年预付。计价执行《建设工程工程量清单计价规范》(GB 50500—2013)的工程,实体性消耗和非实体性消耗部分应在合同中分别约定预付款比例。

预付的工程款必须在合同中约定抵扣方式,并在工程进度款中进行抵扣。凡是没有签订合同或不具备施工条件的工程,发包人不得预付工程款,不得以预付款为名转移资金。

1. 预付工程款(备料款)的数额

工程预付款的数额可以采用以下两种方法计算。

1) 影响因素法

影响预付款数额的因素主要有年度承包工程价值(按合同价值)、主材比例(包括预制构件)、材料储备天数(按市场行情或材料储备定额)、年度施工日历天数,计算公式为

$$预付款数额=\frac{年度承包工程总值×主要材料所占比例}{年度施工日历天数}×材料储备天数 \tag{7.5}$$

【例 7.15】某工程合同总额 350 万元，主要材料、构件所占比例为 60%，年度施工天数为 200 天，材料储备天数为 80 天，则

$$预付款数额=\frac{350×60\%}{200}×80=84(万元)$$

2) 额度系数法

为了简化工程预付款的计算，发包人根据工程的特点、工期长短、市场行情、供求规律等因素，招标时在合同条件中约定工程预付款的百分比，即预付款额度系数，按此百分比计算工程预付款数额。其计算公式为

$$预付款数额=年度建筑安装工程合同价×预付备料款额度 \tag{7.6}$$

预付备料款的比例额度根据工程类型、合同工期、承包方式、供应体制等的不同而定。一般建筑工程不应超过当年建筑工作量(包括水、电、暖)的 30%，安装工程按年安装工作量的 10% 计算，材料占比例较大的安装工程按年计划产值 15% 左右拨付。对于只包定额工日的工程项目，可以不付备料款。

【例 7.16】某建设项目，计划完成年度建筑安装工作量为 850 万元。按地区规定，工程预付款额度为 30%，确定该项目的工程预付款的数额。

解： 工程预付款数额=850×30%=255(万元)

2. 预付款的扣回

发包人拨付给承包商的备料款属于预支的性质，工程实施后，随着工程所需主要材料储备的逐步减少，应以抵充工程款的方式陆续扣回预付款，即在承包商应得的工程进度款中扣回。扣回的时间称为起扣点，起扣点的计算方法有以下两种。

(1) 按公式计算。以未完工程所需材料的价值等于预付款时起扣，从每次结算的工程款中按材料比例抵扣工程价款，竣工前全部扣清。

基本表达公式为

$$未完工程材料款=预付款 \tag{7.7}$$

$$未完工程材料款=未完工程价值×主材比例$$

$$=(合同总价-已完工程价值)×主材比例 \tag{7.8}$$

$$预付款=(合同总价-已完工程价值)×主材比例 \tag{7.9}$$

$$已完工程价值(起扣点)=合同总价-\frac{预付款}{主材比例\%}$$

$$=合同总价×\left(1-\frac{预付款额度\%}{主材比例}\right) \tag{7.10}$$

【例 7.17】某工程合同价总额 200 万元，工程预付款 24 万元，主要材料、构件所占比例为 60%，则起扣点为多少？

$$200-\frac{24}{60\%}=160(万元)$$

解： 起扣点为 160 万元。

(2) 在承包方完成金额累计达到合同总价一定比例(双方合同约定)后，由发包方从每次应付给承包方的工程款中扣回工程预付款，在合同规定的完工期前将预付款还清。

7.5.3　工程进度款结算(中间结算)

施工企业在施工过程中，根据合同所约定的结算方式，按月或形象进度或控制界面，按已经完成的工程量计算各项费用，向业主办理工程款结算的过程，叫作工程进度款结算，也叫中间结算。

以按月结算为例，业主在月中向施工企业预支半月工程款，月末施工企业根据实际完成工程量，向业主提供已完工程月报表和工程价款结算账单，经业主和工程师确认，收取当月工程价款，并通过银行结算，即：承包商提交已完工程量报告→工程师确认→业主审批认可→支付工程进度款。

在工程进度款支付过程中，应遵循以下原则。

1. 已完成工程量的计量

根据工程量清单计价规范形成的合同价中包含综合单价和总价包干两种不同形式，应采用不同的计量方法。除专用合同条款另有约定外，综合单价子目已完成工程量按月计算，总价包干子目的计量周期按批准的支付分解报告确定。

1) 综合单价子目的计量

已标价工程量清单中的单价子目工程量为估算工程量。若发现工程量清单中出现漏项、工程量计算偏差以及工程量变更引起的工程量增减，应在工程进度款支付即中间结算时调整，结算工程量是承包人在履行合同义务过程中实际完成，并按合同约定的计量方法进行计量的工程量。

2) 总价包干子目的计量

总价包干子目的计量和支付应以总价为基础，不因物价波动引起的价格调整等因素而进行调整。承包人实际完成的工程量，是进行工程目标管理和控制进度支付的依据。承包人在合同约定的每个计量周期内，对已完成的工程进行计量，并提交专用条款约定的合同总价支付分解表所表示的阶段性或分项计量的支持性资料，以及所达到工程形象目标或分阶段需完成的工程量和有关计量资料。总价包干子目的支付分解表形成一般有以下 3 种方式。

(1) 对于工期较短的项目，将总价包干子目的价格按合同约定的计量周期平均。

(2) 对于合同价值不大的项目，按照总价包干子目的价格占签约合同价的百分比，以及各个支付周期内所完成的总价值，以固定百分比方式均摊支付。

(3) 根据有合同约束力的进度计划、预先确定的里程碑形象进度节点(或者支付周期)、组成总价包干子目的价格分解到各个形象进度节点(或者支付周期中)，汇总形成支付分解表。实际支付时，经检查核实其实际形象进度，达到支付分解表的要求后，即可支付经批准的每阶段总价包干子目的支付金额。

2. 已完成工程量的复核

当发、承包双方在合同中未对工程量的复核时间、程序、方法和要求作约定时，按以下规定办理。

(1) 承包人应在每个月末或合同约定的工程段完成后向发包人递交上月或上一工程段已完工程量报告；发包人应在接到报告后 7 天内按施工图纸(含设计变更)核对已完工程量，并应在计量前 24h 通知承包人，承包人应提供条件并按时参加。如承包人收到通知后不参加计量核对，则由发包人核实的计量应认为是对工程量的正确计量。如发包人未在规定的核对时间内通知承包人，致使承包人未能参加计量核对的，则由发包人所作的计量核实结果无效。如发、承包双方均同意计量结果，则双方应签字确认。

(2) 如发包人未在规定的核对时间内进行计量核对，承包人提交的工程计量视为发包人已经认可。

(3) 对于承包人超出施工图纸范围或因承包人原因造成返工的工程量，发包人不予计量。

(4) 如承包人不同意发包人核实的计量结果，承包人应在收到上述结果后 7 天内向发包人提出，声明承包人认为不正确的详细情况。发包人收到后，应在 2 天内重新核对有关工程量的计量，或予以确认，或将其修改。

发、承包双方认可的核对后的计量结果，应作为支付工程进度款的依据。

3. 承包人提交进度款支付申请

在工程量经复核认可后，承包人应在每个付款周期末，向发包人递交进度款支付申请，并附相应的证明文件。除合同另有约定外，进度款支付申请应包括下列内容。

(1) 本期已实施工程的价款。

(2) 累计已完成的工程价款。

(3) 累计已支付的工程价款。

(4) 本周期已完成计日工金额。

(5) 应增加和扣减的变更金额。

(6) 应增加和扣减的索赔金额。

(7) 应抵扣的工程预付款。

(8) 应扣减的质量保证金。

(9) 根据合同应增加和扣减的其他金额。

(10) 本付款周期实际应支付的工程价款。

4. 进度款的支付时间

发包人应在收到承包人的工程进度款支付申请后 14 天内核对完毕；否则，从第 15 天起承包人递交的工程进度款支付申请视为被批准。发包人应在批准工程进度款支付申请的 14 天内，向承包人按不低于计量工程价款的 60%、不高于计量工程价款的 90%向承包人支付工程进度款。若发包人未在合同约定时间内支付工程进度款，可按以下规定办理。

(1) 发包人超过约定的支付时间不支付工程进度款，承包人应及时向发包人发出要求付款的通知，发包人收到承包人通知后仍不能按要求付款，可与承包人协商签订延期付款协议，经承包人同意后可延期支付，协议应明确延期支付的时间和从付款申请生效后按同期银行贷款利率计算应付工程进度款的利息。

(2) 发包人不按合同约定支付工程进度款，双方又未达成延期付款协议，导致施工无法进行，承包人可停止施工，由发包人承担违约责任。

7.5.4　质量保证金

建设工程项目质量保证金(质量保修金)是指发包人与承包人在建设工程项目承包合同中约定，从应付的工程款中预留，用以保证承包人在保修期内对建设工程项目出现的缺陷进行维修的资金，待工程项目保修期结束后拨付。

承包人提供质量保证金有以下 3 种方式：①质量保证金保函；②相应比例的工程款；③双方约定的其他方式。除专用合同条款另有约定外，质量保证金原则上采用质量保证金保函方式。

质量保证金的扣留有以下 3 种方式：①在支付工程进度款时逐次扣留，在此情形下，质量保证金的计算基数不包括预付款的支付、扣回以及价格调整的金额；②工程竣工结算时一次性扣留质量保证金；③双方约定的其他扣留方式。除专用合同条款另有约定外，质量保证金的扣留原则上采用上述第①种方式。发包人累计扣留的质量保证金不得超过工程价款结算总额的 3%。如承包人在发包人签发竣工付款证书后 28 天内提交质量保证金保函，发包人应同时退还扣留的作为质量保证金的工程价款；保函金额不得超过工程价款结算总额的 3%。发包人在退还质量保证金的同时按照中国人民银行发布的同期同类贷款基准利率支付利息。

7.5.5　工程价款调整

工程建设项目周期长，在整个建设期内会受到物价浮动等多种因素的影响，其中主要是人工、材料、施工机械等动态影响，因此，在工程价款结算时要充分考虑变动因素，使结算的工程价款能反映工程项目的实际消耗费用。

1. 工程价款调整的方法

1) 工程合同价款中综合单价的调整

实行工程量清单计价的工程，采用单价合同方式。即合同约定的工程价款中所包含的工程量清单项目综合单价在约定条件内是固定的，不予调整，工程量允许调整。工程量清单项目综合单价在约定的条件外，允许调整，调整方式和方法应在合同中约定。若合同未作约定，可参照以下原则办理。

(1) 当工程量清单项目工程量的变化幅度在 10%以内时，其综合单价不作调整，执行原有综合单价。

(2) 当工程量清单项目工程量的变化幅度在 10%以外，且其影响分部分项工程费超过 0.1%时，其综合单价以及对应的措施费(如有)均应作调整。调整的方法是由承包人对增加的工程量或减少后剩余的工程量提出新的综合单价和措施项目费，经发包人确认后调整。

【**例 7.18**】某工程项目，建设单位与施工单位签订了工程施工合同，合同工期为 5 个月，分部分项工程清单含一个分项工程，工程量为 8000m³，综合单价为 200 元/m³。合同中约定：当一分项工程的实际工程量比清单工程量增加超过 10%时，应调整单价，超出部分的单价调整系数为 0.9；当某一分项工程实际工程量比清单工程量减少 10%以上时，对该分项工程的全部工程量调整单价，单价调整系数为 1.1。

① 若施工单位每月实际完成并经工程师确认的分部分项工程量如表 7.2 所示，计算 5

月份结算的分部分项工程费。

表 7.2　每月实际完成的分部分项工程 1

月份	1	2	3	4	5
分部分项工程量/m³	1400	1900	1500	2000	2100

② 若施工单位每月实际完成并经工程师确认的分部分项工程量为表 7.3，计算 5 月份结算的分部分项工程费。

表 7.3　每月实际完成的分部分项工程 2

月份	1	2	3	4	5
分部分项工程量/m³	1050	1350	1400	1500	1700

解：

① 5 月份累计工程量=1400+1900+1500+2000+2100=8900(m³)

(8900-8000)/8000=11.25%，超过 10%，重新调整综合单价。

调整结算价=8000×1.1×200+(8900-8000×1.1)×200×0.9÷10000=176+1.8=177.8(万元)。

5 月份结算分部分项工程费=177.8-(1400+1900+1500+2000)×200÷10000=41.8(万元)。

② 5 月份累计工程量=1050+1350+1400+1500+1700=7000(m³)

(7000-8000)/8000=-12.5%，减少了 12.5%，重新调整综合单价。

调整结算价=7000×200×1.1÷10000=154(万元)。

5 月份结算分部分项工程费=154-(1050+1350+1400+1500)×200÷10000=48(万元)。

【例 7.19】 工程施工合同情况见例 7.19，并已知工程技术措施项目费合计为 55 万元，从合同工期第 1 个月至第 4 个月平均支付，技术措施费的调整按现行规定。安全文明等其他措施费合计 9.5 万元，以分部分项工程费和技术措施项目费合计为基数进行结算。其他措施项目费在开工后的第 1 个月末和第 2 个月末按措施项目清单中的数额分两次平均支付，措施费用调整部分在最后一个月结清，多退少补。

若施工单位每月实际完成并经工程师确认的分部分项工程量如表 7.2 所示，计算 5 月份结算的措施费。

解：

按规定，因为 177.8> 1.1×160=176(万元)，调整技术措施费。

技术措施调整后结算价=55×[(177.8-160×1.1)/160+1] ≈ 55.62(万元)

其他措施费费率=9.5÷(160+55) ≈ 4.42%

调整后的措施费结算价=(177.8+55.62)×4.42% ≈ 10.32(万元)

5 月份应结算的措施费=(10.32+55.62)-(55+9.5)=1.44(万元)

2) 物价波动引起的价款调整

一般情况下，因物价波动引起的价款调整，可采用以下两种方法中的一种计算。

(1) 采用价格调值公式调整价款。

建筑安装工程调值公式包括人工、材料、固定部分。

$$P = P_0\left(a_0 + a_1\frac{A}{A_0} + a_2\frac{B}{B_0} + a_3\frac{C}{C_0} + a_4\frac{D}{D_0}\right) \qquad (7.11)$$

式中：P——调值后合同价或工程实际结算价款；

　　　P_0——合同价款中工程预算进度款；

　　　a_0——合同固定部分，不能调整的部分占合同总价的比例；

　　　a_1, a_2, a_3, a_4——调价部分(人工费用、钢材、水泥、运输等各项费用)在合同总价中

　　　　　　　　　所占的比例；

　　　A_0, B_0, C_0, D_0——基准日期(即投标截止时间前 28 天)对应的各项费用的基准价格指

　　　　　　　　　数或价格；

　　　A,B,C,D——根据进度付款、竣工付款和最终结清等约定的付款证书相关周期最后一

　　　　　　　　　天的前 42 天对应各项费用的现行价格指数或价格。

【例 7.20】某工程采用 FIDIC 合同条件，合同金额为 500 万元，根据承包合同，采用调值公式调值，调价因素为 A、B、C 三项，其在合同中比率为 20%、10%、25%，这 3 种因素基期的价格指数分别为 105%、102%、110%，结算期的价格指数分别为 107%、106%、115%，则调值后的合同价款为

$$500 \times \left(45\% + 20\% \times \frac{107}{150} + 10\% \times \frac{106}{102} + 25\% \times \frac{115}{110}\right) = 509.54(万元)$$

经调整实际结算价格为 509.54 万元，比原合同多 9.54 万元。

使用调值公式时应注意的问题如下。

① 固定部分比例尽可能小，通常取值范围为 0.15～0.35。

② 调值公式中的各项费用，一般选择用量大、价格高且具有代表性的一些典型人工费和材料费，通常是大宗水泥、砂石、钢材、木材、沥青等，并用它们的价格指数变化综合代表材料费的价格变化。

③ 各部分成本的比例系数，在许多招标文件中要求承包方在投标中提出，并在价格分析中予以论证。也有的是由发包方在招标文件中规定一个允许范围，由投标人在此范围内选定。

④ 调整有关各项费用要与合同条款规定相一致。例如，签订合同时，双方一般商定调整的有关费用和因素，以及物价波动到何种程度才进行调整。在国际工程中，一般在 ±5%以上才进行调整。例如，有的合同规定，在应调整金额不超过合同原始价 5%时，由承包方自己承担；在 5%～20%时，承包方负担 10%，发包方负担 90%；超过 20%时，则必须另行签订附加条款。

⑤ 承包人工期延误后的价格调整。由于承包人原因未在约定的工期内竣工的，则对原约定竣工日期后继续施工的工程，在使用价格调整公式时，应采用原约定竣工日期与实际竣工日期的两个价格指数中较低的一个作为现行价格指数。

⑥ 变动要素系数之和加上固定要素系数应该等于 1。

【例 7.21】2021 年 3 月实际完成的某土方工程，按 2020 年签约时的价格计算工程价款为 10 万元，该工程固定系数为 0.2，各参加调值的因素除人工费的价格指数增长了 10%外，其他都未发生变化，人工占调值部分的 50%，按调值公式完成该土方工程结算的工程

款为

$$100\,000\times\left(0.2+0.4\times\frac{110}{100}+0.4\times\frac{100}{100}\right)=104\,000(元)$$

注：调值部分为 0.8，其中人工为 50%，即 0.4。

【例 7.22】某土建工程，合同规定结算款为 100 万元，合同原始报价日期为 2020 年 11 月，工程于 2021 年 3 月建成交付使用，工程人工费、材料费构成比例以及有关造价指数如表 7.4 所示，计算实际结算款。

表 7.4 某土建工程人工费、材料费构成比例以及有关造价指数

项目	人工费	钢材	水泥	集料	红砖	砂石	木材	不调值费用
比例/%	45	11	11	5	6	3	4	15
2020 年 12 月指数	100	100.8	102.0	93.6	100.2	95.4	93.4	
2021 年 3 月指数	110.1	98.0	112.9	95.9	98.9	91.1	117.9	

解：

$$实际结算价款=100\times\left(0.15+0.45\times\frac{110.1}{100}+0.11\times\frac{98}{100.08}+0.11\right.$$

$$\left.\times\frac{112.9}{102.0}+0.05\times\frac{95.9}{93.6}+0.06\times\frac{98.9}{100.2}+0.03\times\frac{91.1}{95.4}+0.04\times\frac{117.9}{93.4}\right)$$

$$\approx 100\times1.065\approx106.5(万元)$$

(2) 采用造价信息调整价格。此方式适用于使用的材料品种较多，相对而言每种材料使用量较少的房屋建筑与装饰工程。施工期内，因人工、材料、设备和机械台班价格波动影响合同价格时，人工、机械使用费按照国家或省、自治区、直辖市建设行政管理部门、行业建设管理部门或其授权的工程造价管理机构发布的人工成本信息、机械台班单价或机械使用费系数进行调整；需要进行价格调整的材料，其单价和采购数应由监理人复核，监理人确认需调整的材料单价及数量，作为调整工程合同价格差额的依据。

① 人工单价发生变化时，发、承包双方应按省级或行业建设主管部门或其授权的工程造价管理机构发布的人工成本文件调整工程价款。

② 材料价格变化超过省级或行业建设主管部门或其授权的工程造价管理机构规定的幅度时应当调整，承包人应在采购材料前就采购数量和新的材料单价报发包人核对，确认用于本合同工程时，发包人应确认采购材料的数量和单价。发包人在收到承包人报送的确认资料后 3 个工作日内不予答复的视为已经认可，作为调整工程价款的依据。如果承包人未报经发包人核对即自行采购材料，再报发包人确认调整工程价款的，如发包人不同意，则不作调整。

③ 施工机械台班单价或施工机械使用费发生变化超过省级或行业建设主管部门或其授权的工程造价管理机构规定的范围时，按其规定进行调整。

3) 法律、政策变化引起的价格调整

在基准日后，因法律、政策变化导致承包人在合同履行中所需要的工程费用发生增减时，监理人应根据法律及国家、省、自治区、直辖市有关部门的规定，商定或确定需调整的合同价款。

2. 工程价款调整的程序

工程价款调整报告应由受益方在合同约定时间内向合同的另一方提出，经对方确认后调整合同价款。受益方未在合同约定时间内提出工程价款调整报告的，视为不涉及合同价款的调整。当合同未作约定时，可按下列规定办理。

(1) 调整因素确定后 14 天内，由受益方向对方递交调整工程价款报告。受益方在 14 天内未递交调整工程价款报告的，视为不调整工程价款。

(2) 收到调整工程价款报告的一方应在收到之日起 14 天内予以确认或提出协商意见，如在 14 天内未作确认也未提出协商意见，则视为调整工程价款报告已被确认。

经发、承包双方确定调整的工程价款，作为追加(减)合同价款与工程进度款同期支付。

7.5.6　工程竣工结算

工程竣工结算是指施工企业按照合同规定的内容全部完成所承包的工程，经竣工验收质量合格，并符合合同要求之后，向发包单位进行的最终工程价款结算。工程竣工结算分为建设项目竣工总结算、单项工程竣工结算和单位工程竣工结算。单项工程竣工结算由单位工程竣工结算组成，建设项目竣工结算由单项工程竣工结算组成。

结算双方应按照合同价款及合同价款调整内容以及索赔事项，进行工程竣工结算。

1. 工程竣工结算的编制和审核

单位工程竣工结算由承包人编制，发包人审查；实行总承包的工程，由具体承包人编制，在总包人审查的基础上发包人审查。单项工程竣工结算或建设项目竣工总结算由总(承)包人编制，发包人可直接进行审查，也可以委托具有相应资质的工程造价咨询机构进行审查。政府投资项目，由同级财政部门审查。单项工程竣工结算或建设项目竣工总结算经发、承包人签字盖章后有效。承包人应在合同约定期限内完成项目竣工结算编制工作，未在规定期限内完成的并且提不出正当理由延期的，责任自负。

1) 工程竣工结算的编制依据

工程竣工结算由承包人或受其委托具有相应资质的工程造价咨询人编制，由发包人或受其委托具有相应资质的工程造价咨询人核对。工程竣工结算编制的主要依据如下。

(1) 建设工程工程量清单计价规范以及各专业工程工程量清单计算规范。

(2) 工程合同。

(3) 发承包双方实施过程中已确认的工程量及其结算的合同价款。

(4) 发承包双方实施过程中已确认调整后追加(减)的合同价款。

(5) 建设工程设计文件及相关资料。

(6) 投标文件。

(7) 其他依据。

2) 工程竣工结算的计价原则

在采用工程量清单计价的方式下，工程竣工结算编制的计价原则如下。

(1) 分部分项工程和措施项目中的单价项目应依据双方确认的工程量与已标价工程量清单的综合单价计算；如发生调整的，以发、承包双方确认调整的综合单价计算。

(2) 措施项目中的总价项目应依据合同约定的项目和金额计算；如发生调整的，以发、承包双方确认调整的金额计算，其中安全文明施工费必须按照国家或省级、行业建设主管部门的规定计算。

(3) 其他项目应按下列规定计价。

① 计日工应按发包人实际签证确认的事项计算。

② 暂估价应由发、承包双方按照《建设工程工程量清单计价规范》(GB 50500—2013)的相关规定计算。

③ 总承包服务费应依据合同约定金额计算，如发生调整的，以发、承包双方确认调整的金额计算。

④ 施工索赔费用应依据发、承包双方确认的索赔事项和金额计算。

⑤ 现场签证费用应依据发、承包双方签证资料确认的金额计算。

⑥ 暂列金额应减去工程价款调整(包括索赔、现场签证)金额计算，如有余额归发包人。

(4) 规费和税金应按照国家或省级、行业建设主管部门的规定计算。规费中的工程排污费应按工程所在地环境保护部门规定标准缴纳后按实列入。

此外，发、承包双方在合同工程实施过程中已经确认的工程计量结果和合同价款，在竣工结算办理中应直接进入结算。

采用总价合同的，应在合同总价基础上，对合同约定能调整的内容及超过合同约定范围的风险因素进行调整；采用单价合同的，在合同约定风险范围内的综合单价应固定不变，并应按合同约定进行计量，且应按实际完成的工程量进行计量。

3) 竣工结算的审核

(1) 国有资金投资建设工程的发包人，应当委托具有相应资质的工程造价咨询机构对竣工结算文件进行审核，并在收到竣工结算文件后的约定期限内向承包人提出由工程造价咨询机构出具的竣工结算文件审核意见；逾期未答复的，按照合同约定处理，合同没有约定的，竣工结算文件视为已被认可。

(2) 非国有资金投资的建筑工程发包人，应当在收到竣工结算文件后的约定期限内予以答复，逾期未答复的，按照合同约定处理，合同没有约定的，竣工结算文件视为已被认可；发包人对竣工结算文件有异议的，应当在答复期内向承包人提出，并可以在提出异议之日起的约定期限内与承包人协商；发包人在协商期内未与承包人协商或者经协商未能与承包人达成协议的，应当委托工程造价咨询机构进行竣工结算审核，并在协商期满后的约定期限内向承包人提出由工程造价咨询机构出具的竣工结算文件审核意见。

(3) 发包人委托工程造价咨询机构核对竣工结算的，工程造价咨询机构应在规定期限内核对完毕，核对结论与承包人竣工结算文件不一致的，应提交给承包人复核，承包人应在规定期限内将同意核对结论或不同意见的说明提交工程造价咨询机构。工程造价咨询机构收到承包人提出的异议后，应再次复核，复核无异议的，发、承包双方应于规定期限内在竣工结算文件上签字确认，竣工结算办理完毕；复核后仍有异议的，对于无异议部分办理不完全竣工结算；有异议部分由发、承包双方协商解决，协商不成的，按照合同约定的争议解决方式处理。

承包人逾期未提出书面异议的，视为工程造价咨询机构核对的竣工结算文件已经承包人认可。

(4) 接受委托的工程造价咨询机构从事竣工结算审核工作通常应包括下列 3 个阶段。

① 准备阶段。准备阶段应包括收集、整理竣工结算审核项目的审核依据资料，做好送审资料的交验、核实、签收工作，并应对资料的缺陷向委托方提出书面意见及要求。

② 审核阶段。审核阶段应包括现场踏勘核实，召开审核会议，澄清问题，提出补充依据性资料和必要的弥补性措施，形成会议纪要，进行计量、计价审核与确定工作，完成初步审核报告。

③ 审定阶段。审定阶段应包括就竣工结算审核意见与承包人和发包人进行沟通，召开协调会议，处理分歧事项，形成竣工结算审核成果文件，签认竣工结算审定签署表，提交竣工结算审核报告等工作。

(5) 竣工结算审核的成果文件应包括竣工结算审核书封面、签署页、竣工结算审核报告、竣工结算审定签署表、竣工结算审核汇总对比表、单项工程竣工结算审核汇总对比表、单位工程竣工结算审核汇总对比表等。

(6) 竣工结算审核应采用全面审核法，除委托咨询合同另有约定外，不得采用重点审核法、抽样审核法或类比审核法等其他方法。

4) 质量争议工程的竣工结算

发包人对工程质量有异议拒绝办理工程竣工结算时，应按以下规定执行。

(1) 已经竣工验收或已竣工未验收但实际投入使用的工程，其质量争议按该工程保修合同执行，竣工结算按合同约定办理。

(2) 已竣工未验收且未实际投入使用的工程以及停工、停建工程的质量争议，双方应就有争议的部分委托有资质的检测鉴定机构进行检测，根据检测结果确定解决方案，或按工程质量监督机构的处理决定执行后办理竣工结算，无争议部分的竣工结算按合同约定办理。

2. 竣工结算款的支付

工程竣工结算文件经发、承包双方签字确认的，应当作为工程结算的依据，未经对方同意，另一方不得就已生效的竣工结算文件委托工程造价咨询机构重复审核。发包方应当按照竣工结算文件及时支付竣工结算款。竣工结算文件应当由发包人报工程所在地县级以上地方人民政府住房和城乡建设主管部门备案。

1) 承包人提交竣工结算款支付申请

承包人应根据办理的竣工结算文件，向发包人提交竣工结算款支付申请。该申请应包括下列内容。

(1) 竣工结算合同价款总额。

(2) 累计已实际支付的合同价款。

(3) 应扣留的质量保证金。

(4) 实际应支付的竣工结算款金额。

实际应支付的竣工结算款金额=合同价款+施工过程中预算或合同价款调整数额

$$-预付及已结算工程价款-质量保证金 \qquad (7.12)$$

2) 发包人签发竣工结算支付证书

发包人应在收到承包人提交竣工结算款支付申请后约定期限内予以核实，向承包人签

发竣工结算支付证书。

3) 支付竣工结算款

发包人在签发竣工结算支付证书后的约定期限内，按照竣工结算支付证书列明的金额向承包人支付结算款。

发包人在收到承包人提交的竣工结算款支付申请后规定时间内不予核实，不向承包人签发竣工结算支付证书的，视为承包人的竣工结算款支付申请已被发包人认可；发包人应在收到承包人提交的竣工结算款支付申请规定时间内，按照承包人提交的竣工结算款支付申请列明的金额向承包人支付结算款。

发包人未按照规定的程序支付竣工结算款的，承包人可催告发包人支付，并有权获得延迟支付的利息。发包人在竣工结算支付证书签发后或者在收到承包人提交的竣工结算款支付申请规定时间仍未支付的，除法律另有规定外，承包人可与发包人协商将该工程折价，也可直接向人民法院申请将该工程依法拍卖。承包人就该工程折价或拍卖的价款优先受偿。

【例 7.23】某工程合同价款总额为 300 万元，施工合同规定预付备料款为合同价款的 25%，主要材料为工程价款的 62.5%，在每月工程款中扣留 3%保修金，每月实际完成工作量如表 7.5 所示，求预付备料款、每月结算工程款。

表 7.5　某工程每月实际完成工作量

月份	1	2	3	4	5	6
完成工作量/万元	20	50	70	75	60	25

解：

预付备料款=300×25%=75(万元)

起扣点=$300-\dfrac{75}{62.5\%}$=180(万元)

1 月份：累计完成 20 万元，结算工程款 20-20×3%=19.4(万元)。

2 月份：累计完成 70 万元，结算工程款 50-50×3%=48.5(万元)。

3 月份：累计完成 140 万元，结算工程款 70×(1-3%)=67.9(万元)。

4 月份：累计完成 215 万元，超过起扣点 180 万元。

结算工程款=75-(215-180)×62.5%-75×3%=50.875(万元)。

5 月份：累计完成 275 万元。

结算工程款=60-60×62.5%-60×3%=20.7(万元)。

6 月份：累计完成 300 万元。

结算工程款=25×(1-62.5%)-25×3%=8.625(万元)。

3. 合同解除的价款结算与支付

发、承包双方协商一致解除合同的，按照达成的协议办理结算和支付合同价款。

1) 不可抗力解除合同

由于不可抗力解除合同的，发包人除应向承包人支付合同解除之日前已完成工程但尚未支付的合同价款，还应支付下列金额。

(1) 合同中约定应由发包人承担的费用。

(2) 已实施或部分实施的措施项目应付价款。

(3) 承包人为合同工程合理订购且已交付的材料和工程设备货款。发包人一经支付此项货款，该材料和工程设备即成为发包人的财产。

(4) 承包人撤离现场所需的合理费用，包括员工遣送费和临时工程拆除、施工设备运离现场的费用。

(5) 承包人为完成合同工程而预期开支的任何合理费用，且该项费用未包括在本款其他各项支付之内。

发、承包双方办理结算合同价款时，应扣除合同解除之日前发包人应向承包人收回的价款。当发包人应扣除的金额超过了应支付的金额，则承包人应在合同解除后的约定期限内将其差额退还给发包人。

2) 违约解除合同

(1) 承包人违约。因承包人违约解除合同的，发包人应暂停向承包人支付任何价款。发包人应在合同解除后规定时间内核实合同解除时承包人已完成的全部合同价款以及按施工进度计划已运至现场的材料和工程设备货款，按合同约定核算承包人应支付的违约金以及造成损失的索赔金额，并将结果通知承包人。发、承包双方应在规定时间内予以确认或提出意见，并办理结算合同价款。如果发包人应扣除的金额超过了应支付的金额，则承包人应在合同解除后的规定时间内将其差额退还给发包人。发、承包双方不能就解除合同后的结算达成一致的，按照合同约定的争议解决方式处理。

(2) 因发包人违约解除合同的，发包人除应按照有关不可抗力解除合同的规定向承包人支付各项价款外，还需按合同约定核算发包人应支付的违约金以及给承包人造成损失或损害的索赔金额费用。该笔费用由承包人提出，发包人核实后，在与承包人协商确定后的约定期限内向承包人签发支付证书。协商不能达成一致的，按照合同约定的争议解决方式处理。

7.6　案　例　分　析

【案例一】

背景：

某施工单位承包了一个工程项目。按照合同规定，工程施工从 2019 年 7 月 1 日起至 2019 年 12 月 20 日止。在施工合同中，甲、乙双方约定：该工程的工程造价为 660 万元人民币，工期 5 个月，主要材料与构件费占工程造价比例的 60%，预付备料款为工程造价的 20%，工程实施后，预付备料款从未施工工程尚需的主要材料及构件的价值相当于预付备料款数额时起扣，从每次结算工程款中按材料比例扣回，竣工前全部扣清。工程进度款采取按月结算的方式支付，工程保修金为工程造价的 3%，在竣工结算月一次扣留，材料价差按规定比上半年上调 10%，在结算时一次调增。

双方还约定，乙方必须严格按照施工图纸及相关的技术规定要求施工，工程量由造价工程师负责计量。根据该工程合同的特点，造价工程师提出的工程量计量与工程款支付程

序的要点如下。

(1) 乙方对已完工的分项工程在 7 天内向监理工程师认证，取得质量认证后，向造价工程师提交计量申请报告。

(2) 造价工程师在收到报告后 7 天内核实已完工程量，并在计量 24h 内通知乙方，乙方为计量提供便利条件并派人参加。乙方不参加计量，造价工程师可按照规定的计量方法自行计量，结果有效。计量结束后造价工程师签发计量证书。

(3) 乙方凭计量认证与计量证书向造价工程师提出付款申请。造价工程师在收到计量申请报告后 7 天内未进行计量，报告中的工程量从第 8 天起自动生效，直接作为工程价款支付的依据。

(4) 造价工程师审核申报材料，确定支付款额，向甲方提供付款证明。甲方根据乙方的付款证明对工程款进行支付或结算。

该工程施工过程中出现了下面几个事件：在土方开挖时遇到了一些工程地质勘探没有探明的孤石，排除孤石拖延了一定的时间；在基础施工过程中遇到了数天的季节性大雨，使得基础施工耽误了部分工期；在基础施工中，乙方为了保证工程质量，在取得在场监理工程师认可的情况下，将垫层范围比施工图纸规定各向外扩大了 10cm；在整个工程施工过程中，乙方根据监理工程师的指示就部分工程进行了施工变更。

该工程在保修期间内发生屋面漏水，甲方多次催促乙方修理，但是乙方一再拖延，最后甲方只得另请施工单位修理，发生修理费 15 000 元。

工程各月实际完成的产值情况如表 7.6 所示。

表 7.6　工程各月实际完成产值表

月份	7	8	9	10	11
完成产值/万元	60	110	160	220	110

问题：

1. 若基础施工完成后，乙方将垫层扩大部分的工程量向造价工程师提出计量要求，造价工程师是否予以批准？为什么？

2. 若乙方就排除孤石和季节性大雨事件向造价工程师提出延长工期与补偿窝工损失的索赔要求，造价工程师是否同意？为什么？

3. 对于施工过程中变更部分的合同价款应按什么原则确定？

4. 工程价款结算的方式有哪几种？竣工结算的前提是什么？

5. 该工程的预付备料款为多少？备料款起扣点为多少？

6. 若不考虑工程变更与工程索赔，该工程 7—10 月每月应拨付的工程款为多少？11 月底办理竣工结算时甲方应支付的结算款为多少？该工程结算造价为多少？

7. 保修期间屋面漏水发生的 15 000 元修理费如何处理？

分析要点：

本案例涉及施工阶段工程造价管理的有关知识，主要知识点如下。

(1) 预付工程款的概念、计算与起扣。

(2) 工程价款的结算方法、竣工结算的原则与方法。

(3) 工程量计量的原则。

(4) 工程变更价款的处理原则。

(5) 工程索赔的处理原则。

参考答案：

问题 1：

对于乙方在垫层施工中扩大部分的工程量，造价工程师应不予计量。因为该部分的工程量超过了施工图纸的要求，也就是超过了施工合同约定的范围，不属于造价工程师计量的范围。

在工程施工中，监理工程师与造价工程师均是受雇于业主，为业主提供服务的，他们只能按照自己与业主所签合同的内容行使职权，无权处理合同内容以外的工程。对于"乙方为了保证工程质量，在取得在场监理工程师认可的情况下，将垫层范围比施工图纸规定各向外扩大了 10cm"这一事实，监理工程师认可的只能是承包商的保证施工质量的技术措施，在业主没有批准追加相应费用的情况下，技术措施费用应由承包商自己承担。

问题 2：

因为工期延误产生的施工索赔处理原则是，如果导致工程延期的原因是因为业主造成的，承包商可以得到费用补偿与工期补偿；如果导致工程延期的原因是因为不可抗力造成的，承包商仅可以得到工期补偿而得不到费用补偿；导致工程延期的原因是因为承包商自己造成的，承包商将得不到费用与工期的补偿。

关于不可抗力产生后果的承担原则是，事件的发生是不是一个有经验的承包商能够事先估计到的。若事件的发生是一个有经验的承包商应该估计到的，则后果由承包商承担；若事件的发生不是一个有经验的承包商估计到的，则后果由业主承担。

本案例中对孤石引起的索赔，一是因勘探资料不明导致；二是这是一个有经验的承包商事先无法估计到的情况，所以造价工程师应该同意。即承包商可以得到延长工期的补偿，并得到处理孤石发生的费用及由此产生窝工的补偿。

本案例中因季节性大雨引起的索赔，因为基础施工发生在 7 月份，而 7 月份阴雨天气属于正常季节性的，这是有经验的承包商预先应该估计的因素，就在合同工期内考虑，因而索赔理由不成立，索赔应予以驳回。

问题 3：

施工中变更价款的确定原则如下。

(1) 合同中已有适用于变更工程的价格，按合同已有的价格计算变更合同的价款。

(2) 合同中有类似变更工程的价格，可参照类似价格变更合同价款。

(3) 合同中没有适用或类似于变更工程的价格，由承包商提出适当的变更价格，造价工程师批准执行，这一批准的变更价格应与承包商达成一致；否则按合同争议的处理方法解决。

问题 4：

工程价款结算的方法主要有以下几种。

(1) 按月结算与支付。即实行按月支付进度款，竣工后清算的办法。合同工期在两个年度以上的工程，在年终进行工程盘点，办理年度结算。

(2) 分段结算与支付。即当年开工、当年不能竣工的工程按照工程进度，划分不同阶段支付工程进度款。具体划分在合同中明确。

工程竣工结算的前提条件是，承包商按照合同规定内容全部完成所承包的工程，并符合合同要求，经验收质量合格。

问题5：

(1) 预付备料款。

根据背景资料知，工程备料款为工程造价的20%。由于备料款是在工程开始施工时甲方支付给乙方的，所以计算备料款采用的工程造价应该是合同规定的造价660万元，而非实际的工程造价。

$$预付备料款=660×20\%=132(万元)$$

(2) 预付款起扣点。

按照合同规定，工程实施后，预付备料款从未施工工程尚需的主要材料及构件的价值相当于预付备料款数额时起扣。因此，备料款起扣点可以表述为

$$预付款起扣点=承包工程价款总额-\frac{预付备料款}{主要材料所占比例}$$

$$=660-\frac{132}{60\%}=440(万元)$$

问题6：

1) 7—10月每月应拨付的工程款

若不考虑工程变更与工程索赔，则每月应拨付的工程款按实际完成的产值计算。7—10月各月拨付的工程款如下。

(1) 7月：应拨付工程款60万元，累计拨付工程款60万元。

(2) 8月：应拨付工程款110万元，累计拨付工程款170万元。

(3) 9月：应拨付工程款160万元，累计拨付工程款330万元。

(4) 10月的工程款为220万元，累计拨付工程款550万元。550万元已经大于备料款起扣点440万元，因此在10月份应该开始扣回备料款。按照合同约定，备料款从每次结算工程款中按材料比例扣回，竣工前全部扣清，则10月份应扣回的工程款为

$$(本月应拨付的工程款+以前累计已拨付的工程款-备料款起扣点)×60\%$$
$$=(220+330-440)×60\%=66(万元)$$

所以10月应拨付的工程款为

$$220-66=154(万元)$$

累计拨付工程款484万元。

2) 工程结算总造价

根据合同约定，材料价差按规定比上半年上调10%，在结算时一次调增。因此

$$材料价差=材料费×10\%=660×60\%×10\%=39.6(万元)$$
$$工程结算总造价=合同价+材料价差=660+39.6=699.6(万元)$$

3) 甲方应支付的结算款

11月底办理竣工结算时，按合同约定，工程保修金为工程造价的5%，在竣工结算月

一次扣留。因此，甲方应支付的结算款为

工程结算造价-已拨付的工程款-工程保修金-预付备料款

=699.6-484-699.6×3%-132=62.61(万元)

问题 7：

保修期间出现的质量问题应由施工单位负责修理。在本案例中的屋面漏水属于工程质量问题，由乙方负责修理，但乙方没有履行保修义务，因此发生的 15 000 元维修费应从乙方的保修金中扣除。

【案例二】

背景：

某工程项目，业主与承包商签订的施工合同为 600 万元，工期为 3—10 月共 8 个月，合同规定如下。

(1) 工程备料款为合同价的 25%，主材比例为 62.5%。

(2) 保修金为合同价的 5%，从第一次支付开始，每月按实际完成工程量价款的 10%扣留。

(3) 业主提供的材料和设备在发生当月的工程款中扣回。

(4) 施工中发生经确认的工程变更，在当月的进度款中予以增减。

(5) 当承包商每月累计实际完成工程量价款与累计计划完成工程量价款的差额大于该月实际完成工程量价款的 20%及以上时，业主按当月实际完成工程量价款的 10%扣留，该扣留项当承包商赶上计划进度时退还。但发生非承包商原因停止时，这里的累计实际工程量价款按每停工一日计 2.5 万元。

(6) 若发生工期延误，每延误 1 天，责任方向对方赔偿合同价 0.12%的费用，该款项在竣工时办理。

在施工过程中 3 月份由于业主要求设计变更，工期延误 10 天，共增加费用 25 万元，8 月份发生台风，停工 7 天，9 月份由于承包商的质量问题，造成返工，工期延误 13 天，最终工程于 11 月底完成，实际施工 9 个月。

经工程师认定的承包商在各月计划和实际完成的工程量价款及由业主直供的材料、设备的价值如表 7.7 所示，表中未计入由于工程变更等原因造成的工程款的增减数额。

表 7.7　工程各月产值表

月份	3	4	5	6	7	8	9	10	11
计划完成工程量价款/万元	60	80	100	70	90	30	100	70	
实际完成工程量价款/万元	30	70	90	85	80	28	90	85	42
业主直供材料、设备价款/万元	0	18	21	6	24	0	0	0	0

问题：

1．备料款的起扣点是多少？

2．工程师每月实际签发的付款凭证金额为多少？

3．业主实际支付多少？若本项目的建筑安装工程业主计划投资为 615 万元，则投资偏差为多少？

分析要点：

本案例涉及施工阶段工程造价管理的有关知识，主要知识点如下。

(1) 预付工程款的概念、计算与起扣。

(2) 工程价款的结算方法、竣工结算的原则与方法。

(3) 工程变更与工程索赔价款的处理原则。

(4) 投资偏差分析。

参考答案：

问题 1：

备料款=600×25%=150(万元)

备料款起扣点=$600 - \dfrac{150}{62.5\%}$ =360(万元)

问题 2：

(1) 每月累计计划与实际工程量价款如表 7.8 所示。

表 7.8　工程各月工程量价款表

单位：万元

月份	3	4	5	6	7	8	9	10	11
计划完成工程量价款	60	80	100	70	90	30	100	70	
累计计划完成工程量价款	60	140	240	310	400	430	530	600	600
实际完成工程量价款	30	70	90	85	80	28	90	85	42
累计实际完成工程量价款	55	125	215	300	380	425.5	515.5	600.5	642.5
进度偏差价款	-5	-15	-25	-10	-20	-4.5	-14.5	0.5	42.5

表 7.8 中，累计实际完成工程量价款，3 月份应加上设计变更增加的 25 万元，即

30+25=55(万元)

8 月份应加上台风 7 天停工的计算款额

2.5×7=17.5(万元)

28+380+17.5=425.5(万元)

保修金总额

600×5%=30(万元)

(2) 各月签发的付款凭证金额。

3 月份：

应签证的工程款：30+25=55(万元)；

签发付款凭证金额：55-30×10%=52(万元)。

4 月份：

承包商本月累计实际完成工程量价款与累计计划完成工程量价款的差额/该月实际完成工程量价款=15/70≈21.43%>20%。业主按当月实际完成工程量价款的10%扣留，该扣留项当承包商赶上计划进度时退还。

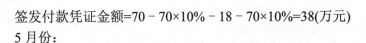

签发付款凭证金额=70﹣70×10%﹣18﹣70×10%=38(万元)

5 月份：

承包商本月累计实际完成工程量价款与累计计划完成工程量价款的差额/该月实际完成工程量价款=25/90≈27.28%>20%。业主按当月实际完成工程量价款的 10%扣留，该扣留项当承包商赶上计划进度时退还。

签发付款凭证金额=90﹣90×10%﹣21﹣90×10%=51(万元)

6 月份：

签发付款凭证金额=85﹣85×10%﹣6=70.5(万元)。

到本月为止，保修金共扣 27.5 万元，下月还需扣留 2.5 万元。

7 月份：

签发付款凭证金额=80-2.5-24-80×10%=45.5(万元)

8 月份：

累计完成合同价=30+70+90+85+80+28=383(万元)，应扣回备料款。

签发付款凭证金额=28-(383-360)×62.5%=13.625(万元)

9 月份：

签发付款凭证金额=90-90×62.5%=33.75(万元)

10 月份：

本月进度赶上计划进度，应返还 4 月、5 月、7 月扣留的工程款。

签发付款凭证金额=85-85×62.5%+(70+90+80)×10%=55.875(万元)

11 月份：

本月为工程延误期，按合同规定，设计变更承包商可以向业主索赔延误工期 10 天，台风为不可抗力，业主不赔偿费用损失，工期顺延 7 天，承包商质量问题返工损失，应由承包商承担，索赔工期为 10+7=17(天)，实际总工期为 9 个月，拖延了 13 天，罚款 13×(600×0.0012)=9.36(万元)。

签发付款凭证金额=42-42×62.5%-600×0.0012×13=6.39(万元)

问题 3：

本项目业主实际支出为

600+25-600×1.2‰×13=615.64(万元)

投资偏差=615.64-615=0.64(万元)

【案例三】

背景：

某综合楼工程项目合同价为 1750 万元，该工程签订的合同为可调值合同，合同报价期为 2019 年 3 月，合同工期为 12 个月，每季度结算一次。工程开工日期为 2019 年 4 月 1 日。施工单位 2019 年第 4 季度完成产值是 710 万元。工程人工费、材料费构成比例以及相关季度造价指数如表 7.9 所示。

表 7.9　数据表

| 项　目 | 人工费 | 材 料 费 | | | | | | 不可调值费用 |
		钢 材	水 泥	集 料	砖	砂 石	木 材	
比例/%	28	18	13	7	9	4	6	15
2019 年第 1 季度造价指数	100	100.8	102.0	93.6	100.2	95.4	93.4	
2019 年第 4 季度造价指数	116.8	100.6	110.5	95.6	98.9	93.7	95.5	

在施工过程中，发生以下几个事件。

事件 1：2019 年 4 月，在基础开挖过程中，个别部位实际土质与给定地质资料不符造成费用增加 2.5 万元，相应工序持续时间增加了 4 天。

事件 2：2019 年 5 月施工单位为了保证施工质量，扩大基础底面，开挖量增加导致费用 3.0 万元，相应工序持续时间增加了 3 天。

事件 3：2019 年 7 月份，在主体砌筑工程中，因施工图设计有误，实际工程量增加导致费用 3.8 万元，相应工序持续时间增加了 2 天。

事件 4：2019 年 8 月份，进入雨期施工，恰逢 20 年一遇的大雨，造成停工损失 2.5 万元，相应工序增加了 4 天。

以上事件中，除事件 4 外，其余事件均未发生在关键线路上，并对总工期无影响。针对上述事件，施工单位提出以下索赔要求。

(1) 增加合同工期 13 天。

(2) 增加费用 11.8 万元。

问题：

1. 施工单位对施工过程中发生的以上事件可否索赔？为什么？

2. 计算 2019 年第 4 季度应确定的工程结算款额。

3. 如果在工程保修期间发生了由施工单位原因引起的屋顶漏水、墙面剥落等问题，业主在多次催促施工单位修理而施工单位一再拖延的情况下，另请其他施工单位维修，所发生的维修费用该如何处理？

分析要点：

本案例涉及索赔事件的处理、工程动态结算、工程造价指数的应用及保修费用的处理等内容。在分清事件责任的前提下，要注意不同事件形成因素对应不同的索赔处理方法；利用调值公式进行计算时应注意背景材料中对有效数字的要求。

参考答案：

问题 1：

事件 1 费用索赔成立，工期不予延长。因为业主提供的地质资料与实际情况不符是承包商不可预见的。

事件 2 费用索赔不成立，工期索赔不成立，该工作属于承包商采取的质量保证措施。

事件 3 费用索赔成立，工期不予延长，因为设计方案有误属于业主的责任。

事件 4 费用索赔不成立，工期可以延长，因为异常气候条件的变化承包商不应得到费用补偿。

问题 2：

2019 年第 4 季度业主应批准的结算款额为

$P=710 \times (0.15+0.28 \times 116.8/100.0+0.18 \times 100.6/100.8+0.13 \times 110.5/102.0+0.07 \times 95.6/93.6$
$+0.09 \times 98.9/100.2+0.04 \times 93.7/95.4+0.06 \times 95.5/93.4) \approx 710 \times 1.0585 \approx 751.52($ 万元 $)$

问题 3：

所发生的维修费应从乙方保修金(或质量保证金、保留金)中扣除。

【案例四】

背景：

某项工程业主与承包商签订了工程施工合同，合同中含两个子项工程，估算工程量甲项为 2300m³，乙项为 3200m³，经协商合同单价甲项为 180 元/m³，乙项为 160 元/m³。承包合同规定如下。

(1) 开工前业主应向承包商支付合同价 20%的预付款；

(2) 业主自第 1 个月起，从承包商的工程款中，按 5%的比例扣留滞留金；

(3) 当子项工程实际工程量超过估算工程量10%时，可进行调价，调整系数为0.9；

(4) 根据市场情况规定价格调整系数平均按 1.2 计算；

(5) 工程师签发月度付款最低金额为 25 万元；

(6) 预付款在最后两个月扣除，每月扣 50%。

承包商各月实际完成并经工程师签证确认的工程量如表 7.10 所示。

表 7.10　承包商各月经工程师签证确认完成的工程量

单位：m³

事　项	1 月	2 月	3 月	4 月
甲项	500	800	800	600
乙项	700	900	800	600

问题：

1. 预付款是多少？

2. 第 1 个月的工程量价款是多少？工程师应签证的工程款是多少？

3. 从第 2 个月起每月工程量价款是多少？工程师应签证的工程款是多少？实际签发的付款凭证金额是多少？

分析要点：

实际计算工作中工程师应签证的工程款和工程师实际签发的付款凭证金额不太一样，应签证的工程款是根据工程计量的结果算出的应结算工程进度款，而实际签发的付款凭证金额是在当月应结算工程进度款的基础上还要考虑合同调整款额及应扣预付款等因素。本案例涉及的知识点有工程预付款的确定及扣还、工程进度款的结算、单价的调整等。

参考答案

问题1：

预付款金额为(2300m³×180元/m³+3200m³×160元/m³)×20%=18.52万元。

问题2：

第1个月工程量价款为500×180+700×160=20.2(万元)。

应签证的工程款为20.2×1.2×(1-5%)=23.028(万元)。

由于合同规定工程师签发的最低金额为25万元，故本月工程师不予签发付款凭证。

问题3：

支付工程款的计算。

第2个月：

工程量价款为800m³×180元/m³+900m³×160元/m³=28.8万元。

应签证的工程款为28.8×1.2×0.95=32.832(万元)。

本月工程师实际签发的付款凭证金额为23.028+32.832=55.86(万元)。

第3个月：

工程量价款为800m³×180元/m³+800m³×160元/m³=27.2万元。

应签证的工程款为27.2×1.2×0.95=31.008(万元)。

应扣预付款为18.52×50%=9.26(万元)。

应付款为31.008-9.26=21.748(万元)。

工程师签发月度付款最低金额为25万元，所以本月工程师不予签发付款凭证。

第4个月：

甲项工程累计完成工程量为2700m³，比原估算工程量2300m³超出400m³，已超过估算工程量的10%，超出部分其单价应进行调整。

超过估算工程量10%的工程量为2700m³-2300m³×(1+10%)=170m³。

这部分工程量单价应调整为180×0.9=162(元/m³)。

甲项工程工程量价款为(600m³-170m³)×180元/m³+170m³×162元/m³=10.494万元。

乙项工程累计完成工程量为3000m³，比原估算工程量3200m³减少200m³，不超过估算工程量，其单价不进行调整。

乙项工程工程量价款为600m³×160元/m³=9.6万元。

本月完成甲、乙两项工程量价款合计为10.494+9.6=20.094(万元)。

应签证的工程款为20.094×1.2×0.95≈22.907(万元)。

本月工程师实际签发的付款凭证金额为21.748+22.907-18.52×50%=35.395(万元)。

习　　题

一、单项选择题

1. 根据施工合同示范文本，工程变更价款通常由(　　)提出，报(　　)批准。

    A. 工程师、业主   B. 承包商、业主

    C. 承包商、工程师   D. 业主、承包商

2. 2021 年 3 月实际完成的某土方工程在 2020 年 5 月签约时的工作量为 10 万元，该工程的固定系数为 0.2，各参加调值的因素 A、B、C 所占比例分别为 20%、45%、15%，价格指数除 A 增长了 10% 外，都未发生变化，按调值公式完成的该土方工程应结算的工程款为(　　)万元。

  A. 10.5   B. 10.4   C. 10.3   D. 10.2

3. 某土方工程，采用单价合同承包，价格为 20 元/m³，其中人工工资单价为 30 元/工日，估计工程量为 20 000m³。窝工工资单价为 20 元/工日。在开挖过程中，由于业主方原因造成施工方 10 人窝工 5 天，由于施工方原因造成 15 人窝工 2 天，由于设计变更新增土方量 1000m³，施工方合理的费用索赔值为(　　)元。

  A. 20 000   B. 21 000   C. 1000   D. 21 500

4. 钢门窗安装工程，5 月份拟完工程计划投资 10 万元，已完工程计划投资 8 万元，已完工程实际投资 12 万元，则进度偏差为(　　)。

  A. −2   B. 4   C. 2   D. −4

5. 工程师进行投资控制，纠偏主要对象为(　　)偏差。

  A. 业主原因   B. 物价上涨原因

  C. 施工原因   D. 客观原因

6. 某分项工程发包方提供的估计工程量为 1500m³，合同中规定单价为 16 元/m³，实际工程量超过估计工程量 10% 时，调整单价，单价调为 15 元/m³，实际完成工程量 1800m³，工程款为(　　)元。

  A. 28 650   B. 27 000   C. 28 800   D. 28 500

7. 施工中遇到恶劣气候的影响造成了工期和费用增加，则承包商(　　)。

  A. 只能索赔工期   B. 只能索赔费用

  C. 二者均可   D. 不能索赔

8. 在纠偏措施中，合同措施主要是指(　　)。

  A. 投资管理 B. 施工管理   C. 监督管理   D. 索赔管理

9. 某市建筑工程公司承建一办公楼，工程合同价款为 900 万元，2020 年 2 月签订合同，2020 年 12 月竣工，2020 年 2 月的造价指数为 100.04，2020 年 12 月造价指数为 100.36，则工程价差调整额为(　　)万元。

  A. 4.66   B. 2.65   C. 3.02   D. 2.88

10. 如甲方不按合同约定支付工程进度款，双方又未达成延期付款协议，致使施工无法进行，则(　　)。

  A. 乙方仍应设法继续施工

  B. 乙方如停止施工则应承担违约责任

  C. 乙方可停止施工，甲方承担违约责任

  D. 乙方可停止施工，由双方共同承担责任

二、多项选择题

1. 由于业主原因设计变更，导致工程停工 1 个月，则承包商可索赔的费用为(　　)。

  A. 利润   B. 人工窝工   C. 机械设备闲置费

  D. 增加的现场管理费 E. 税金

2. 属于可以顺延的工期延误有(　　)。

    A. 发包方不能按合同约定付款，使工程不能正常进行

    B. 工程量减少

    C. 非承包商原因停水、停电

    D. 发包方不能按专用条款约定提供场地

    E. 设计变更使工程量增加

3. 由于承包商原因造成工期延误，业主反索赔，在确定违约金费率时，一般应考虑的因素有(　　)。

    A. 业主盈利损失

    B. 由于延长造成的贷款利息增加

    C. 由于工期延长带来的附加监理费

    D. 由于工期延长导致的设备涨价

    E. 由于工期延长导致的人工费上涨

4. 工程师对承包方提出的变更价款进行审核和处理时，下列说法正确的有(　　)。

    A. 承包方在工程变更确定后规定时限内，向工程师提出变更价款报告，经工程师确认后调整合同价款

    B. 承包方在规定时限内不向工程师提出变更价款报告，则视为该项变更不涉及价款变更

    C. 工程师在收到变更工程价款报告后，在规定时限内无正当理由不予以确认，一旦超过时限，该价款报告失效

    D. 工程师不同意承包方提出的变更价款，可以和解或要求工程造价管理部门调解等

    E. 工程师确认增加的工程变更价款作为追加合同款，与工程款同期支付

5. 施工合同示范文本规定，施工中遇到有价值的地下文物后，承包商应立即停止施工并采取有效保护措施，对打乱施工计划的后果责任划分错误的是(　　)。

    A. 承包商承担保护措施费用，工期不予顺延

    B. 承包商承担保护费用，工期予以顺延

    C. 业主承担保护措施费用，工期不予顺延

    D. 业主承担保护措施费用，工期予以顺延

    E. 业主和承包商都要承担保护措施费用，工期不予顺延

6. 工程保修金的扣法正确的是(　　)。

    A. 累计拨款额达到建筑安装工程造价的一定比例停止支付，预留部分作为保修金

    B. 在第一次结算工程款中一次扣留

    C. 在施工前预交保修金

    D. 在竣工结算时一次扣留

    E. 从发包方向承包方第一次支付工程款开始，在每次承包方应得的工程款中扣留

7. 进度偏差可以表示为(　　)。

    A. 已完工程计划投资-已完工程实际投资

    B. 拟完工程计划投资-已完工程实际投资

C. 拟完工程计划投资-已完工程计划投资

D. 已完工程计划投资-已完工程实际投资

E. 已完工程实际进度-已完工程计划进度

8. 根据 FIDIC 合同条件，下列(　　)费用承包商可以索赔。

A. 异常恶劣气候导致的机械窝工费

B. 非承包商责任导致承包商工效降低，增加的机械使用费

C. 由于完成额外工作增加的机械使用费

D. 由于监理工程师原因导致的机械窝工费

E. 施工组织设计不合理导致的机械窝工费

9. 当利用 S 形曲线法比较工程进度时，通过比较计划 S 形曲线和实际 S 形曲线，可以获得的信息有(　　)。

A. 工程项目实际进度比计划进度超过或拖后的时间

B. 工程项目中各项工作实际完成的任务量

C. 工程项目实际进度比计划进度超前或拖后的时间

D. 工程项目中各项工作实际进度比计划进度超前或拖后的时间

E. 预测后期工程进度

10. 工程计量的依据有(　　)。

A. 施工方所报已完工程量　　　　　　B. 质量合格证书或签证

C. 工程量清单前言和技术规范　　　　D. 工程结算价格规定

E. 批准的设计图纸文件及工程变更签证

三、案例分析题

【案例一】

某工程施工合同价为 560 万元，合同工期为 6 个月，施工合同规定如下。

(1) 开工前业主向施工单位支付合同价 20%的预付款。

(2) 业主自第 1 个月起，从施工单位的应得工程款中按 10%的比例扣留保修金，保修金限额暂定为合同价的 5%，保修金到第 3 个月底全部扣完。

(3) 预付款在最后两个月扣除，每月扣 50%。

(4) 工程进度款按月结算，不考虑调价。

(5) 业主供料价款在发生当月的工程款中扣回。

(6) 若施工单位每月实际完成产值不足计划产值的 90%时，业主可按实际产值 8%的比例扣留工程进度款，在工程竣工结算时将扣留的工程进度款退还给施工单位。

经业主签认的施工进度计划和实际完成产值如表 7.11 所示。

表 7.11　产值表

单位：万元

时间/月份	1	2	3	4	5	6
计划完成产值	70	90	110	110	100	80
实际完成产值	70	80	120			
业主供料价款	8	12	15			

该工程施工进入第 4 个月时，由于业主资金出现困难，合同被迫终止。为此施工单位提出以下费用补偿要求。

(1) 施工现场存有为本工程购买的特殊工程材料，计 50 万元。

(2) 因设备撤回基地发生的费用 10 万元。

(3) 人员遣返费用 8 万元。

问题：

1. 该工程的工程预付款为多少万元？应扣留的保修金为多少万元？

2. 第 1~3 个月造价工程师各签证的工程款是多少？应签发的付款凭证金额是多少？

3. 合同终止时业主已支付施工单位各类工程款为多少万元？

4. 合同终止后施工单位提出的补偿要求是否合理？业主应补偿多少万元？

5. 合同终止后业主共应向施工单位支付多少万元的工程款？

【案例二】

某建筑公司(乙方)于某年 4 月 20 日与某厂(甲方)签订了修建建筑面积为 3000m² 工业厂房(带地下室)的施工合同。乙方编制的施工方案和进度计划已获监理工程师批准。该工程的基坑开挖土方量为 4500m³，假设直接费单价为 4.2 元/m³，综合费率为直接费的 20%。该基坑施工方案规定，土方工程采用租赁一台斗容量为 1m³ 的反铲挖掘机施工(租赁费为 450 元/台班)。甲、乙双方合同约定 5 月 11 日开工，5 月 20 日完工。在实际施工中发生了如下几个事件。

(1) 因租赁的挖掘机大修，晚开工 2 天，造成人员窝工 10 个工日。

(2) 施工过程中，因遇软土层，接到监理工程师 5 月 15 日停工的指令，进行地质复查，配合用工 15 个工日。

(3) 5 月 19 日接到监理工程师于 5 月 20 日复工令，同时提出基坑开挖深度加深 2m 的设计变更通知单，由此增加土方开挖量 900 m³。

(4) 5 月 20—22 日，因下百年不遇的大雨迫使基坑开挖暂停，造成人员窝工 10 个工日。

(5) 5 月 23 日用 30 个工日修复冲坏的永久道路，5 月 24 日恢复挖掘工作，最终基坑于 5 月 30 日挖坑完毕。

问题：

1. 乙方对上述哪些事件可以向业主要求索赔？哪些事件不可以要求索赔？并说明原因。

2. 每个事件工期索赔各是多少天？总计工期索赔是多少天？

3. 假设人工费单价为 23 元/工日，因增加用工所需的管理费为增加人工费的 30%，则合理的费用索赔总额是多少？

4. 乙方应向甲方提供的索赔文件有哪些？

第 8 章　建设工程竣工及后评价阶段
工程造价管理

通过对本章内容的学习，要求熟悉建设工程竣工及后评价阶段工程造价管理的内容，掌握工程竣工决算的编制。具体任务和要求是熟悉建设工程竣工及后评价阶段工程造价管理的内容；掌握竣工决算的编制与审查方法；熟悉保修费用的处理方法；了解建设项目后评估的基本方法。

8.1　建设工程竣工及后评价阶段工程造价管理的内容

建设工程竣工与后评价阶段工程造价管理的内容包括竣工决算的编制、保修费用的处理及建设项目后评估等。

8.1.1　竣工决算

1. 竣工决算的概念

竣工决算是指所有建设项目竣工后，按照国家有关规定，由建设单位报告项目建设成果和财务状况的总结性文件，是考核其投资效果的依据，也是办理交付、动用、验收的依据。

竣工决算是以实物数量和货币指标为计量单位，综合反映竣工项目从筹建开始到项目竣工交付使用为止的全部建设费用、建设成果和财务情况的总结性文件，是竣工验收报告的重要组成部分。竣工决算是正确核定新增固定资产价值，考核分析投资效果，建立健全经济责任制的依据，是反映建设项目实际造价和投资效果的文件。

竣工决算是建设工程经济效益的全面反映，是项目法人核定各类新增资产价值、办理其交付使用的依据。竣工决算是工程造价管理的重要组成部分，做好竣工决算是全面完成工程造价管理目标的关键性因素之一。通过竣工决算，既能够正确反映建设工程的实际造价和投资结果；又可以通过竣工决算与概算、预算的对比分析，考核投资控制的工作成效，为工程建设提供重要的技术经济方面的基础资料，提高未来工程建设的投资效益。

2. 竣工决算的作用

竣工决算反映了竣工项目计划、实际的建设规模、建设工期以及设计和实际生产能力，反映了概算总投资和实际的建设成本，同时还反映了所达到的主要技术经济指标。通

过对这些指标计划值、概算值与实际值进行对比分析，不仅可以全面掌握建设项目计划和概算执行情况，而且可以考核建设项目投资效果，为今后制订基建计划、降低建设成本、提高投资效益提供必要的资料。

3. 竣工结算与竣工决算的关系

建设项目竣工决算是以工程竣工结算为基础进行编制的，是在整个建设项目竣工结算的基础上，加上从筹建开始到工程全部竣工有关基本建设的其他工程费用支出，构成了建设项目竣工决算的主体。它们的主要区别见表 8.1。

表 8.1　竣工结算与竣工决算的比较一览表

区　别	竣工结算	竣工决算
含义不同	由施工单位根据合同价格和实际发生费用的增减变化情况进行编制，并经发包方或委托方签字确认的，正确反映该项工程最终实际造价，及作为向发包单位进行最终结算工程款的经济文件	指所有建设项目竣工后，建设单位按照国家有关规定，由建设单位报告项目建设成果和财务状况的总结性文件
特点不同	属于工程款结算，因此是一项经济活动	反映竣工项目从筹建开始到项目竣工交付使用为止的全部建设费用、建设成果和财务情况的总结性文件
编制单位不同	由施工单位编制	由建设单位编制
编制范围不同	单位或单项工程竣工结算	整个建设项目全部竣工决算

4. 竣工决算的内容

大、中型和小型建设项目的竣工决算包括建设项目从筹建开始到项目竣工交付生产使用为止的全部建设费用，即包括建筑工程费、安装工程费、设备工器具购置费用及预备费等费用。按照国家财政部、国家发改委以及住房和城乡建设部的有关文件规定，竣工决算由竣工财务决算说明书、竣工财务决算报表、建设工程竣工图和工程竣工造价对比分析四部分组成。其中竣工财务决算说明书和竣工财务决算报表两部分又称为建设项目竣工财务决算，是竣工决算的核心内容。

1) 竣工财务决算说明书

竣工财务决算说明书主要反映竣工工程建设成果和经验，是对竣工决算报表进行分析和补充说明的文件，是全面考核分析工程投资与造价的书面总结，其内容主要包括以下几方面。

(1) 建设项目概况及对工程总的评价。该评价一般从进度、质量、安全、造价及施工方面进行分析说明。进度方面主要说明开工时间和竣工时间，对照合理工期和要求工期，分析是提前还是延期；质量方面主要根据竣工验收组或质量监督部门的验收进行说明；安全方面主要根据劳动工资和施工部门的记录，对有无设备和安全事故进行说明；造价方面主要对照概算造价，说明是节约还是超支，用金额和百分率进行分析说明。

(2) 资金来源及运用等财务分析。它主要包括工程价款结算、会计账务的处理、财产物资情况及债权债务的清偿情况。

(3) 基本建设收入、投资包干结余、竣工结余资金的上交分配情况。通过对基本建设投资包干情况的分析，说明投资包干额、实际支用额和节约额，投资包干的有机构成和包干节余的分配情况。

(4) 各项经济技术指标的分析。概算执行情况分析，根据实际投资完成额与概算进行对比分析；新增生产能力的效益分析，说明支付使用财产占总投资额的比例、占支付使用财产的比例，不增加固定资产的造价占投资总额的比例，分析有机构成。

(5) 工程建设的经验、项目管理和财务管理工作以及竣工财务决算中有待解决的问题。

(6) 需要说明的其他事项。

2) 竣工财务决算报表

建设项目竣工财务决算报表要根据大、中型建设项目和小型建设项目分别制定。有关报表组成如图 8.1 与图 8.2 所示，报表格式分别见表 8.2～表 8.7。

$$
大、中型建设项目竣工财务决算报表
\begin{cases}
①建设项目竣工财务决算审批表(见表 8.2) \\
②大、中型建设项目概况表(见表 8.3) \\
③大、中型建设项目竣工财务决算表(见表 8.4) \\
④大、中型建设项目交付使用资产总表(见表 8.5) \\
⑤建设项目交付使用资产明细表(见表 8.6)
\end{cases}
$$

图 8.1　大、中型建设项目竣工财务决算报表组成

$$
小型建设项目竣工财务决算报表
\begin{cases}
①建设项目竣工财务决算审批表(见表 8.2) \\
②小型建设项目竣工财务决算总表(见表 8.7) \\
③建设项目交付使用资产明细表(见表 8.6)
\end{cases}
$$

图 8.2　小型建设项目竣工财务决算报表组成

(1) 建设项目竣工财务决算审批表见表 8.2。该表作为竣工决算上报有关部门审批时使用，其格式按照中央级项目审批要求设计，地方级项目可按审批要求作适当修改，大、中、小型项目均要按照下列要求填报此表。

表 8.2　建设项目竣工财务决算审批表

建设项目法人(建设单位)		建设性质	
建设项目名称		主管部门	

开户银行意见：

(盖章)
年　　月　　日

专员办审批意见：

(盖章)
年　　月　　日

主管部门或地方财政部门审批意见：

(盖章)
年　　月　　日

① 表中"建设性质"按新建、改建、扩建、迁建和恢复建设项目等分类填列。

② 表中"主管部门"是指建设单位的主管部门。

③ 所有建设项目均须经过开户银行签署意见后，按照有关要求进行报批；中央级小型项目由主管部门签署审批意见；中央级大、中型建设项目报所在地财政监察专门办事机构签署意见后，再由主管部门签署意见报财政部审批；地方级项目由同级财政部门签署审批意见。

④ 已具备竣工验收条件的项目，3个月内应及时填报审批表，如3个月内不办理竣工验收和固定资产移交手续的，视同项目已正式投产，其费用不得从基本建设投资中支付，所实现的收入作为经营收入，不再作为基本建设收入管理。

(2) 大、中型建设项目概况表见表 8.3。该表综合反映大、中型建设项目的基本概况、内容，包括该项目总投资、建设起止时间、新增生产能力、主要材料消耗、建设成本、完成主要工程量和主要技术经济指标及基本建设支出情况，为全面考核和分析投资效果提供依据，可按下列要求填写。

表 8.3　大、中型建设项目竣工工程概况表

建设项目工程名称			建设地址					项　目	概算	实际	主要指标
主要设计单位			主要施工单位					建筑安装工程			
占地面积	计划	实际	总投资/万元	设　计		实　际		设备、工具、器具			
				固定资产	流动资产	固定资产	流动资产	基建支出			
								待摊投资，其中：建设单位管理费			
新增生产能力	能力(效益)名称	设计		实　际				其他投资			
								待核销基建支出			
								非经营项目转出投资			
建设起止时间	设计	从　年　月开工至　年　月竣工						合计			
	实际	从　年　月开工至　年　月竣工									
设计概算批准文号									名称	单位	概算	实际
完成主要工程量	建筑面积/m²		设备/(台、套、t)				主要材料消耗	钢材	t		
	设　计	实　际	设　计	实　际				木材	m		
								水泥	t		
收尾工程	工程内容		投资额		完成时间		主要技术经济指标				

① 建设项目名称、建设地址、主要设计单位和主要施工单位，要按全称填列。

② 表中各项目的设计、概算、计划指标可根据批准的设计文件和概算、计划等确定的数字填列。

③ 表中所列"新增生产能力""完成主要工程量""主要材料消耗"的实际数据，

可根据建设单位统计资料和施工单位提供的有关成本核算资料填列。

④ 表中"主要技术经济指标"包括单位面积造价、单位生产能力投资、单位投资增加的生产能力、单位生产成本和投资回收年限等反映投资效果的综合性指标，根据概算和主管部门规定的内容分别按概算和实际填列。

⑤ 表中"基建支出"是指建设项目从开工起至竣工为止发生的全部基本建设支出，包括形成资产价值的交付使用资产，如固定资产、流动资产、无形资产、递延资产支出，还包括不形成资产价值，按照规定应核销非经营项目的待核销基建支出和转出投资。上述支出应根据财政部门历年批准的"基建投资表"中的有关数据填列。

⑥ 表中"设计概算批准文号"按最后经批准的文件号填列。

⑦ 表中"收尾工程"是指全部工程项目验收后尚遗留的少量收尾工程，在表中应明确填写收尾工程内容、完成时间，这部分工程的实际成本可根据实际情况进行估算并加以说明，完工后不再编制竣工决算。

(3) 大、中型建设项目竣工财务决算表见表 8.4。该表反映竣工的大、中型建设项目从开工开始到竣工为止全部资金来源和资金运用的情况，它是考核和分析投资效果，落实结余资金，并作为报告上级核销基本建设支出和基本建设拨款的依据。在编制该表前，应先编制出项目竣工年度财务决算，根据编制出的竣工年度财务决算和历年财务决算编制项目的竣工财务决算。该表采用平衡形式，即资金来源合计等于资金支出合计，其具体编制方法如下。

表 8.4　大、中型建设项目竣工财务决算表

单位：元

资金来源	金　额	资金占用	金　额	补充资料
一、基建拨款		一、基本建设支出		1. 基建投资借款期末余额
1. 预算拨款		1. 交付使用资产		
2. 基建基金拨款		2. 在建工程		2. 应收生产单位投资借款期末余额
3. 进口设备转账拨款		3. 待核销基建支出		
4. 器材转账拨款		4. 非经营项目转出投资		3. 基建结余资金
5. 煤代油专用基金拨款		二、应收生产单位投资借款		
6. 自筹资金拨款		三、拨付所属投资借款		
7. 其他拨款		四、器材		
二、项目资本金		其中：待处理器材损失		
1. 国家资本		五、货币资金		
2. 法人资本		六、预付及应收款		
3. 个人资本		七、有价证券		
三、项目资本公积金		八、固定资产		
四、基建借款		固定资产原值		
五、上级拨入投资借款		减：累计折旧		
六、企业债券资金		固定资产净值		

续表

资金来源	金　额	资金占用	金　额	补充资料
七、待冲基建支出		固定资产清理		
八、应付款		待处理固定资产损失		
九、未交款				
1. 未交税费				
2. 未交基建收入				
3. 未交基建包干节余				
4. 其他未交款				
十、上级拨入资金				
十一、留成收入				
合　计		合　计		

① "资金来源"包括基建拨款、项目资本金、项目资本公积金、基建借款、上级拨入投资借款、企业债券资金、待冲基建支出、应付款和未交款以及上级拨入资金和留成收入等。

"项目资本金"指经营性项目投资者按国家有关项目资本金的规定,筹集并投入项目的非负债资金,在项目竣工后,相应地转为生产经营企业的国家资本金、法人资本金、个人资本金和外商资本金。

"项目资本公积金"指经营性项目对投资者实际缴付的出资额超过其资金的差额(包括发行股票的溢价净收入)、资产评估确认价值或者合同、协议约定价值与原账面净值的差额、接收捐赠的财产、资本汇率折算差额,在项目建设期间作为资本公积金、项目建成交付使用并办理竣工决算后,转为生产经营企业的资本公积金。

基建收入是基建过程中形成的各项工程建设副产品变价净收入、负荷试车的试运行收入及其他收入,在表中基建收入以实际销售收入扣除销售过程中所发生的费用和税后的实际纯收入填写。

② 表 8.4 中"交付使用资产""预算拨款""自筹资金拨款""其他拨款""基建借款"等项目,是指自开工建设至竣工的累计数,上述有关指标应根据历年批复的年度基本建设财务决算和竣工年度的基本建设财务决算中资金平衡表相应项目的数字进行汇总填写。

③ 表 8.4 中其余项目费用办理竣工验收时的结余数,根据竣工年度财务决算中资金平衡表的有关项目期末数填写。

④ 资金占用反映建设项目从开工准备到竣工全过程资金支出的情况,内容包括基本建设支出、应收生产单位投资借款、库存器材、货币资金、有价证券和预付及应收款与拨付所属投资借款和库存固定资产等,资金占用总额应等于资金来源总额。

⑤ 补充材料的"基建投资借款期末余额"反映竣工时尚未偿还的基本投资借款额,应根据竣工年度资金平衡表内的"基建投资借款"项目期末数填写;"应收生产单位投资借款期末余额",根据竣工年度资金平衡表内的"应收生产单位投资借款"项目的期末数填写;"基建结余资金"反映竣工的结余资金,根据竣工决算表中有关项目计算填写。

⑥ 基建结余资金可以按下列公式计算，即

基建结余资金=基建拨款+项目资本金+项目资本公积金+基建投资借款

+企业债券基金+待冲基建支出-基本建设支出

-应收生产单位投资借款　　　　　　　　　　　　　　(8.1)

(4) 大、中型建设项目交付使用资产总表见表 8.5。该表反映建设项目建成后新增固定资产、流动资产、无形资产和递延资产价值的情况和价值，作为财务交接、检查投资计划完成情况和分析投资效果的依据。小型项目不编制"交付使用资产总表"，而直接编制"交付使用资产明细表"；大、中型项目在编制"交付使用资产总表"的同时，还需编制"交付使用资产明细表"。大、中型建设项目交付使用资产总表具体编制方法如下。

① 表 8.5 中各栏目数据根据"交付使用明细表"的"固定资产""流动资产""无形资产""递延资产"各相应项目的汇总数分别填写，表 8.5 中总计栏的总计数应与竣工财务决算表中的交付使用资产的金额一致。

② 表 8.5 中第 7、8、9、10 栏的合计数，应分别与竣工财务决算表交付使用的固定资产、流动资产、无形资产和递延资产的数据相符。

表8.5　大、中型建设项目交付使用资产总表

单位：元

单项工程项目名称	总　计	固定资产					流动资产	无形资产	递延资产
		建筑工程	安装工程	设　备	其　他	合　计			

支付单位盖章　年　月　日　　　　　　　　　　　接收单位盖章　年　月　日

(5) 建设项目交付使用资产明细表见表 8.6。该表反映交付使用的固定资产、流动资产、无形资产和递延资产及其价值的明细情况，是办理资产交接的依据和接收单位登记资产账目的依据，同时也是使用单位建立资产明细账和登记新增资产价值的依据，大、中型和小型建设项目均需编制此表。该表编制时要做到齐全完整、数字准确，各栏目价值应与会计账目中相应科目的数据保持一致。建设项目交付使用资产明细表具体编制方法如下。

表8.6　建设项目交付使用资产明细表

单项工程项目名称	建筑工程			设备、工器具、家具					流动资产		无形资产		递延资产	
	结构	面积/m²	价值/元	规格型号	单位	数量	价值/元	设备安装费/元	名称	价值/元	名称	价值/元	名称	价值/元
合计														

支付单位盖章　年　月　日　　　　　　　　　　　接收单位盖章　年　月　日

① 表 8.6 中"建筑工程"项目应按单项工程名称填列其结构、面积和价值。其中结构是指项目按钢结构、钢筋混凝土结构、混合结构等结构形式填写;"面积"则按各项目实际完成面积填列;"价值"按交付使用资产的实际价值填写。

② 表 8.6 中"设备、工器具、家具"部分要在逐项盘点后,根据盘点实际情况填写,工器具和家具等低值易耗品可分类填写。

③ 表 8.6 中"流动资产""无形资产""递延资产"项目应根据建设单位实际交付的名称和价值分别填列。

(6) 小型建设项目竣工财务决算总表见表 8.7。由于小型建设项目内容比较简单,因此可将工程概况与财务情况合并编制一张"竣工财务决算总表",该表主要反映小型建设项目的全部工程和财务情况,具体编制时可参照大、中型建设项目概况表指标和大、中型建设项目竣工财务决算表指标口径填写。

表 8.7　小型建设项目竣工财务决算总表

建设项目名称			建设地址			资金来源		资金运用	
初步设计概算批准文件号						项　目	金额/元	项　　目	金额/元
占地面积	计划	实际	总投资/万元	计　划		一、基建拨款 其中:预算拨款		一、交付使用资产	
				实　际		二、待核销基建支出			
				固定资产	流动资产	固定资产	流动资产	二、项目资本		三、非经营项目转出投资	
						三、项目资本公积金			
新增生产能力	能力(效益)名称		设计	实　际		四、基建借款		四、应收生产单位投资借款	
						五、上级拨入借款			
建设起止时间	计　划		从　年　月开工 至　年　月竣工			六、企业债券资金		五、拨付所属投资借款	
	实　际		从　年　月开工 至　年　月竣工			七、待冲基建支出		六、器材	
基建支出	项　目			概算/元	实际/元	八、应付款		七、货币资金	
	建筑安装工程					九、未付款 其中:未交基建收入 未交包干收入		八、预付及应收款	
	设备、工器具							九、有价证券	
	待摊投资 其中:建设单位管理费							十、原有固定资产	
	其他投资					十、上级拨入资金			
	待摊销基建支出					十一、留成收入			
	非经营性项目转出投资								
	合计					合计		合计	

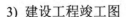

3) 建设工程竣工图

建设工程竣工图是真实地记录各种地上/地下建筑物、构筑物等情况的技术文件，是工程进行交工验收、维护和扩建的依据，是国家的重要技术档案。国家规定，各项新建、扩建、改建的基本建设工程，特别是基础、地下建筑、管线、结构、井巷、桥梁、隧道、港口、水坝以及设备安装等隐蔽部位，都要编制竣工图。为确保竣工图质量，必须在施工过程中(不能在竣工后)及时做好隐蔽工程检查记录，整理好设计变更文件。其基本要求有以下几点。

(1) 凡按图竣工没有变动的，由施工单位(包括总包和分包施工单位，下同)在原施工图加盖"竣工图"标志后，即作为竣工图。

(2) 在施工过程中，虽有一般性设计变更，但能将原施工图加以修改补充作为竣工图，可不重新绘制，由施工单位负责在原施工图(必须是新蓝图)上注明修改的部分，并附以设计变更通知单和施工说明，加盖"竣工图"标志后，作为竣工图。

(3) 凡结构形式改变、施工工艺改变、平面布置改变、项目改变以及有其他重大改变，不宜再在原施工图上修改、补充时，应重新绘制改变后的竣工图。由原设计原因造成的，由设计单位负责重新绘制；由施工原因造成的，由施工单位负责重新绘图；由其他原因造成的，由建设单位自行绘制或委托设计单位绘制。施工单位负责在新图上加盖"竣工图"标志，并附以有关记录和说明，作为竣工图。

(4) 为了满足竣工验收和竣工决算的需要，还应绘制反映竣工工程全部内容的工程设计平面示意图。

4) 工程竣工造价比较分析

经批准的概、预算是考核实际建设工程造价和进行工程造价比较分析的依据。在分析时，可先对比整个项目的总概算，然后将建筑安装工程费、设备工器具购置费和其他工程费用逐一与竣工决算表中所提供的实际数据和相关资料及批准的概算、预算指标、实际的工程造价进行对比分析，以确定竣工项目总造价是节约还是超支，并在对比的基础上，总结先进经验，找出节约和超支的内容和原因，提出改进措施。在实际工作中，应主要分析以下内容。

(1) 主要实物工程量。对于实物工程量出入比较大的情况，必须查明原因。

(2) 主要材料消耗量。考核主要材料消耗量，要按照竣工决算表中所列明的三大材料实际超概算的消耗量，查明是在工程的哪个环节超出量最大，再进一步查明超耗的原因。

(3) 考核建设单位管理费、措施费和间接费的取费标准。建设单位管理费、措施费和间接费的取费标准要按照国家和各地的有关规定，根据竣工决算报表中所列的建设单位管理费与概、预算所列的建设单位管理费数额进行比较，依据规定查明是否多列或少列费用项目，确定其节约超支的数额，并查明原因。

5. 竣工决算的编制

1) 竣工决算的编制依据

建设项目竣工决算的编制依据包括以下几个方面。

(1) 经批准的可行性研究报告、投资估算书，初步设计或扩大初步设计，修正总概算及其批复文件。

(2) 经批准的施工图设计及其施工图预算书。

(3) 设计交底或图纸会审会议纪要。

(4) 设计变更记录、施工记录或施工签证单及其他施工发生的费用记录。

(5) 招标控制价，承包合同、工程结算等有关资料。

(6) 历年基建资料、历年财务决算及批复文件。

(7) 设备、材料调价文件和调价记录。

(8) 有关财务核算制度、办法和其他有关资料。

2) 竣工决算的编制要求

为了严格执行建设项目竣工验收制度，正确核定新增固定资产价值，考核分析投资效果，建立健全经济责任制，所有新建、扩建和改建等建设项目竣工后，都应及时、完整、正确地编制好竣工决算。建设单位要做好以下工作。

(1) 按照规定组织竣工验收，保证竣工决算的及时性。对建设工程的全面考核，所有的建设项目(或单项工程)按照批准的设计文件所规定的内容建成后，具备了投产和使用条件的，都要及时组织验收。对于竣工验收中发现的问题，应及时查明原因，采取措施加以解决，以保证建设项目按时交付使用和及时编制竣工决算。

(2) 积累、整理竣工项目资料，保证竣工决算的完整性。积累、整理竣工项目资料是编制竣工决算的基础工作，它关系到竣工决算的完整性和质量的好坏。因此，在建设过程中，建设单位必须随时收集项目建设的各种资料，并在竣工验收前，对各种资料进行系统整理，分类立卷，为编制竣工决算提供完整的数据资料，为投产后加强固定资产管理提供依据。在工程竣工时，建设单位应将各种基础资料与竣工决算一起移交给生产单位或使用单位。

(3) 清理、核对各项账目，保证竣工决算的正确性。工程竣工后，建设单位要认真核实各项交付使用资产的建设成本；做好各项账务、物资以及债权的清理结余工作，应偿还的及时偿还，该收回的应及时收回，对各种结余的材料、设备、施工机械工具等，要逐项清点核实，妥善保管，按照国家有关规定进行处理，不得任意侵占；对竣工后的结余资金，要按规定上交财政部门或上级主管部门。在完成上述工作，核实了各项数字的基础上，正确编制从年初起到竣工月份止的竣工年度财务决算，以便根据历年的财务决算和竣工年度财务决算进行整理汇总，编制建设项目竣工决算。

3) 竣工决算的编制步骤

竣工决算的编制步骤如图 8.3 所示。

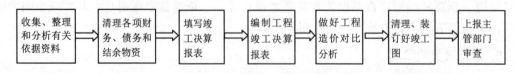

图 8.3 竣工决算的编制步骤

(1) 收集、整理和分析有关依据资料。在编制竣工决算文件之前，要系统地整理所有的技术资料、工程结算的经济文件、施工图纸和各种变更与签证资料，并分析它们的准确性。完整、齐全的资料是准确而迅速编制竣工决算的必要条件。

(2) 清理各项财务、债务和结余物资。在收集、整理和分析有关资料中，要特别注意建设工程从筹建到竣工投产或使用的全部费用的各项财务、债权和债务的清理，做到工程完毕账目清晰，既要核对账目，又要查点库存实物的数量，做到账与物相符、账与账相等，对结余的各种材料、工器具和设备，要逐项清点核实，妥善管理，并按规定及时处理，收回资金。对各种往来款项要及时进行全面清理，为编制竣工决算提供准确的数据和结果。

(3) 填写竣工决算报表。按照建设工程决算表格中的内容，根据编制依据中的有关资料进行统计或计算各个项目和数量，并将其结果填到相应表格的栏目内，完成所有报表的填写。

(4) 编制建设工程竣工决算说明。按照建设工程竣工决算说明的内容要求，根据编制依据材料填写报表，编写文字说明。

(5) 做好工程造价对比分析。

(6) 清理、装订好竣工图。

(7) 上报主管部门审查。

上述编写的文字说明和填写的表格经核对无误后，装订成册，即为建设工程竣工决算文件。将其上报主管部门审查，并把其中财务成本部分送交开户银行签证。竣工决算在上报主管部门的同时，抄送有关设计单位。大、中型建设项目的竣工决算还应抄送财政部、建设银行总行和省、市、自治区的财政局和建设银行分行各一份。建设工程竣工决算的文件由建设单位负责组织人员编写，在竣工建设项目办理验收使用一个月之内完成。

8.1.2　新增资产价值的确定

竣工决算是办理交付使用财产价值的依据，正确核定资产的价值，不但有利于建设项目交付使用后的财产管理，而且还可作为建设项目经济后评估的依据。

1. 新增资产价值的分类

按照新的财务制度和企业会计准则，新增资产按资产性质可分为固定资产、流动资产、无形资产、递延资产和其他资产五大类。

1) 固定资产

固定资产主要包括以下几种。

① 已交付使用的建安工程造价。

② 达到固定资产标准的设备、工器具购置费。

③ 其他费用(如建设单位管理费、征地费、勘查设计费等)。

2) 流动资产

流动资产是指可以在一年或者超过一年的营业周期内变现或者耗用的资产。它是企业资产的重要组成部分。流动资产按资产的占用形态可分为现金、存货(指企业的库存材料、在产品、产成品、商品等)、银行存款、短期投资、应收账款及预付账款。

3) 无形资产

无形资产是指特定主体所控制的，不具有实物形态，对生产经营长期发挥作用且能带

来经济利益的资源，如专利权、非专利技术、商标权、商誉等。

4) 递延资产

递延资产是指不能全部计入当年损益，应当在以后年度分期摊销的各种费用，如开办费、租入固定资产改良支出等。

5) 其他资产

其他资产是指具有专门用途，但不参加生产经营的经国家批准的特种物资、银行冻结存款和冻结物资、涉及诉讼的财产等。

2. 新增资产价值的确定

1) 新增固定资产价值的确定

新增固定资产价值的计算是以独立发挥生产能力的单项工程为对象的。单项工程建成经有关部门验收鉴定合格，正式移交生产或使用，即应计算新增固定资产价值。一次交付生产或使用的工程一次计算新增固定资产价值，分期分批交付生产或使用的工程应分期分批计算新增固定资产价值。在计算新增固定资产价值时应注意以下几种情况。

(1) 对于为了提高产品质量、改善劳动条件、节约材料、保护环境而建设的附属辅助工程，只要全部建成，正式验收交付使用后就要计入新增固定资产价值。

(2) 对于单项工程中不构成生产系统，但能独立发挥效益的非生产性项目，如住宅、食堂、医务所、托儿所、生活服务网点等，在建成并交付使用后，也要计算新增固定资产价值。

(3) 凡购置达到固定资产标准不需安装的设备、工器具，应在交付使用后计入新增固定资产价值。

(4) 属于新增固定资产价值的其他投资，应随同受益工程交付使用的，同时一并计入。

(5) 交付使用财产的成本，应按下列内容计算。

① 房屋、建筑物、管道、线路等固定资产的成本包括建筑工程成本和应分摊的待摊投资。

② 动力设备和生产设备等固定资产的成本包括需要安装设备的采购成本、安装工程成本、设备基础等建筑工程成本及应分摊的待摊投资。

③ 运输设备及其他不需要安装的设备、工器具、家具等固定资产一般仅计算采购成本，不计分摊的"待摊投资"。

(6) 共同费用的分摊方法。新增固定资产的其他费用，如果是属于整个建设项目或两个以上单项工程的，在计算新增固定资产价值时，应在各单项工程中按比例分摊。分摊时，什么费用应由什么工程负担应按具体规定进行。一般情况下，建设单位管理费根据建筑工程、安装工程、需安装设备价值总额按比例分摊；而土地征用费、勘查设计费则按建筑工程造价分摊。

【**例 8.1**】某工业建设项目及其总装车间的建筑工程费、安装工程费、需安装设备费及应摊入费用如表 8.8 所示，试计算总装车间新增固定资产价值。

表8.8 分摊费用计算表

单位：万元

项目名称	建筑工程	安装工程	需安装设备	建设单位管理费	土地征用费	勘查设计费
建设单位竣工结算	2000	400	800	60	70	50
总装车间竣工决算	500	180	320	18.75	17.5	12.5

计算过程如下。

应分摊的建设单位管理费 $=\dfrac{500+180+320}{2000+400+800}\times 60=18.75$(万元)

应分摊的土地征用费 $=\dfrac{500}{2000}\times 70=17.5$(万元)

应分摊的勘查设计费 $=\dfrac{500}{2000}\times 50=12.5$(万元)

总装车间新增固定资产价值=(500+180+320)+(18.75+17.5+12.5)

=1000+48.75=1048.75(万元)

2) 流动资产价值的确定

(1) 货币性资金。它指现金、各种银行存款及其他货币资金。其中现金是指企业的库存现金，包括企业内部各部门用于周转使用的备用金；各种银行存款是指企业的各种不同类型的银行存款；其他货币资金是指除现金和银行存款以外的其他货币资金，根据实际入账价值核定。

(2) 应收及预付款项。应收款项指企业因销售商品、提供劳务等应向购货单位或受益单位收取的款项；预付款项指企业按照购货合同预付给供货单位的购货定金或部分货款。应收及预付款项包括应收票据、应收款项、其他应收款、预付货款和待摊费用。一般情况下，应收及预付款项按企业销售商品、产品或提供劳务时的成交金额入账核算。

(3) 短期投资。它包括股票、债券、基金。股票和债券根据是否可以上市流通分别采用市场法和收益法确定其价值。

(4) 存货。它指企业的库存材料、在产品、产成品等。各种存货应当按照取得时的实际成本计价。存货的形成主要有外购和自制两条途径：外购的存货按照买价加运输费、装卸费、保险费、途中合理损耗、入库加工、整理及挑选费用及缴纳的税金等计价；自制的存货按照制造过程中的各项支出计价。

3) 无形资产价值的确定

(1) 无形资产计价原则主要有以下几个。

① 投资者按无形资产作为资本金或者合作条件投入时，按评估确认或合同协议约定的金额计价。

② 购入的无形资产按照实际支付的价款计价。

③ 企业自创并依法申请取得的按开发过程中的实际支出计价。

④ 企业接受捐赠的无形资产按照发票账单所持金额或者同类无形资产市价计价。

⑤ 无形资产计价入账后，应在其有效使用期内分期摊销。

(2) 不同形式无形资产的计价方法主要有以下几种。

① 专利权的计价。专利权分为自创和外购两类。自创专利权的价值为开发过程中的实际支出，主要包括专利的研制成本和交易成本。研制成本包括直接成本和间接成本。直接成本是指研制过程中直接投入发生的费用(主要包括材料、工资、专用设备、资料、咨询鉴定、协作、培训和差旅等费用)；间接成本是指与研制开发有关的费用(主要包括管理费、非专用设备折旧费、应分摊的公共费用及能源费用)。交易成本是指在交易过程中的费用支出(主要包括技术服务费、交易过程中的差旅费及管理费、手续费、税金)。由于专利权是具有独占性并能带来超额利润的生产要素，因此，专利权的转让价格不按成本估价，而是按照其所能带来的超额收益计价。

② 非专利技术的计价。非专利技术具有使用价值和价值，使用价值是非专利技术本身应具有的，非专利技术的价值在于非专利技术的使用所能产生的超额获利能力，应在研究分析其直接和间接的获利能力的基础上，准确计算出其价值。如果非专利技术是自创的，一般不作为无形资产入账，自创过程中发生的费用，按当期费用处理。对于外购非专利技术，应由法定评估机构确认后再进行估价，其方法往往通过能产生的收益采用收益法进行估价。

③ 商标权的计价。如果商标是自创的，一般不作为无形资产入账，而将商标设计、制作、注册、广告宣传等发生的费用直接作为销售费用计入当期损益；只有当企业购入或转入商标时，才需要对商标权计价。商标权的计价一般根据被许可方新增的收益确定。

④ 土地使用权的计价。根据取得土地使用权的方式不同，土地使用权可有以下几种计价方式：当建设单位向土地管理部门申请土地使用权并为之支付一笔出让金时，土地使用权作为无形资产核算；当建设单位获得土地使用权是通过行政划拨的，这时土地使用权就不能作为无形资产核算；只有在将土地使用权有偿转让、出租、抵押、作价入股和投资，按规定补交土地出让价款时，才作为无形资产核算。

4) 递延资产和其他资产价值的确定

(1) 递延资产中的开办费指筹建期间发生的费用，不能计入固定资产或无形资产价值的费用，主要包括筹建期间人员工资、办公费、员工培训费、差旅费、注册登记费以及不计入固定资产和无形资产购建成本的汇兑损益、利息支出等。根据现行财务制度规定，企业筹建期间发生的费用，应于开始生产经营起一次计入开始生产经营当期的损益。企业筹建期间开办费的价值可按其账面价值确定。

(2) 递延资产中以经营租赁方式租入的固定资产改良工程支出的计价，应在租赁有限期限内摊入制造费用或管理费用。

(3) 其他资产，包括特种储备物资等，按实际入账价值核算。

8.2 保修费用的处理

8.2.1 保修与保修费用

1. 保修的概念

保修指建设工程办理完交工验收手续后，在规定的保修期限内(按合同有关保修期的规定),因勘查设计、施工、材料等原因造成的质量缺陷,应由责任单位负责维修。

由于建设产品在竣工验收后仍可能存在质量缺陷和隐患,在使用过程中才能逐步暴露出来,如屋面漏雨、墙体渗水、建筑物基础超过规定的不均匀沉降、采暖系统供热不佳、设备及安装工程达不到国家或行业现行的技术标准等,需要在使用过程中检查观测和维修。为了使建设项目达到最佳状态,确保工程质量,降低生产或使用费用,发挥最大的投资效益,业主应督促设计单位、施工单位、设备材料供应单位认真做好保修工作,并加强保修期间的造价控制。

根据国务院颁布的《建设工程质量管理条例》规定,建设工程承包单位在向建设单位提交工程竣工验收报告时,应向建设单位出具质量保修书,质量保修书中应明确建设工程的保修范围、保修期限和保修责任等。

建设工程质量保修制度是国家所确定的重要法律制度,对于促进承包方加强质量管理、保护用户及消费者的合法权益起到了重要的作用。

2. 保修的范围和保修的期限

1) 保修的范围

建筑工程的保修范围应包括地基基础工程、主体结构工程、屋面防水工程和其他土建工程,以及电气管线、上下水管线的安装工程,供热、供冷系统工程等项目。

2) 保修的期限

保修的期限应当按照保证建筑物合理寿命内正常使用,维护使用者合法权益的原则确定。具体的保修范围和最低保修期限,按照国务院颁布的《建设工程质量管理条例》第四十条规定执行。

(1) 基础设施工程、房屋建筑的地基基础工程和主体结构工程,为设计文件规定的该工程的合理使用年限。

(2) 屋面防水工程、有防水要求的卫生间、房间和外墙面的防渗漏为 5 年。

(3) 供热与供冷系统为两个采暖期和供冷期。

(4) 电气管线、给排水管道、设备安装和装修工程为 2 年。

(5) 其他项目的保修范围和保修期限由承、发包双方在合同中规定。建设工程的保修期自竣工验收合格之日算起。

建设工程在保修期内发生质量问题的,承包人应当履行保修义务,并对造成的损失承担赔偿责任。凡是由于用户使用不当而造成的建筑功能不良或损坏,不属于保修范围;凡属工业产品项目发生问题,也不属保修范围。以上两种情况应由建设单位自行组织修理。

3. 保修费用

保修费用是指对保修期间和保修范围内所发生的维修、返工等各项费用的支出。保修费用应按合同和有关规定合理地确定和控制。保修费用一般可参照建筑安装工程造价的确定程序和方法计算,也可以按照建筑安装工程造价或承包工程合同价的一定比例计算(目前取 3%)。

8.2.2　保修费用的处理

根据《中华人民共和国建筑法》规定,在保修费用的处理问题上,必须根据修理项目的性质、内容以及检查修理等多种因素的实际情况,区别保修责任的承担问题,对于保修

经济责任的确定，应当由有关责任方承担，由建设单位和施工单位共同商定经济处理办法。

(1) 承包单位未按国家有关规范、标准和设计要求施工，造成的质量缺陷，由承包单位负责返修并承担经济责任。

(2) 由于设计方面的原因造成的质量缺陷，由设计单位承担经济责任，可由施工单位负责维修，其费用按有关规定通过建设单位向设计单位索赔，不足部分由建设单位负责协同有关各方解决。

(3) 因建筑材料、建筑构配件和设备质量不合格引起的质量缺陷，属于承包单位采购的或经其验收同意的，由承包单位承担经济责任；属于建设单位采购的，由建设单位承担经济责任。

(4) 因使用单位使用不当造成的损坏问题，由使用单位自行负责。

(5) 因地震、洪水、台风等不可抗拒原因造成的损坏问题，施工单位、设计单位不承担经济责任，由建设单位负责处理。

(6) 根据《中华人民共和国建筑法》第七十五条的规定，建筑施工企业违反该法规定，不履行保修义务的，责令改正，可以处以罚款。在保修期间因屋顶、墙面渗漏、开裂等质量缺陷，有关责任企业应当依据实际损失给予实物或价值补偿。质量缺陷因勘查设计原因、监理原因，或者建筑材料、建筑构配件和设备等原因造成的，根据《民法通则》规定，施工企业可以在保修和赔偿损失之后，向有关责任者追偿。因建设工程质量不合格而造成损害的，受损害人有权向责任者要求赔偿。因建设单位或者勘查设计的原因、施工的原因、监理的原因产生的建设质量问题，造成他人损失的，以上单位应当承担相应的赔偿责任，受损害人可以向任何一方要求赔偿，也可以向以上各方提出共同赔偿要求。有关各方之间在赔偿后，可以在查明原因后向真正的责任人追偿。

(7) 涉外工程的保修问题，除参照上述办法处理外，还应依照原合同条款的有关规定执行。

8.3 建设项目后评估

8.3.1 建设项目后评估的概念及作用

1. 建设项目后评估的概念

建设项目后评估是指在项目建成投产并达到设计生产能力后，通过对项目准备、决策、设计、实施、试生产直至达产等全过程进行系统评价的一种经济活动。

2. 建设项目后评估的作用

建设项目后评估是工程造价管理的一项重要内容。通过建设项目后评估，衡量和分析其实际情况与预计情况的偏离程度及产生的原因，全面总结项目投资管理经验，研究问题，吸取教训，为今后项目准备、决策、管理、监督等工作的改进创造条件，并为提高项目投资效益，提出切实可行的对策措施，不断提高项目决策水平和投资效果。

8.3.2　项目评价与项目后评估比较

项目评价与项目后评估既相互联系又相互区别，是同一对象的不同过程。它们在评价时要前后呼应、互相兼顾，但在其作用、评估时间的选择及使用方法等方面又有明显的区别。

项目评价是在项目决策阶段，为项目的决策服务的。它主要运用有关评价理论和预测方法，对项目的前景作全面的技术经济预测分析。

项目的后评估，通常选择在项目投产或使用达到设计生产能力或使用功能时，依据项目实施中和投产使用后的实际数据和项目后续年限的预测数据，对其技术、设计实施、产品市场、成本和效益进行系统的调查分析、评价，并与项目评价中相应的内容进行对比分析，找出两者的差距，分析其原因和影响因素，提出相应的补救措施，从而提出改进项目评价和其他各项工作的建议措施，提高项目的经济效益，完善项目评价的方法。

8.3.3　项目后评估的种类

项目后评估的种类包括以下几种。

1. 项目目标评估

评定项目立项时所预定的目标的实现程度，是项目后评估的主要任务之一。项目后评估要对照原定目标所需完成的主要指标，根据项目实际完成的情况，评定项目目标的实现程度。如果项目的预定目标未全面实现，需分析未能实现的原因，并提出补救措施。项目目标评估的另一任务，是对项目原定目标的正确性、合理性及实践性进行分析评价。有些项目原定的目标不明确或不符合实际情况，项目实施过程中可能会发生重大变化，如政策性变化或市场变化等，项目后评估要给予重新分析和评价。

2. 项目实施过程评估

项目的实施过程评估应对立项评价或可行性研究时所预计的情况与实际执行情况进行比较和分析，找出差别，分析原因。项目实施过程评估一般要分析以下几个方面。

(1) 项目的立项、准备和评估。

(2) 项目的内容和建设规模。

(3) 项目进度和实施情况。

(4) 项目质量和安全情况。

(5) 配套设施和服务条件。

(6) 受益范围与受益者的反应。

(7) 项目的管理和机制。

(8) 财务执行情况等。

3. 项目效益评估

项目的效益评估是对项目实际取得的效益进行财务评价和国民经济评价，其评价的主要指标，即内部收益率、净现值及贷款偿还期等反映项目盈利能力和清偿能力的指标，应

与项目前评价一致。但项目后评估采用的数据是实际发生的，而项目前评价采用的是预测的。

4. 项目影响评估

项目影响评估的内容包括以下几个方面。

(1) 经济影响评估。经济影响评估主要分析项目对所在地区、所属行业及国家所产生的经济方面的影响，包括分配、就业、国内资源成本(或换汇成本)、技术进步等。

(2) 环境影响评估。根据项目所在地(或国)对环境保护的要求，评价项目实施后对大气、水、土地、生态等方面的影响，评价内容包括项目的污染控制、地区环境质量、自然资源的利用和保护、区域生态平衡和环境管理等方面。

(3) 社会影响评估。对项目在社会的经济、发展方面的效益和影响进行分析，重点评价项目对所在地区和社区的影响，评价内容一般包括贫困、平等、参与和持续性等。

(4) 项目持续性评估。项目的持续性是指在项目的建设资金投入完成后，项目的既定目标是否还能继续，项目是否可以持续地发展下去，项目业主是否愿意并可能依靠自己的力量继续去实现既定目标，项目是否具有可重复性，即能否在未来以同样的方式建设同类项目。项目持续性评估就是从政府的政策、管理、组织和地方参与，财务因素、技术因素、社会文化因素、环境和生态因素及其他外部因素等方面来分析项目的持续性。

8.3.4 建设项目后评估的组织与实施

1. 建设项目后评估工作的组织

目前我国进行建设项目后评估，一般按 3 个层次组织实施，即业主单位的自我评估、项目所属行业(或地区)主管部门的评估和各级计划部门的评估。

1) 业主单位的自我评估

业主单位的自我评估，也称自评。所有建设项目竣工投产(营运、使用)一段时间以后，都应进行自我评估。

2) 行业(或地区)主管部门的评估

行业(或地区)主管部门必须配备专人主管建设项目的后评估工作。当收到业主单位报来的自我后评估报告后，首先要审查报来的资料是否齐全、后评估报告是否实事求是；同时要根据工作需要，从行业(或地区)的角度选择一些项目进行行业(或地区)评估，如从行业布局、行业发展、同行业的技术水平及经营成果等方面进行评估。行业(或地区)的后评估报告应报同级和上级计划部门。

3) 各级计划部门的评估

各级计划部门是建设项目后评估工作的组织者、领导者和方法制度的制定者。各级计划部门在收到项目业主单位和行业(或地区)业务主管部门报来的后评估报告后，应根据需要选择一些项目列入年度计划，开展后评估复审工作，也可委托具有相应资质的咨询公司代为组织实施。

2. 后评估项目的选择

各级计划部门和行业(或地区)业务主管部门不可能对所有建设项目的后评估报告逐一

进行审查，只能根据所要研究问题实际工作的需要，选择一部分项目开展后评估工作。

所选择的后评估项目大体可分为以下四类。

(1) 总结经验。应选择公认的立项正确、设计水平高、工程质量优、经济效益好的项目进行后评估。

(2) 吸取教训。应主要选择立项决策有明显失误、设计水平不高、建设工期长、施工质量差、技术经济指标远低于同行业水平、经营亏损严重的项目进行后评估。

(3) 研究投资方向、制定投资政策的需要。可选择一些投资特别大或跨地区、跨行业，对国民经济有重大影响的项目进行后评估。

(4) 选择一些新产品开发项目或技术引进项目进行后评估，以促进技术水平和引进项目成功率的提高。

选择后评估项目还应该注意以下两点。

(1) 项目已竣工验收，竣工决算已经上报批准或已经经过审计部门认可。

(2) 项目投入生产(营运、使用)一段时间后，能够评价企业的经济效益和社会效益，否则将很难做出实事求是的科学结论。

3. 后评估的程序

尽管建设项目的规模大小、复杂程度不同，每个项目后评估的具体工作程序也存在一定的差异，但从总体来看，一般项目的后评估都遵循一个客观的、循序渐进的基本程序，具体如下所述。

(1) 提出问题。明确项目后评估的具体对象、评估目的及具体要求。

(2) 筹划准备。问题提出后，项目后评估的提出单位或者委托其他单位进行后评估，或者自己组织实施。筹划准备阶段的主要任务是组建一个评估领导小组，并按委托单位的要求制订一个周详的项目后评估计划。

(3) 搜集资料。本阶段的主要任务是制定详细的调查提纲，确定调查对象和调查方法并开展实际调查工作，收集后评估所需要的各种资料和数据。

(4) 分析研究。围绕项目后评估内容，采用定量分析和定性分析方法，发现问题，提出改进措施。

(5) 编制项目后评估报告。将分析研究的成果汇总，编制出项目后评估报告，并提交委托单位和被评价单位。

8.3.5　项目后评估方法

项目后评估方法有统计预测法、对比法、因素分析法等，在具体项目后评估中要结合运用这几种方法，做到定量分析方法与定性分析方法相结合。定量分析是通过一系列的定量计算方法和指标对所考察的对象进行分析评价；定性分析是指对无法定量考察的对象用定性描述的方法进行分析评价。在项目后评估中，应尽可能用定量数据来说明问题，采用定量的分析方法，以便进行前后或有无的对比。但当对比无法取得定量数据的评价对象或对项目的总体评价时，应结合使用定性分析的方法。

1. 统计预测法

项目后评估包括对项目已经发生事实的总结和对项目未来发展的预测。后评估时点前

的统计数据是评价对比的基础，后评估时点的数据是评价对比的对象，后评估时点后的数据是预测分析的依据。

1) 统计调查

统计调查是指根据研究的目的和要求，采用科学的调查方法，有计划、有组织地收集被研究对象的原始资料的工作过程。统计调查是统计工作的基础，是统计整理和统计分析的前提。

统计调查是一项复杂、严肃和技术性较强的工作。每一项统计调查都应事先制订一个指导调查全过程的调查方案，包括确定调查目的、确定调查对象和调查单位、确定调查项目、拟定调查表格、确定调查时间、制订调查的组织实施计划等。

统计调查的常用方法有直接观察法、报告法、采访法和被调查者自填法等。

2) 统计资料整理

统计资料整理是指根据研究的任务，对统计调查所获得的大量原始资料进行加工汇总，使其系统化、条理化、科学化，以得出反映事物总体综合特征的工作过程。

统计资料整理，分为分组、汇总和编制统计表 3 个步骤。分组是资料整理的前提，汇总是资料整理的中心，编制科学的统计表是资料整理的结果。

3) 统计分析

统计分析是指根据研究的目的和要求，采用各种分析方法，对研究的对象进行解剖、对比、分析和综合研究，以揭示事物内在联系和发展变化的规律性。

统计分析的方法有分组法、综合指标法、动态数列法、指数法、抽样和回归分析法、投入生产法等。

4) 预测

预测是指对尚未发生或目前还不明确的事物进行预先估计和推测，是对事物将要发生的结果进行探索和研究。

项目后评估中的预测主要有两种用途：一是对无项目条件下可能产生的效果进行假定的估测，以便进行有无对比；二是对今后效益的预测。

2. 对比法

对比法主要有前后对比法和有无对比法两种。

1) 前后对比法

前后对比法是指将项目实施前与项目实施后的情况加以对比，以确定项目效益的一种方法。在项目后评估中，它是一种纵向的对比，即将项目前期的可行性研究和项目评估的预测结论与项目的实际运行结果比较，以发现差异、分析原因。这种对比用于揭示计划、决策和实施的质量，是项目过程评估应遵循的原则。

2) 有无对比法

有无对比法是指将项目实际发生的情况与若无项目可能发生的情况进行对比，以衡量项目的真实效应、影响和作用。这种对比是一种横向对比，主要用于项目的效益评价和影响评价。有无对比的目的是分清项目作用的影响与项目以外作用的影响。

3. 因素分析法

项目投资效果的各种指标，往往都是由多种因素决定的。只有把综合性指标分解成原始因素，才能确定指标完成好坏的具体原因和症结所在，这种把综合指标分解成各个因素的方法，称为因素分析法。运用因素分析法，首先要确定分析指标的因素组成；其次是确定各个因素与指标的关系；最后确定各个因素对指标影响的份额。

8.3.6　项目后评估指标计算

一般来说，项目后评估主要是通过一些指标的计算和对比，来分析项目实施中的偏差，衡量项目实际建设效果，并寻求解决问题的方案。

1. 项目前期和实施阶段后评估指标

1) 实际项目决策(设计)周期变化率

实际项目决策(设计)周期变化率表示实际项目决策(设计)周期与预计项目决策(设计)周期相比的变化程度，计算公式为

$$\text{项目决策(设计)周期变化率} = \frac{\text{实际项目决策(设计)周期(月数)} - \text{预计项目决策(设计)周期(月数)}}{\text{预计项目决策(设计)周期(月数)}} \times 100\% \qquad (8.2)$$

2) 竣工项目定额工期率

竣工项目定额工期率反映项目实际建设工期与国家统一制定的定额工期或确定的、计划安排的计划工期的偏离程度，计算公式为

$$\text{竣工项目定额工期率} = \frac{\text{竣工项目实际工期}}{\text{竣工项目定额(计划)工期}} \times 100\% \qquad (8.3)$$

3) 实际建设成本变化率

实际建设成本变化率反映项目建设成本与批准的(概)预算所规定的建设成本的偏离程度，计算公式为

$$\text{实际建设成本变化率} = \frac{\text{实际建设成本} - \text{预计建设成本}}{\text{预计建设成本}} \times 100\% \qquad (8.4)$$

4) 实际工程合格(优良)品率

实际工程合格(优良)品率反映建设项目的工程质量，计算公式为

$$\text{实际工程合格(优良)品率} = \frac{\text{实际单位工程合格(优良)品数量}}{\text{验收鉴定的单位工程总数}} \times 100\% \qquad (8.5)$$

5) 实际投资总额变化率

实际投资总额变化率反映实际投资总额与项目前评估中预计的投资总额偏差的大小，包括静态投资总额变化率和动态投资总额变化率，计算公式为

$$\text{静态(动态)投资总额变化率} =$$
$$\frac{\text{静态(动态)实际投资总额} - \text{预计静态(动态)投资总额}}{\text{预计静态(动态)投资总额}} \times 100\% \qquad (8.6)$$

2. 项目营运阶段后评估指标

1) 实际单位生产能力投资

实际单位生产能力投资反映竣工项目的实际投资效果，计算公式为

$$实际单位生产能力投资=\frac{竣工验收项目(或工程)实际投资}{竣工验收项目(或工程)实际投资能力} \tag{8.7}$$

2) 实际达产年限变化率

实际达产年限变化率反映实际达产年限与设计达产年限的偏离程度，计算公式为

$$实际达产年限变化率=\frac{实际达产年限-设计达产年限}{设计达产年限} \times 100\% \tag{8.8}$$

3) 主要产品价格(成本)变化率

主要产品价格(成本)变化率用来衡量前评价中产品价格(成本)的预测水平，可以部分地解释实际投资效益与预期效益偏差的原因，也是重新预测项目生命周期内产品价格(成本)变化情况的依据。该指标计算可分为以下三步进行。

(1) 计算主要产品价格(成本)年变化率，计算公式为

$$计算主要产品价格(成本)年变化率=$$
$$\frac{实际产品价格(成本)-预测产品价格(成本)}{预测产品价格(成本)} \times 100\% \tag{8.9}$$

(2) 运用加权法计算各年主要产品平均价格(成本)变化率，计算公式为

主要产品平均价格(成本)年变化率$=\sum$产品价格(成本)年变化率×该产品产值(成本)
$$占总产值(总成本)的比例 \times 100\% \tag{8.10}$$

(3) 计算考核期实际产品价格(成本)变化率，计算公式为

$$实际产品价格(成本)变化率=\frac{各年产品价格(年平均变化)}{考核期年限} \times 100\% \tag{8.11}$$

4) 实际销售利润变化率

实际销售利润变化率反映项目实际投资效益，并且衡量项目实际投资效益与预期投资效益的偏，其计算分为以下两步。

(1) 计算考核期内各年实际销售利润变化率，计算公式为

$$各年实际销售利润变化率=\frac{该年实际销售利润-预计年销售利润}{预计年销售利润} \times 100\% \tag{8.12}$$

(2) 计算实际销售利润变化率，计算公式为

$$实际销售利润变化率=\frac{各年实际销售利润率}{预考核年限} \times 100\% \tag{8.13}$$

5) 实际投资利润(利税)率

实际投资利润(利税)率指项目达到实际生产后的年实际利润(利税)总额与项目实际投资额的比率，也是反映建设项目投资效果的重要指标，计算公式为

$$实际投资利润(利税)率=\frac{该年实际利润(利税)点额}{实际投资额} \times 100\% \tag{8.14}$$

6) 实际投资利润(利税)变化率

实际投资利润(利税)变化率反映项目实际投资利润(利税)率与预测投资利润(利税)率或国内外其他同类项目实际投资利润(利税)率的偏差，计算公式为

$$实际投资利润(利税)变化率=\frac{实际投资利润(利税)-预测(其他项目)投资利润(利税)}{预测(其他项目)投资利润(利税)} \times 100\%$$
$$\tag{8.15}$$

7) 实际净现值

实际净现值是反映项目生命周期内获利能力的动态评价指标，它的计算是依据项目投产后的年实际净现金流量或根据情况重新预测的项目生命期内各年的净现金流量，并按重新选定的折现率，将各年现金流量折现到建设期的现值之和，计算公式为

$$\text{RNPV} = \sum_{t=1}^{n} \frac{\text{RCI} - \text{RCO}}{(1 + i_K)^t} \tag{8.16}$$

式中：RNPV——实际净现值；

RCI——项目实际的或根据实际情况重新预测的年现金流入量；

RCO——项目实际的或根据实际情况重新预测的年现金流出量；

i_K——根据实际情况重新选定的一个折现率；

n——项目生命期；

t——考核期的某一具体年份，$t=1, 2, \cdots, n$。

8) 实际内部收益率

实际内部收益率(RIRR)是根据实际发生的年净现金流量和重新预测的项目生命周期计算的各年净现金流量现值为零的折现率。计算公式为

$$\sum_{t=1}^{n} \frac{\text{RCI} - \text{RCO}}{(1 + i_{\text{RIRR}})^t} = 0 \tag{8.17}$$

式中：i_{RIRR}——以实际内部收益率为折现率。

9) 实际投资回收期

实际投资回收期是以项目实际产生的净收益或根据实际情况重新预测的项目净收益，抵偿实际投资总回收期，它分为实际静态投资回收期和实际动态投资回收期。

(1) 实际静态投资回收期(P_{Rt})。

$$\sum_{t=1}^{P_{\text{Rt}}} (\text{RCI} - \text{RCO})_t = 0 \tag{8.18}$$

(2) 实际动态投资回收期(P'_{Rt})

$$\sum_{t=1}^{P'_{\text{Rt}}} \frac{(\text{RCI} - \text{RCO})_t}{(1 + i_K)^t} = 0 \tag{8.19}$$

10) 实际借款偿还期

实际借款偿还期是衡量项目实际清偿能力的一个指标，它是根据项目投产后实际的或重新预测的可作还款的利润、折旧和其他收益额偿还固定资产实际借款本息所需要的时间。

$$I_{\text{Rd}} = \sum_{t=1}^{P_{\text{Rd}}} (R_{\text{RP}} + D'_R + R_{\text{RO}} - R_{\text{Rt}}) \tag{8.20}$$

式中：I_{Rd}——固定资产投资借款实际本息之和；

P_{Rd}——实际借款偿还期；

R_{RP}——实际或重新预测的年利润的总额；

D'_R——实际可用于还款的折旧；

R_{RO}——年实际可用于还款的其他收益；

R_{Rt}——还款期的年实际企业留利。

在计算实际净现值、实际内部收益率、实际投资回收期、实际借款偿还期后，还可以计算其变化率以分析它们与预计指标的偏差，具体计算方法与其他指标相同。关于国民经济后评估中的实际经济净现值即实际经济内部收益率等指标的计算方法与实际净现值及实际内部收益率的计算方法相同。

在实际的项目后评估中，还可以视不同的具体项目和后评估要求的需要，设置其他一些评价指标。通过这些指标的计算和对比，可以找出项目实际运行情况与预计情况的偏差和偏离程度。在对这些偏差进行分析的基础上，可以对产生偏差的各种因素采用具有针对性的解决方案，保证项目的正常运营。

8.4 案例分析

【案例一】

背景：

某投资集团决定在西部某地建设一项大型特色生产项目，该工程项目从 2019 年年初开始实施。2020 年年底的财务核算资料如下。

(1) 已经完成部分新单项工程，经验收合格后交付使用的资产有以下几项。

① 固定资产 74 739 万元。

② 为生产准备的使用期限在一年以内的随机备件、工具、器具费用为 29 361 万元。期限在一年以上，单件价值 2000 元以上的工具费用为 61 万元。

③ 建造期内购置的专利权与非专利技术 1700 万元，摊销期为 5 年。

④ 筹建期间发生的开办费 79 万元。

(2) 基本建设支出的项目如下。

① 建筑工程与安装工程支出 15 800 万元。

② 设备工、器具投资 43 800 万元。

③ 建设单位管理费、勘查设计费等待摊投资 2392 万元。

④ 通过出让方式购置的土地使用权形成的其他投资 108 万元。

(3) 非经营项目发生的待核销基本建设支出 40 万元。

(4) 应收生产单位投资借款 1500 万元。

(5) 购置需要安装的器材 49 万元，其中待处理器材损失 15 万元。

(6) 货币资金 480 万元。

(7) 预付工程款及应收有偿调出器材款 20 万元。

(8) 建设单位自用的固定资产原价 60 220 万元，累计折旧 10 066 万元。

(9) 反映在《资金平衡表》上的各类资金来源的期末余额如下。

① 预算拨款 48 000 万元。

② 自筹资金 60 508 万元。

③ 其他拨款 300 万元。

④ 建设单位向银行借入的资金 109 287 万元。

⑤ 建设单位当年完成的交付生产单位使用的资产价值中，有 160 万元属于利用投资

借款形成的待冲基本建设支出。

⑥ 应付器材销售商 37 万元货款和应付工程款 1963 万元尚未支付。

⑦ 未交税费 28 万元。

问题：

1. 填写资金平衡表(见表 8.9)中的有关数据。

表 8.9　资金平衡表

单位：万元

资金项目	金　额	资金项目	金　额
(一)交付使用资产		(二)在建工程	
1.固定资产		1.建筑安装工程投资	
2.流动资产		2.设备投资	
3.无形资产		3.待摊投资	
4.递延资产		4.其他投资	

2. 编制大、中型建设项目竣工财务决算表。

3. 计算基本建设结余资金。

参考答案：

问题 1：

填写《资金平衡表》中的有关数据，是为了了解建设期的在建工程的核算，主要在"建筑安装工程投资""设备投资""待摊投资""其他投资" 4 个会计科目中反映。当年已经完工、交付生产使用资产的核算主要在"交付使用资产"科目中反映，并分固定资产、流动资产、无形资产、递延资产等明细科目反映。

在填写《资金平衡表》的过程中，要注意各资金项目的归类，即哪些资金应归入到哪些项目中去。填写结果如表 8.10 所示。

表 8.10　资金平衡表

单位：万元

资金项目	金　额	资金项目	金　额
(一)交付使用资产	105 940	(二)在建工程	62 100
1.固定资产	74 800	1.建筑安装工程投资	15 800
2.流动资产	29 361	2.设备投资	43 800
3.无形资产	1700	3.待摊投资	2392
4.递延资产	79	4.其他投资	108

(1) 固定资产指使用期限超过一年，单位价值在规定标准以上(一般不超过 2000 元)，并在使用过程中保持原有物质形态的资产。从背景资料中可知，满足这两个条件的有：固定资产 74 739 万元；期限在一年以上，单件价值 2000 元以上的工具 61 万元。因此，资金平衡表中的固定资产为 74 739 万元+61 万元=74 800 万元。

(2) 流动资产是指可以在一年内或超过一年的一个营业周期内变现或者运用的资产。对于不同时具备固定资产两个条件的低值易耗品也计入流动资产范围。所以，资金平衡表中的流动资产为:为生产准备的使用期限在一年以内的随机备件、工器具 29 361 万元。

(3) 无形资产是指企业长期使用,但没有实物形态的资产,如专利权、著作权、非专利技术、商誉等。资金平衡表中的无形资产为建筑期内购置的专利权与非专利技术 1700 万元。

(4) 递延资产是指不能全部计入当年损益,应在以后年度摊销的费用,如开办费、租入固定资产的改良工程支出等。资金平衡表中的递延资产为筹建期间发生的开办费 79 万元。

(5) 建筑工程安装投资、设备投资、待摊投资、其他投资 4 项可直接在背景资料中找到。

问题 2:

竣工决算是指建设项目或单项工程竣工后,建设单位编制的总结性文件。竣工结算由竣工结算报表、竣工财务决策说明书、工程竣工图和工程造价分析 4 部分组成。《大、中型建设项目竣工财务决算表》是竣工决算报表体系中的一份报表(见表 8.11)。通过编制《大、中型建设项目竣工财务决算表》,熟悉该表的整体结构及各组成部分的内容。

表 8.11 大、中型建设项目竣工财务决算表

单位:万元

资金来源	金额	资金占用	金额	补充资料
一、基建拨款	108 808	一、基本建设支出	168 080	1. 基建投资借款期末余额
1. 预算拨款	48 000	1. 交付使用资产	105 940	
2. 基建基金拨款		2. 在建工程	62 100	2. 应收生产单位投资借款期末余额
3. 进口设备转账拨款		3. 待核销基建支出	40	
4. 器材转账		4. 非经营项目转出投资		
5. 煤代油专用基金拨款		二、应收生产单位投资借款	1500	
6. 自筹资金拨款	60 508	三、拨付所属投资借款		
7. 其他拨款	300	四、器材	49	
二、项目资本金		其中:待处理器材损失	15	
1. 国家资本		五、货币资金	480	
2. 法人资本		六、预付及应收款	20	
3. 个人资本		七、有价证券		
三、项目资本公积金		八、固定资产	50 154	
四、基建借款	109 287	固定资产原值	60 220	
五、上级拨入投资借款		减:累计折旧	10 066	
六、企业债券资金		固定资产净值	50 154	
七、待冲基建支出	160	固定资产清理		
八、应付款	2000	待处理固定资产损失		
九、未交款	28			
1. 未交税费	28			
2. 未交基建收入				
3. 未交基建包干节余				
4. 其他未交款				
十、上级拨入资金				
十一、留成收入				
合计	220 283	合计	220 283	

问题 3：

由本章相关知识知：

基建结余资金=基建拨款+项目资本金+项目资本公积金+基建借款+企业债券资金
+待冲基建支出-基建支出-应收生产单位投资借款
=108 808+109 287+160-168 080-1500=48 675(万元)

【案例二】

背景：

某建设单位拟编制某工业生产项目的竣工决算。该项目包括 A、B 两个主要生产车间和 C、D、E、F 这 4 个辅助生产车间及若干办公、生活建筑物。在建设期内，各单项工程竣工决算数据见表 8.12。工程建设其他投资完成情况如下：支付行政划拨土地的土地征用及迁移费 500 万元，支付土地使用权出让金 700 万元，建设单位管理费 400 万元(其中 300万元构成固定资产)，勘查设计费 340 万元，专利费 70 万元，非专利技术费 30 万元，获得商标权 90 万元，生产职工培训费 50 万元。报废工程损失 20 万元；生产线试运转支出 20万元，试生产产品销售款 5 万元。

表 8.12　某工业项目竣工决算数据表

单位：万元

项目名称	建筑工程	安装工程	需安装设备	不需安装设备	生产工、器具	
					总　额	达到固定资产标准
A 生产车间	1800	380	1600	300	130	80
B 生产车间	1500	350	1200	240	100	60
辅助生产车间	2000	230	800	160	90	50
附属建筑	700	40		20		
合计	6000	1000	3600	720	320	190

问题：

1. 什么是建设项目竣工决算？竣工决算包括哪些内容？
2. 编制竣工决算的依据有哪些？
3. 试确定 A 生产车间的新增固定资产价值。
4. 试确定该建设项目的固定资产、流动资产、无形资产和递延资产价值。

参考答案：

问题 1：

竣工决算是指所有建设项目竣工后，建设单位按照国家有关规定，由建设单位报告项目建设成果和财务状况的总结性文件。竣工决算包括建设项目从筹建开始到项目竣工交付生产使用为止的全部建设费用，即竣工决算报告情况说明书、竣工财务决算报表、建设工程竣工图、工程造价比较分析 4 个方面的内容。

问题 2：

建设项目竣工决算的编制依据如下。

① 建设项目计划任务书、可行性研究报告、投资估算书、初步设计或扩大初步设计及其批复文件。

② 建设项目总概算书、修正概算，单项工程综合概算书。

③ 经批准的施工图预算或标底造价、承包合同、工程结算等有关资料。

④ 建设项目图纸及说明，设计交底和图纸会审记录。

⑤ 历年基建资料、历年财务决算及批复文件。

⑥ 设计变更记录、施工记录或施工签证单及其他施工发生的费用记录。

⑦ 设备、材料调价文件和调价记录。

⑧ 竣工图及各种竣工验收资料。

⑨ 国家和地方主管部门颁发的有关建设工程竣工决算的文件。

⑩ 其他有关资料。

问题 3：

A 生产车间的新增固定资产价值为

$$1800+380+1600+300+80+1800\times\frac{500+340+20+20-5}{6000}+300\times\frac{1800+380+1600}{6000+1000+3600}$$

$$\approx 4529.48(万元)$$

问题 4：

固定资产价值：6000+1000+3600+720+190+500+300+340+20+20-5=12 685(万元)

流动资产价值：320-190=130(万元)

无形资产价值：700+70+30+90=890(万元)

递延资产价值：(400-300)+50=150(万元)

习　题

一、单项选择题

1. 在大、中型建设项目竣工财务决算表中，属于资金来源的是(　　)。

    A. 预付及应收款   B. 待冲基建支出

    C. 应收生产单位投资借款   D. 拨付所属投资借款

2. 土地征用费和勘查设计费等费用应按(　　)比例分摊。

    A. 建筑工程造价

    B. 安装工程造价

    C. 需安装设备价值

    D. 建设单位其他新增固定资产价值可以进行竣工

3. 竣工决算的计量单位是(　　)。

    A. 实物数量和货币指标

    B. 建设费用和建设成果

    C. 固定资产值、流动资产价值、无形资产价值、递延和其他资产价值

    D. 建设工期和各种技术经济指标

4. 某住宅在保修期限及保修范围内，由于洪水造成了该住宅的质量问题，其保修费用应由( )承担。

    A. 施工单位　　　　B. 设计单位　　　　C. 使用单位　　　　D. 建设单位

5. 某建设项目，基建拨款为 3600 万元，项目资本金为 1600 万元，项目资本公积金为 160 万元，基建借款为 860 万元，待冲基建支出为 360 万元，基本建设支出为 2600 万元，应收生产单位投资借款为 460 万元，则该项目结余资金为( )万元。

    A. 3160　　　　B. 3980　　　　C. 3520　　　　D. 6580

6. 建设工程竣工图是工程进行竣工验收、维护改建和扩建的依据，负责在施工图上加盖"竣工图"专用章的单位是( )。

    A. 设计人　　　　B. 发包人　　　　C. 承包人　　　　D. 监理人

7. 负责组织人员编写建设工程竣工决算文件的责任单位是( )。

    A. 建设单位　　　　B. 监理单位　　　　C. 施工单位　　　　D. 项目主管部门

8. 关于竣工决算，说法正确的是( )。

    A. 建设项目竣工决算应包括从筹划到竣工投产全过程的直接工程费用

    B. 建设项目竣工决算应包括从动工到竣工投产全过程的全部费用

    C. 新增固定资产价值的计算应以单项工程为对象

    D. 已具备竣工验收条件的项目，如两个月内不办理竣工验收和固定资产移交手续则视同项目已正式投产

9. 保修费用一般按照建筑安装工程造价和承包工程合同价的一定比例提取，该提取比例是( )。

    A. 3%　　　　B. 5%　　　　C. 15%　　　　D. 20%

10. 下列关于保修责任的承担问题说法，不正确的是( )。

    A. 由于设计方面原因造成质量缺陷，由设计单位承担经济责任

    B. 由于建筑材料等原因造成缺陷的，由承包商承担责任

    C. 因使用不当造成损害的，使用单位负责

    D. 因不可抗力造成损失的，建设单位负责

二、多项选择题

1. 竣工决算由( )等部分组成。

    A. 竣工财务决算说明书　　　　　　B. 竣工财务决算报表

    C. 工程竣工图　　　　　　　　　　D. 工程竣工造价对比分析

    E. 竣工验收报告

2. 在编制竣工决算报表时，下列各项费用中应列入新增递延资产价值的有( )。

    A. 开办费　　　　　　　　　　　　B. 项目可行性研究费

    C. 土地征用及迁移补偿费　　　　　D. 土地使用权出让金

    E. 以经营租赁方式租入的固定资产改良工程支出

3. 大、中型建设项目竣工决算报表包括( )。

    A. 建设项目交付使用资产明细表　　B. 建设项目概况表

    C. 建设项目竣工财务决算表　　　　D. 建设项目交付使用资产总表

    E. 建设项目竣工财务决算总表

4. 下列各项在新增固定资产价值计算时应计入新增固定资产价值的是( )。

    A. 在建的附属辅助工程

    B. 单项工程中不构成生产系统，但能独立发挥效益的非生产性项目

    C. 开办费、租入固定资产改良支出费

    D. 凡购置达到固定资产标准不需要安装的工具、器具费用

    E. 属于新增固定资产价值的其他投资

5. 对于新增固定资产的其他费用，一般情况下，建设单位管理费按( )之和作比例分摊。

    A. 建筑工程费用   B. 安装工程费用   C. 工程建设其他费用

    D. 预备费   E. 需安装设备价值总额

6. 关于无形资产的计价，以下说法中正确的是( )。

    A. 购入的无形资产，按实际支付的价款计价

    B. 自创的专利权的价值为开发过程中的实际支出

    C. 自创商标权价值，按照其设计、制作等费用作为无形资产价值

    D. 外购非专利技术可通过收益法进行估价

    E. 无偿划拨的土地使用权通常不能作为无形资产入账

7. 关于竣工决算，下列说法正确的是( )。

    A. 竣工决算是竣工验收报告的重要组成部分

    B. 竣工决算是核定新增固定资产价值的依据

    C. 竣工决算是反映建设项目实际造价和投资效果的文件

    D. 竣工决算在竣工验收之前进行

    E. 竣工决算是考核分析投资效果的依据

8. 竣工决算的费用组成应包括( )。

    A. 建筑安装工程费   B. 设备、工具及器具购置费   C. 预备费

    D. 铺底流动资金   E. 项目营运费用

9. 因变更需要重新绘制竣工图，下面关于重新绘制竣工图的说法正确的是( )。

    A. 由原设计原因造成的，由设计单位负责重新绘制

    B. 由施工原因造成的，由施工单位负责重新绘制

    C. 由其他原因造成的，由设计单位负责重新绘制

    D. 由其他原因造成的，由建设单位或建设单位委托设计单位负责重新绘制

    E. 由其他原因造成的，由施工单位负责重新绘制

10. 工程造价比较分析的内容有( )。

    A. 主要实物工程量   B. 主要材料消耗量

    C. 考核间接费的取费标准

    D. 建筑和安装工程其他直接费取费标准

    E. 考核建设单位现场经费取费标准

三、案例分析题

【案例一】

某建设项目及其主要生产车间的有关费用如表8.13所示，计算该车间新增固定资产价值。

表 8.13 某建设项目及其主要生产车间的有关费用

单位：万元

费用类别	建筑工程费	设备安装费	需安装设备价值	土地征用费
建设项目竣工决算	1000	450	600	50
生产车间竣工决算	250	100	280	

【案例二】

已知某项目竣工财务决算如表 8.14 所示，计算其基建结余资金。

表 8.14 某大、中型建设项目竣工财务决算表

单位：万元

资金来源	金 额	资金占用	金 额
基建拨款	2300	应收生产单位投资借款	1200
项目资本	500	基本建设支出	900
项目资本公积金	10		
基建借款	700		
企业债券资金	300		
待冲基建支出	200		

【案例三】

某宾馆工程竣工交付营业后，经审计实际总投资为 60 000 万元。其中部分费用如下。

(1) 建筑安装工程费 27 000 万元。

(2) 家具用具购置费(均为使用期限 1 年以内，单位价值 2000 元以下)650 万元。

(3) 土地使用权出让金 3000 万元。

(4) 建设单位管理费 2500 万元。

(5) 投资方向调节税 5000 万元。

(6) 流动资金 5000 万元。

交付营业后预计年营业收入为 28 200 万元。预计年总成本为 17 000 万元。年营业税金及附加为 1800 万元。

问题：

1. 按资产性质分别计算其中固定资产、无形资产、递延资产、流动资产各为多少。

2. 计算年投资利润率。

附录　各章习题参考答案

第1章

一、单项选择题

1. B　　2. B　　3. D　　4. B　　5. B　　6. B　　7. C　　8. C　　9. A　　10. B

二、多项选择题

1. CDE　　2. BCDE　　3. CE　　4. ABDE　　5. ACE　　6. AC　　7. ABC　　8. ABC
9. BC　　10. BCD

第2章

一、单项选择题

1. B　　2. C　　3. C　　4. B　　5. A　　6. C　　7. B　　8. A　　9. B　　10. A

二、多项选择题

1. AB　　2. ABE　　3. BCD　　4. ACD　　5. ABE　　6. AD　　7. BCDE　　8. BC
9. ADE　　10. ACE

三、案例分析题

【案例一】

问题1：

(1) 国产标准设备原价=9500(万元人民币)

(2) 进口设备原价为进口设备的抵岸价，其具体计算公式为

进口设备原价=FOB价+国际运费+运输保险费+银行财务费+外贸手续费+关税
　　　　　　　+消费税+增值税+车辆购置附加费

由背景资料知：

① FOB价=装运港船上交货价=600×6.8=4080(万元人民币)

② 国际运费 =1000 ×0.03×6.8=204(万元人民币)

③ 根据题意，本案例运输保险费=FOB价×2‰
　　　　　　　　　　　=4080×2‰=8.16(万元人民币)

④ 银行财务费=FOB价×5‰=4080×5‰=20.4(万元人民币)

⑤ 外贸手续费=(FOB价+国际运费 + 运输保险费)×1.5%
　　　　　　=(4080+204+8.16)×1.5%= 64.3824(万元人民币)

⑥ 关税=(FOB价+国际运费 + 运输保险费)×25%
　　　　　=(4080+204+8.16)×25%=1073.04(万元人民币)

⑦ 消费税、车辆购置附加费由题意知不考虑。

⑧ 增值税=(FOB价+国际运费 + 运输保险费+关税+消费税)×17%
　　　　　=(4080+204+8.16+1073.04)×17% = 912.084(万元人民币)

进口设备原价=FOB价+国际运费+运输保险费+银行财务费+外贸手续费+关税+增值税
　　　　　　=4080+204+8.16+20.4+64.3824+1073.04+912.084
　　　　　　=6362.0664(万元人民币)

(3) 国产标准设备运杂费=设备原价×设备运杂费费率
　　　　　　　　=9500×3‰=28.5(万元人民币)

(4) 进口设备运杂费=运输费+装卸费+国内运输保险费+设备现场保管费
　　　　　　　=1000×500×0.00005+1000×0.005
　　　　　　　+6362.0664×1‰+6362.0664×2‰
　　　　　　　≈ 49.0862(万元人民币)

(5) 设备购置费=设备原价+设备运杂费
　　　　　　=9500+6362.0664+28.5+49.0862=15 939.6526(万元人民币)

(6) 工器具及生产家具购置费=设备购置费×定额费率
　　　　　　　　　　=15 939.6526×4% ≈ 637.5861(万元人民币)

(7) 设备与工器具购置费=设备购置费+工器具及生产家具购置费
　　　　　　　　=15 939.6526+637.5861=16 577.2387(万元人民币)

问题2：

(1) 人民币贷款部分利息。

人民币贷款所给的计息方式是每半年计息一次，所以年利率10%实际上是名义年利率，因此要先将其转化成有效年利率，然后以有效年利率计算各年的贷款利息。

$$有效年利率=\left(1+\frac{名义年利率}{年计息次数}\right)^{年计息次数} -1 = \left(1+\frac{10\%}{2}\right)^2 -1 = 10.25\%$$

第一年贷款利息$=2500×\frac{1}{2}×10.25\%=128.125$(万元人民币)

第二年贷款利息 $= \left(2500+128.125+4000\times\dfrac{1}{2}\right)\times10.25\%$

≈474.3828(万元人民币)

第三年贷款利息 $= \left(2500+128.125+4000+474.3828+2000\times\dfrac{1}{2}\right)\times10.25\%$

≈830.507(万元人民币)

建设期贷款利息=128.125+474.3828+830.507=1433.0148(万元人民币)

(2) 外汇贷款部分利息。

本案例中的外汇贷款计息次数是每年计息一次，因此所给的年利率 8%是实际年利率。利息计算时也按年度均衡贷款考虑。

第一年贷款利息 $=350\times6.8\times\dfrac{1}{2}\times8\%=95.2$(万元人民币)

第二年贷款利息 $= \left(350\times6.8+95.2+250\times6.8\times\dfrac{1}{2}\right)\times8\%$

$=266.016$(万元人民币)

建设期贷款利息=95.2+266.016=361.216(万元人民币)

(3) 建设期贷款总利息。

建设期贷款总利息=人民币贷款利息+外汇贷款利息

$=1433.0148+361.216=1794.2308$(万元人民币)

问题 3：

1) 固定资产投资

(1) 设备及工器具购置费=16 577.2387 (万元人民币)

(2) 建筑安装工程费=5000(万元人民币)

(3) 工程建设其他费=3100(万元人民币)

(4) 预备费=基本预备费+涨价预备费

① 基本预备费=(设备及工器具购置费+建筑安装工程费+工程建设其他费)

×基本预备费率

=(16 577.2387+5000+3100)×5%≈1233.8619(万元人民币)

② 涨价预备费=2000(万人民币)

③ 预备费=1233.8619+2000=3233.8619(万元人民币)

(5) 建设期贷款利息=1794.2308 (万元人民币)

固定资产投资=16 577.2387+5000+3100+3233.8619+1794.2308=29 705.3314(万元人民币)

2) 流动资产投资

流动资产投资=5000 万元人民币

3) 建设项目总投资

建设项目总投资=29 705.3314+5000=34 705.3314(万元人民币)

【案例二】

自有模板及支架费的计算是各项措施费计算中最复杂、难度最大的。在计算中，摊销量主要由 3 部分组成。

(1) 一次使用量的摊销=一次使用量/周转次数

(2) 在投入使用后，每次使用前需对上次使用时造成的损耗进行弥补(即补损率)，因最后一次不再需要弥补，故弥补次数为(周转次数-1)次，则各次补损量之和的摊销量=[一次使用量×(周转次数-1)×补损率]/周转次数。

(3) 未损耗部分，即(1-补损率)的部分可以回收，回收部分冲减摊销量，考虑回收部分折价50%，则回收部分的摊销量=[一次使用量×(1-补损率)×50%]/周转次数。

摊销量=[(1)+(2)-(3)]×(1+施工损耗)。

因此，本题的计算过程如下。

$$模板摊销量=1000×(1+9\%)×\left[\frac{1+(10-1)×5\%}{10}-\frac{(1-5\%)×50\%}{10}\right]≈106.28(m^2)$$

模板费=106.28×50=5314(元)

第3章

一、单项选择题

1. C　　2. C　　3. D　　4. D　　5. B　　6. C　　7. C　　8. B　　9. A　　10. C

二、多项选择题

1. ACE　　2. ACE　　3. BCDE　　4. AC　　5. ABDE　　6. ABD　　7. ABCE
8. BCDE　　9. CDE　　10. ABC

三、案例分析题

【案例一】

问题1：

(1) 人工时间定额=$\dfrac{12.6}{[(1-3\%-2\%-2\%-18\%)×8]}$=2.1(工日/$m^3$)

(2) 人工产量定额=$\dfrac{1}{2.1}≈0.48(m^3/工日)$

问题2：

(1) 每1m^3砌体人工费=2.1×(1+10%)×20.5≈47.36(元/m^3)

(2) 每1m^3砌体材料费=[0.72×(1+20%)×55.6+0.28×(1+8%)×105.8+0.75×0.6]×(1+2%)
　　　　　　　　　　=82.09(元/m^3)

(3) 每1m^3砌体机械台班费=0.5×(1+15%)×39.5≈22.71(元/m^3)

(4) 每10m^3砌体的单价=(47.36+82.09+22.71)×10=1521.6(元/10 m^3)

【案例二】

问题1：

(1) 分部分项工程单价由人工费、材料费、机械台班使用费三部分组成。

(2) 人工费=$\sum$(概预算定额中人工工日消耗量×相应人工工日单价)

材料费=$\sum$(概预算定额中材料的消耗量×相应材料预算价格)

施工机械使用费$=\sum$(概预算定额中施工机械台班消耗量×相应机械台班预算单价)

$\qquad$ +其他机械使用费

问题2:

(1) 人工时间定额$=\dfrac{54}{[(1-3\%-2\%-2\%-18\%)\times 8]}\approx 9(工日/t)$

(2) 人工产量定额$=\dfrac{1}{9}\approx 0.11(t/工日)$

问题3:

每吨型钢支架定额人工消耗量=(9+12)×(1+10%)=23.1(工日)

问题4:

(1) 每10吨型钢支架工程的人工费:23.1×22.5×10=5197.5(元)

(2) 每10吨型钢支架工程的材料费:(1.06×3600+380)×10=41 960(元)

(3) 每10吨型钢支架工程的机械台班使用费:490×10=4900(元)

(4) 每10吨型钢支架工程单价:51 975+41 960+4900=98 835(元)

第4章

一、单项选择题

1. C　　2. B　　3. D　　4. C　　5. C　　6. C　　7. B　　8. B　　9. C　　10. C

二、多项选择题

1. CD　　2. ABC　　3. CD　　4. ABC　　5. CDE　　6. ABC　　7. ABD　8. AD
9. BDE　　10. ADE

三、案例分析题

【案例一】

问题1:

(1) 人民币贷款实际年利率的计算:

人民币贷款实际年利率:(1+名义利率÷年计息次数)^{年计息次数}-1

$\qquad\qquad\qquad$ =(1+11.7%÷4)^{4}-1

$\qquad\qquad\qquad$ =12.22%

(2) 每年投资的本金额计算:

人民币部分:

贷款总额为:60 000-4500×8.2=23 100(万元)

第1年为:23 100×25%=5775(万元)

第2年为:23 100×15%=3465(万元)

第3年为:23 100×20%=4620(万元)

第4年为:23 100×20%=4620(万元)

第5年为:23 100×20%=4620(万元)

美元部分：

贷款总额为：4500 万美元

第 1 年为：$4500 \times 25\% = 1125$(万美元)

第 2 年为：$4500 \times 15\% = 675$(万美元)

第 3 年为：$4500 \times 20\% = 900$(万美元)

第 4 年为：$4500 \times 20\% = 900$(万美元)

第 5 年为：$4500 \times 20\% = 900$(万美元)

(3) 每年应计利息的计算：

每年应计利息=(年初借款本息累计额+本年借款额÷2)×年实际利率

人民币与外币贷款各年本息及其合计见表 A.1。

表 A.1　人民币与外币贷款利息估算表

贷款/万元		合　计	第 1 年 /25%	第 2 年 /15%	第 3 年 /20%	第 4 年 /20%	第 5 年 /20%
人民币	本金部分	23 100	5775	3465	4620	4620	4620
	利息部分	8391.52	352.85	960.53	1571.91	2328.56	3177.67
	本利合计	31 491.52	6127.85	4425.53	6191.91	6948.56	7797.67
外币	本金部分	4500	1125	675	900	900	900
	利息部分	1014.72	45	120.6	193.25	280.71	375.16
	本利合计	5514.72	1170	795.6	1093.25	1180.71	1275.16

问题 2：

(1) 现金=(年工资及福利费+年其他费用)÷周转次数

$\qquad = (0.8 \times 1500 + 1200) \div (360 \div 40) \approx 266.67$(万元)

(2) 应收账款=年经营成本÷年周转次数=$25\,000 \div (360 \div 30) \approx 2083.33$(万元)

(3) 存货占用=9000 万元

(4) 流动资产=现金+应收账款+存货=$266.67 + 2083.33 + 9000 = 11\,350$(万元)

(5) 应付账款=年外购原材料、燃料及动力费÷周转次数

$\qquad = 21\,000 \div (360 \div 50) \approx 2916.67$(万元)

(6) 流动负债=应付账款=2916.67 万元

(7) 流动资金=流动资产−流动负债=$11\,350 - 2916.67 = 8433.33$(万元)

问题 3：

总投资估算额=固定资产投资总额+流动资金

$\qquad$=建设投资+建设期利息+流动资金

$\qquad$=工程费用+工程建设费其他费用(无形资产与其他资产投资)+预备费

$\qquad$+建设期外汇利息+建设期人民币利息+流动资金

$\qquad = 80\,000 + 2000 + 8000 + 1014.72 \times 8.2 + 8391.52 + 8433.33$

$\qquad = 115\,145.554$(万元)

【案例二】

问题1：

(1) 据贷款计算公式，列表计算各年的贷款利息，见表 A.2。

表 A.2　某项目还本付息表

单位：万元

序　号	项　目	年　份					
		1	2	3	4	5	6
1	年初累计借款	0	0	2060	1545.00	1030.00	515.00
2	本年新增借款	0	2000	0	0	0	0
3	本年应计利息	0	60	123.60	92.7	61.80	30.90
4	本年应还本息	0	0	638.6	607.7	576.8	545.9
4.1	本年应还本金	0	0	515.00	515.00	515.00	515.00
4.2	本年应还利息	0	0	123.60	92.7	61.8	30.90

(2) 计算各年度应等额偿还的本金。

各年度应等额偿还本金＝第3年初累计借款÷还款期

$$=2060÷4=515.00(万元)$$

(3) 根据总成本费用的构成，列出总成本费用分析表的费用名称，见表 A.3。

表 A.3　某项目总成本费用

单位：万元

序　号	项　目	年　份					
		3	4	5	6	7	8
1	经营成本	1682.00	2360.00	3230.00	3230.00	3230.00	3230.000
2	折旧费	293.76	293.76	293.76	293.76	293.76	293.76
3	摊销费	90.00	90.00	90.00	90.00	90.00	90.00
4	建设投资贷款利息	123.60	92.70	61.80	30.90	0.00	0.00
5	流动资金贷款利息	4.00	20.00	20.00	20.00	20.00	20.00
6	总成本费用	2193.36	2856.46	3695.56	3664.66	3633.76	3633.76

① 计算固定资产年折旧费和无形资产年摊销费。

年折旧费＝[(固定资产总额−无形资产)×(1−残值率)]÷使用年限

$$=[(3600-540)×(1-4\%)]÷10=293.76(万元)$$

年摊销费＝无形资产÷使用年限＝540÷6 年＝90(万元)

② 计算各年的营业收入、营业税金及附加，并填入表 A.4。

年营业收入＝当年产量×产品售价

第3年年营业收入＝60×45＝2700(万元)

第4年年营业收入＝90×45＝4050(万元)

第5～8 年年营业收入＝120×45＝5400(万元)

年营业税金及附加＝年营业收入×营业税金及附加税率

第 3 年年营业税金及附加=2700×6%=162(万元)

第 4 年年营业税金及附加=4050×6%=243(万元)

第 5～8 年年营业税金及附加=5400×6%=324(万元)

(4) 计算各年的其他费用，如利润、所得税、净利润、盈余公积金、息税前利润等均按利润与利润分配表中公式逐一计算求得，见表 A.4。

表 A.4　项目利润与利润分配表

单位：万元

序号	项　目	生产期年份					
		3	4	5	6	7	8
1	营业收入	2700	4050	5400	5400	5400	5400
2	营业税金及附加(1)×6%	162	243	324	324	324	324
3	总成本费用	2193.36	2856.46	3695.56	3664.66	3633.76	3633.76
4	利润总额(1)−(2)−(3)	344.64	950.54	1380.44	1411.34	1442.24	1442.24
5	弥补以前年度亏损	0	0	0	0	0	0
6	应纳税所得额(4)−(5)	344.64	950.54	1380.44	1411.34	1442.24	1442.24
7	所得税(6)×33%	113.73	313.68	455.55	465.74	475.94	475.94
8	净利润(4)−(7)	230.91	636.86	924.89	945.60	966.30	966.30
9	提取法定盈余公积金(8)×10%	23.09	63.69	92.49	94.56	96.63	96.63
10	息税前利润(利润总额+利息支出)	472.24	1063.24	1462.24	1462.24	1462.24	1462.24

问题 2：

计算总投资收益率、资本金利润率，评价本项目的可行性。

(1) 计算总投资收益率

总投资收益率(ROI)=EBIT/TI×100%

$$=(472.24+1063.24+1462.24×4)÷6/(3600+800)×100%≈27.97\%$$

(2) 计算资本金利润率

资本金利润率(ROE)=NP/EC

$$=(230.91+636.86+924.89+945.6+966.3×2)÷6/(1540+300)×100%≈42.31\%$$

(3) 评价本项目的可行性

该项目总投资收益率 ROI=27.97%，高于行业投资收益率 20%；项目资本金利润率 ROE=42.31%，高于行业净利润率 25%，表明项目盈利能力均大于行业平均水平。因此，该项目是可行的。

问题 3：

(1) 根据背景资料、还本付息表中利息、利润与利润分配表中的营业税金及附加、所得税等数据编制拟建项目的资本金现金流量表，见表 A.5。

表 A.5　拟建项目的资本金现金流量表

单位：万元

序号	项 目	年 份							
		1	2	3	4	5	6	7	8
1	现金流入			2700.00	4050.00	5400.00	5400.00	5400.00	7497.44
1.1	营业收入			2700.00	4050.00	5400.00	5400.00	5400.00	5400.00
1.2	回收固定资产余值								1297.44
1.3	回收流动资金								800.00
2	现金流出	1200	340	2900.33	3544.38	4606.35	4585.64	4049.94	4549.94
2.1	项目资本金	1200	340	300.00					
2.2	经营成本			1682.00	2360.00	3230.00	3230.00	3230.00	3230.00
2.3	偿还借款			642.60	627.70	596.80	565.90	20.00	520.00
2.3.1	固定资产本金偿还			515.00	515.00	515.00	515.00		
2.3.2	固定资产利息偿还			123.60	92.70	61.80	30.90	0.00	0.00
2.3.3	流动资金本金偿还								500.00
2.3.4	流动资金利息偿还			4.00	20.00	20.00	20.00	20.00	20.00
2.4	营业税金及附加			162.00	243.00	324.00	324.00	324.00	324.00
2.5	所得税			113.73	313.68	455.55	465.74	475.94	475.94
3	净现金流量	-1200	-340	-200.33	505.62	793.65	814.36	1350.06	2947.50
4	累计净现金流量	-1200	-1540	-1740.3	-1234.7	-441.06	373.30	1723.36	4670.86
5	折现系数 $i_c=8\%$	0.9259	0.8573	0.7938	0.7350	0.6806	0.6302	0.5835	0.5403
6	折现净现金流量	-1111.1	-291.5	-159.02	371.63	540.16	513.21	787.76	1592.53
7	累计折现净现金流量	-1111.1	-1402.6	-1561.62	-1189.99	-649.83	-136.62	651.14	2243.67

(2) 计算固定资产余值，填入表中。

固定资产余值=293.76×4+3060×4%=1297.44(万元)

(3) 计算回收全部流动资金，填入表中。

全部流动资金=300+100+400=800(万元)

(4) 根据表 A.5，计算项目的静态、动态投资回收期和财务净现值。

① 项目静态投资回收期。

$$\sum_{t=1}^{5}(CI-CO)_t=-441.06(万元) \qquad \sum_{t=1}^{6}(CI-CO)_t=373.30(万元)$$

项目静态投资回收期=$6-1+\dfrac{|-441.06|}{814.36}=5.54$(年)

② 项目动态回收期的计算。

$FNPV_6=-136.62$ 万元　　　　$FNPV_7=651.14$ 万元

项目动态投资回收期=$7-1+\dfrac{|-136.62|}{787.76}=6.17$(年)

③ 项目财务净现值的计算。

财务净现值(FNPV)实际是将发生在"现金流量表"中各年的净现金流量按基准收益率折到第 0 年的代数和,也就是表 A.5 中累计折现净现金流量对应于第 8 年的值。

财务净现值(FNPV)=2243.67 万元。

第 5 章

一、单项选择题

1. D   2. A   3. C   4. A   5. C   6. B   7. B   8. A   9. C   10. B

二、多项选择题

1. BCE   2. ABE   3. ACD   4. ABCE   5. BDE   6. BDE   7. BCDE
8. ABCE   9. ACD   10. ABDE

三、案例分析题

问题 1:

X 为评价指标;Y 为各评价指标的权重;Z 为各方案评价指标值。

问题 2:

评价计算过程如表 A.6 所示。

表 A.6 评选方案评分表

评价指标	权 重	方案功能得分		
		A	B	C
配套能力 F_1	0.3	85	70	90
劳动资源 F_2	0.2	85	70	95
经济发展 F_3	0.2	80	90	85
交通运输 F_4	0.2	90	90	85
自然条件 F_5	0.1	90	85	80
方案评价值 $V = \sum a_{ij} w_j$		86	79.5	87

评价结论:综合以上 5 个方面的指标,C 地得分最高,所以厂址应选在 C 地。

第 6 章

一、单项选择题

1. A   2. D   3. A   4. D   5. A   6. D   7. B   8. A   9. C   10. D

二、多项选择题

1. ABDE   2. AD   3. BD   4. ABDE   5. ACDE   6. ACE   7. BCDE
8. BCD   9. ABDE   10. ACDE

三、案例分析题

【案例一】

问题1：

该招标工程采用固定价格合同不妥当。

理由：根据《中华人民共和国招标投标法》和建设部有关规定，投标价格中，一般结构不太复杂或工期在12个月以内的工程，可以采用固定价格；结构较复杂或大型工程，工期在12个月以上的，应采用调整价格。因为该工程属复杂工程，所以采用固定价格合同不妥当。

问题2：

投标预备会一般可安排在发出招标文件7日后28日内举行。

问题3：

事件1中的做法不正确。

正确的做法：为便于投标人提出问题并解答，勘查现场一般安排在投标预备会的前1～2天。

问题4：

投标预备会的主持者不妥当。

理由：投标预备会在招标管理机构监督下，由招标单位组织并主持召开。

问题5：

事件3中发生的情况不应在开标会上提出。

正确的做法：投标单位发现招标文件中提供的工程量项目或数量有误时，应在收到招标文件7日内以书面形式向招标单位提出。

问题6：

事件4的发生，招标单位可以将该投标书拒绝。

问题7：

事件5中有关退还投标保证金的说法不正确。

正确的做法：未中标的投标单位的投标保证金应最迟不超过规定的投标有效期满后的14天退还。

中标单位的投标保证金，按要求提交履约保证金并签署合同协议后予以退还。

问题8：

招标人可将投标人的投标保证金没收的情况如下。

(1) 投标单位在投标有效期内撤回其投标文件。

(2) 中标单位未能在规定期内提交履约保证金或签署合同协议。

【案例二】

问题1：

恰当。因为该承包商是将属于前期工程的桩基围护工程和主体结构工程的单价调高，而将属于后期工程的装饰工程单价调低，可以在施工的早期阶段收到较多的工程款，从而可以提高承包商所得工程款的现值；而且，这3类工程单价的调整幅度均在±10%以内，属于合理范围。

问题2：

① 计算单价调整前的工程款现值。

桩基围护工程每月工程款：A=2680/5=536(万元)

主体结构工程每月工程款：B=8100/12=675(万元)

装饰工程每月工程款：C=7600/9=950(万元)

则单价调整前的工程款现值：

PV_1=A(P/A, 1%, 5)+B(P/A, 1%, 12)(P/F, 1%, 5)+C(P/A, 1%, 8)(P/F, 1%, 17)

　　=536×4.853+675×11.255×0.951+950×7.652×0.844

　　=2601.208+7224.866+6135.374

　　=15 961.45(万元)

② 计算单价调整后的工程款现值。

桩基围护工程每月工程款：A=2600/5=520(万元)

主体结构工程每月工程款：B=8900/12=741.67(万元)

装饰工程每月工程款：C=6880/8=860(万元)

则单价调整前的工程款现值：

PV_2 =A(P/A, 1%, 5)+B(P/A, 1%, 12)(P/F, 1%,5)+C(P/A, 1%,8)(P/F, 1%, 17)

　　= 520×4.853+741.67×11.255×0.951+860×7.652×0.844

　　= 2523.56+7983.468+5554.128

　　= 16 016.16(万元)

③ 两者的差额：

PV_2-PV_1=16 016.16-15 961.45=54.71(万元)

因此，采用不平衡报价后，该承包商所得工程款的现值比原估价增加54.71万元。

第7章

一、单项选择题

1. C　　2. D　　3. B　　4. C　　5. A　　6. A　　7. A　　8. D　　9. D　　10. C

二、多项选择题

1. BCD　　2. ACDE　　3. ABC　　4. ABDE　　5. ABCE　　6. AE　　7. CE

8. BCD　　9. ACE　　10. BCE

三、案例分析题

【案例一】

问题1：

工程预付款=560×20%=112(万元)

工程保修金=560×5%=28(万元)

问题2：

第一个月：

签证的工程款=70×(1-0.1)=63(万元)

应签发的付款凭证金额=63-8=55(万元)

第二个月:

本月实际完成产值不足计划产值的 90%,即(90-80)/90≈11.1%

签证的工程款=80(1-0.1)-80×8%=65.6(万元)

应签发的付款凭证金额=65.6-12=53.6(万元)

第三个月:

本月扣保修金=28-(70+80)×10%=13(万元)

签证的工程款=120-13=107(万元)

应签发的付款凭证金额=107-15=92(万元)

问题 3:

112+55+53.6+92=312.6(万元)

问题 4:

① 已购特殊工程材料价款补偿 50 万元的要求合理。

② 施工设备遣返费补偿 10 万元的要求不合理。

应该补偿:(560-70-80-120)÷560×10≈5.18(万元)

③ 施工人员遣返费补偿 8 万元的要求不合理。

应该补偿:(560-70-80-120)÷560×8≈4.14(万元)

合计:59.32 万元

问题 5:

70+80+120+59.32-8-12-15=294.32(万元)

【案例二】

问题 1:

事件 1:索赔不成立。因此事件发生原因属承包商自身责任。

事件 2:索赔成立。因该施工地质条件的变化是一个有经验的承包商所无法合理预见的。

事件 3:索赔成立。这是因设计变更引发的索赔。

事件 4:工期索赔成立。这是因特殊反常的恶劣天气造成工程延误。

事件 5:索赔成立。因恶劣的自然条件或不可抗力引起的工程损坏及修复应由业主承担责任。

问题 2:

事件 2:索赔工期 5 天(5 月 15 日～5 月 19 日)。

事件 3:索赔工期 2 天。

因增加工程量引起的工期延长,按批准的施工进度计划计算。原计划每天完成工程量:4500/10=450(m^3)

现增加工程量 900m^3,因此应增加工期为 900/450=2(天)

事件 4:索赔工期 3 天(5 月 20 日—5 月 22 日)

因自然灾害造成的工期延误属于工期索赔的范畴。

事件 5:索赔工期 1 天(5 月 23 日)。

工程修复导致的工期延长责任由业主承担。

索赔工期总计为 5+2+3+1=11(天)

问题3：

事件2：人工费：15×23=345(元)(注：增加的人工费应按人工费单价计算)

机械费：450×5=2250(元)(注：机械窝工，其费用应按租赁费计算)

管理费：345×30%=103.5(元)(注：题目中条件为管理费为增加人工费的30%，与机械费等无关)

事件3：可直接按土方开挖单价计算。

900×4.2×(1+20%)=4536(元)

事件4：费用索赔不成立。(注：因自然灾害造成的承包商窝工损失由承包商自行承担)

事件5：

(1) 人工费：30×23=690(元)

(2) 机械费：450×1=450(元)(注：不要忘记此时机械窝工1天)

(3) 管理费：690×30%=207(元)

合计可索赔费用为345+2250+103.5+4536+690+450+207=8581.5(元)

问题4(略)

第8章

一、单项选择题

1. B　　2. A　　3. A　　4. D　　5. C　　6. C　　7. A　　8. B　　9. A　　10. B

二、多项选择题

1. ABCD　　2. AE　　3. ABCD　　4. BDE　　5. ABE　　6. ABDE　　7. ABCE

8. ABC　　9. ABD　　10. ABC

三、案例分析题

【案例一】

生产车间应分摊的土地征用费=$\frac{250}{1000}$×50=12.5(万元)

新增固定资产价值=250+100+280+12.5=642.5(万元)

【案例二】

基建结余资金=2300+500+10+700+300+200−1200−900=1910(万元)

【案例三】

(1) 固定资产价值：27 000+5000+2500=34 500(万元)

无形资产价值：3000万元

递延资产价值：0万元

流动资产价值：5650万元

(2) 年投资利润率：$\frac{28\ 200-17\ 000-1800}{60\ 000}×100\% \approx 15.67\%$

参 考 文 献

[1] 马楠. 建筑工程预算与报价[M]. 北京：科学出版社，2010.

[2] 马楠. 建设工程造价管理[M]. 北京：清华大学出版社，2007.

[3] 马楠，张国兴. 工程造价管理[M]. 北京：机械工业出版社，2009.

[4] 马楠. 建筑工程计量与计价[M]. 北京：科学出版社，2007.

[5] 马楠. 建设法规与典型案例分析[M]. 北京：机械工业出版社，2011.

[6] 马楠. 建设工程造价管理理论与实务(一) [M]. 北京：中国计划出版社，2008.

[7] 建设部. GB 50500—2008 建设工程工程量清单计价规范[S]. 北京：中国计划出版社，2008.

[8] 中国建设工程造价管理协会. 建设项目全过程造价咨询规程[S]. 北京：中国计划出版社，2009.

[9] 中国建设工程造价管理协会. 建设项目施工图预算编审规程[S]. 北京：中国计划出版社，2010.

[10] 中国建设工程造价管理协会. 建设项目投资估算编审规程[S]. 北京：中国计划出版社，2007.

[11] 中国建设工程造价管理协会. 建设项目设计概算编审规程[S]. 北京：中国计划出版社，2007.

[12] 国家发展和改革委员会，建设部联合发布. 建设项目经济评价方法与参数[M]. 3 版. 北京：中国计划
出版社，2006.

[13] 全国造价工程师执业资格考试培训教材编审委员会. 工程造价计价与控制(2009 年版)[M]. 北京：中
国计划出版社，2009.

[14] 全国造价工程师执业资格考试培训教材编审委员会. 工程造价管理基础理论与相关规范(2009 年
版)[M]. 北京：中国计划出版社，2009.

[15] 尹伊林. 2010 年版全国造价工程师执业资格考试应试指南工程造价案例分析[M]. 北京：中国计划出
版社，2010.

[16] 中华人民共和国 2007 年版标准施工招标文件使用指南[M]. 北京：中国计划出版社，2008.

[17] 张凌云. 工程造价控制[M]. 上海：东华大学出版社，2008.

[18] 郭倩娟. 工程造价管理[M]. 北京：清华大学出版社，2005.

[19] 沈坚. 工程造价案例分析[M]. 北京：机械工业出版社，2004.

[20] 程鸿群，姬晓辉，陆菊春. 工程造价管理[M]. 武汉：武汉大学出版社，2004.